PATOLOGÍA Y RECALCE DE LAS CIMENTACIONES

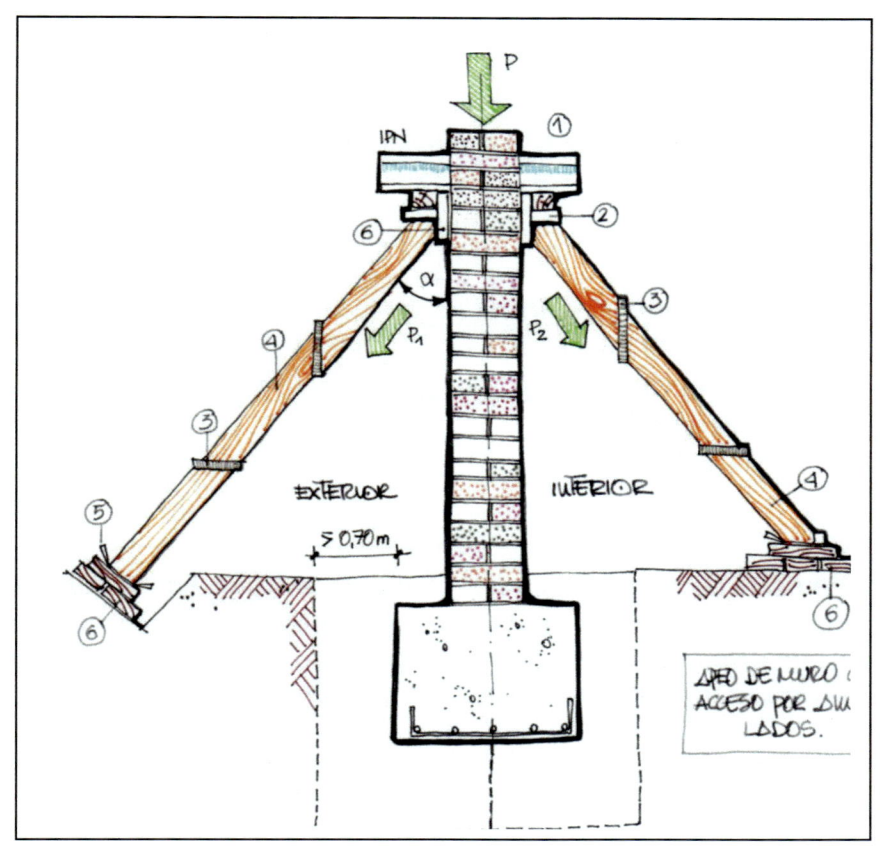

JUAN F. NAVARRO CAMPOS
ARQUITECTO

BELLISCO
Ediciones Técnicas y Científicas

MADRID 2025

1ª Edición 2025

© *Juan F. Navarro Campos – Registro de la propiedad* Z-400-14 (25.09.2014)
© *BELLISCO. Ediciones Técnicas y Científicas*
  Cebreros 152. Local Posterior
  28011 MADRID

  Teléfono: **91 464 18 02**
  Correo Electrónico: ***información@belliscovirtual.com***

Librería Técnica online en: www.belliscovirtual.com

PEDIDOS:

1. **En web (www.belliscovirtual.com)**
2. **Por Teléfono: 91 464 18 02**
3. **Correo Electrónico: pedidos@belliscovirtual.com**
4. **En su Librería habitual**

Impreso en España

Printed in Spain

ISBN: **978-84-129283-9-6**

Depósito Legal: **M-11327-2025**

IMPRESO POR: TORCULO

A todos los que creyeron y confiaron en mí, sobre todo a Nandy, Marta y Juan Rodrigo por el tiempo que os robé y no podéis recuperar. Gracias.

ÍNDICE
PRÓLOGO.
PREÁMBULO

PRÓLOGO

Prologar un libro no se encuentra dentro de mis escasas habilidades, sin embargo, es un deseo de su autor que debo cumplir por ser inexcusable.

Más que un prólogo al uso, creo que es más adecuado hacer una reflexión tras la lectura de su Introducción y el Extracto, tal como hacíamos en clase, ante un texto que considerábamos básico y fundamental para su lectura, uso y aprovechamiento.

El Índice: desde el Preámbulo en sus seis Capítulos y los Anexos, constituyen un PROGRAMA en el más amplio y completo de los sentidos que determina la palabra.

Es decir, programa es prevenir una acción de futuro de forma inteligente, válida y eficiente. En nuestro caso es el sistema y distribución de las materias de un curso, de una asignatura en un texto "Patología y recalce de cimentaciones" especializados en la elaboración de un Proyecto constituyendo un paradigma/método para cualquier operación resolutiva de otros problemas estructurales.

Otra virtud, fuerza o eficacia es el hecho de la carencia de textos al uso en la actualidad y la posibilidad de establecer una docencia mediante el adecuado máster, en base a su complejidad disciplinar que producen unos métodos transdisciplinarios, caso muy frecuente en los sistemas de conocimiento científicos.

Por tanto, gracias a la posibilidad de comunicarme su deseo de que pueda exponer esta "reflexión" y mi enhorabuena por el parto.

RAFAEL GARCÍA DIÉGUEZ (In memoriam)
Catedrático de Construcción.

PREÁMBULO.

Patología es una palabra compuesta que proviene del griego: *patos* (παθος) que significa afección, dolencia o enfermedad y *logos* que denota el estudio o análisis de una disciplina; patología significa, por ello, el estudio o análisis de las dolencias o enfermedades.

Al no existir, en la ciencia de la construcción, una palabra que equivalga a su homóloga empleada en medicina, se ha adaptado ésta para definir y denominar a la ciencia que estudia o analiza las dolencias o daños de los edificios, realizando una equivalencia entre daños y dolencias.

Cuando un edificio presenta una determinada sintomatología, como consecuencia de la cimentación, es debido a que el equilibrio que debería existir entre él y el terreno no es estable, ocurriendo con frecuencia que los daños aparecidos no son una consecuencia directa de este equilibrio, sino de varias causas simultáneamente, por lo que desligar cada uno de ellos, así como las causas que lo producen es, en ocasiones, una ardua tarea.

La patología de la cimentación será aquella disciplina que, a partir de una serie de síntomas aparecidos o existentes en una edificación, sea capaz de aislar las causas que lo producen y consecuentemente facilitar la actuación concisa y eficaz para conseguir la correcta reparación del edificio o prevenir la necesidad de intervención.

Por ello, se expone en primer lugar la sintomatología, la forma de analizarla, el estudio y la determinación de las causas fundamentales que la provocan, para pasar, posteriormente, a la forma más racional de reparación. Todo ello arropado con disciplinas que ayudan al reconocimiento de las causas como la Mecánica del Suelo o el Cálculo de las Estructuras.

Cuando se requieren los servicios de un Arquitecto especializado en estos aspectos de la construcción, es como consecuencia de la aparición de unos síntomas inequívocos: normalmente grietas y fisuras. Por ello, este manual se ha distribuido en el orden lógico en que se contempla un hecho ruinoso para facilitar a los Arquitectos, Ingenieros y técnicos en general, un guion fácil de seguir sin pretensiones didácticas y eliminando, siempre que es posible, los aspectos matemáticos no imprescindiblemente necesarios para la demostración o la exposición de un determinado tema.

En ocasiones es necesario discernir entre los síntomas que provienen de un deficiente funcionamiento de la estructura portante que, aunque similares, no deben equivocarse con los aparecidos a consecuencia de un fallo de la cimentación. Es evidente que las actuaciones entre reforzar una estructura y consolidar una cimentación deben ser muy diferentes.

Por otro lado, la cuantía económica de este tipo de actuaciones es, normalmente, bastante elevada, lo que debe concienciar al técnico interviniente a determinar con total exactitud la intervención que debe efectuar.

Se pretende orientar al profesional que comienza en estas andadas a que tenga una mejor planificación y determinación de los hechos que están aconteciendo y para que no tenga que descubrir por sí solo lo que otros profesionales, a fuerza de sinsabores, ya descubrieron. Para lo cual, se expone una forma de acometer el estudio del edificio de forma sistemática, para que no pueda haber equívocos en la compresión de los fenómenos a los que el buen profesional se enfrenta.

- o O o -

PROCESO DEL ANÁLISIS.

Si bien el Diccionario de la Lengua Española define **fisura** como aquella grieta que se produce en un objeto y **grieta** como aquella quiebra o abertura que se hace naturalmente en la tierra o en cualquier cuerpo sólido, es decir, lo mismo, se quiere comenzar este capítulo matizando la definición de ambas palabras, dentro del campo de la patología y como síntomas ineludibles de daños existentes, en los siguientes términos:

Grieta: Abertura longitudinal incontrolada que afecta a todo el espesor de un elemento constructivo.

Fisura: Abertura longitudinal incontrolada que afecta solo a una de las caras del elemento constructivo de forma superficial.

La diferencia entre grieta y fisura no está, en consecuencia, en el grosor de la abertura, sino en observar si traspasa, o no, la totalidad del grosor del elemento constructivo que se analiza.

Puntualizado lo es preciso adentrarnos de lleno en el proceso de análisis del edificio, de acuerdo a los siguientes extremos:

1.1.- SÍNTOMAS.

Cuando se requiere a un técnico, para analizar un edificio, es porque sus propietarios han observado la aparición o existencia de una serie de síntomas que concretados al campo de las cimentaciones son los siguientes:

Deformaciones.

Aparecen tanto en los elementos portantes (estructura) como en los portados (cerramientos y particiones) y en sus distintas formas:

Pandeos.

Deformaciones de elementos lineales debido a esfuerzos de compresión.

Alabeos.

Deformaciones de elementos superficiales debido a esfuerzos o movimientos asimétricos.

Desplomes.

Desplazamientos de la cabeza de un elemento, con pérdida de su verticalidad, a consecuencia, normalmente, de esfuerzos horizontales.

Grietas y Fisuras.

Como ya se ha mencionado con anterioridad, son aberturas longitudinales incontroladas que atraviesan o no la totalidad del elemento constructivo.

Desprendimientos.

Es la separación y caída de un material constructivo de su soporte.

Los síntomas, que se han clasificado anteriormente en grandes grupos, se reflejaran en el momento de la inspección de forma meticulosa tal, como se detalla en los apartados siguientes.

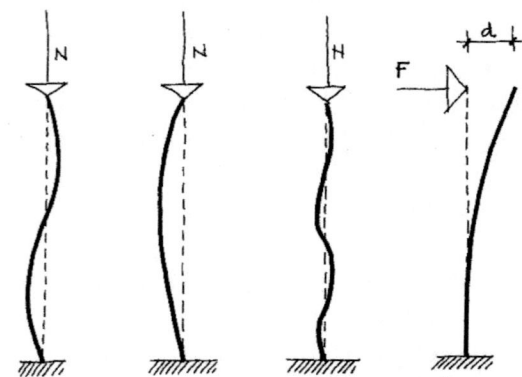

Figura 1.1.- A) Pandeo, B) Pandeo, C) Pandeo y D) Desplome

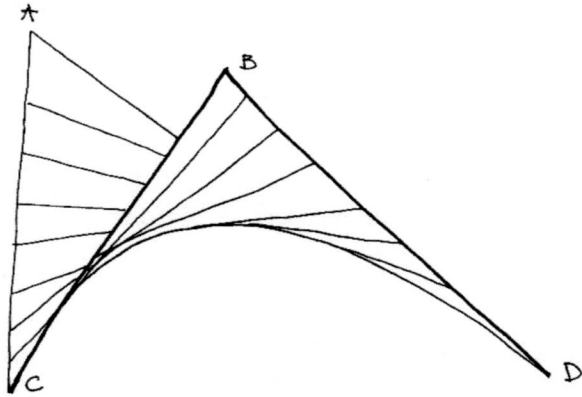

Figura 1.2.- Alabeo.

1.2.- ESTADO DEL EDIFICIO.

Fase de Inspección.

En primer lugar, será preciso inspeccionar el edificio que se tiene que analizar en todo su desarrollo e independientemente de su magnitud. Cada uno de los daños deberá ser ubicado en un documento, para posteriormente poder cuantificar y valorar las reparaciones necesarias de forma concisa y no con estimaciones un tanto frívolas.

Debe reflexionarse que habitualmente este tipo de estudios sirve posteriormente para realizar una reclamación judicial a las partes intervinientes en la construcción del edificio y parece justo que los condenados a repararlo deben pagar solo lo que se ha dañado por su imprudencia o negligencia y no por el mantenimiento integral del mismo.

El primer análisis que hay que realizar en el edificio que se estudia es un levantamiento gráfico y fotográfico de los daños del mismo. Para ello se puede recurrir a la plasmación de la patología observada en un impreso tipo, ubicando las deformaciones, situación, forma y grosor de las grietas y fisuras, así como los desprendimientos existentes. De esta forma se podrá recordar posteriormente lo observado el día de la inspección, para poder valorar y cuantificar el fenómeno que se ha desarrollado.

Habida cuenta que la mayoría de los estudios se plantean en edificios de viviendas, se puede emplear para la toma de datos un impreso que contiene un esquema de una habitación tipo, con sus paredes abatidas perimetralmente, para situar posteriormente dicha habitación se le representan los huecos (puertas y ventanas), así como aquellos elementos que puedan tener importancia en el análisis posterior del edificio, como pilares, jácenas, vuelos, etc.

Entre los datos que se deben tomar no deben faltar la fecha aproximada de la última pintura efectuada, los materiales empleados en los acabados y las referencias a las habitaciones y espacios contiguos, para poder situar cada habitación posteriormente. Es conveniente realizar un estudio previo antes de visitar el edificio en cuestión, preparando un esquema general de cada vivienda y una fotocopia de cada una de las habitaciones que se han de inspeccionar.

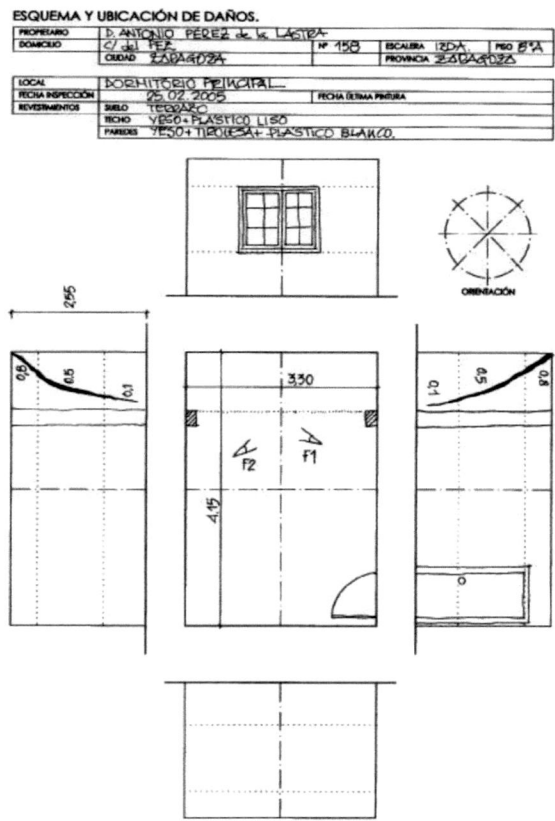

Figura 1.3.- Hoja de toma de datos.

Si el edificio es bastante grande, la documentación se puede preparar tras un muestreo previo, planificando un orden concertado por plantas y escaleras. Como término medio se puede planificar las visitas de inspección a razón de **quince** minutos por vivienda, no debiendo verse al día más de **dieciséis** (cuatro horas) ya que, por la experiencia obtenida a lo largo de los años, he observado que a partir de este número la toma de datos empieza a ser bastante deficiente.

Por otro lado, si la sintomatología es similar se realiza más rápidamente inspeccionando todos los pisos que se hallan en la misma vertical, ya que se acaba aprendiendo la forma de la vivienda y la ubicación general de los síntomas que son comunes.

Las grietas y fisuras se grafiarán especificando sus grosores, empleando una doble grafía para las plantas, continua la existente en el suelo y a trazos las proyectadas del techo. Cuando por circunstancias de especial gravedad así se estime oportuno, se medirán y anotarán los grosores de las mismas.

Existen escalímetros para la medición de fisuras impresos en una tarjeta de acetato transparente con las que se pueden realizar mediciones por comparación con las existentes en el edificio.

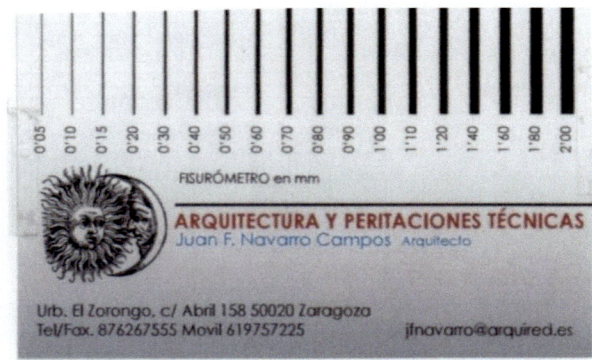

Figura 1.4.- Tipo de fisurómetro impreso en acetato.

De esta forma se podrá analizar si una grieta o fisura se desarrolla aumentando o disminuyendo de tamaño, dato que será posteriormente muy importante para conocer el movimiento que está ocurriendo en el edificio. Es interesante adjuntar toda esta documentación al informe realizado, con el propósito de constatar el estado en el que se encuentra el edificio, sirviendo como un acta de su estado actual.

1.3.- ESTUDIO FOTOGRÁFICO.

Simultáneamente al levantamiento del estado de la fisuración descrito en el apartado anterior y, aprovechando la toma de datos, se ubicará en cada documento el lugar desde donde se toman fotografías de las distintas grietas y fisuras con referencia a la propia numeración de la máquina.

Las fotografías servirán, asimismo, coma acta del estado en que se encuentra el edificio en el día de la inspección. Sería conveniente que la misma máquina imprimiese la fecha en la propia fotografía.

Para este tipo de trabajo son óptimas cámaras compactas automáticas con objetivo zoom que siendo relativamente pequeñas dan unas prestaciones excelentes.

Ahora es conveniente utilizar cámaras digitales porque tienen una excelente sensibilidad y su transferencia al informe es muy cómoda, ya que podemos copiarlas en el ordenador de inmediato, sin procesos de revelado. Asimismo, no es conveniente realizar fotografías con flash a fisuras muy delgadas (< 0,20 mm) ya que no se aprecian en la impresión.

Por último, será preciso realizar fotografías de conjunto como fachadas, vestíbulos, etc., que servirán posteriormente para distintas funciones, como se verá.

1.4.- ANÁLISIS DE LA FISURACIÓN.

Obtenida la documentación citada con anterioridad es necesario realizar un análisis desde una perspectiva más lejana, que nos ayude a comprender lo que está aconteciendo en el edificio. Para ello se colocarán las fisuras en planta, alzados y secciones, tras lo cual se intentará reconstruir el movimiento general del edificio.

Observando estos tipos de esquemas se puede deducir si el problema existente pertenece a un aspecto estructural o de cimentación. Aunque la diversidad de problemas y de tipología de la edificación es tan grande, que se puede decir que los daños aparecidos en un edificio a consecuencia de desequilibrios en la cimentación, genera familias de grietas y fisuras similares en cada planta del edificio. Es decir que suelen ser daños ubicados en zonas concretas, localizados en planta y no relacionados en altura.

En ocasiones discernir de forma inmediata la causa origen de daños no es nada fácil, así como tampoco lo es sintetizar y clasificar las fisuraciones tipo y sus causas, sobre todo ante la diversidad de casos edificatorios y otros tantos posibles daños diversos. No obstante, se va a intentar sistematizar determinados casos concretos y su forma de reconocerlos.

1.4.1.- ANÁLISIS EN PLANTA.

Una losa de hormigón se fractura cuando se produce en ella un movimiento que

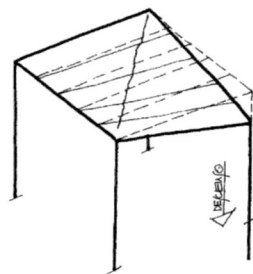

Figura 1.5.- Movimiento de labeo.

Figura 1.6.- Línea de rotura de una losa

forma la superficie se alabeada. En efecto, si se considera un módulo formado por cuatro pilares y una superficie apoyada, ligada a ellos, y se considera que uno de los pilares desciende, el movimiento de descenso de una de las esquinas de la losa produce una rotura a lo largo de la diagonal opuesta. En cambio, el descenso simultáneo e igual de dos pilares contiguos produce un basculamiento de la losa y no la rotura. Visto en planta el descenso de un pilar produce la rotura de la losa en el sentido de la diagonal opuesta. Extrapolando el modelo a una trama más compleja, las líneas de rotura envuelven al pilar que ha descendido.

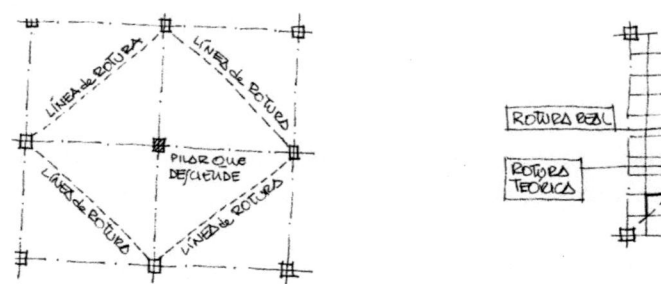

Figura 1.7.- Rotura de una losa por descenso de un pilar

Figura 1.8.- Rotura real de la losa.

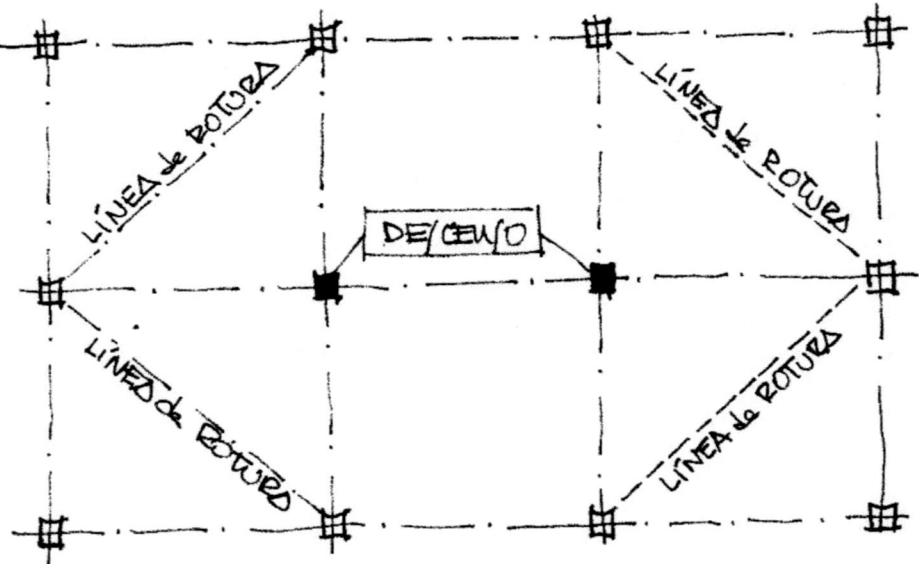

Figura 1.9.- Rotura de losa por asiento de pilar central.

En este proceso hay que resaltar dos aspectos: en primer lugar, que la línea de rotura aparece sólo en el caso en que el descenso del pilar es tan importante que la losa queda en vuelo; en segundo lugar, cuando la losa está revestida con pavimentos ejecutados sobre cama de arena, es habitual que la línea de rotura siga la trayectoria más cercana a la teórica, pero a través de los contornos de las piezas del pavimento, sin romper el propio pavimento. Esta forma de acusar la rotura de la losa o forjado, es habitual en pavimentos de terrazo o mármol; en los de gres colocados con mortero de cemento cola, la rotura real se asemeja bastante más a la teórica; en cambio en los pavimentos flexibles estos síntomas no aparecen.

Ahora bien, si el descenso se produce en dos pilares consecutivos las líneas de rotura de la losa siguen envolviendo a los pilares descendidos. Es una patología clave en los movimientos verticales de los pilares, que es necesario recordar, porque el pilar que descendiente siempre es abrazado por las fisuras de los forjados de la columna.

Es preciso no confundir los síntomas que aparecen en una losa por rotura debido al descenso de sus elementos sustentantes, con los síntomas debidos a rotura por flexión, que de forma somera son las siguientes:

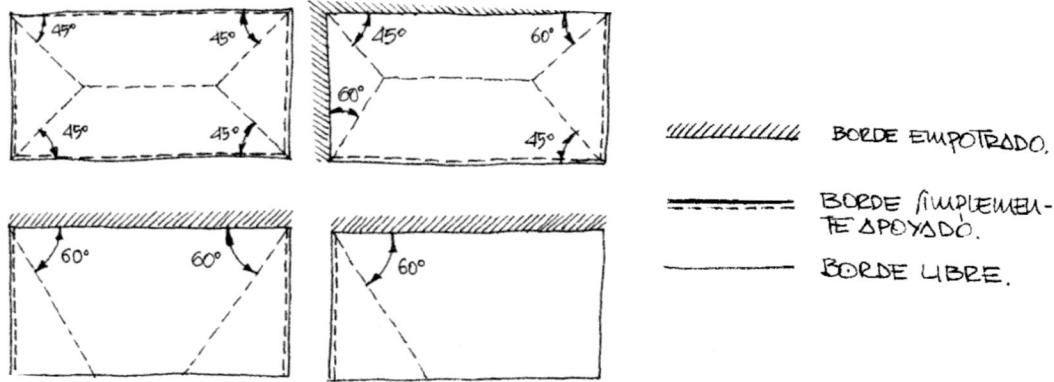

Figura 1.10.- Roturas de losa según el tipo de empotramiento en el soporte.

Un aspecto que hay que tener en cuenta en este tema es que cuando un pilar o varios descienden, la sintomatología aparecida se repite de forma similar en todas las plantas superiores del edificio; en cambio en roturas por excesivas deformaciones y/o cargas o sobrecargas no tenidas en cuenta, la sintomatología se aprecia más en las plantas inferiores que en las superiores, debido fundamentalmente al arrastre de cargas a través de la tabiquería y cerramientos.

Cuando la estructura sustentante es un muro de carga la diagonal de rotura puede aparecer deformada. Habida cuenta que los muros de carga, como más adelante se verá, no se hunden de forma homogénea, la línea de rotura de la losa une secciones diferentes de dichos muros de carga.

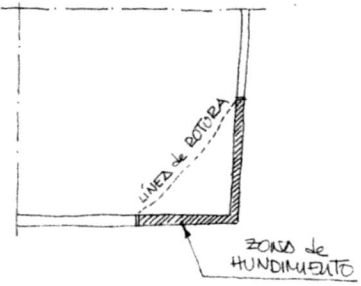

Figura 1.11.- Rotura de losa por hundimiento de una zona.

1.4.2.- ANÁLISIS EN SECCIÓN Y ALZADOS.

Al igual que se ha estudiado la fisuración en planta, reflejaremos la fisuración en los elementos verticales que cierran las distintas dependencias del edificio sea en su cara externa: alzados, o en su zona interna: secciones; lo que nos dará una idea bastante concreta de lo que le está ocurriendo.

Lo primero que es preciso analizar es el comportamiento de los materiales que componen la tabiquería o los cerramientos. Normalmente son elementos compuestos por fábricas que se comportan bastante mal a los esfuerzos de tracción, por lo que se puede afirmar que **"donde hay una fisura hay una tensión de tracción perpendicular a ella"**.

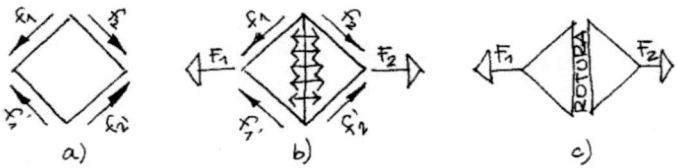

Figura 1.12.- Proceso de la rotura de un material pétreo.

En la figura de la página siguiente, que es un ejemplo de representación en sección, queda claro que el asentamiento de la zapata central está provocando la aparición de fisuras, que visto desde el interior de cada vivienda sería más difícil de precisar.

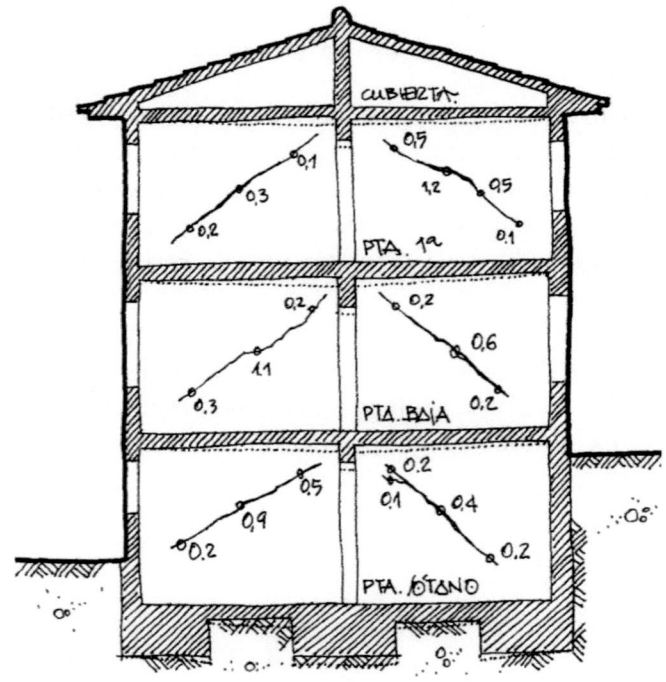

Figura 1.13.- Análisis del edificio en sección.

Como se puede observar en la figura adjunta el descenso del lado del cuadrado de la posición **AB** a la **A'B'** lo deforma de manera que la diagonal **B'C** se alarga y la **A'D** se acorta, lo que ocasiona la aparición de tensiones de tracción y compresión más importantes cuanto más nos acercamos a su centro. En este punto las tensiones de dirección **A'D** son de compresión y las de dirección **BC'** son de tracción.

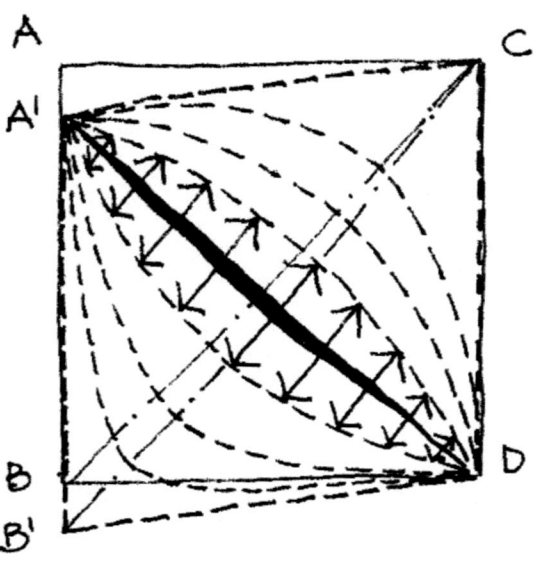

Figura 1.14.- Aparición de la rotura de un tabique.

Como los materiales que se emplean en construcción, en la ejecución de cerramientos y particiones, son materiales de tipo pétreo, resisten muy bien las tensiones a compresión y bastante mal las tensiones de tracción, manifestándose de todo ello una rotura, con la aparición en la diagonal **A'D,** de una grieta o fisura.

Para observar mejor el movimiento del edificio y si éste se presta a ello, se puede partir bien de un dibujo en alzado o de una buena fotografía del conjunto, para analizar el movimiento que está padeciendo el edificio. El resultado obtenido, bastante espectacular, se genera cortando la fotografía o el alzado por las grietas existentes abriéndolas y exagerando el efecto. De esta forma el resultado visual es compresible por cualquier persona no experta en estos temas.

Figura 1.15.- Representación gráfica exagerada de las grietas de un

Aunque el problema anterior no es un problema de cimentación, se puede observar que la rotura del muro de la torre es debido a la partición de empuje horizontales de la bóveda que la remata, poniéndose en evidencia la causa principal de los daños aparecidos.

Como se puede observar se pueden emplear diversas técnicas que ayudan a expresar gráficamente el problema existente, para hacer comprender lo que está ocurriendo a un lector no especializado en estos temas.

En la fotografía de la página siguiente 1.16. es el mismo problema planteado en una casa de finales del siglo XIX, donde una fuga de agua de la red municipal, está poniendo en serios apuros al muro de fachada que actúa como muro de carga. En esta foto se ha realizado esta técnica, por lo que cualquier lector puede observar que la casa está girando hacia la izquierda, por asentamiento de la zona señalada con flechas azules. Asimismo, se ha colocado una línea a trazos roja de forma vertical, para que se vea claramente el movimiento de vuelco de la casa hacia el lado izquierdo, que es por donde está asentando.

Figura 1.16.- Representación gráfica de grietas y movimientos.

EL PRESENTE GRÁFICO ES LA CONCLUSIÓN GRÁFICA DEL MOVIMIENTO
QUE ESTÁ TENIENDO EL EDIFICIO, EXAGERADO PARA SU MEJOR
COMPRENSIÓN. SINO SE REPARA URGENTEMENTE, LA ESTABILIDAD DE LA
ESTRUCTURA PUEDE LLEGAR A COLAPSAR.

Figura 1.17.- Otro ejemplo de representación gráfica de grietas v

La siguiente fotografía, 1.17, es una vivienda unifamiliar, que se ha ejecutado con muros de carga de bloque de hormigón blanco. Al cortar la misma, abrir las grietas y exagerar el efecto se observa claramente los movimientos del edificio y la zona de mayor hundimiento o asiento.

La colocación de flechas que indican el movimiento y líneas de referencia, ayudan a comprender mejor los movimientos existentes que es lo que se pretende analizar, para poder, posteriormente, emplear la técnica adecuada para su reparación.

1.4.3.- CAUSA FUNDAMENTAL.

Es conocido, por todo técnico en la materia, que la cimentación de un edificio es la parte de la estructura que tiene como misión, transmitir los pesos propios de los elementos constructivos, así como las cargas y sobrecargas del edificio, al terreno, sirviendo como nexo de unión entre ambos.

Si se considera una cimentación perfectamente calculada, de forma que cada unidad de superficie transmite la misma tensión al terreno y, si éste es un medio homogéneo e isótropo, se produce una tensión-deformación del terreno que se equilibra cuando la tensión transmitida por la cimentación y la reacción producida por el terreno son iguales.

En estas condiciones, ideales, el terreno se deforma homogéneamente y el edifico sufre un descenso uniforme que se denomina *asiento*. Este hundimiento pasa inadvertido para los propietarios del edificio, trabajando la cimentación con su estado de cargas y tensiones equilibradas previstas.

Ahora bien, si el hundimiento del edificio no es homogéneo, sino que se efectúa de forma desigual, bajando unas zonas más que otras, la estructura se deforma apareciendo tensiones no previstas que pueden llegar a romperla, así como a aquellos elementos que se sustentan en ella.

La diferencia de descenso entre unos puntos concretos de la cimentación y otros es lo que se denomina **asiento diferencial**, siendo la **causa fundamental** de los daños aparecidos en un edificio a consecuencia de un deficiente equilibrio entre cimentación y terreno.

Para analizar este extremo se consideran dos puntos de una cimentación, distantes entre sí una distancia **L**. Si el primero, **(A)** desciende la distancia s_1 y el segundo (B) s_2, siendo $s_2 > s_1$ se produce un asiento diferencial Δd cuyo valor es el siguiente:

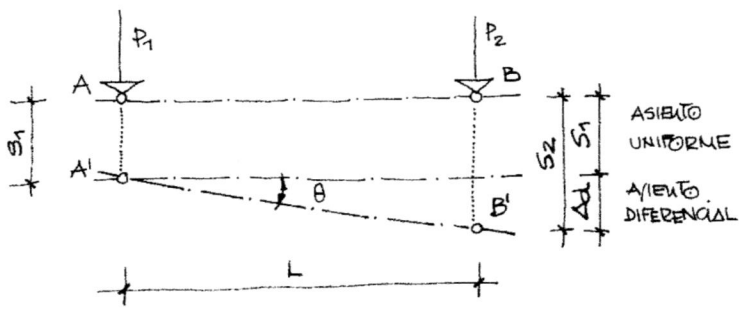

Figura 1.18.- Asiento diferencial y distorsión angular.

$$\Delta d = s_2 - s_1$$

El asiento diferencial ocasiona un giro de la cimentación denominado **distorsión angular** que se define como el cociente entre el asentamiento diferencial entre dos puntos y su distancia. De la figura anterior se deduce que:

$$tag\theta = \frac{s_2 - s_1}{L} = \frac{\Delta d}{L}$$

Como el ángulo θ es muy pequeño se puede considerar que $\theta = tg\theta$, de forma que la distorsión angular θ se puede expresar:

$$\theta = \frac{\Delta d}{L}$$

El asiento diferencial y como consecuencia de él la distorsión angular que se produce en la base de la estructura es la causa fundamental de todos los fenómenos patológicos debido a la cimentación.

Ahora bien. ¿Cómo influye un asiento diferencial en un paramento? Para ello se considera un elemento de 5,00 m de longitud y 2,50 m de altura, que está confinado en un marco estructural de jácenas y pilares.

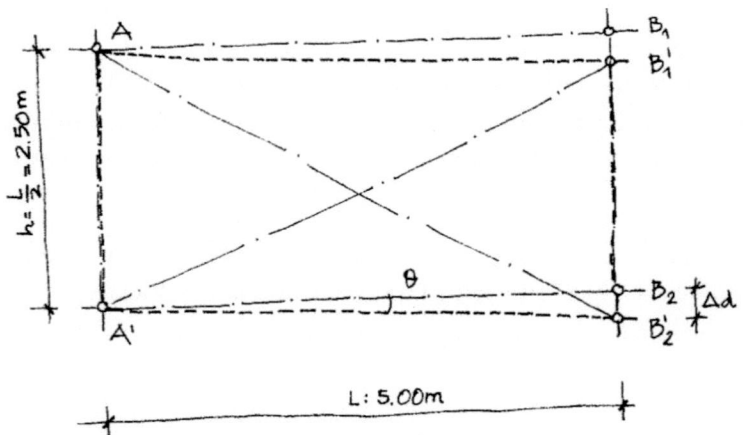

Tal y como se ha representado el paramento, si el punto B_2 asienta Δd, tomando la situación B'_2, el punto B_1 será arrastrado a la situación B'_1 distorsionándose el paramento un ángulo θ, cuyo valor ya se ha calculado y es $\Delta d/L$. En estas condiciones la diagonal AB'_2 se alarga y la $A'B'_1$ se acorta.

Como los materiales constructivos se comportan muy mal a tensiones de tracción, si se estudia la diagonal AB'₂ se ve que se alarga, es decir que en esa dirección van a aparecer tensiones de tracción.

Si se analiza El movimiento en el ángulo inferior derecha se puede escribir:

$$sen\theta = \frac{\Delta L}{\Delta d}$$

$$\Delta L = \Delta d \cdot sen\theta$$

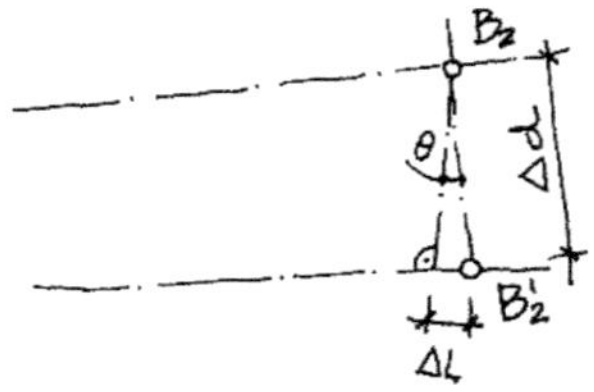

Como:

Figura 1.20.- Ángulo inferior derecho.

$$sen\theta = tag\theta \cdot cos\theta$$

Sustituyendo la fórmula anterior se obtiene que:

$$\Delta L = \Delta d \cdot tag\theta . cos\theta$$

Cuando $\theta \approx 0$ el $cos\theta = 1$, por lo que

$$\Delta L = \Delta d \cdot \frac{\Delta d}{L} ; \text{ y por lo tanto } \quad \Delta L = \frac{\Delta d^2}{L}$$

Aplicando la Ley de Hooke que dice:

$$\varepsilon_x = \frac{\sigma_x}{E}$$

Donde:
$\varepsilon_x = Deformación$
$\sigma_x = Tensión$
$E = Módulo\ de\ elasticidad$

Por otro lado, si se iguala $\boxed{\varepsilon_x = \Delta L \ \varepsilon_x = \Delta L}$

Se obtiene que:

$$\boxed{e_x = \frac{\Delta d^2}{L} \cdot E}$$

Es decir, que la tensión que aparece como máximo en un paramento a consecuencia de un asiento diferencial es directamente proporcional al módulo de deformación del material, al cuadrado del asiento e inversamente proporcional a su longitud.

Ejemplo.

Se supone un paramento típico de 5,00m de largo por 2,50 m de altura y 20 cm de espesor, ejecutado con hormigón en masa tipo HM25 y se quiere conocer qué tensión se produce en su seno si se produce un asiento en el punto D de 10 mm o de 20 mm y cuál es la deformación máxima que puede soportar antes de romperse, es decir, antes de que aparezcan grietas y fisuras en su plano.

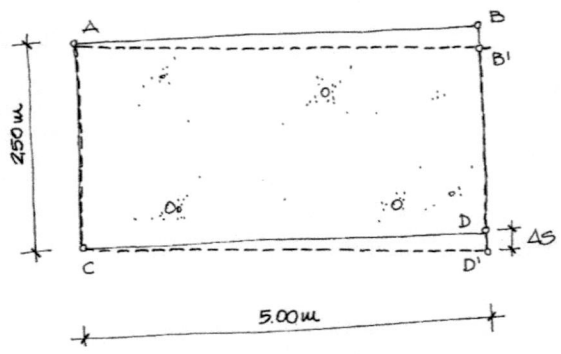

Figura 1.21.- Distorsión angular de un paramento.

Siguiendo el método antes establecido se calcula el valor del módulo de deformación del hormigón, que de acuerdo al artículo 39.6 de EHE:

$$E = 10.000\sqrt[3]{f_{ck}} = 10.000\sqrt[3]{25} = 29.240,18 \; N/mm^2$$

Obtenido este valor el asiento de 10mm es:

$s_x = 10^2/5000 \cdot 29.240,18 = 584,80 N/mm2$

Como el muro tiene un grueso de 20cm

$s_x = 584,80/200 = 2,92 \; N/mm^2 \; (29,2 \; kp/cm^2)$

Para el asentamiento de 20mm la tensión lineal será:

$s_x = 20^2/5000 \cdot 29.240,18 = 2.339,21 N/mm^2$
$s_x = 2.339,21/200 = 11,70 \; N/mm^2 \; (117,0 \; kp/cm^2)$

Por otro lado, la EHE dice en su artículo 39.1 que el valor medio de un hormigón a tracción viene definido por la expresión:

$$f_{ct,k} = 0,21\sqrt[3]{f_{ck}^2}$$

Ecuación que aplicada a un hormigón tipo H25

$$f_{ct,k} = 0,21\sqrt[3]{25^2} = 1,80 \text{ N/mm}^2$$

Por consiguiente, el muro de hormigón analizado se romperá con el consiguiente asiento:

$$1,80 = 29.24018/5000 \cdot 200; \quad A_s = \textbf{7,85 mm}$$

Son cálculos teóricos que variarán a consecuencia de parámetros no tenidos en cuenta como la retracción, el curado, el hormigonado, etc., pero dan una idea de que las deformaciones tienen una interpretación matemática.

Por otro lado, si en el caso anterior el muro fuese de fábrica e ladrillo cerámico, el módulo de deformación sería según CTE-SE-F (artículo 4.6.5) E=1.000fk; para fk=4N/mm² el valor de E=1000·4=4000N/mm² y la tensión para un tabique de 7 cm sería de:

$$s_x = 10^2 \cdot 4000/5000 \cdot 70 = \textbf{1,14N/mm}^2$$

Cuando la resistencia a cortante no sea mayor de 0,20 N/mm²

1.4.4.- ORIGEN DE LOS ASIENTOS DIFERENCIALES.

Los asientos tienen su origen en la deformabilidad de los suelos o compresibilidad, que varía según el tipo del mismo. La distorsión aparece cuando la compresión del terreno o lo que es mejor, cuando la deformabilidad del suelo no es uniforme.

Es preciso tener en cuenta que la presión en un punto del subsuelo no es más que el peso de las tierras existentes. Si se elimina dicho terreno y se edifica un edificio, la tensión en cada punto del terreno tendrá que ver con la existencia de zapatas encima y la carga que transmiten cada una de ellas.

El terreno se comprime o deforma dependiendo de parámetros propios, que tienen mucho que ver con sus características físicas internas y con la carga que se le transmite.

Para que la cimentación del edificio funcione correctamente tiene que existir un equilibrio entre las cargas transmitidas y la capacidad mecánica del suelo para resistirlas. Por ello cuando se produce una alteración de este equilibrio, puede ser debida a los siguientes aspectos:

A/.- Cimentación inadecuada.

Dentro de este grupo se puede englobar causas como:

a/.- Inexistencia de estudio geotécnico. Lo que implica realizar una cimentación a ciegas, por lo que puede ocurrir:

- Delimitación falsa del firme.
- Tensión admisible prevista muy superior a la existente.
- Terrenos agresivos.
- Cimentación en arcillas expansivas.
- Heterogeneidad del terreno.
-

b/.- Deficiente ejecución.

Este apartado hace referencia a los defectos de ejecución como:

- Hormigón inadecuado.
- Deficiente colocación de la armadura.
- Lavado del hormigón.
- Disgregación del hormigón.
- Estructura puesta encarga de forma inadecuada.

B/.- Alteraciones de las condiciones de equilibrio.

En este grupo se pueden reunir aquellas causas que pueden actuar en el equilibrio existente como, por ejemplo:

- Modificación de las acciones actuantes como: aumento del número de plantas, cambios de uso, modificación en que cargas o sobrecargas.
- Excavaciones junto al edificio (descompresibilidad del terreno).
- Filtraciones y escapes de agua, con los consiguientes arrastres y migraciones de finos.
- Vibraciones importantes: maquinaria pesada, metro, vía férrea, tranvía, etc.
- Rellenos importantes junto al edificio.
- Aparición o existencia de depresiones o dolinas.

Aunque los dos grupos parecen englobar toda la casuística que puede alterar el equilibrio cimentación-terreno, y pese a que se podría afirmar que el primer grupo causa daños de inmediato, mientras que el segundo son causas que provocan daños a largo plazo, es posible que pueda haber sus diferencias de un grupo en el otro.

En efecto, es normal que aparezcan daños en un edificio a largo plazo (más de diez años en servicio sin problemas) cuando el hormigón de la cimentación se disgrega ante el ataque de un suelo agresivo.

Por todo ello, se puede enunciar que daños aparecidos en el edificio antes de cumplir los cinco primeros años de funcionamiento, son achacables a defectos debidos, normalmente, a una cimentación inadecuada. Los daños aparecidos con posterioridad serán probablemente problemas provocados por alteraciones de las condiciones iniciales del equilibrio y agresiones incontroladas, consecuentemente, un dato muy importante es averiguar la edad, lo más exactamente posible, del edificio. Estos datos se pueden obtener en el archivo histórico del ayuntamiento o en el catastro urbano de la ciudad.

1.4.5.- ASIENTOS DE ELEMENTOS SUPERFICIALES.

Independientemente de la causa que provoca el daño y que evidentemente habrá que descubrir, antes de reparar dichos daños, la interpretación de las grietas y fisuras aparecidas en un muro de carga se pueden analizar siguiendo lo indicado por D. Fructuoso Maña en su libro "*Patología de la cimentaciones*" (editorial Blumen 1978).

Los muros de carga se componen de materiales muy diversos como barro y paja (tapial), adobe (muros ejecutados con piezas de barro sin cocer), muros de mampostería, sillares de piedra, ladrillos y morteros, bloques de hormigón, etc. Además, es frecuente que el mismo material cambie de calidad según el momento de la ejecución, su cochura, el vertido de agua en a un mortero duro, de vetas diferentes en la cantera, etc., por lo que el discurrir de una grieta teórica puede verse distorsionado en su trayectoria, máxime con la existencia de elementos que rompen la posible homogeneidad del muro como: huecos, balcones, dinteles, etc.

Todo ello, contribuyen a que en ocasiones una grieta aparecida a causa de un problema de cimentación puede quedar oculta o distorsionada entre otras propias de flexiones de la estructura, empuje del viento, sismo, etc., por lo que es muy importante saber distinguir unas grietas de otras, para darle la importancia justa que tienen.

No obstante, y para arrancar de algún punto, se supone que el muro que se va a estudiar es un medio homogéneo e isótropo, única forma de explicar su posible fisuración.

Si se utiliza como recurso teórico aceptable, la teoría de la elasticidad y su aplicación con el círculo de Mohr y si se conocen los esfuerzos en dos posiciones perpendiculares de un elemento tensionado se pueden calcular los esfuerzos principales:

En el caso de estudiar un momento plano sometido a un momento flector perpendicular a su plano el caso anterior se simplifica a:

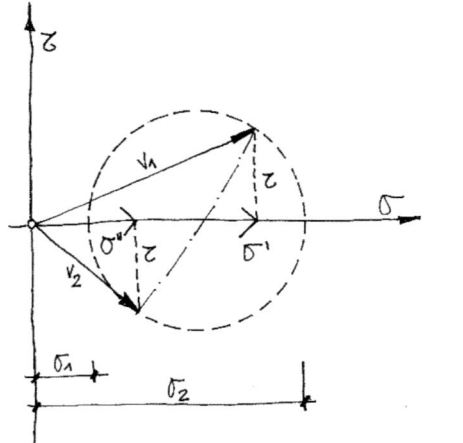
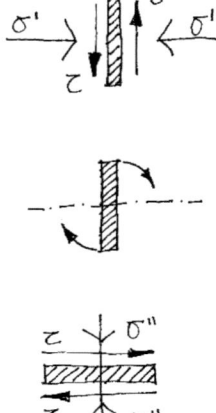

Figura 1.22.- Circulo de Mohr. Esfuerzos principales   Figura 1.23.- Simplificación de valores.

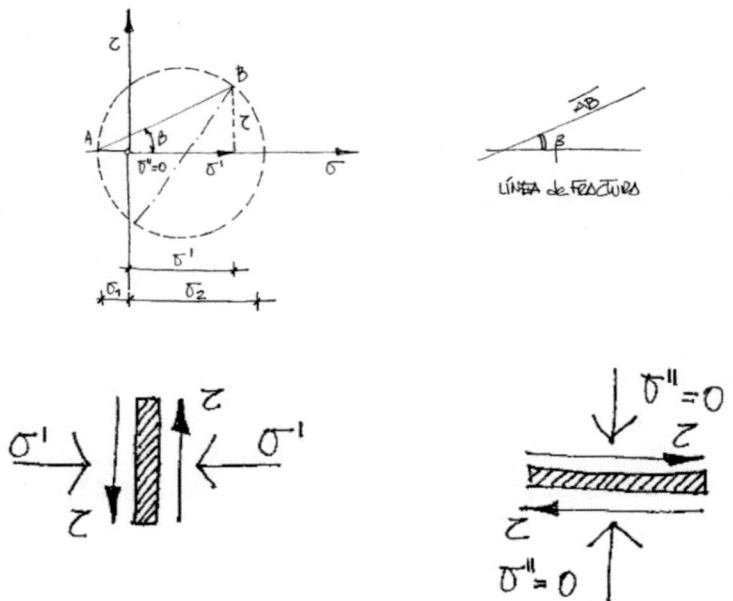

Figura 1.24.- Simplificación de valores.

Con lo que se obtiene la línea de fractura AB que forma un ángulo β con la horizontal. Si se realizara este mismo proceso en distintos puntos del plano, donde se conocen los valores de σ, y τ, se mantiene σ constante, se obtiene la fractura para una tensión constante determinada, que se denominará **isostáticas de compresión**, cuyo diagrama es el siguiente:

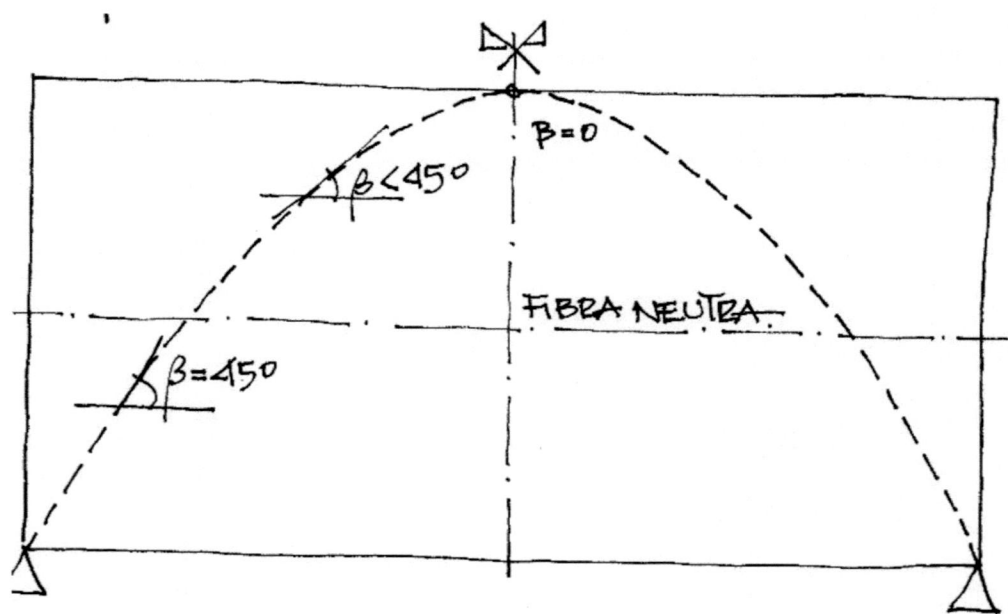

Mediante este sistema se puede calcular **las curvas isostáticas de compresión** que coinciden con las posibles líneas de fractura. A continuación, se va proceder a presentar diversos casos de muros de carga con sus isostáticas de compresión. Se habla de muros de carga por tener dos dimensiones predominantes (longitud de altura) y están sometidos a un momento flector perpendicular a su plano.

1.- Muro de un vano: Apoyado-apoyado.

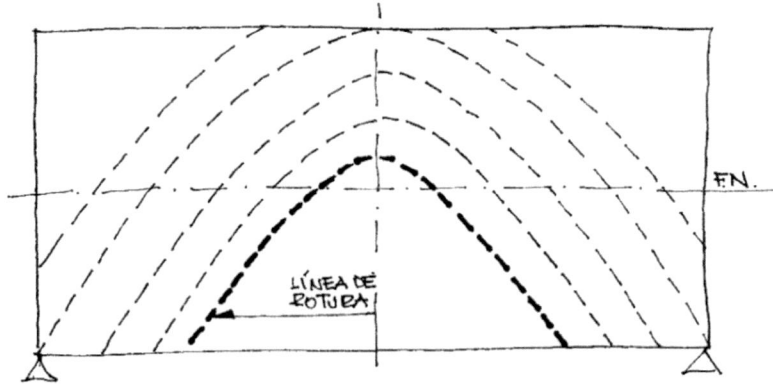

Figura 1.26.- Isostática de compresión.

La línea de rotura (regruesada) aparece dependiendo de muchos parámetros como: de sus dimensiones, de la rigidez y material del muro, del estado de acciones que hay sobre el, tipo de materiales, etc.

2.- Muros en forma de ménsula.

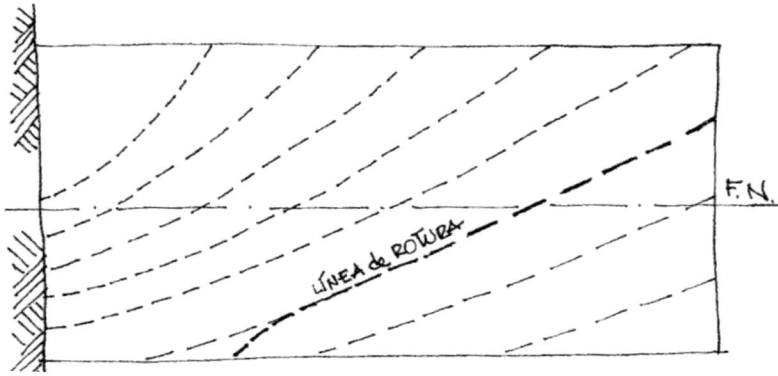

Figura 1.27.- Isostática de compresión y líneas de rotura.

Como ya se vio, la rotura a tracción sigue la isostática de compresión que suelen formar lo que se ha llamado **arco de descarga** donde confluyen las tensiones principales, coincidentes con los puntos de mayor tracción.

3.- Muro de dos vanos simétricos.

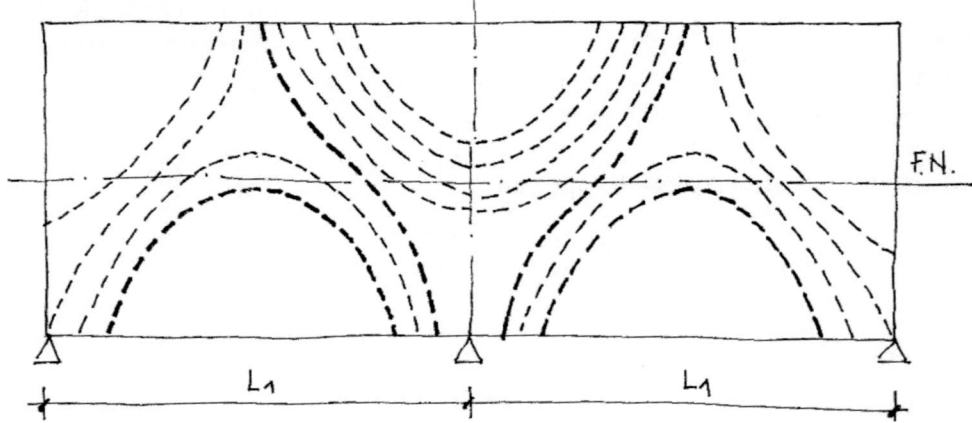

Figura 1.28.- Isostática de compresión y líneas de rotura.

4.- Muros de dos vanos asimétricos

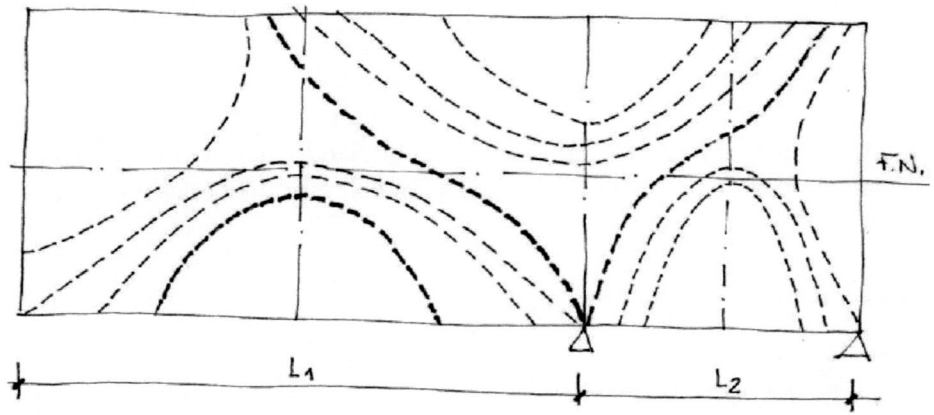

Figura 1.29.- Isostática de compresión y líneas de rotura.

5.- Muro de un vano con ménsula.

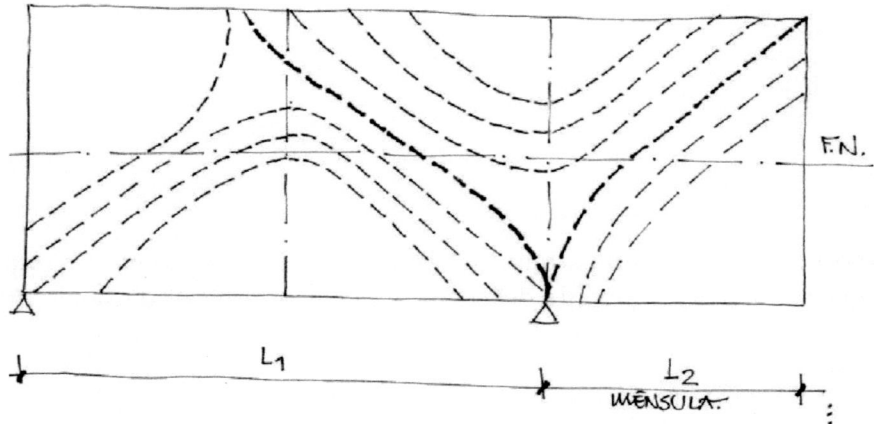

Figura 1.30.- Isostática de compresión y líneas de rotura.

6.- Muro de varios tramos.

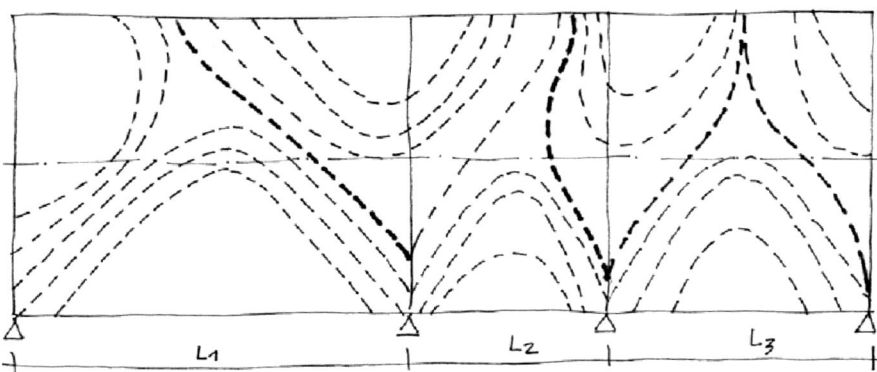

Figura 1.31.- Isostática de compresión y líneas de rotura.

Como se puede observar las isostáticas de compresión se van entrelazando de forma que la aparición de una línea de fractura cada vez puede aparecer en de la forma más diversa. Pero como se puede apreciar, siempre tiene una explicación basada en las isostáticas de compresión que sufre el paramento en su deformación.

Ahora bien, si se superponen los seis casos analizados con anterioridad, con los posibles casos de asentamiento de un muro, se puede justificar la forma de las fisuras que, como se verá, sigue alguna de las isostáticas de compresión estudiadas y que coincide con alguna de las posibles líneas de fractura.

Asimismo, la trayectoria de la fisura depende en primer lugar de las proporciones geométricas de la pieza; también depende del material con el que está construido y de aquellos elementos introducidos que rompen su homogeneidad como huecos, forjados, dinteles, etc., que pueden romper la trayectoria teórica hasta el punto de hacerla casi irreconocible.

A continuación, se va a sistematizar una serie de fisuras que aparecen frecuentemente en muros de edificios para analizar y estudiar el porqué de su trayectoria, así como todo lo analizado con anterioridad con su explicación más teórica.

Tipología de lesiones en muros.
a/ Asientos de un extremo corto

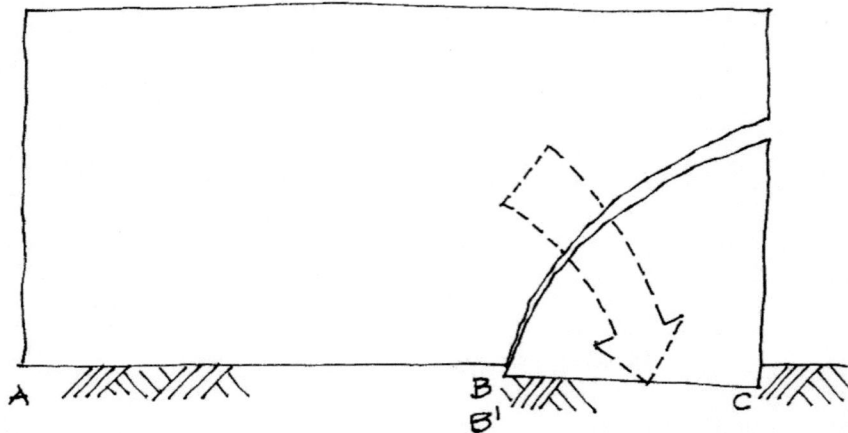

Figura 1.32.- Rotura de muro por asentamiento de un extremo corto.

Análisis de la lesión:

Este caso se puede asimilar al caso quinto, ya que cuando la zona del terreno BC asienta, el punto B del muro se mantiene, por lo que se tiene un apoyo fijo AB y una zona en mesula B'C.

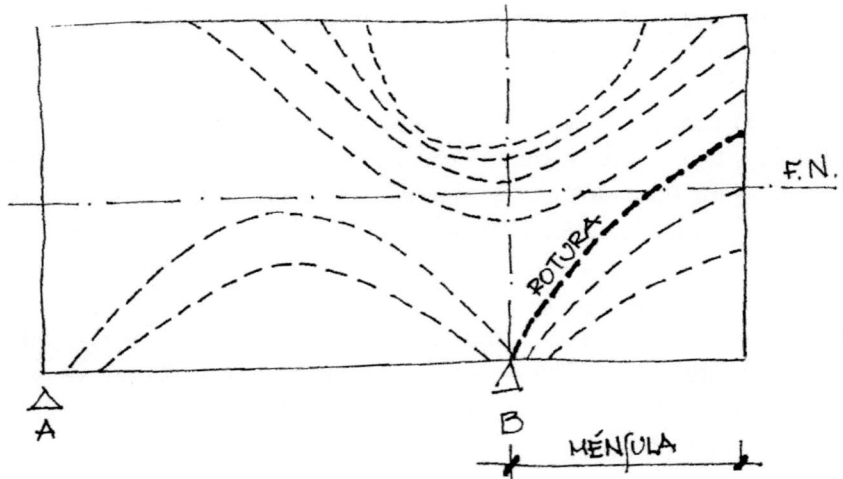

Figura 1.33.- Isostáticas de compresión combinada y posible rotura.

Si se observan detenidamente ambas figuran se comprueba efectivamente el tipo de lesión aparecido tiene una clara explicación a partir de las isostáticas de compresión establecidas que definen las posibles líneas de rotura. Ahora bien, si la zona de asentamiento de es algo mayor pueden aparecer los casos siguientes:

b/ Asientos de un extremo medio.

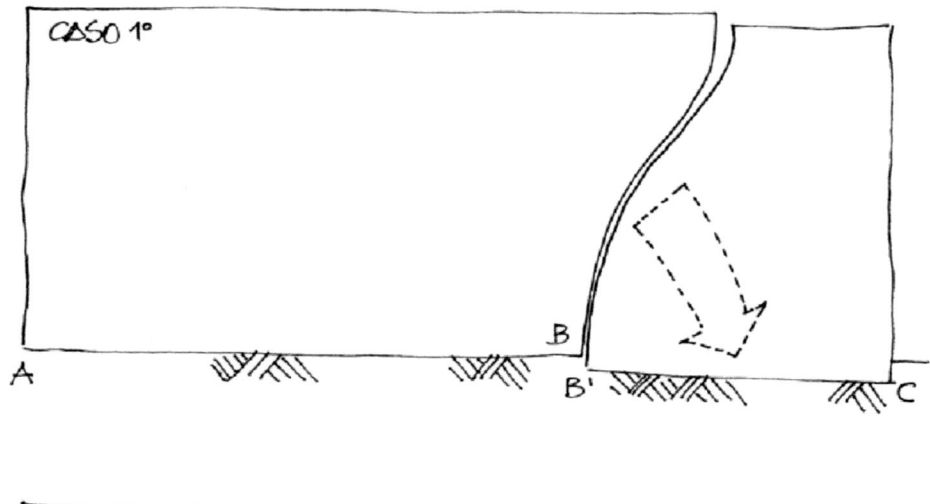

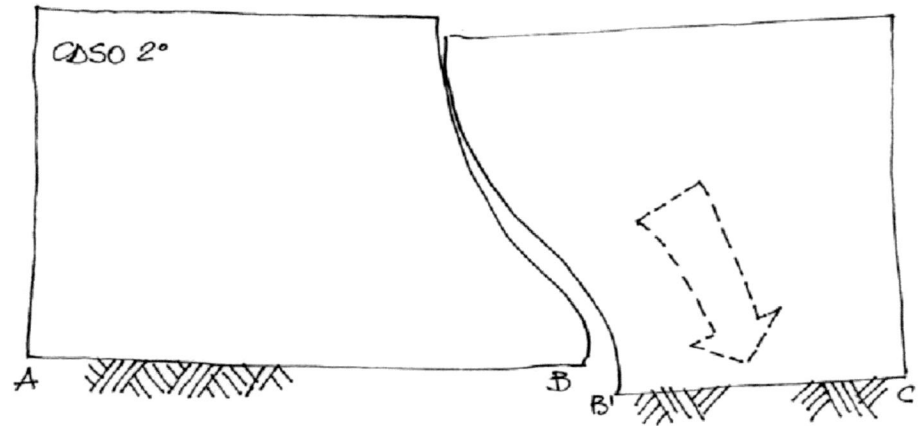

Figura 1.34.- Posibles roturas de muro por asentamiento de un extremo medio.

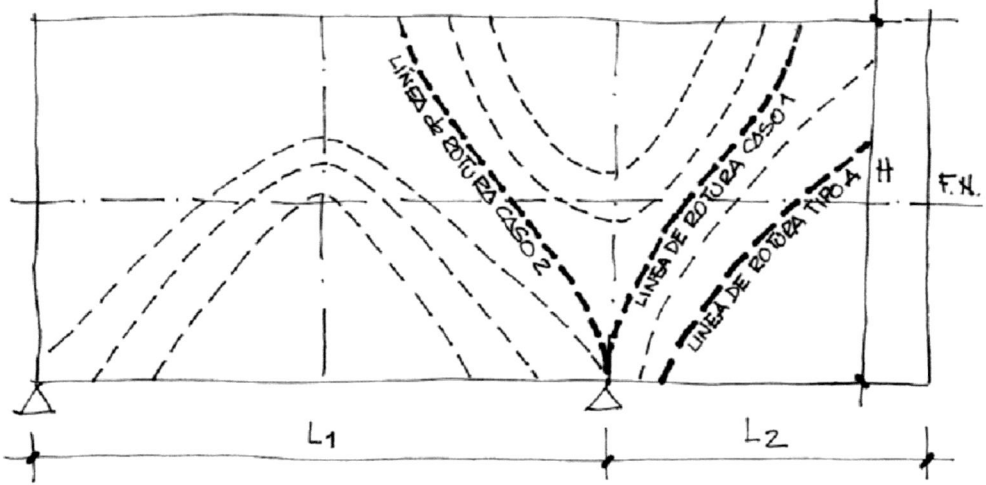

Figura 1.35.- Isostáticas de compresión y líneas de rotura.

Análisis de la lesión

Como en el caso a/ se puede similar al caso quinto según prevalezca una u otra línea de rotura, dependiendo de la relación L_2 y H.

c/Asiento de un extremo largo con apoyo extremo.

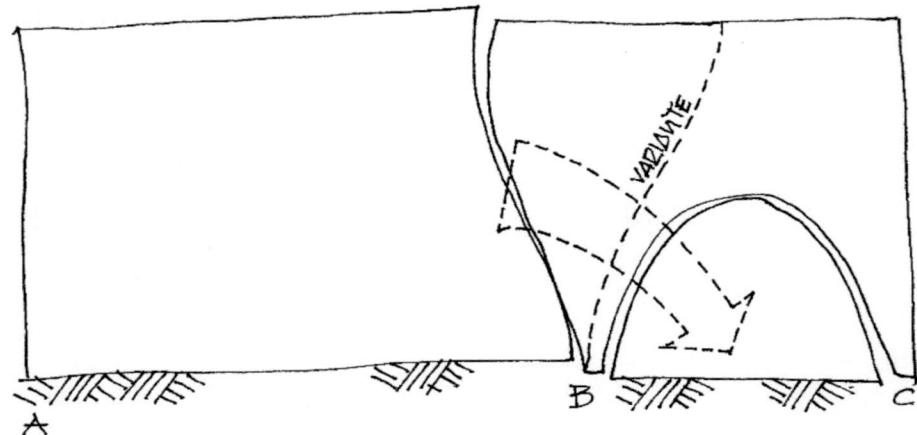

Figura 1.36.- Posibles roturas de muro por asentamiento de un extremo lsrgo con apoyo.

Este tipo de rotura se podría asimilar a un caso cuarto que se ha superpuesto con el caso quinto. En un momento determinado.

Análisis de la lesión:

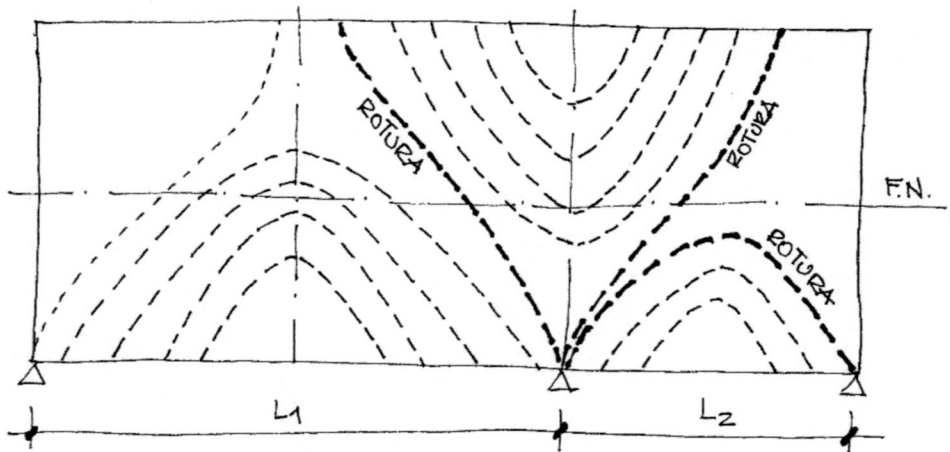

Figura 1.37.- Isostáticas de compresión y líneas de rotura.

Como se puede observar las grietas que suelen aparecer en un muro de carga de este tipo se pueden explicar perfectamente con las isostáticas de compresión, dependiendo su trazado de muchos otros factores, como anteriormente se ha indicado.

d/.- Asiento central corto.
Lesión:

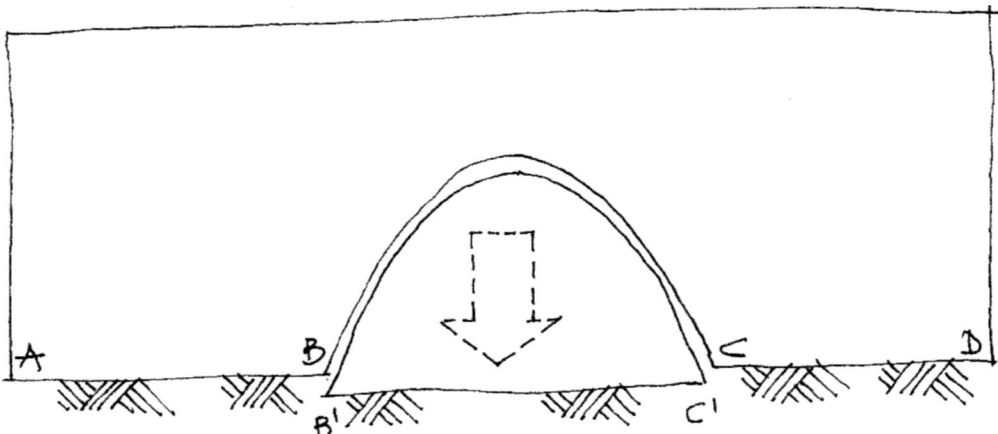

Figura 1.38.- Posibles roturas de muro por asentamiento de una zona central corto.

Análisis de la lesión:

Si los puntos ABCD permanecen fijos, el caso es asimilable al tipo seis que es un muro de tres tramos y cuatro apoyos.

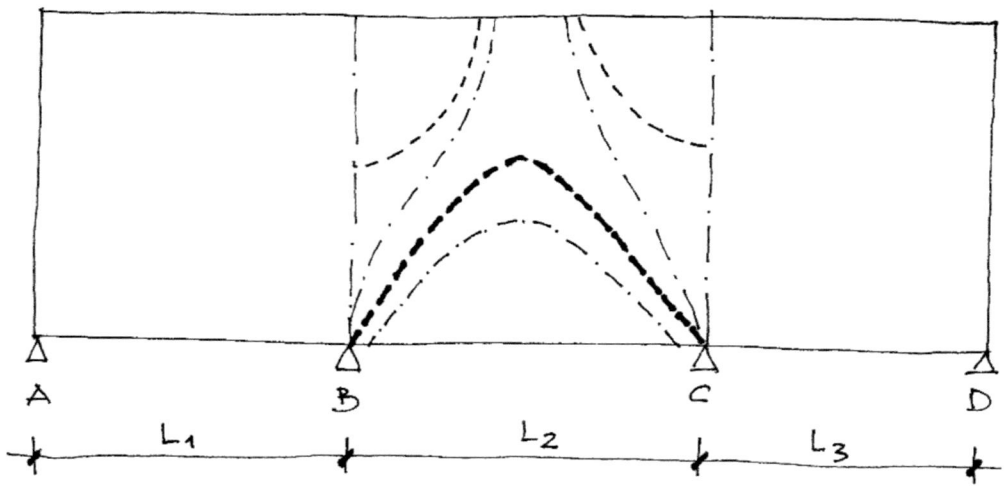

Figura 1.39.- Isostáticas de compresión y líneas de rotura.

Como en el caso b, dependiendo de las relaciones de los tres vanos con la altura, es decir dependiendo de la zona asentada y de la altura del muro L_2 y H; pueden ocurrir variantes perfectamente justificada con las isostáticas de compresión de un muro con tres vanos.

La explicación es la siguiente:

d/.- Asiento central largo.
Lesión:

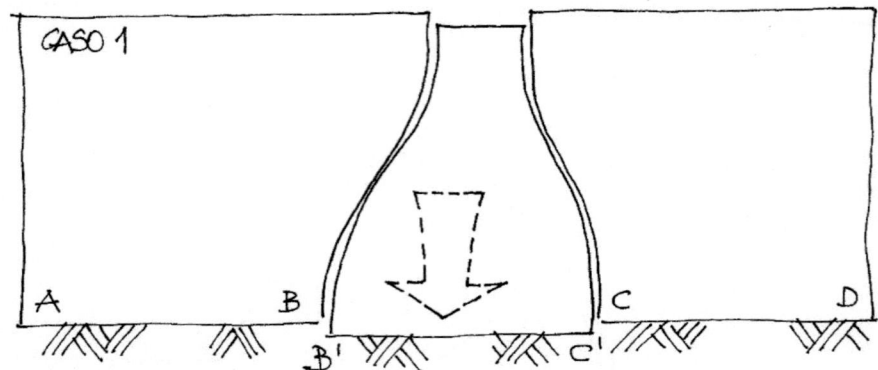

Figura 1.40.- Isostáticas de compresión y posibles líneas de rotura.

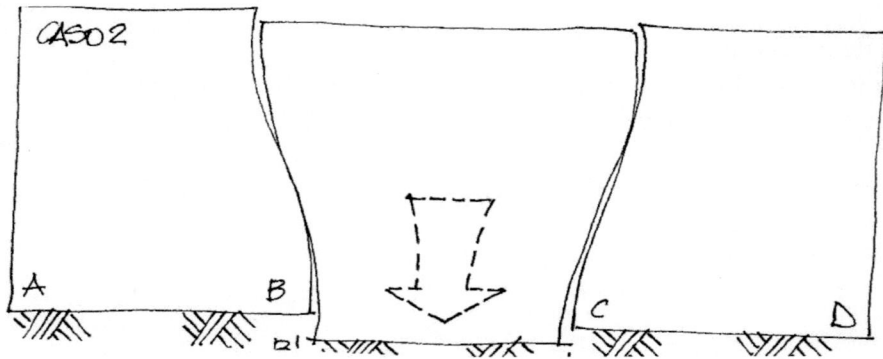

Figura 1.41.- Isostáticas de compresión y posibles líneas de rotura.

Análisis de las lesiones

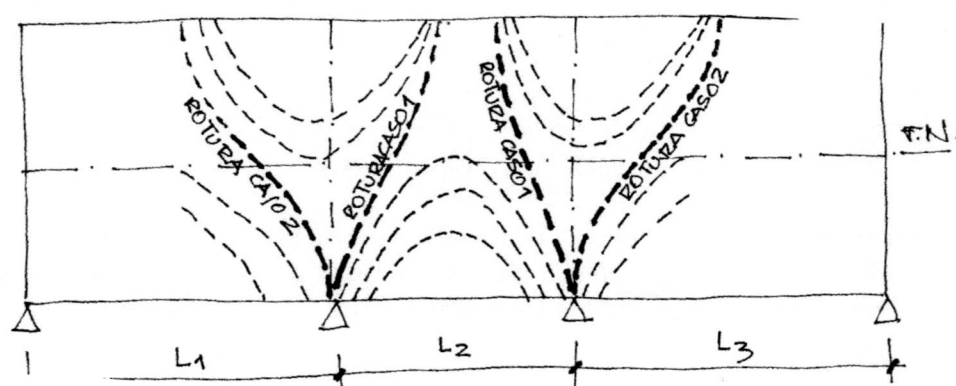

Figura 1.42.- Isostáticas de compresión y posibles líneas de rotura.

Como se puede apreciar las explicaciones incluidas en el análisis de cada una de las versiones, se justifican perfectamente la teoría expuesta.

f/. Asentamientos en muro muy largo

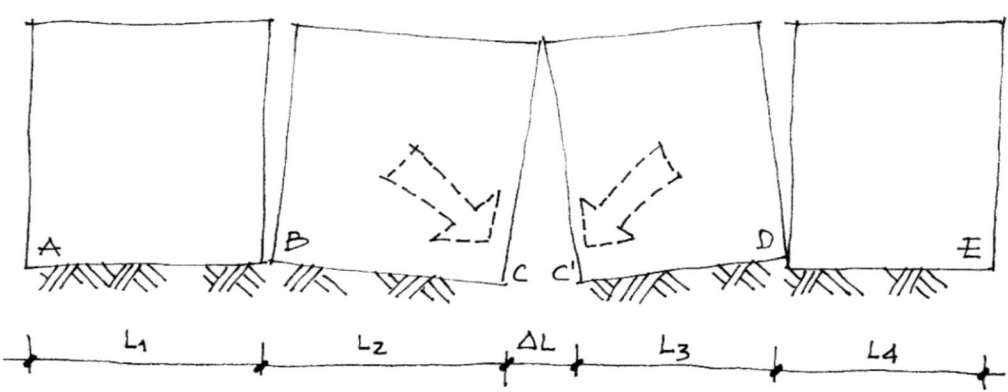

Figura 1.43.- Isostáticas de compresión y posibles líneas de rotura.

Este caso es asimilable a una viga continua de cuatro vanos, predominando los esfuerzos normales de sobre los cortantes.

g/. Discontinuidades en muros de reales.

Las roturas descritas en los apartados anteriores, son reflexiones teóricas sobre muros homogéneos e isótopos totalmente exentos. La realidad es muy distinta ya que, en primer lugar, los muros están formados por fábricas de ladrillo o bloques unidos con mortero de cemento, además tienen huecos; están divididos por forjados etc., y, en segundo lugar, casi nunca están exentos sino confinados dentro de una súper estructura que los envuelve. Por ello, encontrar claramente los casos mencionados puede ser cuanto menos complicado.

Los muros de carga o los cerramientos están formados por hiladas de ladrillo o bloques de hormigón con juntas de mortero de cemento, lo que hacen de él un medio heterogéneo. Además los movimientos de asentamiento son, en general, mucho más sutiles que los mencionados en los casos anteriores.

La forma de construir provoca las heterogeneidades no previstas. Por ejemplo, cuando se hormigona un forjado apoyado sobre un muro, el hormigón entrega en los agujeros de los ladrillos, solidarizando la primera hilada superior de la fábrica con el forjado.

Por ello, los movimientos que provocan la patología, que se esperan en el encuentro muro-forjado, aparece normalmente una o dos hiladas más abajo.

También hay que tener en cuenta que cuando los operarios paran la ejecución del muro, para comer, cuando vuelven suelen batir posteriormente la mezcla, añadiendo un poco de agua, con lo que una hilada al menos queda con un mortero más pobre que el resto.

Por último, las cadenas de atado, zunchos y pilares pueden coartar claramente la libertad del desarrollo de una patología produciendo lesiones imprevisibles y en cierto modo irreconocibles. Para adecuar estos aspectos se pone como ejemplo un muro de carga con un forjado superior apoyado que asienta por uno de sus extremos:

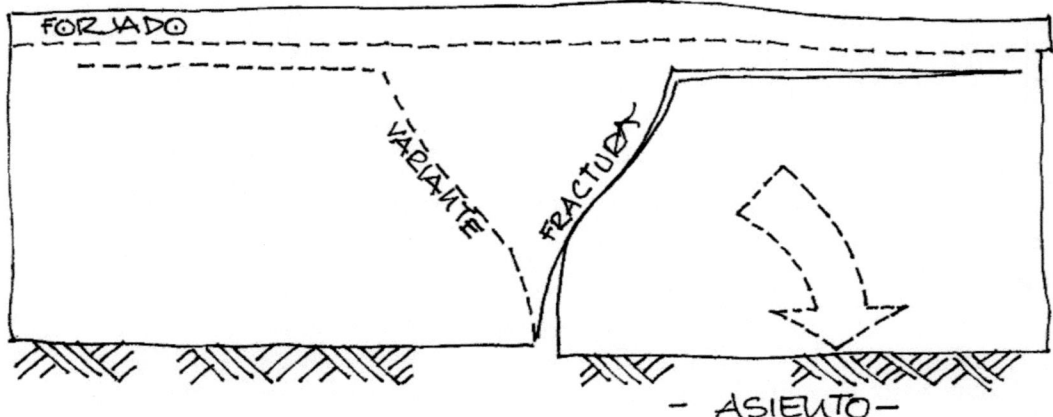

Figura 1.44.- comportamiento de muro de carga con forjado superior.

No es habitual que el forjado se fracture sobre todo si existe una cadena de atado perimetral armada. Como ya se ha mencionado la fractura horizontal se produce una hilada por debajo del forjado.

Cuando la combinación anterior de muro forjado se repite varias alturas se pueden dar dos casos:

a) Si las cadenas de atado existen y son capaces de soportar bien los esfuerzos, se produce la fisuración expuesta con anterioridad de forma sistemática en cada una de las plantas.

b) Ahora bien, si las cadenas tratado no existen o la armadura no soporta los nuevos esfuerzos, el muro anterior actuará como un todo, aunque pueden aparecer casos intermedios con fisuraciones superpuestas que, de alguna forma, pueden ocultar un movimiento teóricamente limpio.

Por ello, el edificio puede presentar diferentes lesiones, como las que se grafían a continuación:

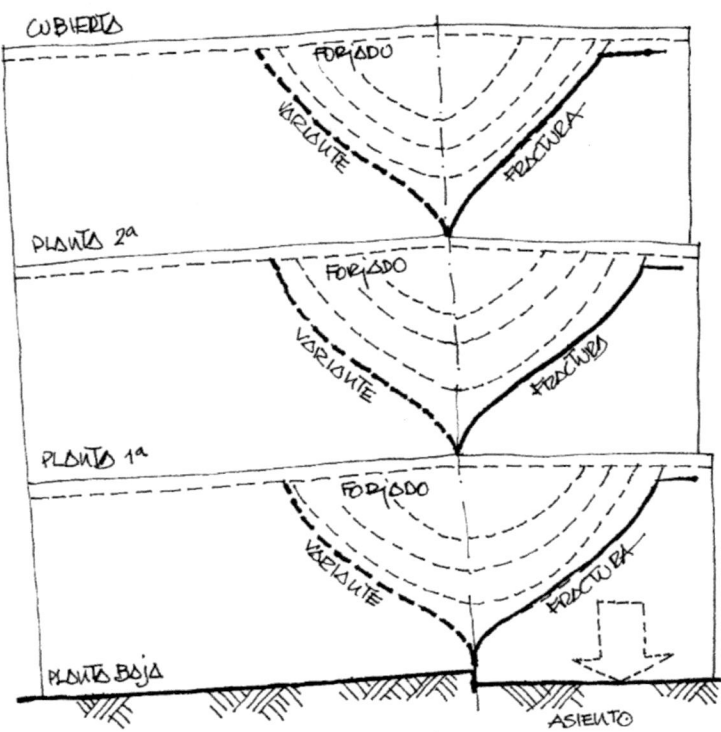

Figura 1.45.- Comportamiento de muro de carga con varios forjados que resisten las acciones.

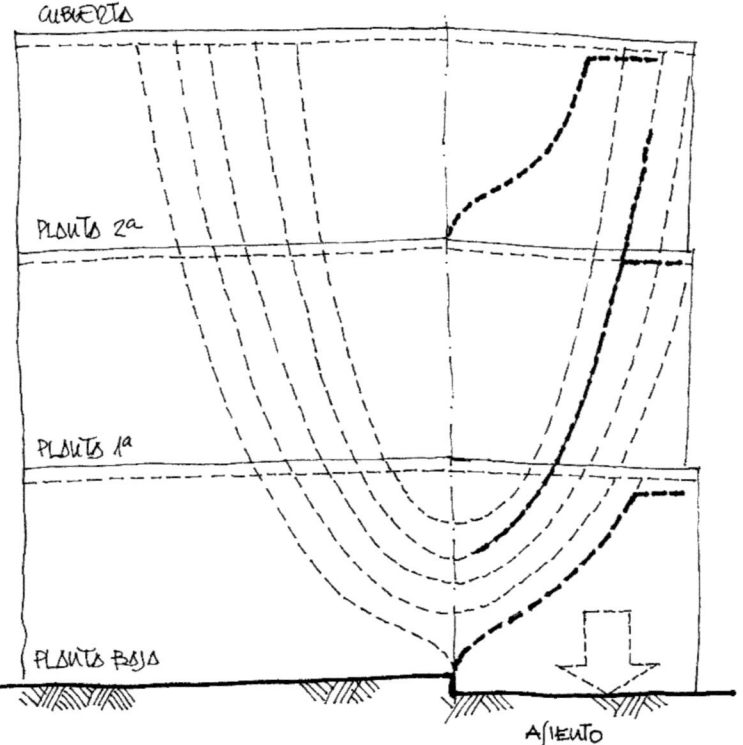

Figura 1.46.- Comportamiento de muro de carga con varios forjados que no resisten las acciones.

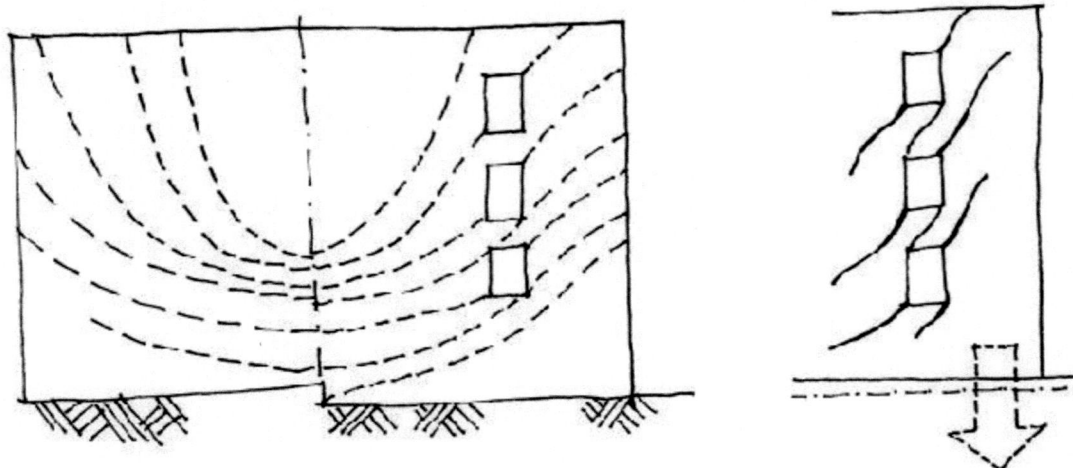

Figura 1.47.- comportamiento de muro de carga con varios forjados que y huecos.

c) La existencia de huecos en la fachada crea tensiones concentradas en las esquinas de dicho huecos, modificando el tratado de las curvas isostáticas.

d)

Con todo lo expuesto con anterioridad se han analizado la forma de cómo se presentan las lesiones de un muro, basadas en las curvas isostáticas de compresión, pero es sabido que las situaciones donde aparecen, casi nunca serán aisladas ya que los asientos afectan a todo el edificio.

h/. Patología en elemento espacial.

Siguiendo el proceso expuesto hay que estimar que los muros normalmente son elementos que pertenecen a un edificio y como tal la patología aparece repetidamente si el asiento es simétrico respecto del edificio o no. Por ello, se puede contemplar dos casos:

Asiento del edificio: simétrico.

Si el asiento se produce de forma simétrica a los ejes del edificio, como muros paralelos y sintiendo lesiones cero citadas con anterioridad se puede obtener el siguiente esquema de lesiones:

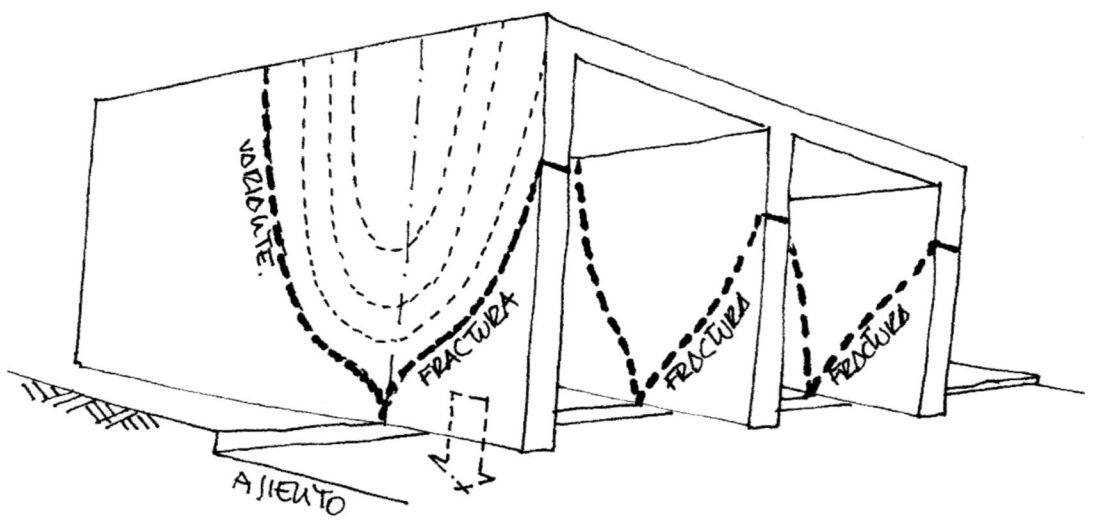

Figura 1.48.- Patología de movimiento simétrico de un edificio.

El asiento del edificio: asimétrico:

Más frecuente en el caso anteriormente expuesto es encontrarnos con un asentamiento simétrico del edificio, por lo que las lesiones no repiten el mismo esquema de fisuración. Son casos difíciles de comprender, si no se realiza un esquema de conjunto.

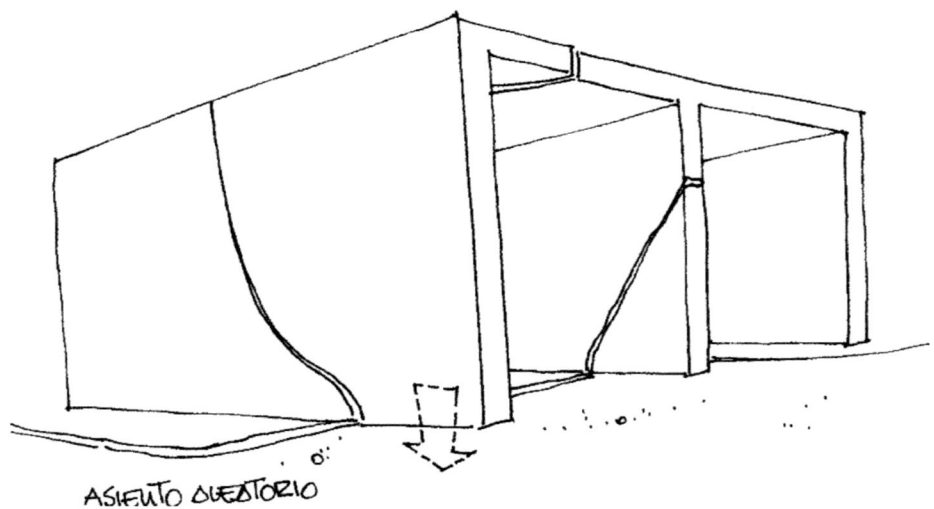

Figura 1.49.- Patología de movimiento asimétrico de un edificio.

Este suele ser el caso de fugas de agua de las redes de agua saneamiento. La vía de escape del agua puede tocar algunas cimentaciones y otras no, por lo que los asientos que se producen son casi siempre totalmente asimétricos.

El caso del apartado anterior podría presentar un cuadro de lesiones, totalmente diferente al aquí presentado, como se observa en la figura anterior.

Desarrollo de las fisuras:

Es necesario observar que el muro de fábrica de ladrillo o de bloques, se componen de dos materiales distintos: ladrillo o bloque y el mortero de cemento, que tienen módulo de deformación y resistencia diferente, las fisuras suelen discurrir normalmente, cuando son inclinadas, por la junta de mortero, rompiendo en contadas ocasiones las piezas cerámicas o de hormigón..

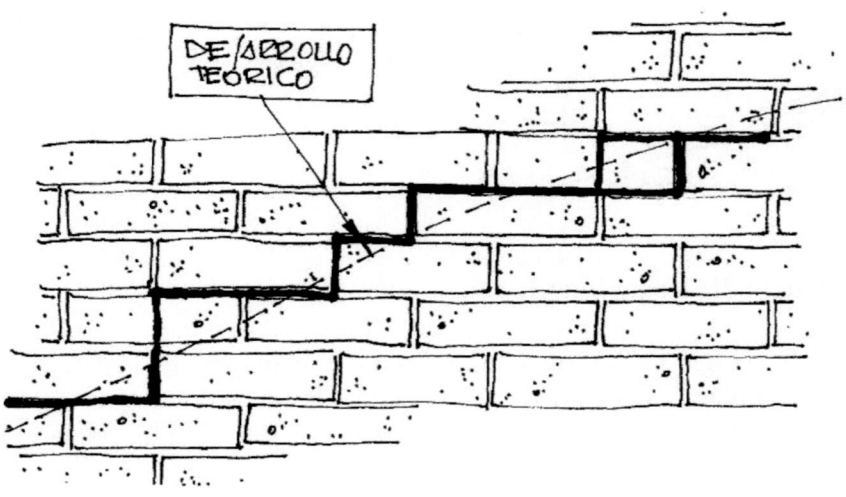

Figura 1.50.- Forma de apertura de un muro de fábrica.

1.4.6.- Lesiones en estructuras de hormigón.

Las lesiones que pueden sufrir los edificios con estructura portante de hormigón armado, debido al suelo, vienen justificadas por la existencia de asientos diferenciales.

En efecto, supongamos una estructura porticada de hormigón armado, compuesta de pilares y jácenas. Si el asentamiento de un pilar, es mayor que el de sus colindantes, se producirá un asiento diferencial, tal y como se indica en la siguiente figura:

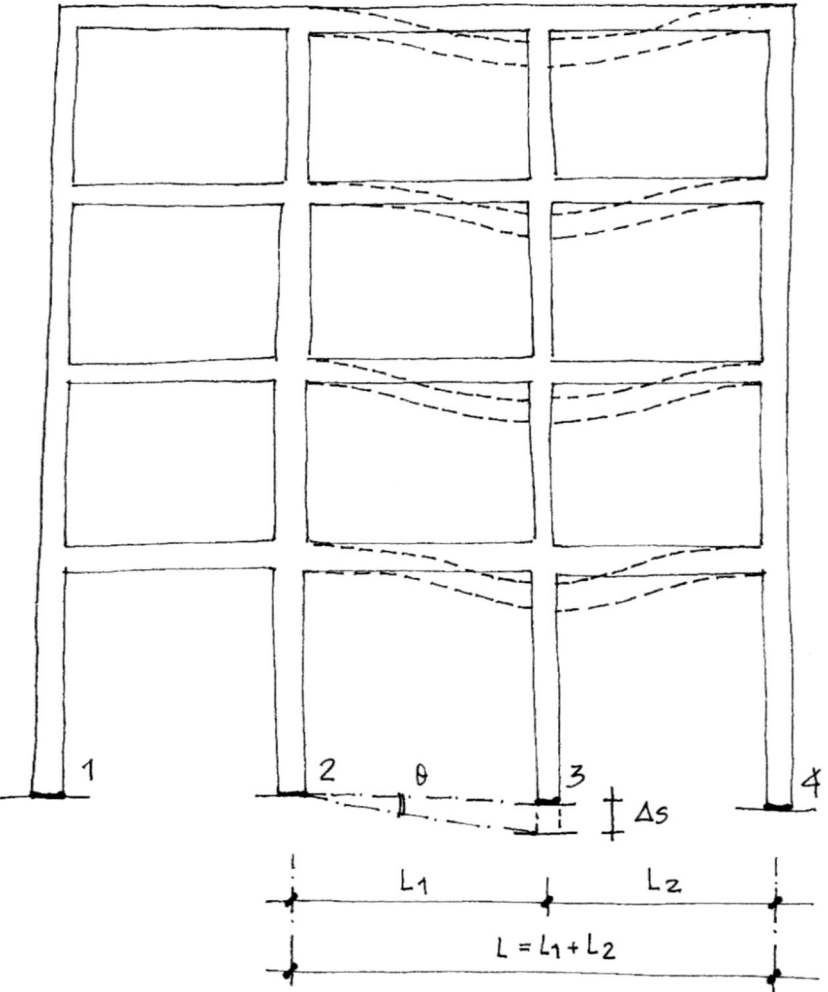

Figura 1.51.- Asiento de un pilar de una estructura de hormigón.

Si se considera un asiento diferencial (Δs), como ya se vio en el apartado 1.4.3, aparece una distorsión angular (θ) en la estructura.

$$\theta = \frac{\Delta s}{L}$$

Ahora bien, este asentamiento provoca la aparición de unos momentos flectores en las jácenas que se apoyan en el pilar que asienta cuyo valor es el siguiente:

$$M = \frac{6 \cdot E_e \cdot I}{L^2} \Delta s$$

Por otro lado, se sabe que:

$$\sigma = \frac{M \cdot y}{I}$$

$$M = \frac{\sigma \cdot I}{y}$$

Sustituyendo el valor de M en la ecuación anterior se obtiene que:

$$\frac{\sigma \cdot I}{y} = \frac{6 \cdot E_e \cdot I}{L^2} \Delta s$$

Teniendo en cuenta la expresión de la distorsión angular, se puede expresar como:

$$\theta = \frac{\sigma \cdot L}{E_e \cdot y}$$

Y que, si se analiza el cerramiento que rellena uno de los vanos, se puede expresar la distorsión angular como:

$$\theta = \frac{\tau}{G_c}$$

Donde G_c es el Módulo de deformación del cerramiento cuyo valor es:

$$G_c = \frac{E_c}{2(1 + v_c)}$$

Donde:

E_c Módulo de Elasticidad del cerramiento.
v_c Módulo de Poisson del cerramiento.

Igualando ambas expresiones anteriores:

$$\theta = \frac{\sigma \cdot L}{E_e \cdot y} = \frac{\tau}{G_c}$$

Obteniéndose que:

$$\theta = \frac{\sigma_e}{\tau_e} = \frac{6 \cdot E_e \cdot y_e}{\cdot G_c \cdot L}$$

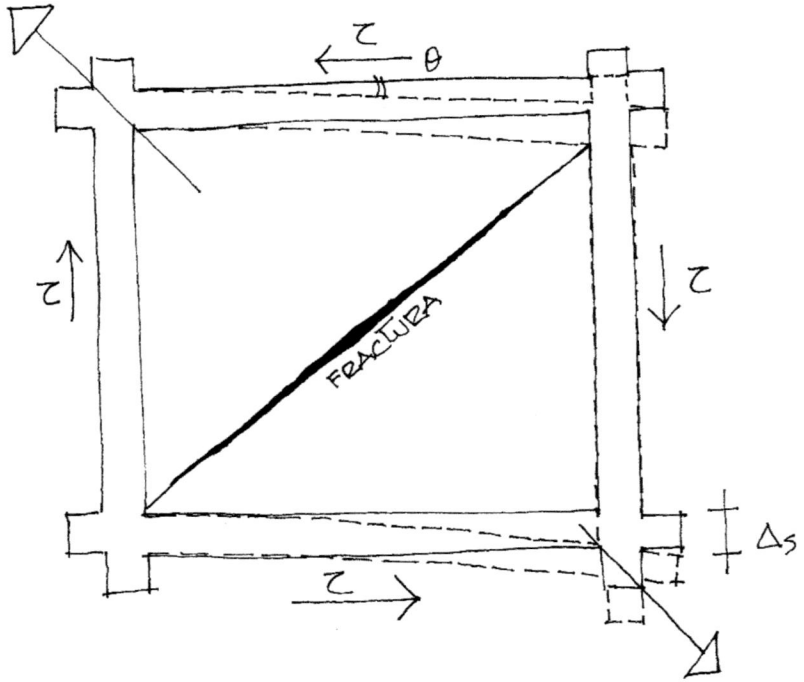

Figura 1.52.- Deformación de un cerramiento confinado en el interior de una estructura de hormigón.

Ejemplo.

Si se considera una estructura antigua de hormigón armado (f_{ck}=175 kp/cm²) con:

E_e=19.000·$\sqrt{175}$=251.346,37 kp/cm²

Dentro de los vanos de la estructura hay un tabique realizado con un ladrillo perforado de las siguientes características:

τ_e=3,00 kp/cm²
E_c=10.000 kp/cm²
v_c=0,2

La luz del vano es de 5,00 m y el canto de la jácena es de h=40 cm, por lo que se puede expresar que:

1º.- Módulo en de rigidez del cerramiento:

$$G_c = \frac{E_c}{2(1 + v_c)} = \frac{10.000}{2 \cdot (1 + 0,2)} = 4.166.67 \frac{kp}{cm^2}$$

2º.- Relación $\frac{\sigma_e}{\tau_e}$:

$$\theta = \frac{\sigma_e}{\tau_e} = \frac{6 \cdot E_e \cdot y_e}{\cdot G_c \cdot L} = \frac{251.346,37 \cdot 20}{166,67 \cdot 500} = 14,48$$

La relación $\frac{\sigma_e}{\tau_e} = 14,48$ nos indica que cuando el tabique se fractura ($\tau>3$ kp/cm²) la jácena de la estructura de hormigón recibe la tensión adicional de 3·14,48=43,43 kp/cm² pero como el hormigón está trabajando a 175/1,50 =116,67 kp/cm², la tensión adicional aumenta la tensión de trabajo a: 116,67+73,73=160,10 kp(cm² < 175 kp/cm² tensión siempre inferior que la de cálculo.

Del ejemplo expuesto D. Fructuoso Maña formula un axioma básico, que dice:

Todo el edificio, cuyos cerramientos estén confinados contra la estructura, presentará frente a un asiento diferencial, impuesto al conjunto, una rotura de los cerramientos mucho antes de que se produzca ningún deterioro sobre los elementos estructurales.

De lo expuesto se deduce que si los cerramientos están libres (sin retacar) los asientos no tendrán repercusión sobre los mismos. Este axioma es aplicable a los movimientos estructurales de flexión.

Indicado lo anterior se va analizar los sitios más probables de aparición de lesiones de acuerdo a distintos esfuerzos.

1º.- Lesiones por asiento del pilar central
A/ momento flector. (momentos que se inducen).

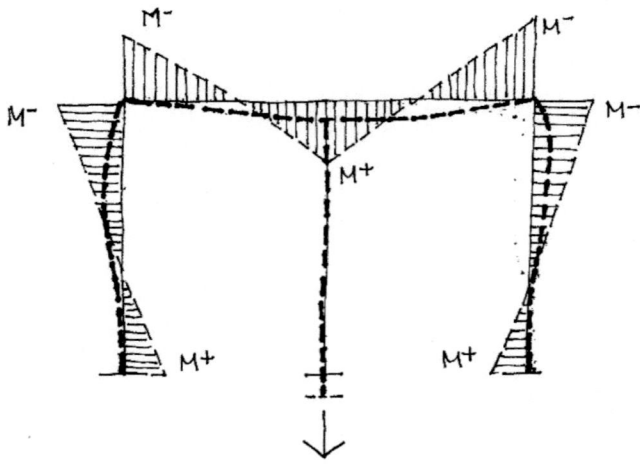

Figura 1.53.- Ley de momentos inducidos en una estructura de hormigón, por asiento de un pilar.

Lesiones probables.

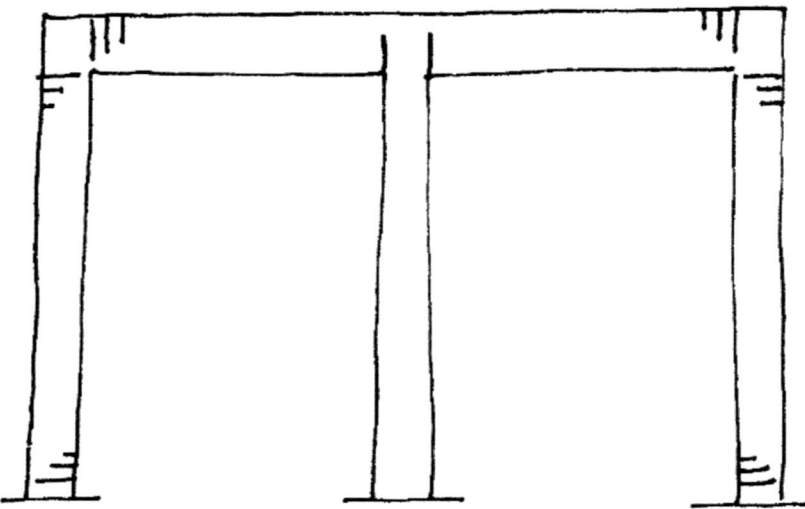

Figura 1.54.- Ubicación de lesiones más probables en una estructura de hormigón, por asiento de un pilar.

Cuando asienta el pilar central aparecen dos tipos de esfuerzos: por un lado una serie de momentos flectores, cuya aparición provoca tensiones máximas en los extremos, tal como se indica en el gráfico anterior. Pero, además, se producen esfuerzos cortantes, cuyos diagramas y ubicaciones de lesiones es el siguiente:

B/esfuerzo cortante.

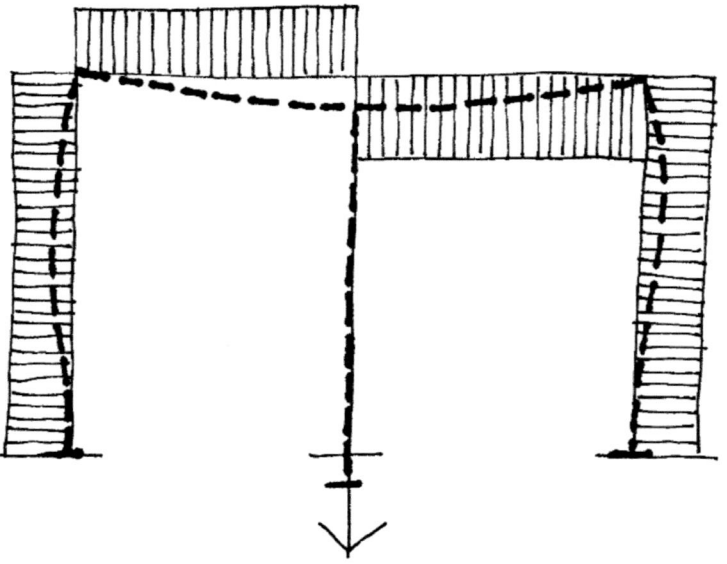

Figura 1.55.- Ley de Esfuerzos Cortantes en una estructura de hormigón, por asiento de un pilar.

Lesiones probables.

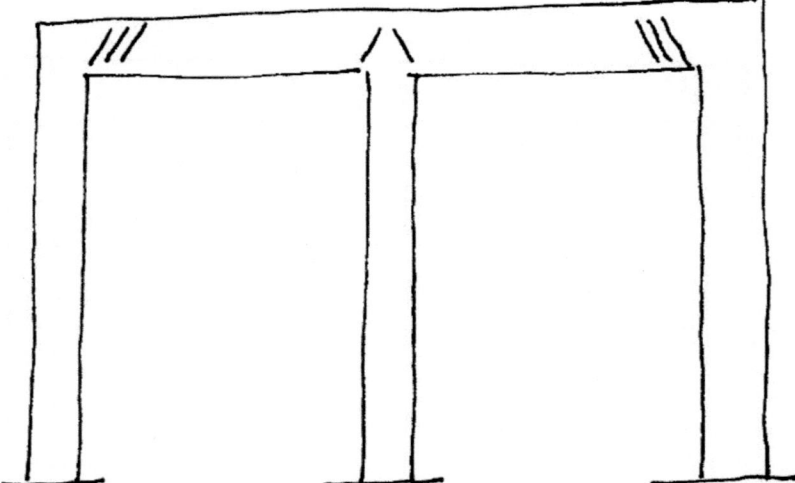

Figura 1.56.- Lesiones más probables debido a los esfuerzos cortantes inducidos en una estructura de hormigón, por asiento de un pilar.

Lesiones resultantes.

Ahora bien, si se suman las lesiones aparecidas debido a los momentos flectores con lo que se introducen debido a los momentos aparecidos con los esfuerzos por tanto en el cuadro de lesiones será el siguiente:

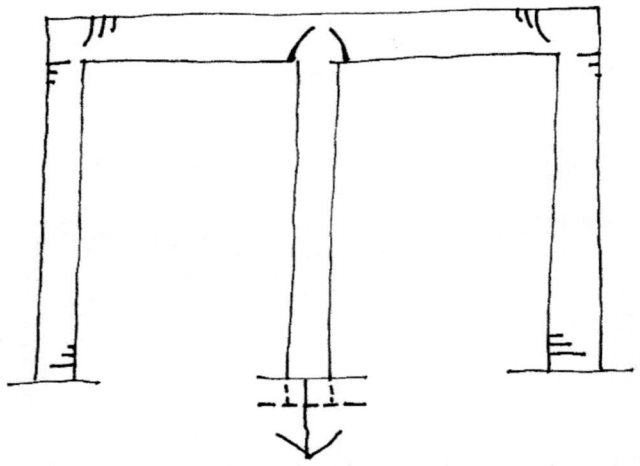

Figura 1.57.- Lesiones más probables debido a los esfuerzos resultantes, por el asentamiento de un pilar.

2º.- lesiones por asiento en pilar extremo.

A/ Momento flector inducido.

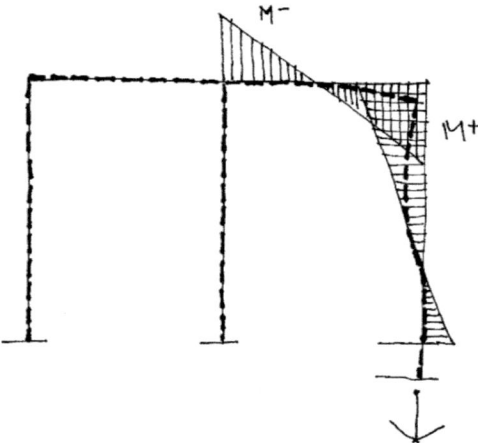

Figura 1.58.- Diagrama de Momentos Flectores inducidos, por el asentamiento de un pilar extremo.

Lesiones probables.

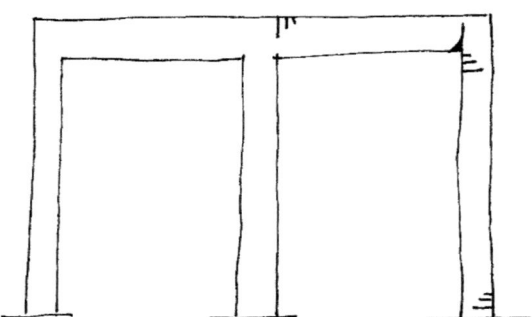

Figura 1.59.- Lesiones probables debidas a los Momentos Flectores inducidos por el asentamiento de un pilar extremo.

B/ esfuerzo cortante inducido.

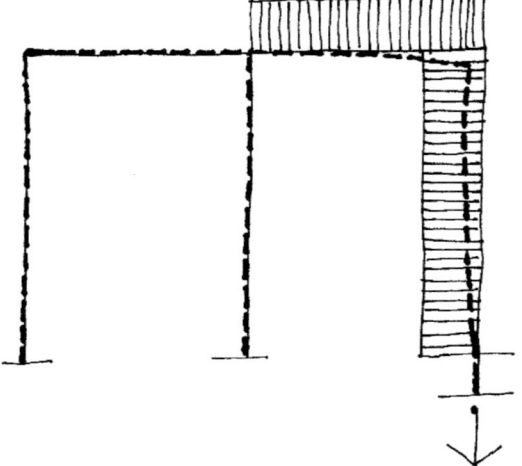

Figura 1.60.- Esfuerzo cortante inducidos por el asentamiento de un pilar extremo.

Lesiones probables.

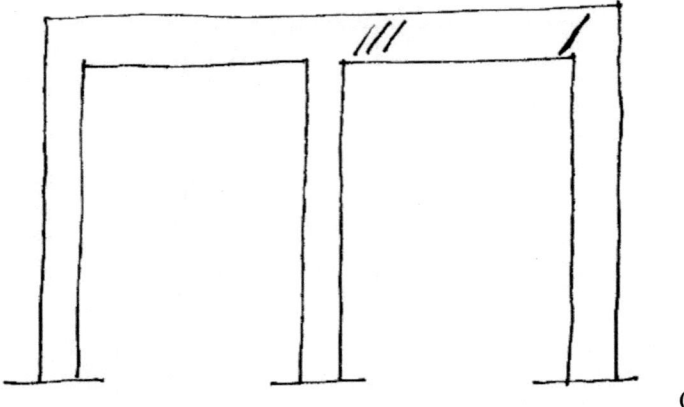

C

Figura 1.61.- Lesiones probables debidas al esfuerzo cortante inducidos por el asentamiento de un pilar extremo.

C/ lesiones resultantes.

Si, como el caso anterior se suma a las lesiones probables en cada caso, se obtiene la lesión la resultante es más probable, en caso de que asiente un pilar extremo, que es el siguiente:

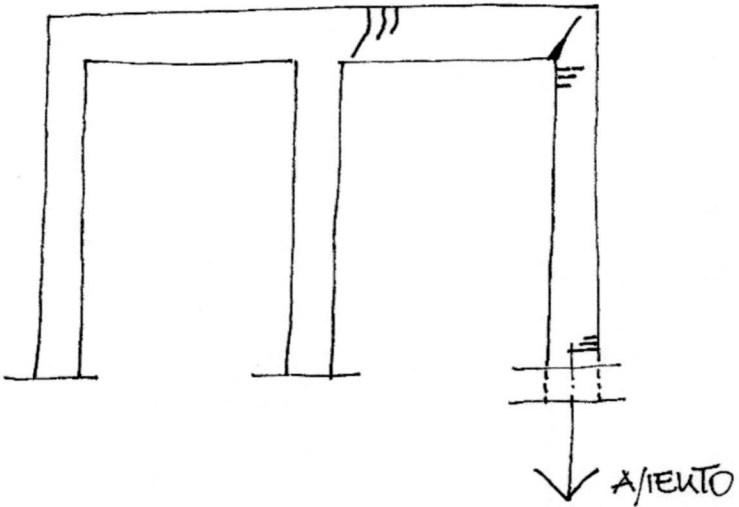

Figura 1.62.- Lesiones probables resultantes debidas los momentos y esfuerzos inducidos por el asentamiento de un pilar extremo.

3º.- Lesiones debido a flechas excesivas.

Es importante reflexionar ahora, porque las flexiones puras que aparecen en una jácena en servicio, no deben confundirse con las vistas anteriormente. Estas patologías son las siguientes:

A.- Momento flector de cargas.

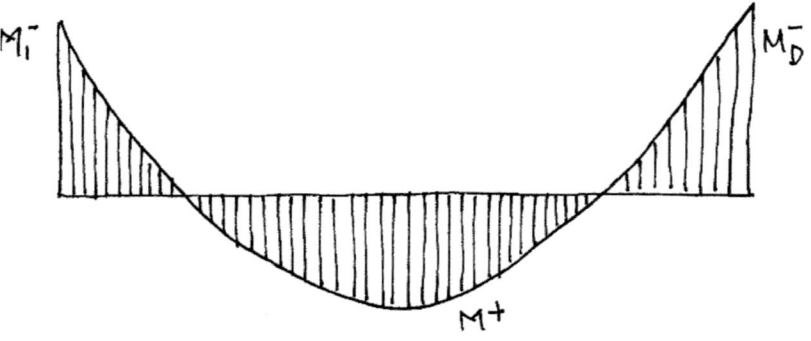

Figura 1.63.- Momento flector de cargas.

Lesiones debidas a la flexión.

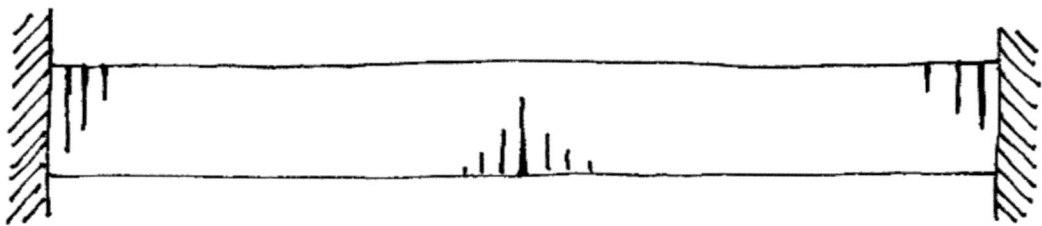

Figura 1.64.- Lesiones probables debidas al Momento flector de cargas.

B.- Lesiones debidas a flechas + asientos.

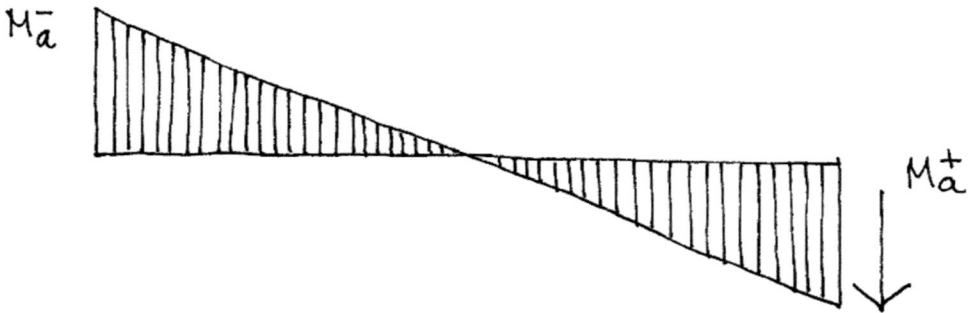

Figura 1.65.- Momento flector debido a los asientos

Momento Resultante.

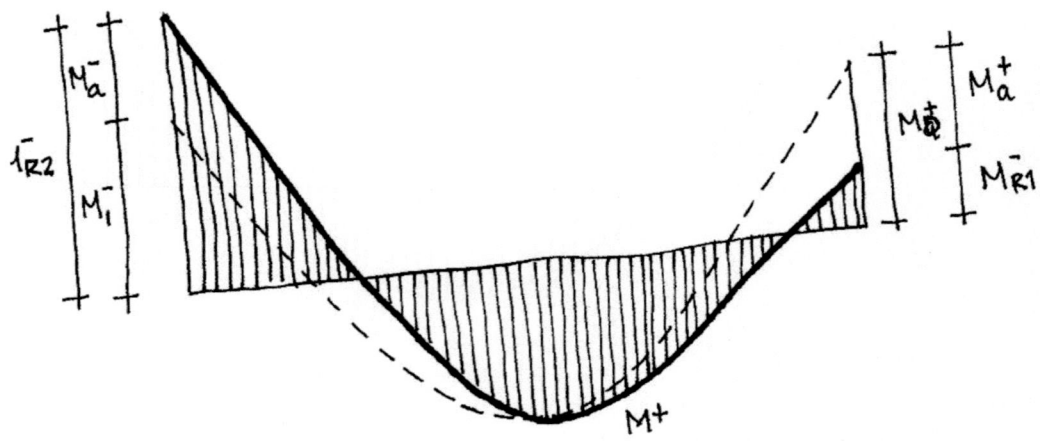

Figura 1.66.- Momento flector resultante debido a los asientos + flexiones.

En el caso analizado la aparición de asiento diferencial en el nudo derecho, favorece a éste y perjudica al nudo contrario de manera que la suma de fisuras daría las siguientes resultantes:

A.- Lesiones debidas a las cargas.

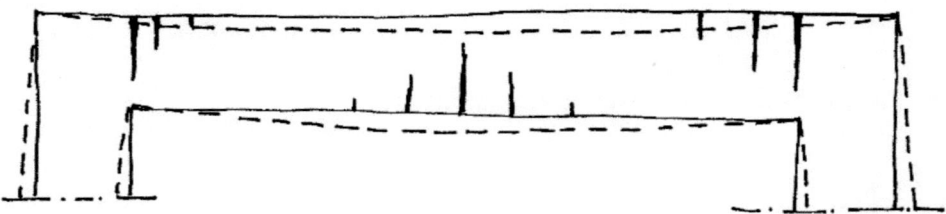

Figura 1.67.- Probables lesiones debidas solo a las cargas.

B.- Lesiones debidas al asiento diferencial.

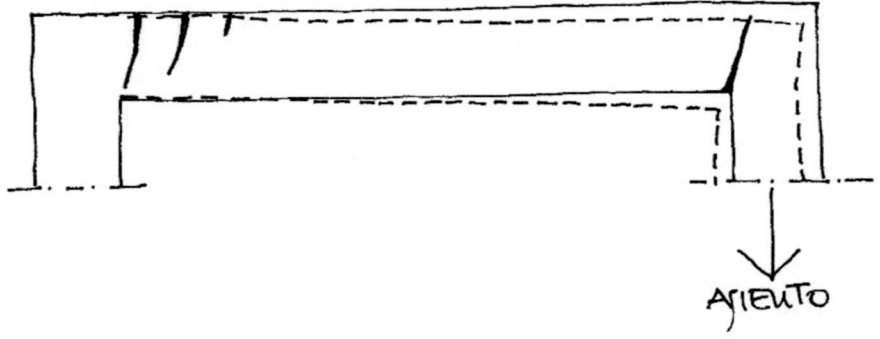

Figura 1.68.- Probables lesiones debidas solo al asiento diferencial.

C.- Lesiones resultantes debidas a las cargas + al asiento diferencial.

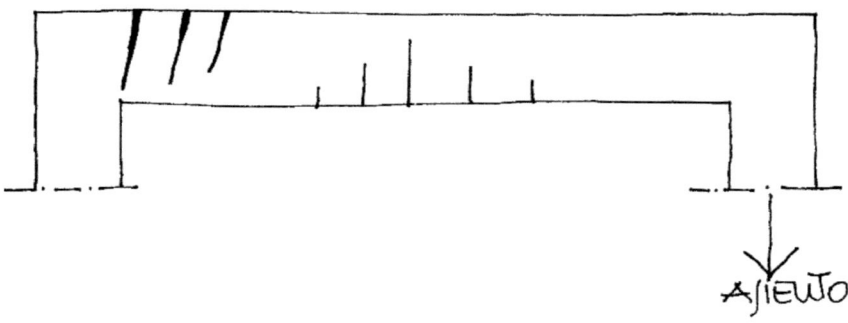

Figura 1.69.- Probables lesiones resultantes debidas a las cargas + al asiento diferencial.

Evidentemente la aparición o no de lesiones en el nudo derecho se deberá a sí el momento positivo, fruto del asiento menos el momento negativo, debido a la propias solicitaciones del estado de cargas, superan la capacidad de Fisuración del mismo. En todo caso el nudo derecho se verá favorecido en principio, en tanto en cuanto al asiento no sea lo suficientemente importante.

1.4.7.- Lesiones de asientos y/o flexión.

Es habitual no poder observar la patología explicada en el apartado anterior si no se descubren sus laterales, sobre todo en jácenas planas cuyo canto se encuentra embebido en el grueso del forjado; por consiguiente, para poder descubrir las causas de una patología se deben analizar las fisuraciones existentes en la tabiquería o cerramientos de las distintas dependencias del edificio.

Para poder distinguir perfectamente el origen de la causa que está produciendo la patología observable, es necesario, cuando no se tiene experiencia, realizar un esquema rápido de conjunto, que ayudará mejor a comprender la causa de la patología.

Los elementos importantes a observar son los siguientes:

- Esquema de la estructura.
- Situación del arco de descarga.
- Repetición de la patología en otras plantas.

a/ esquema de la estructura.

Ante la inspección de una patología es preciso realizar un esquema de la estructura que sostiene el tabique o cerramiento fisurado.

En general la patología en muros de carga tiene su origen en la aparición de asientos diferenciales. En cambio, la patología de tabiques dentro de un vano tiene su origen en flexiones excesivas.

b/ situación del arco de descarga.

Es fundamental situar el arco de descarga aparecido respecto de la estructura. Hay que tener en cuenta que una fisura se levanta señalando el punto que desciende por eso, si señala el centro de un vano indica claramente una importante flexión de una jácena o del entramado. En cambio, si señala un muro o apoyo (pilar) nos está indicando el asiento de dicho elemento o su colapso.

c.- Repetición de la patología.

Normalmente la patología de flexiones suele ser acumulativas de forma que la rotura de la tabiquería suele aparecer en un punto aislado, en cambio, la aparición de una patología debido a un asentamiento de un elemento suele repetirse en todas las plantas del elemento afectado.

En resumen, se puede considerar lo que sigue, que es muy importante de tener claro:

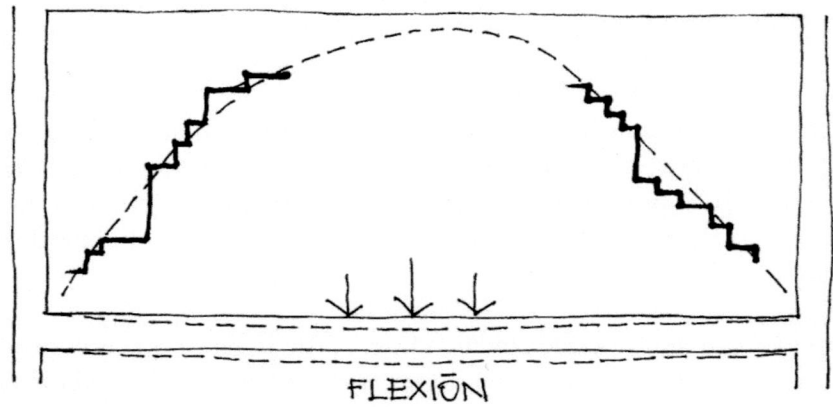

FLEXIÓN

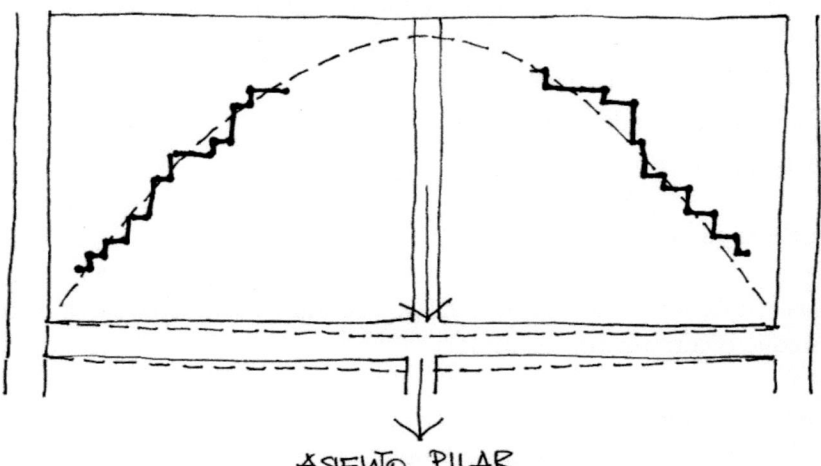

ASIENTO PILAR

Figura 1.70.- Patología debido a flexiones y a asientos.

En caso de edificios construidos con muros de carga es fundamental conocer si las grietas y fisuras son debidas a flexiones de los forjados (figura superior) o a asientos diferenciales de la cimentación (figura inferior).

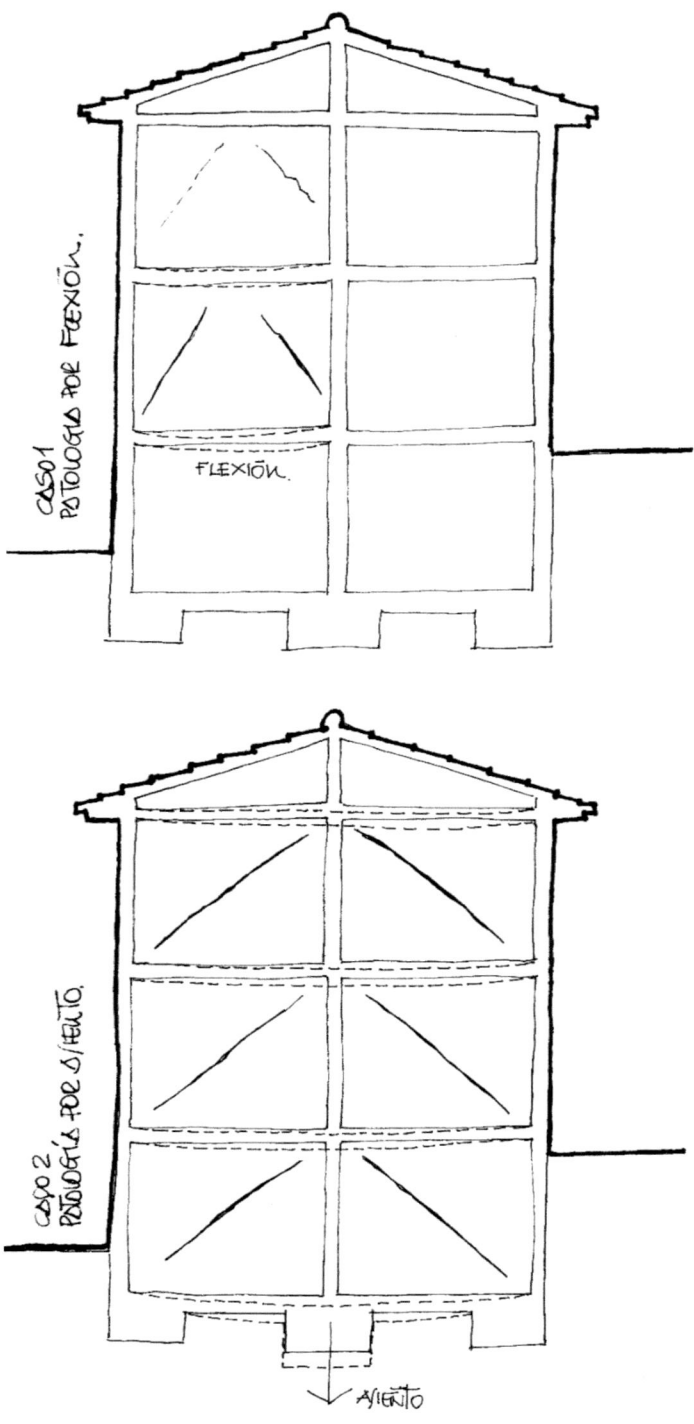

Figura 1.71.- Edificio con Muros de Carga: Patología debido a flexiones del forjado(arriba) y a asientos (abajo).

En El caso de edificio construido con estructura portante metálica o de hormigón es asimismo, fundamental conocer si las grietas y fisuras son debidas a flexiones de los forjados (figura inferior) o a asientos diferenciales de la cimentación (figura superior).

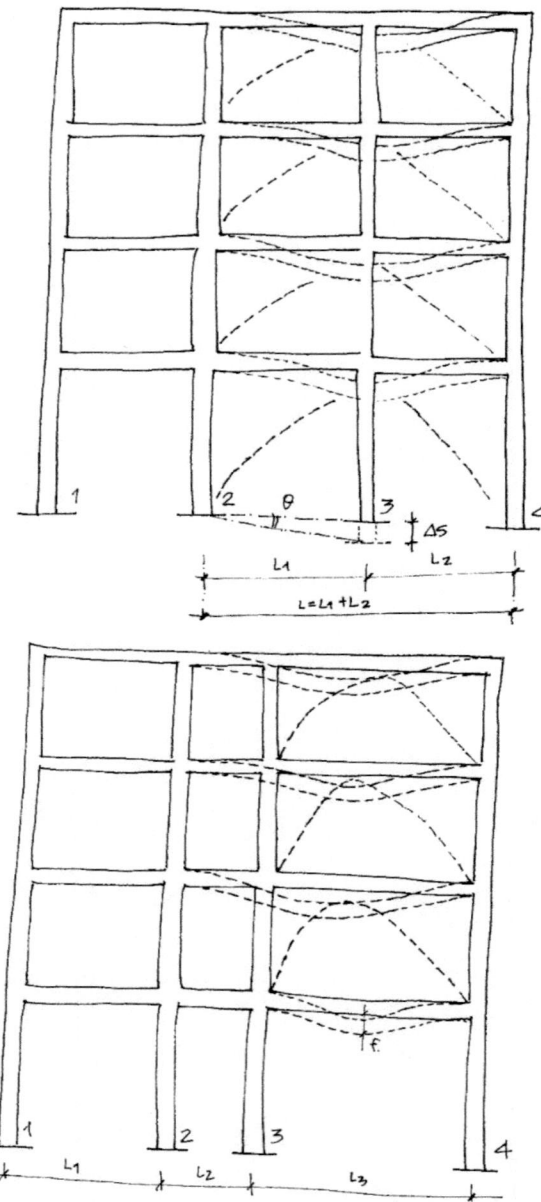

Figura 1.72.- Edificio con estructura portante metálica o de hormigón: Patología debido a flexiones (abajo) y a asientos (arriba).

1.5.- SEGUIMIENTO DE LAS LESIONES.

Mientras se realiza todo el proceso de análisis previo, se puede estudiar la fisuración aparecida mediante la colocación de testigos o realizando una modelización de los movimientos del edificio.

1.5.1.- ANÁLISIS DE MOVIMIENTOS: TESTIGOS.

Si el problema no parece muy grave, se puede realizar un seguimiento de la fisuración mediante la colocación de testigos. Estos pueden ser de escayola o vidrio.

A/.- TESTIGO DE ESCAYOLA.

Se realizan a partir de un trozo delgado de escayola obtenido de las placas de techos desmontables, de 10x10 cm, cogido con pasta de escayola a cada uno de los lados de la fisura. En el momento de la instalación se pondrá el número del punto de referencia y la fecha de su colocación.

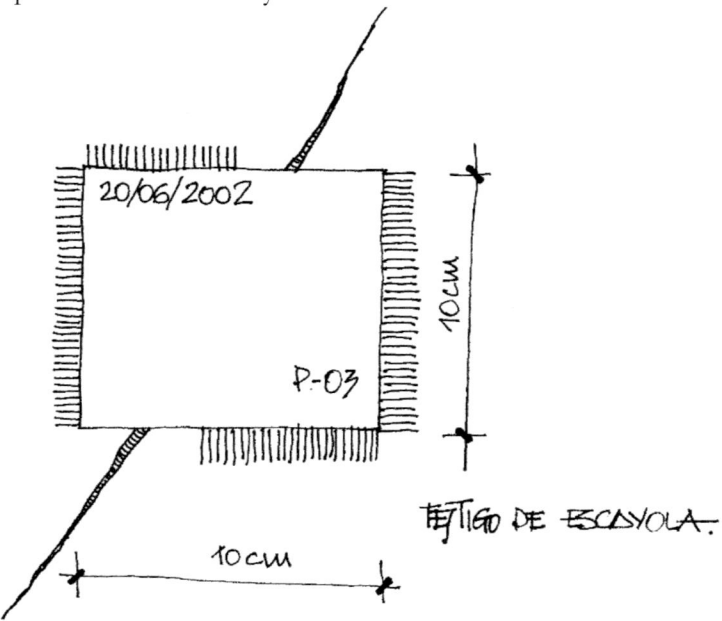

Figura 1.73.- Colocación de un testigo de escayola.

Este elemento es lo que tradicionalmente se ha puesto, solo marca la actividad de la fisura. Es decir, si se rompe nos indica que el edificio se está moviendo y si no es que ya está estabilizado.

B/.- TESTIGO DE VIDRIO.

Igual que en el caso anterior este testigo puede ser un trozo de vidrio de 10x4 cm con un grosor de 2 ó 3 mm.

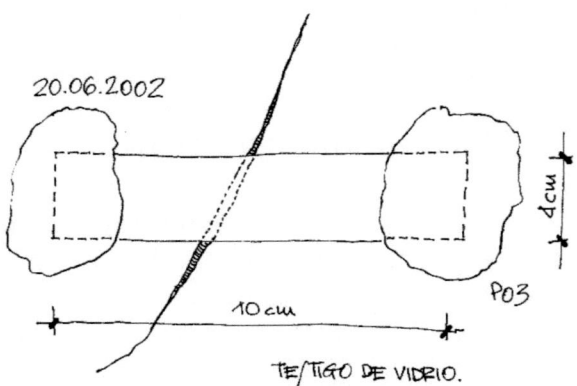

Figura 1.74.- Colocación de un testigo de vidrio.

El problema de los testigos es que el propietario o usuario de la vivienda puede ver el avance de la patología, con lo que puede causar una alarma innecesaria.

C/.- ANOTACIÓN EN LA FISURA.

Otra forma de realizar el seguimiento es colocar una marca con un lápiz donde acaba la fisura, poniendo la fecha a su lado.

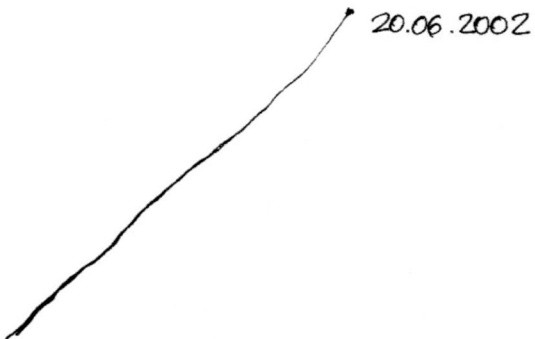

Figura 1.75.- Anotación en la propia fisura.

Este sistema es el más barato, pero tiene el inconveniente de que delimitar el final de la fisura es difícil de interpretar con exactitud y como en los casos anteriores los propietarios conocen la evolución, lo que crea una alarma innecesaria.

D/.- SEGUIMIENTO POR LABORATORIO DE ENSAYOS.

Los métodos que emplean los Laboratorios de Ensayos Técnicos suelen ser más exactos y fiable y nadie se entera del resultado del ensayo hasta que el técnico que lleva el análisis de la patología lo considera oportuno y emite el informe requerido ya que lo importante no es si existe o no movimiento, sino cuál es su velocidad, si tiende a la estabilización o el movimiento es progresivamente lineal.

En este apartado se pueden considerar varios métodos:

D1.- SEGUIMIENTO CON PERNOS Y PIE DE REY.

Un primer método muy sencillo consiste en colocar dos pernos fijos a ambos lados de la grieta o fisura y realizar periódicas visitas durante seis meses o un año. La ventaja es que los puntos de referencia pasan inadvertidos y la medición la lleva el técnico que realiza las mediciones. Como los pies de rey que se utilizan son de alta precisión, es conveniente que el técnico que realice la medición sea siempre el mismo y lo haga de la misma forma.

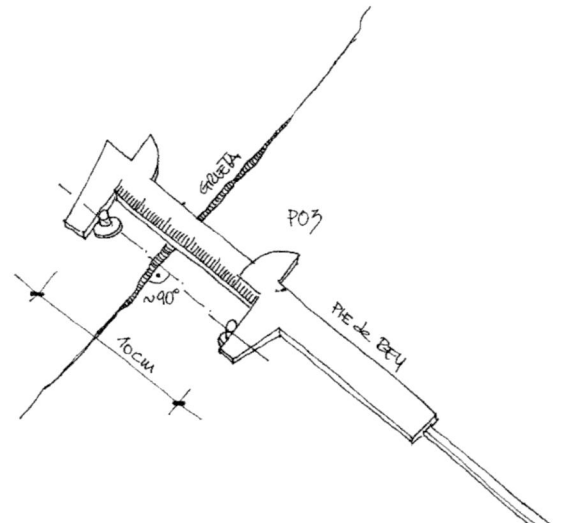

Figura 1.76.- Medición del movimiento con pie de rey de precisión.

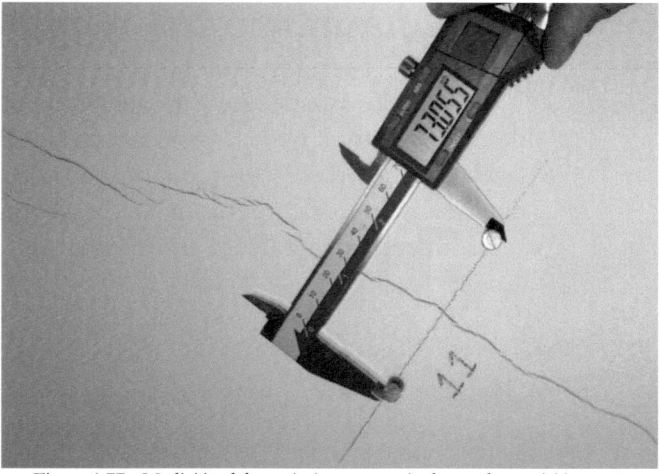

Figura 1.77.- Medición del movimiento con pie de rey de precisión.

D2.- SEGUIMIENTO CON MEDIDOR FIJO: FLEXÍMETRO.

Este método consiste en un reloj comparador que mide analógicamente el recorrido de una varilla. Se instala fijo apoyando la varilla en un perno o apoyo fijo, con lo que la lectura es constante. Por su costo el punto de medición tiene que ser protegido, así como por su sensibilidad cualquier movimiento puede distorsionar la lectura.

También es sensible a los cambios climáticos por lo que su uso en exteriores hay que hacerlo con precaución.

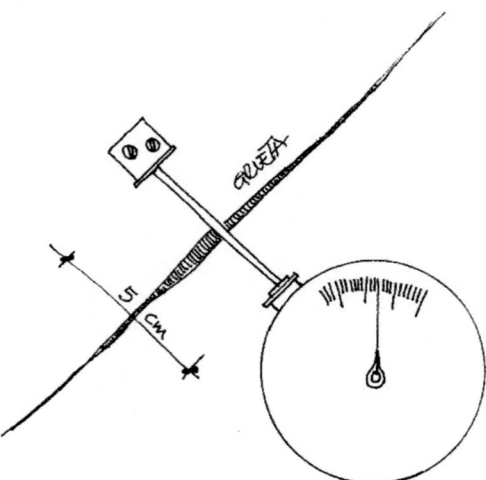

Figura 1.78.- Medición del movimiento con mediante un Flexímetro.

Esta metodología tiene la problemática de ser instalaciones fijas que hay que colocar en sitios inaccesibles al vandalismo y a manos ajenas a su ubicación.

D3.- SEGUIMIENTO CON FISURÓMETROS.

Otra forma de realizar el seguimiento es mediante la utilización de fisurómetros que se comercializan en el mercado impresos en láminas finas de PVC que permite medir el grueso de una fisura; también nos pueden permitir medir y cuantificar los movimientos que se producen en una fisura en función del tiempo o de la temperatura.

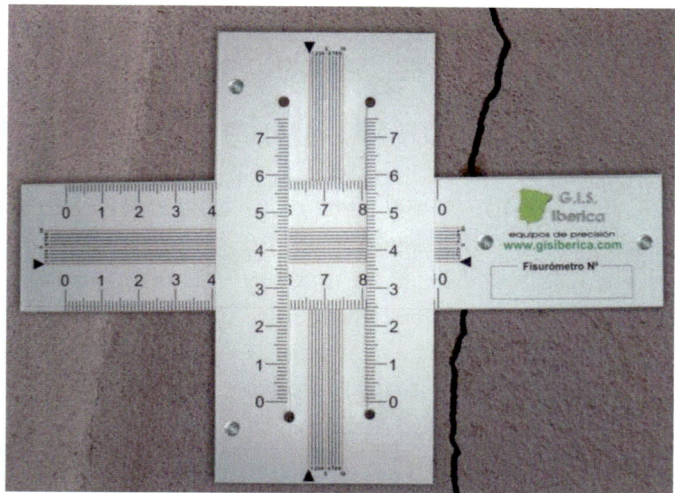

Figura 1.79.- Seguimiento mediante fisurómetro.

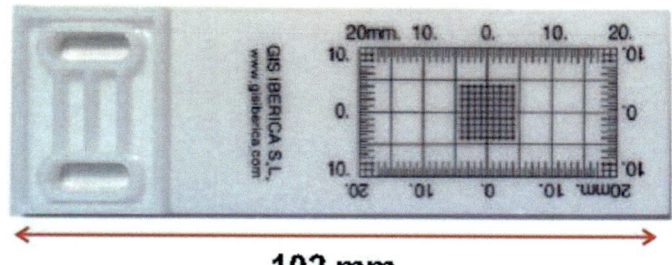

Figura 1.80.- Otro tipo de fisurómetro comercializado.

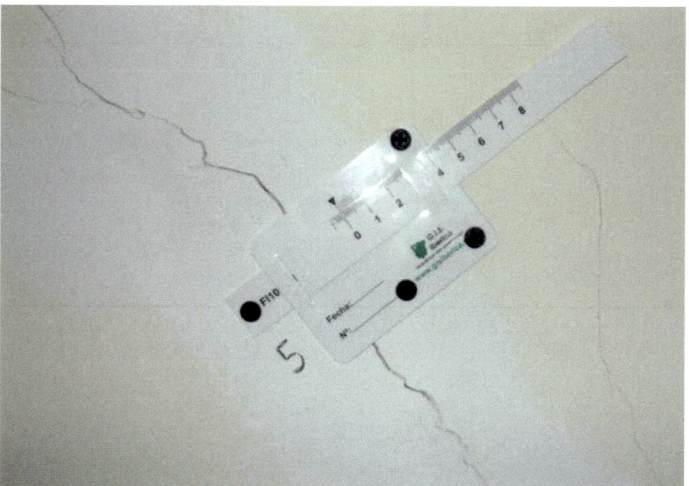

Figura 1.81.- Seguimiento real mediante fisurómetro.

D4.- SEGUIMIENTO CON GALGAS EXTENSIOMÉTRICAS.

Las galgas extensiométricas son elementos basados en transductores con las que se pueden llegar a medir hasta precisiones de

10^{-9} m. Las hay de muchas tipologías, pero aplicadas en las mediciones a largo plazo se pueden ver afectadas por los cambios de temperatura.

1.5.2.- ANÁLISIS DE MOVIMIENTOS: MODELIZACIÓN.

En ocasiones si el tema es lo suficientemente grave e importante, se puede realizar una modelización por una empresa especializada en auscultación, que mediante la instalación de una serie de dispositivos, controla la edificación y el terreno, así como el seguimiento e interpretación de los datos obtenidos. A continuación se incluye, a modo de ejemplo, el control de una junta de dilatación mediante terna de control numérico y gráfico.

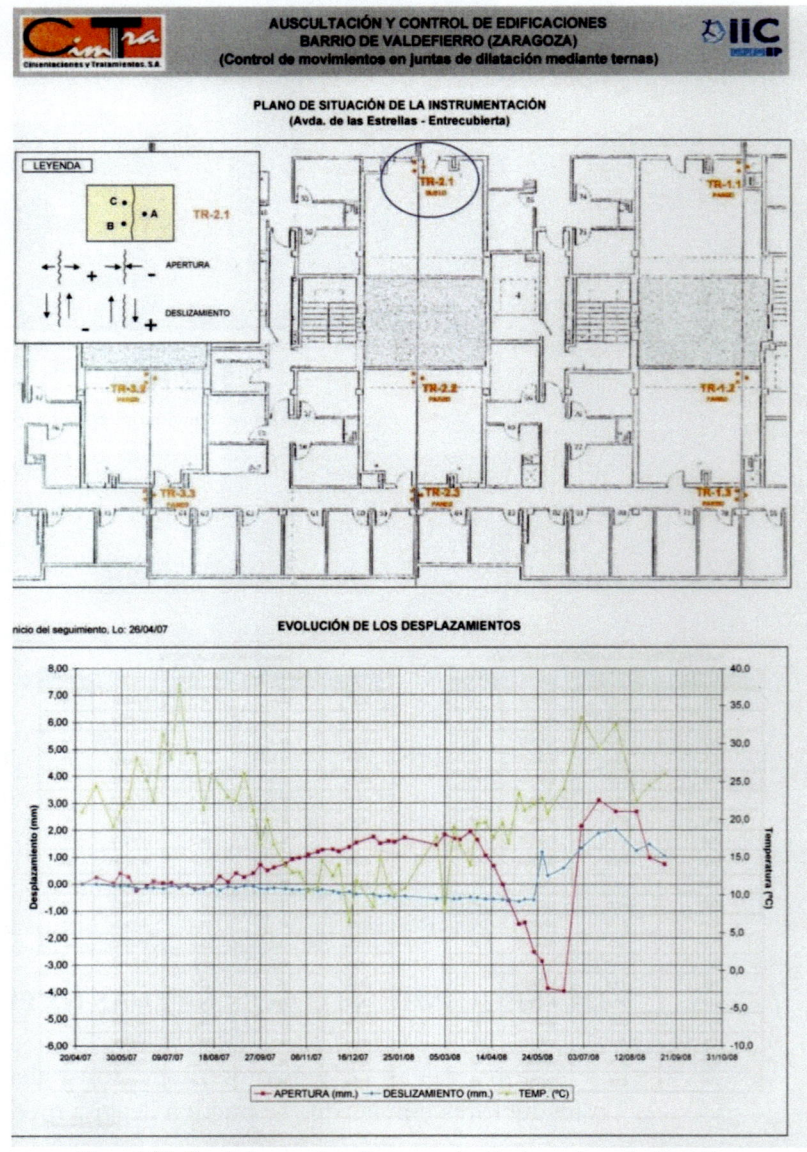

Figura 1.82.- Seguimiento real mediante auscultación de una junta de dilatación.

En la página anterior se reproduce una página de un informe de auscultación, donde por un lado se indica el punto controlado (TR2.1) su ubicación , los desplazamientos habidos a origen (mm), la velocidad de los desplazamientos y, por último, un gráfico con la evolución de la temperatura, la apertura de la junta y su deslizamiento.

En esta obra se tomaron más de cien puntos de control, por lo que se podrían introducir en un ordenador, modelizando los movimientos a lo largo del tiempo.

1.5.3.- ANÁLISIS DEL MOVIMIENTO: CURVAS.

Excepto en el caso de temas muy complicados y con grandes repercusiones socioeconómicas el técnico se encuentra solo. A lo sumo con el respaldo de un laboratorio de ensayos homologado, que le va proporcionar los datos, de forma que debe saberlos interpretar.

A/.- INTERPRETACIÓN DEL MOVIMIENTO: TESTIGOS.

Si el seguimiento se realiza mediante testigos de escayola o cristal, en el momento que se conozca la rotura de uno de estos testigos, se mandará colocar otro cerca de él, fechando siempre el día de su colocación.

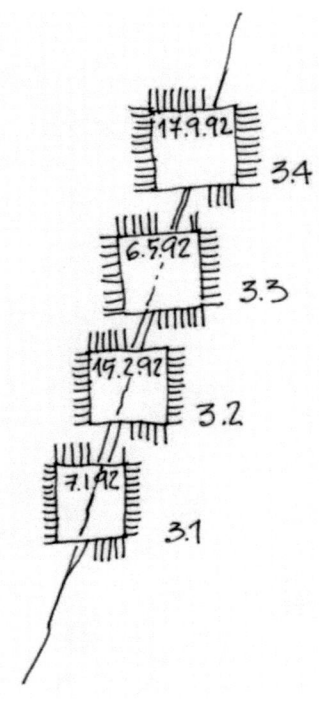

Figura 1.83.- Seguimiento mediante testigos de escayola o cristal.

Como durante el seguimiento de una fisura se ha observado un movimiento activo, cada vez que se ha roto un testigo se ha colocado uno nuevo, de esta forma se han obtenido una serie de fechas que nos indican los siguientes intervalos de días:

07.01.1992	0	días
15.02.1992	039	días
06.05.1992	082	días
17.09.1992	134	días
07.01.1993	112	días

Con los datos obtenidos de esta forma sencilla, se puede obtener que el movimiento tiende a equilibrarse (situación de consolidación lenta) o tiende a acelerar el movimiento (actuación urgente y rápida: posible apuntalamiento del edificio y/o de la zona afectada). Con esta metodología solo se puede saber la existencia de un movimiento y su tendencia.

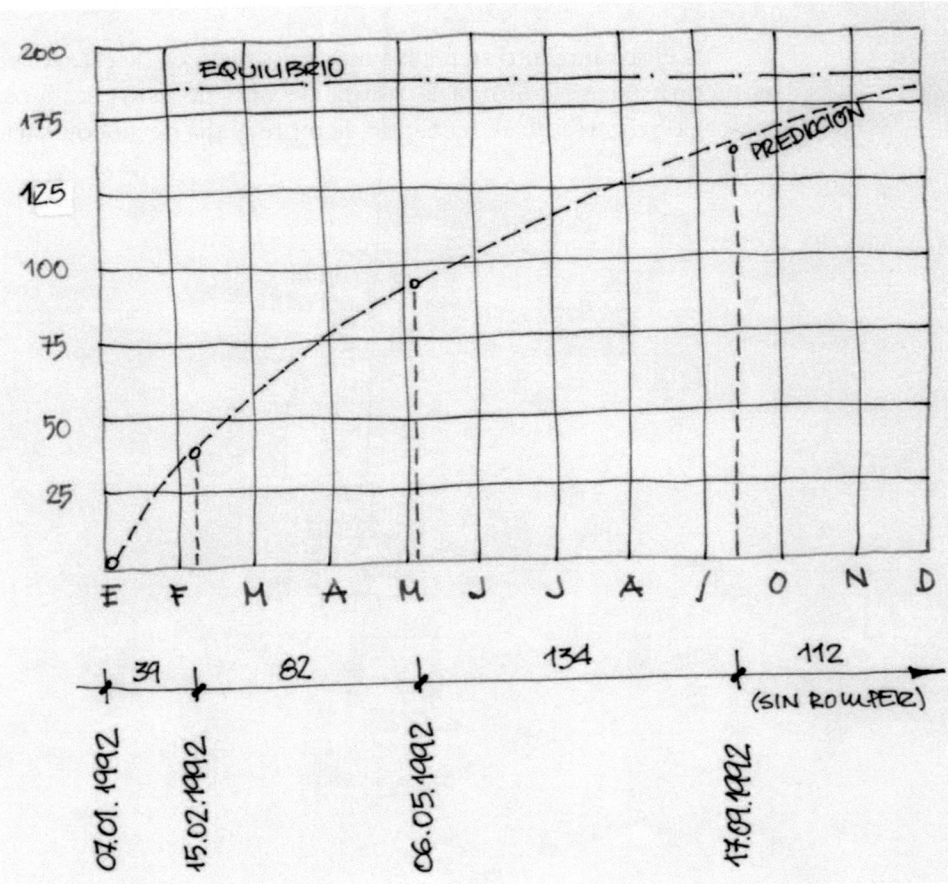

Figura 1.84.- Seguimiento mediante testigos de escayola o cristal: Estimación de la tendencia.

Aunque el caso descrito parece aceptable y sencillo de hacer, tiene varios inconvenientes: en primer lugar, los testigos deben ser observados casi todos los días por alguien ajeno al tema. En segundo lugar, es difícil porque apreciar a simple vista la rotura de un testigo es un problema subjetivo, porque solo es realmente apreciable la rotura, cuando la fisura tiene un determinado grosor. Por todo ello, el sistema es aceptable pero muy impreciso técnicamente.

Por lo expuesto, será mejor emplear alguno de los métodos antes indicados que son objetivos, obteniendo dos parámetros en cada medición: la fecha y la apertura de la fisura. De estos dos valores se pueden obtener, asimismo, la velocidad del movimiento que es un dato más concluyente.

Con estos valores se puede practicar una discusión objetiva, cuyo razonamiento son los siguientes:

B/.- INTERPRETACIÓN DEL MOVIMIENTO: MÉTODOS OBJETIVOS DE MEDICIÓN.

Si se empieza con un método objetivo de precisión mínima del orden de 0,1 mm o menor, durante periodos constantes de tiempo, como una vez al mes o una vez al trimestre, y se llevan dichos valores a un diagrama de deformación-tiempo, se puede observar varios casos:

CASO 1º.- CURVA CÓNCAVA.

Si los incrementos de deformación aumentan con el tiempo, o lo que es lo mismo, si la velocidad de apertura de la fisura va aumentando, es un caso preocupante, ya que la aceleración progresiva del deterioro puede arruinar al edificio y llegar en un periodo más o menos dilatado de tiempo a su colapso.

Es un caso típico en el que sobre un fenómeno de consolidación se superponen otras causas: descompresión lateral por excavaciones próximas, basculamiento del edificio, etc.

Ante este caso se deben tomar medidas urgentes de consolidación del edificio lo más rápidamente posible.

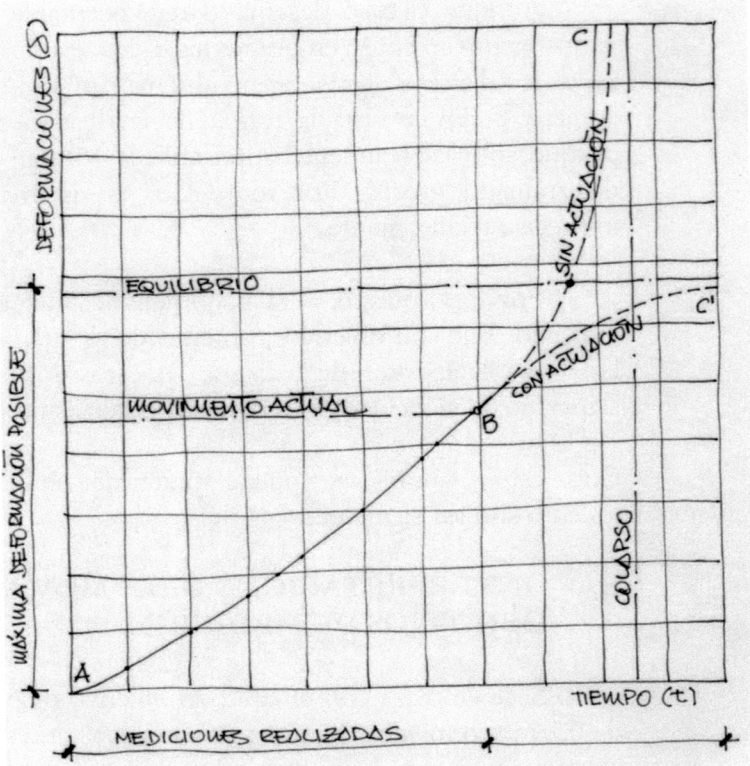

Figura 1.85.- Curva cóncava del seguimiento.

Como se puede observar, si el edificio se encuentra en la posición B, habiendo obtenido la curva de deformación AB pueden aparecer dos casos: primero si no se hace nada, la curva pasa del límite del posible equilibrio y se aproxima a la recta de colapso, hasta que se produce la ruina. Segundo, si se realiza una actuación se puede hacer un cambio de tendencia en el punto B para conseguir estabilizar las deformaciones antes de llegar al colapso.

Toda intervención en el edificio deberá producir una inflexión en la curva para tender lo más rápidamente a su equilibrio natural.

La actuación en estos casos es apear en primer lugar el edificio, con lo que la curva se estabiliza mientras está apeado, posteriormente se recalza o se elimina las causas que lo estaban deteriorando. Cuando se retire el apeo y la nueva cimentación entre en carga, la curva de deformación se irá acercando progresivamente a su asíntota de equilibrio.

En este caso la curva de deformación-tiempo quedará como se indica en la figura siguiente.

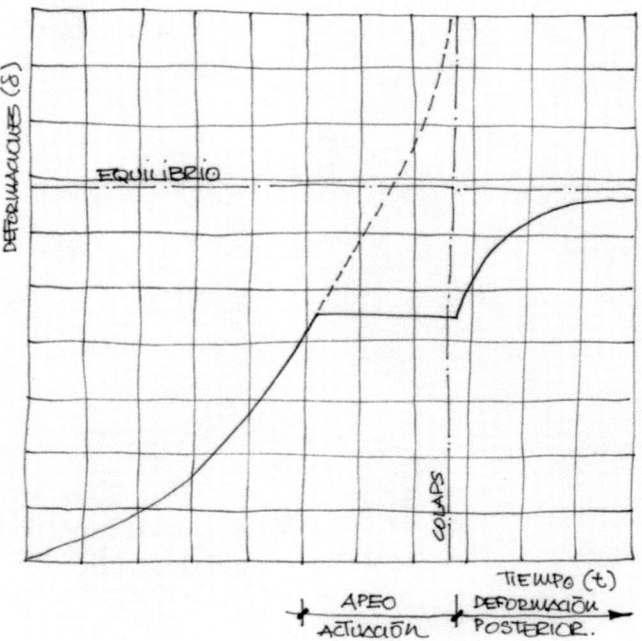

Figura 1.86.- Curva cóncava del seguimiento con apeo y recalce.

CASO 2º.- CURVA CONVEXA

A.

En el caso de que la curva sea convexa, pueden ocurrir dos casos:

a) **La rotura de la estructura** (para una determinada deformación) se encuentra por debajo de la recta de equilibrio.

Si no existe actuación el colapso ocurre cuando la curva deformación-tiempo corta a la deformación que rompe la estructura.

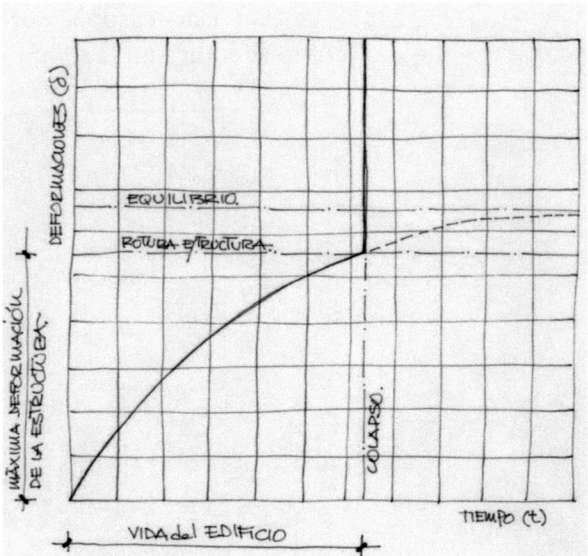

Figura 1.87.- Curva convexa del seguimiento.

b) Forma de modificación y alargamiento de la vida útil del edifico.

Si antes de que la curva de deformación-tiempo alcance el colapso del edificio se puede realizar un apeo del edificio y su recalce liberalizándolo, con lo que se puede rebajar la deformación de equilibrio por debajo de la rotura de la estructura, con lo que el edificio puede ser salvado, con un coeficiente de seguridad aceptable, según se indica en el gráfico siguiente.

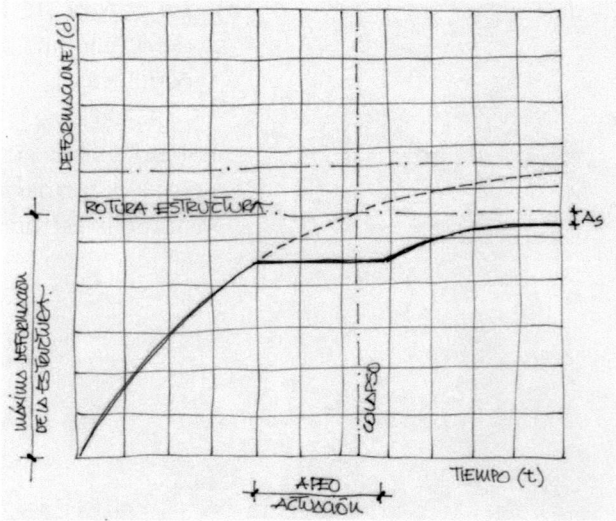

Figura 1.88.- Curva convexa del seguimiento con reparación.

c) CONCLUSIONES.

Del seguimiento periódico de la apertura de una fisura, representado en un diagrama de deformación-tiempo, se puede deducir si el deterioro del edificio es progresivo hacia el colapso o ralentizado hacia su equilibrio natural.

Normalmente el segundo caso se produce en terrenos comprimibles (rellenos, arcillas, limos, etc.) mientras que el primer caso es el resultado del segundo con la adición de alguna causa externa posterior como filtraciones de agua, excavaciones, etc.

Se ha comprobado anteriormente que el apeo del edificio estabiliza la curva de deformación-tiempo y que una actuación correcta proporciona una inflexión de la curva acercándola a su asíntota de equilibrio.

En cualquier caso, las deformaciones son directamente proporcionales al tiempo de forma que toda actuación debe ser ejecutada lo antes posible, para que las deformaciones máximas alcanzadas, en el equilibrio, sean lo menores posibles.

Un refuerzo de la estructura hace subir la recta de equilibrio y, por consiguiente, su coeficiente de seguridad.

C/.- EJEMPLO DE APLICACIÓN.

Planteamiento.

Un edificio de nueva construcción se ve afectado de una depresión cárstica (dolina) de forma que el primer bloque ha girado respecto de la perpendicular a abriéndose la junta de dilatación del orden de 71 mm.

La rigidez de la cimentación, muy fuertemente arriostrada, ha hecho, que salvo el basculamiento evidente, apenas si ha aparecido en sus cerramientos y tabiquería patología preocupante.

La administración local que por imposición judicial debe realizar una primera labor de control, nos encarga el tiempo de que dispone para realizar cualquier actuación de consolidación.

Análisis del problema.

En primer lugar, hay que considerar que el desplome de un pilar con una carga **P** de una excentricidad **e**, induce un momento de:

M=P·e

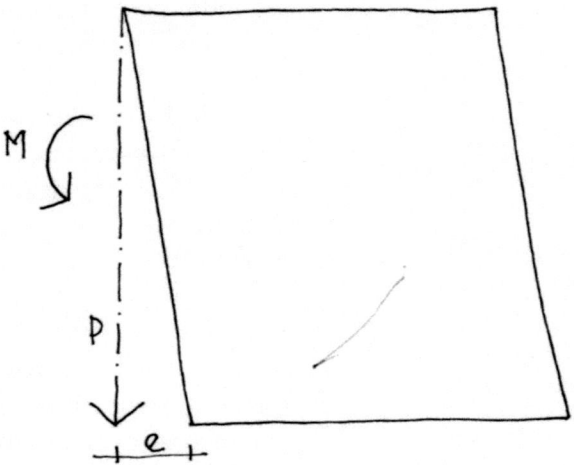

Figura 1.89.- Desplome e de un edificio.

Por otro lado, en condiciones normales, el momento resultante de la excentricidad e, debe ser soportado por la armadura de una de las caras del pilar:

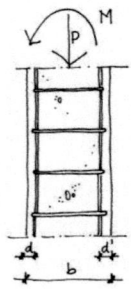

$$M = a_i \frac{f_{yk}}{\gamma_s} \cdot (b - d)$$

Donde:
M Momento existente.
ai Sección de acero.
f_{yk} Resistencia característica del acero.
b Lado del pilar.
d Recubrimiento.

Figura 1.90.- Pilar que se analiza.

Como M=P·e

Si se igualan ambos términos

$$P \cdot e = a_i \frac{f_{yk}}{\gamma_s} \cdot (b - d)$$

De dinde se obtiene que:

$$e = a_i \frac{f_{yk}}{P \cdot \gamma_s} \cdot (b - d)$$

Expresión que estima la máxima excentricidad que se puede desplomar un pilar antes del colapso (rotura de la armadura).

<u>Datos de partida.</u>

El edificio tiene los siguientes datos de partida:

Hormigón: HA25 f_{ck}= .... 250 kp/cm²
Acero: B500S   .... f_{yk}=5100 kp/cm²

Acciones características:

Techo sótano-2 .... 550 kp/m²
Sótano -1 a techo planta 5ª .... 520 kp/m²
Cubierta .... 500 kp/m²
Fachada y cerramiento patio .... 670 kp/m²

A efectos de cálculo del límite último sólo se tiene en cuenta pesos propios y cargas de reales.

Con estos datos de partida se han analizado una serie de pilares para comprobar cual puede ser la excentricidad máxima que deben soportar los pilares antes de que se produzca el colapso.

Figura 1.91.- Edificio cuyo colapso de pilares se analiza.

Para ello, se seleccionan una serie de pilares para calcular la excentricidad máxima en cada planta, de acuerdo a las cargas fundamentales que soporta y de acuerdo con los parámetros antes establecidos.

A continuación, se indica proceso de cálculo de uno de ellos y del resto los valores de las excentricidades obtenidas:

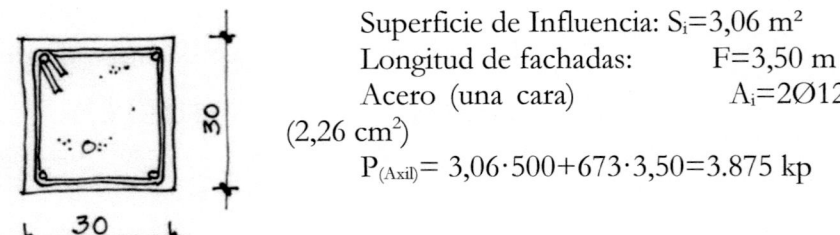

Superficie de Influencia: S_i=3,06 m²
Longitud de fachadas: F=3,50 m
Acero (una cara) A_i=2Ø12
(2,26 cm²)
$P_{(Axil)}$= 3,06·500+673·3,50=3.875 kp

Figura 1.92.- Pilar que se analiza.

$$e = A_i \frac{f_{yk}}{P \cdot \gamma_s} \cdot (b-d)2,26\frac{5100}{3875 \cdot 1,15} \cdot (30-2)$$
$$= 72,42\ cm$$

Lo que significa que con la carga que tiene el pilar puede sufrir un desplazamiento de 72,42 cm para acercarnos al colapso. Pero para ello, sería considerado exclusivamente la rotura del acero sin tener en cuenta la compresión del hormigón.

Otras consideraciones.

En la teoría clásica de cálculo de una sección afección pura, se puede establecer lo que sigue:

Para una sección de hormigón A por ben se puede deducir:

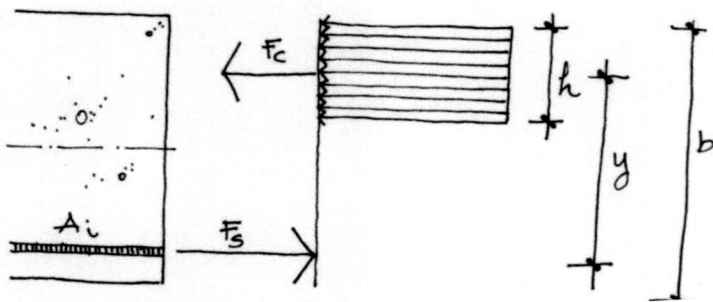

Figura 1.93.- Tracciones y compresiones e una sección de hormigón.

Para una sección de hormigón a·b se puede deducir:

$$F_s = a_i \frac{f_{yk}}{\gamma_s}$$

$$0,85 \cdot \frac{f_{ck}}{\gamma_c} \cdot h \cdot a$$

Donde:

F_s Máxima tracción del acero.
a_i Armadura
γ_s Coeficiente de seguridad del acero.
f_{yk} Resistencia característica del acero.
f_c Máxima capacidad del hormigón
a   Ancho de la sección
H   Canto de la sección a compresión.

Por otro lado, se conoce que:

y=(b-d)-h/2

Siendo b el canto de la sección

Aplicando al ejemplo que nos ocupa se obtiene lo que sigue:

$$f_s = a_i \frac{f_{yk}}{\gamma_s} = 2,26 \cdot \frac{5100}{1,15} = 10.022,61 \; kp$$

Que es la capacidad mecánica máxima que puede soportar el acero.

En cuanto al hormigón, se puede establecer que:

$$0,85 \cdot \frac{f_{ck}}{\gamma_c} \cdot h \cdot a = 0,85 \cdot \frac{250}{1,50} h \cdot 30 = 4250 \cdot h$$

Si se iguala ambas ecuaciones fs=fc

10.022,61=4.250h de donde h=2,36 cm

Se puede ahora calcular y a partir de:

y= (30-2)-(2,36/2)=26,82 cm

Una vez conocido el valor de y se puede establecer el movimiento de agotamiento de la sección:

$$M_{ago}=f_s \cdot y=10.022,61 \cdot 0,2682=2.688,06 mkp$$

Ahora bien, como el momento que produce el desplome era: $M=P \cdot e$, para que la sección no se agote, la excentricidad máxima no debe ser mayor de:

$$M=M_{ago} \rightarrow P \cdot e=F_s \cdot y$$

De donde:

$$e = \frac{Fs \cdot y}{P}$$

Lo que aplicado al ejemplo, da como resultado:

$$e = \frac{2.688,06}{3.875} = 0,69 \ m < 0,7242 m$$

Es decir que antes de romperse el armado del pilar, se agotaría la cabeza de compresión de hormigón.

Siguiendo el proceso establecido, se obtiene el pilar más desfavorable:

PILAR Nº 13.- PLANTA SÓTANO -1.

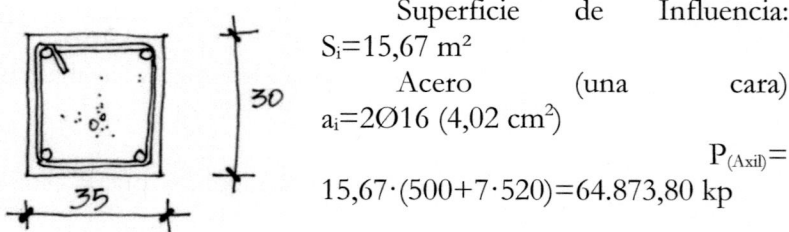

Superficie de Influencia: $S_i=15,67 \ m^2$

Acero (una cara) $a_i=2\emptyset16 \ (4,02 \ cm^2)$

$P_{(Axil)}= 15,67 \cdot (500+7 \cdot 520)=64.873,80 \ kp$

Figura 1.94.- Pilar que se analiza

Analizando exclusivamente el acero se obtiene:

$$e = a_i \frac{f_{yk}}{P \cdot \gamma_s} \cdot (b-d) 4,02 \frac{5100}{64873,80 \cdot 1,15} \cdot (35-2)$$
$$= 9,07 \ cm$$

Ahora bien, analizando el momento de agotamiento del hormigón se puede obtener:

$$F_s = a_i \frac{f_{yk}}{\gamma_s} = 4{,}02 \cdot \frac{5100}{1{,}15} = 17.827{,}83 \; kp$$

$$f_c = 0{,}85 \cdot \frac{250}{1{,}5} \cdot h \cdot 30 = 4250 \cdot h$$

De donde se obtiene que:

h=17.827,83/4.250=4,19 cm
y=(35-2)-4,19/2 = 30,91 cm

M_{ago}=17.827,83·0,3091=5.509,69 mkp

Como P"e=M_{ago} →P·e=5.509,69/4.873,80=0,0849m

Es decir   **e=8,49 cm**

APLICACIONES DEL CÁLCULO.

1. La junta de dilatación se ha abierto 71mm en dos años con una velocidad de apertura de 2,95 mm/mes, lo que concuerda muy aproximadamente con el valor que nos proporciona la empresa que ha realizado el control del movimiento que da un movimiento medio de 2,78 mm/mes.

2. El edificio se ha movido 7,1 cm y tiene PB+5 alturas, cada pilar se moverá un desplazamiento de 7,1/6=1,18 cm por lo que el movimiento real en cada año es de 0,59 cm/año. Para alcanzar los 8, 49cm se necesitarán 8,49/0,59=14,39 años y como la medición empezó hace dos años, se necesitará el paso mínimo de **12 años** para empezar a preocuparnos.

3. No obstante, los coeficientes de seguridad aplicados, la ductilidad del acero empleando que según la marca puede ir del 1,15 a 1,35, lo que daría un margen de seguridad mayor.

4. También hay que considerar que el esfuerzo de un pilar se trasladaría a los inmediatamente adyacentes, funcionando la estructura como un elemento monolítico antes de colapsar los pilares individualmente.

5. Por último, en este en este ejemplo donde hay un determinado umbral de solicitaciones que una vez transgredido, porque la rotura de tabiques y cerramientos impediría su recuperación. Por este motivo no se debería dejar más de un tercio posible del recorrido al colapso, es decir 14,39/3=14,79 años; pero ya habían transcurrido dos años desde el comienzo de la patología; el límite para realizar una intervención debería estar a los 2,79 años.

1.6.- EJEMPLOS DE PATOLOGÍA Y ANÁLISIS.

1.6.1.- FORMA DE MEDIR LA PATOLOGÍA.

Lo importante a la hora de analizar los movimientos que se observan durante el proceso de seguimiento es analizar cómo se mueve el edificio y cual es la causa del mismo, mucho más que el propio movimiento en sí.

En la fotografía adjunta se puede observar que la grieta de fachada se ha abierto 9,5mm pero también es importante aclarar que la zona derecha ha descendido del orden de 4.5 mm respecto de la zona izquierda. Estos movimientos relativos son importantes de apreciar, para comprender finalmente el movimiento global.

Si se hace una fotografía del movimiento de una junta de dilatación, como la fotografía que se adjunta, hay que tener otras referencias. Se puede observar que ahora la junta tiene una apertura de 29,5 mm; pero como la junta suelen ejecutarse colocando un poliestireno 20 mm, la apertura adicional que se ha producido es de9,5 mm, que se corresponde con lo medido en la grieta de la fotografía anterior de la misma fachada.

Figura 1.95.- Fotografía de un detalle de la patología.

Lo más importante no es el dato exacto, sino las tendencias y las deducciones que se extraen de lo que realmente se ve. Obsérvese los desplazamientos verticales de las hiladas del bloque derecho.

En el informe patológico que se hizo de dicha promoción se indicó este hecho, que fue posteriormente crupcial para detectar la causa de lo que estaba ocurriendo.

Analizado el problema se pudo comprobar que el primer bloque de un edificio construido para 100 viviendas, estaba basculando hacia la derecha debido a la existencia de un suelo kárstico, que había producido una activa presión (dolina) tangente a la fachada de la derecha como se explica en el esquema de la Figura 1.97.

Obsérvese que si se grafía la alineación de los ladrillos de la figura 1.96 existe una desviación generalizada y no de uno solo, que podría tener otra explicación. Esta distinta angulación de las hiladas está indicando que el bloque derecho tiene un basculamiento hacia la derecha.

Figura 1.96.- Fotografía de los movimientos de una junta de dilatación.

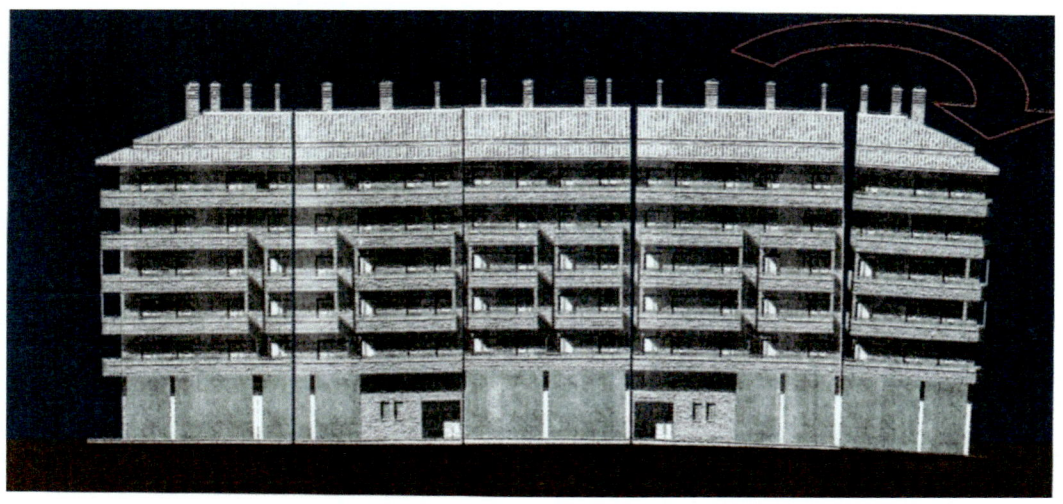

Figura 1.97.- Esquema del basculamiento del bloque derecho.

1.6.2- GRIETAS Y FISURAS ESTRUCTURALES.

Es importante distinguir entre las grietas y fisuras de origen natural de las debidas al asiento de la cimentación.

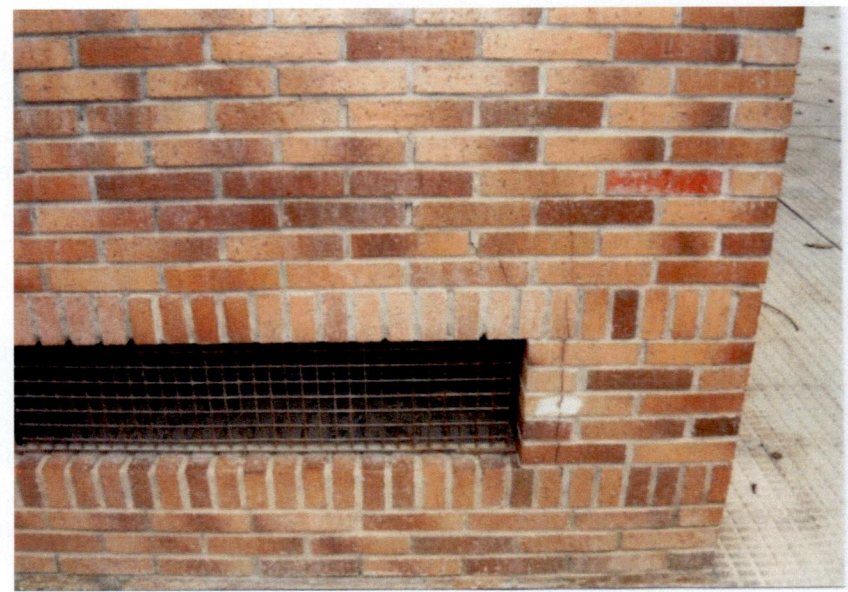

Figura 1.98.-   Fotografía de las grietas de la fachada de un edificio con estructura de hormigón.

En la fotografía siguiente se observa que las fisuras apuntan al vano, lo que indica que son fisuras debido a la deformación del forjado. Dicha fotografía es parte de una estructura de hormigón con el siguiente esquema:

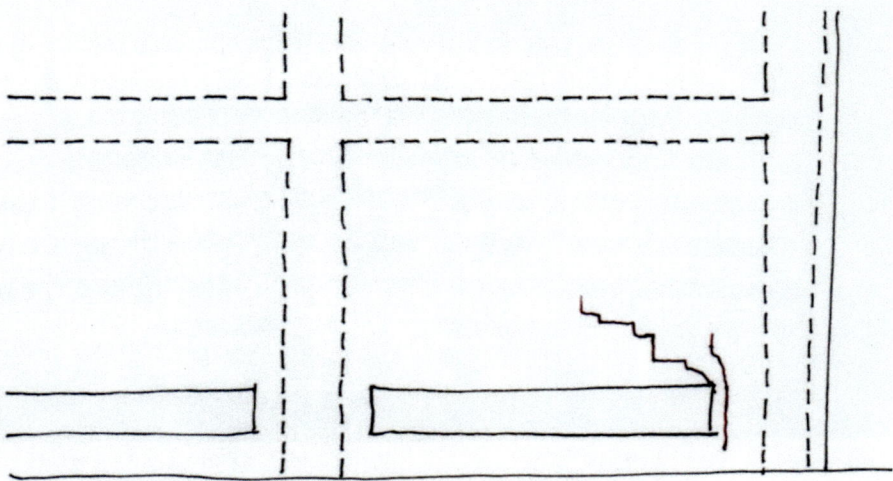

Figura 1.99.- Esquema de las grietas de la fotografía anterior.

Otro tipo de fisuras o grietas, como la que aparece en la fotografía siguiente que son consecuencia de la flexión que provoca un voladizo.

Figura 1.100.- Grieta provocada por la flexión de un vuelo.

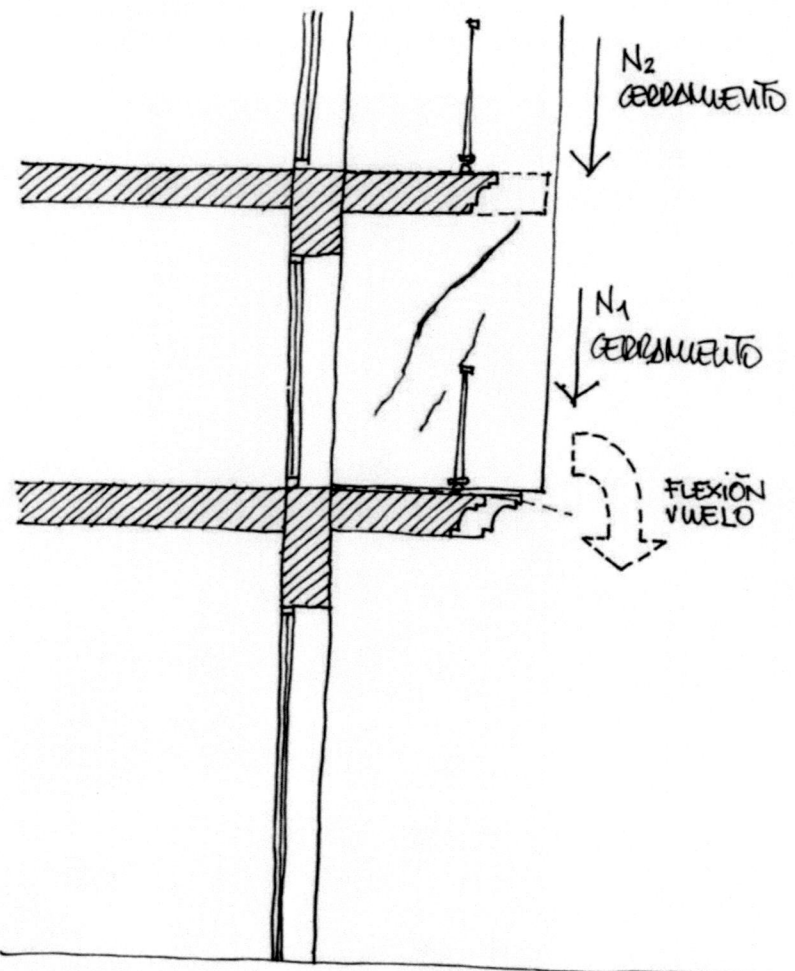

Figura 1.101.- Esquema que interpreta la grieta provocada por la flexión de un vuelo.

Flexión que se puede interpretar con el movimiento aparecido el esquema anterior.

Este tipo de grietas y fisuras aparecen como consecuencia de la flexión de los vuelos. La propia carga del cerramiento hace flexionar a la losa de hormigón que configura el vuelo. Esta flexión transmite la carga al vuelo inferior y así sucesivamente, acumulándose la carga en el vuelo-suelo de la planta primera, que es el que más se flexiona al no tener apoyos debajo.

La deformación de las losas de los vuelos hace que se descuadren los cierres laterales apareciendo las típicas grietas que, como siempre, apuntan al punto que más baja que es el extremo del vuelo.

1.6.3- GRIETAS Y FISURAS DE ASIENTO.

En un edificio conformado por muros de carga y dos plantas, el muro de fachada está asentando por un problema de descompresión del terreno que se produce al abrir la calle para ejecutar la red de saneamiento. El descenso provoca un giro hacia afuera impedido por el entramado del techo de la planta baja. Por eso, el muro exterior sea comba al ser una fábrica muy flexible.

Figura 1.102.- Fotografía con grieta de asentamiento.

En los cerramientos exteriores perpendiculares a la fachada aparecen las típicas grietas y fisuras que apuntan al cerramiento exterior que asienta.

Figura 1.103.- Fotografía con grieta de asentamiento.

Otro caso como el que se presenta en la fotografía anterior, se puede observar una fisura a 45° que apunta a la cabeza de un pilar circular de fachada. Indudablemente la configuración de la fisura indica que dicho pilar asienta. Será preciso, posteriormente, averiguar por qué dicho pilar tiene un asiento diferencial, para poder actuar en consecuencia, paralizando el movimiento y reparando la patología aparecida.

En el caso siguiente se puede apreciar la patología aparecida en un edificio de tres plantas a consecuencia de la fuga de agua de la red municipal.

El agua contra la zona de la puerta de la casa colindante apuntando las grietas hacia el encuentro de ambas casas, que es por donde ha aparecido una patología más potente.

Se puede observar en este caso, la aparición de grietas que son debidas a reparaciones recientes del muro, como la que aparecen apuntando hacia arriba y hacia la izquierda. El resto de las grietas apuntan a la puerta grande de la casa colindante.

Figura 1.104.- Fotografía con grietas de asentamiento.

Por último, se presenta un caso donde sólo se observa un tabique con patología aparente a 45º que apunta al muro de carga de fachada.

Que la apertura de la grieta sea mayor por debajo que por arriba indica que el muro está deslizando por abajo hacia la calle. Si fuera al contrario indicaría que hay un cabeceo de la parte superior del mismo.

Ambas patologías que se contemplan después de la fotografía, se indican en los esquemas que la analizará a continuación.

Como se puede ver cada caso puede ser distinto, incluso para causas comunes. Las reacciones de cada edificio y de cada elemento, ante acciones similares, pueden ser diferentes. Como puede observarse la patología es muy parecida variando el grosor de la grieta.

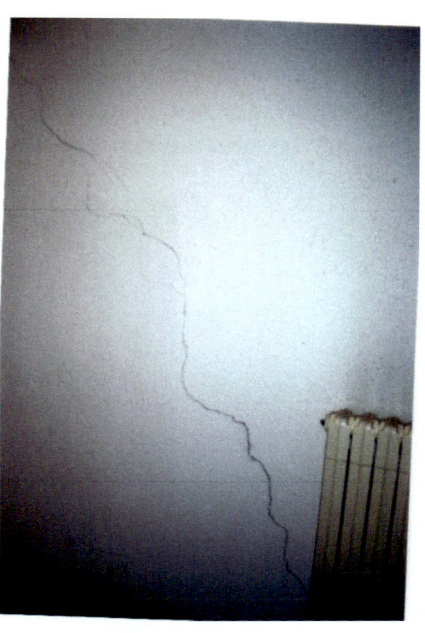

Figura 1.105.- Fotografía con grietas de flexión de forjado.

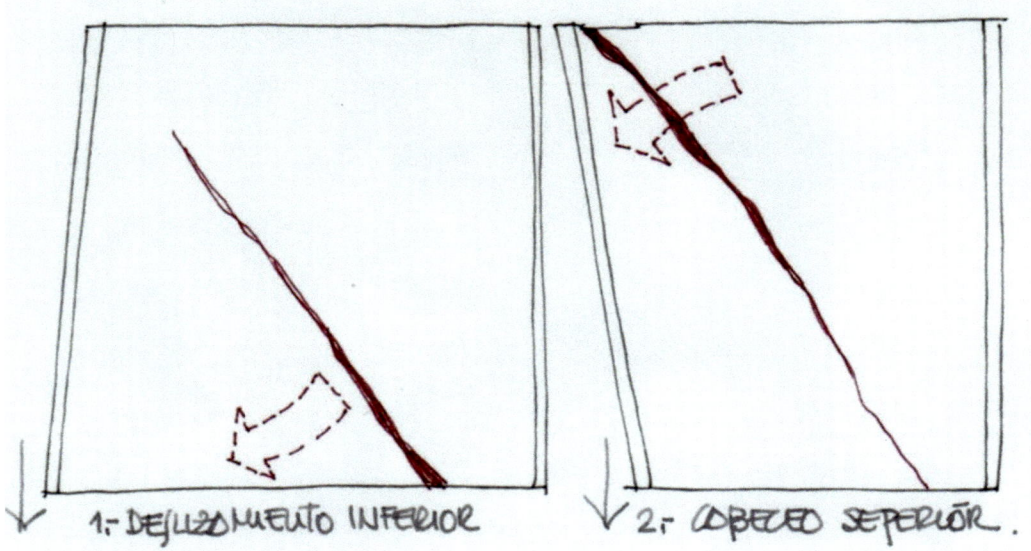

1.- DESLIZAMIENTO INFERIOR   2.- CABECEO SUPERIOR.

Figura 1.106.- Esquema sobre la formación de grietas de flexión de forjado.

1.6.4.-DIBUJOS COMPLEMENTARIOS.

En ocasiones es preciso realizar un dibujo que se aleje el problema planteado para tener una perspectiva suficiente, con el propósito de comprender la globalidad de la patología. Por ejemplo, se presenta el caso de la aparición de fisuras inclinadas, de lo que se deducía la existencia de asientos diferenciales sin poder comprender correctamente el problema que planteaba en su conjunto.

Figura 1.107.- Fotografía de una grieta inclinada.

Si se analiza la fisura de la fotografía anterior parece deducirse que la esquina derecha de la casa está asentando. En cambio si se dibuja la patología en un dibujo más amplio del conjunto de adosados, se comprueba la existencia de un gran arco de descarga que identifica que una zona del grupo de viviendas adosadas que está asentando.

Figura 1.108.- En un esquema general más amplio la patología puede apreciarse de forma diferente.

Por último en ocasiones lo evidente puede ser totalmente falso. Por ejemplo, en la fotografía siguiente parece evidente que la zona izquierda está asentando. No obstante, cuando se analizan más despacio el problema, se comprueba que no es que haya descendido la zona izquierda si no que lo que ha sucedido es que la zona derecha ha subido porque el edificio se encuentra sobre un terreno expansivo.

Figura 1.109.- Fotografía de grieta inclinada.

En efecto, cuando se analiza pormenorizadamente los movimientos del edificio se comprueba que estos son totalmente inversos a los que aparentemente se prevén. El edificio no asienta por su zona izquierda, sino que está ascendiendo por su zona derecha, aunque los efectos de la grieta sean los mismos.

1.7.-CONCLUSIONES SOBRE LAS LESIONES.

una vez levantada el acta gráfica sobre el estado de las lesiones del edificio, es preciso intentar abstraerse de la multitud de datos obtenidos para poder comprender el origen del problema.

Si el edificio es pequeño de una o dos plantas, como se ha visto en el ejemplo primero del apartado 1.6.4 para poder tener cierta perspectiva del problema es relativamente sencillo, si se sabe lo que se está buscando. Se observa en dicho ejemplo que solamente con dibujar la patología en una fachada del conjunto, nos proporciona una visión general, donde se puede comprobar que las grietas-fisuras de fachada indican el movimiento de asentamiento de una zona central del conjunto, delimitando de esta forma el problema a una zona concreta a estudiar.

Figura 1.110.- En un esquema general más amplio la patología puede apreciarse de forma diferente.

Detectado el problema el siguiente paso será ubicarlo en el tiempo y realizar un seguimiento de la apertura o cierre de las grietas existente, Para comprobar su grado de actividad.

No es lo mismo que la patología venga del origen de la edificación a que sea un fenómeno de posterior aparición. Ya se ha señalado que un edificio que se comporta tal y como estaba previsto, no presentando patología en los primeros años de servicio y que de pronto empieza a tener problemas, con la aparición de grietas y fisuras en una zona determinada, suele indicar la existencia de una agresión externa, como la fuga de agua de las redes de abastecimiento de agua y/o saneamiento, disolviendo suelos o arrastrando limos o arcillas a otros estratos más profundos, perdiendo volumen y provocando la aparición de nuevos asientos diferenciales.

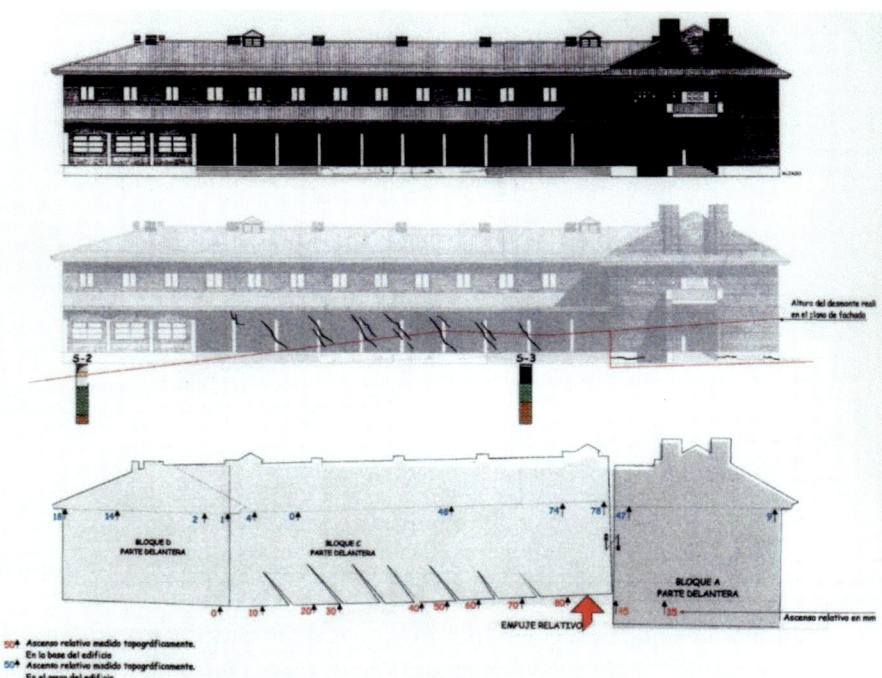

Figura 1.111.- Esquemas de análisis del movimiento del conjunto de un edificio.

En una ocasión se tuvo que responder a una demanda judicial sobre un problema bastante generalizado de aparición de grietas y fisuras en la tabiquería interior de un bloque de 120 viviendas, con dos escaleras y doce plantas alzadas. El arquitecto que analizaba el edificio y en el que se fundamentaba la demanda, esgrimía como fundamento de la aparición de la patología, la superposición de los bulbos de presiones de algunas zapatas.

Es decir, que según el arquitecto de la demanda al superponerse el bulbo de presiones de una zapata en otras se había colapsado el terreno provocando el asentamiento de algunas zapatas, por consiguiente, la aparición de la patología existente.

Cuando se analizó el edificio para la defensa, se observó que las fisuraciones eran de este tipo:

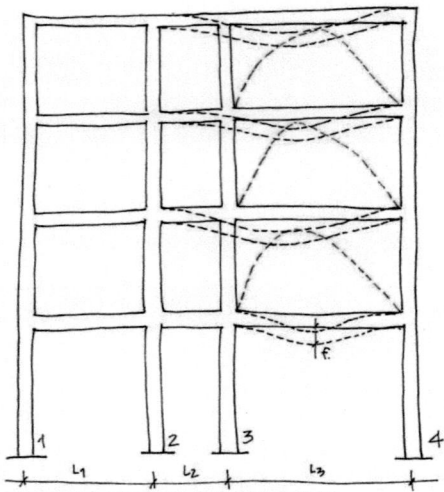

Figura 1.112.- Aparición de fisuras por deformaciones de los forjados de un edificio.

Fisuraciones que describen movimientos de forjados y no asientos de alguna zapata, que como ya se vio provoca el arco de descarga entre los vanos colindantes al pilar que asienta, provocando la aparición de la siguiente patología.

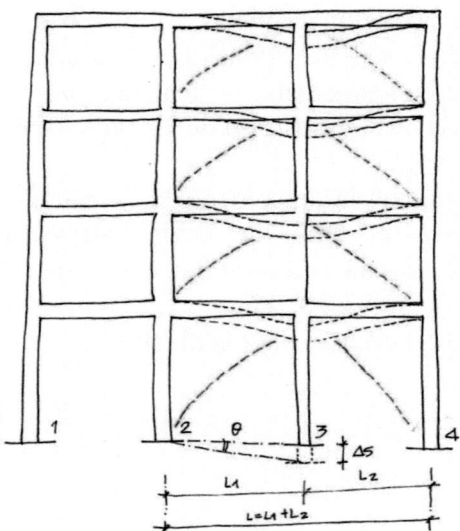

Figura 1.113.- Aparición de fisuras por asiento del pilar 3.

No obstante, lo que más clarificó el tema fue colocar gráficamente las viviendas con patología agrupada o clasificada por colores en su posición en cada uno de los bloques , concluyendo que si el problema existente hubiera sido como consecuencia del asentamiento de algún pilar, todas las viviendas a un lado y otro de dicho pilar estarían afectadas y no lo estaban, distribuyéndose la patología según luces de vanos y de forma más aleatoria, que no es ahora el momento de analizar, pero lo que si queda claro es que la patología nada tine que ver con la cimentación del edificio.

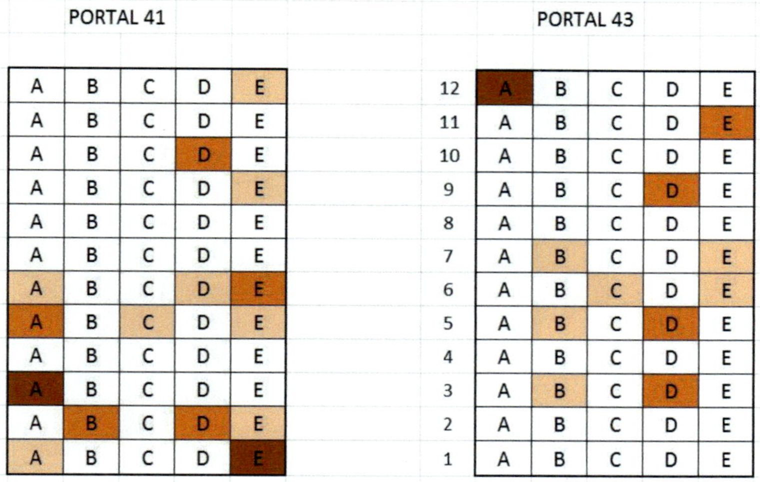

PORTAL 41							PORTAL 43				
A	B	C	D	E		12	A	B	C	D	E
A	B	C	D	E		11	A	B	C	D	E
A	B	C	D	E		10	A	B	C	D	E
A	B	C	D	E		9	A	B	C	D	E
A	B	C	D	E		8	A	B	C	D	E
A	B	C	D	E		7	A	B	C	D	E
A	B	C	D	E		6	A	B	C	D	E
A	B	C	D	E		5	A	B	C	D	E
A	B	C	D	E		4	A	B	C	D	E
A	B	C	D	E		3	A	B	C	D	E
A	B	C	D	E		2	A	B	C	D	E
A	B	C	D	E		1	A	B	C	D	E

Figura 1.114.- Esquema con la ubicación de la patología de cada uno de los bloques.

En definitiva, si dicho arquitecto hubiera colocado las viviendas con patología de forma gráfica para tener una cierta perspectiva del problema, el asiento de algún pilar baría sido descartado.

Por lo expuesto, se observa que es muy importante diferenciar las zonas que descienden, ya que cuando es por flexión de un forjado, el arco de descarga se forma encima del vano, mientras que si es por asiento de un pilar el arco de descarga se forma a ambos lados de un pilar, como se indica en los esquemas anteriores.

OTROS ASPECTO A INVESTIGAR.

Un aspecto para realizar una investigación es calcular el diagrama de reparto de tensiones cuando un tabique o cerramiento entra en carga. Este análisis tendría que coincidir con los diagramas que se iniciaron en las isostáticas de compresión.

En este sentido se ha introducido los parámetros de un paramento vertical de dimensiones similares a un tabique y se ha ido cargando liberalizando sus apoyos. De esta forma se ha obtenido un diagrama superficial de tenciones donde se aprecia la aparición de un arco de descarga.

A continuación, se presenta la figura obtenida de la distribución de tensiones en el interior del paramento, que, aunque no se aprecia bien se ha reforzado con una línea para que se aprecie la aparición del arco de descarga.

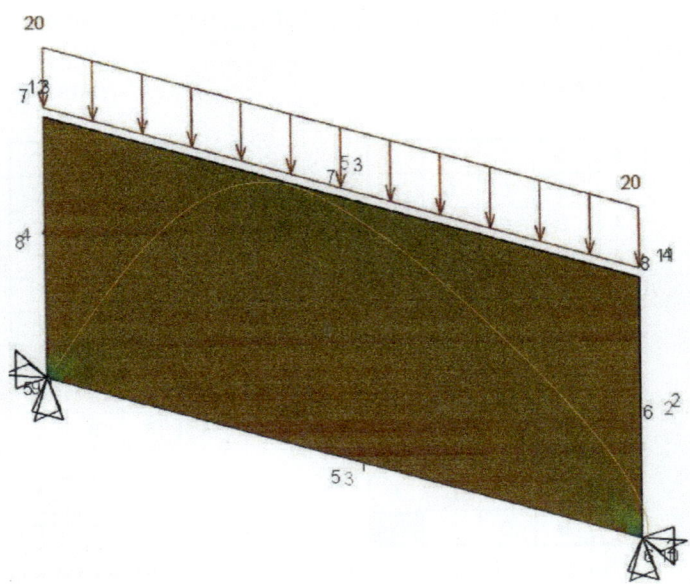

Figura 1.115.- Isostáticas de compresión en un tabique calculado con un programa de elementos finitos.

2.- APEOS.

Antes de proceder a un recalce de la cimentación y dependiendo de la tipología que se vaya a emplear en el mismo, será preciso desencargarla para poder manipular en su entorno. Esta operación se denomina apeo y consiste en realizar una estructura provisional que soporte la transmisión de cargas al terreno.

Es evidente que dependiendo de la tipología de la cimentación y de la situación el elemento a apear, así como de los medios técnicos disponibles, el sistema de apeo a emplear será de un tipo u otro.

Además, habrá que considerar en todo momento la tipología del elemento estructural que se apea, ya que no es lo mismo el apeo del muro de carga, cuya carga es continua, que el apeo de una columna, donde la carga es puntual.

Para proceder a realizar el apeo de un elemento estructural que transmite cargas al terreno se deben consideran los siguientes extremos:

a) En primer lugar, deben asegurarse los huecos existentes.
b) Por otro lado, será preciso considerar como la posible existencia de vuelco de elementos.
c) Prever los puntos de apoyo del apeo, así como el tratamiento de los mismos.
d) Estudiar los materiales disponibles y forma de colocación.
e) Estado de cargas de los elementos que se apean y sistema de descarga curado.
f)

Teniendo en cuenta lo indicado en los extremos anteriores y considerando que este capítulo se dedica a los apeos de elementos estructurales que deben ser realizados, se proponen algunos ejemplos para que el técnico que proyecta el recalce los considere como punto de partida.

2.1.- APEOS DE HUECOS Y ARCOS.

En primer lugar, hay que tener en cuenta que para realizar un recalce hay que estar seguro de que el elemento a recalzar no tiene otras cargas por lo que es necesario apearlo.

Para ello se utilizarán elementos estructurales acorde con las cargas que soporta. Por ejemplo, en un primer lugar, sea el elemento a recalzar es muro de carga será preciso de reforzar los huecos que contenga ya que para al ser los puntos más frágiles es posible la aparición de posibles grietas al ser elementos que debilitan en la zona del muro donde se cuenta.

En la parte superior del dibujo que se adjunta en la página siguiente, se indican algunos ejemplos de consolidación de huecos y el sistema denominado con Cruz de San Andrés. Con esta solución se pretende que el hueco no se deforme, para lo que se coloca un dintel compuesto por un tablón de 7x 24 cm que se descarga mediante tablones cruzados a las esquinas inferiores. Con este sistema se puede hacer multitud de soluciones diferentes como las que se indican en el dibujo de la página siguiente.

Cuando se apea un arco hay que tener en cuenta que las cargas de éste se transmiten a ambos laterales o a las columnas que lo soporta. Para lo cual el apeo se realizará recogiendo todas las cargas de forma continua y transmitiéndolas al terreno con el propósito de descargar los puntos de concentración de fuerzas, que en este elemento estructural son los muros laterales que lo delimitan, con las columnas que soportan las cargas.

Con las soluciones propuestas se pretende que el técnico que proyecta el apeo, reflexione una solución idónea para apear el elemento que se va a recalzar, a partir de la multitud de soluciones que pueden existir.

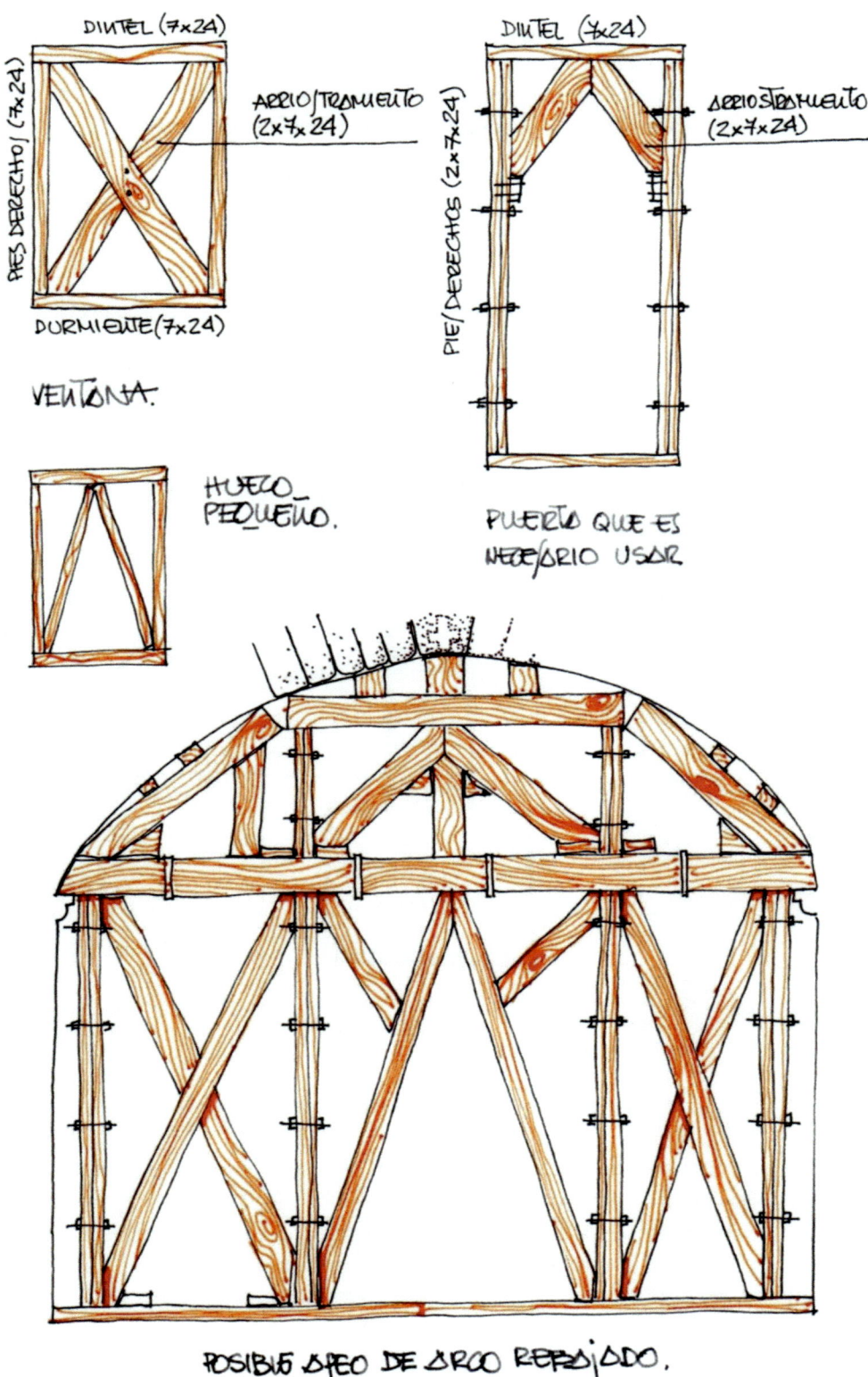

Figura 2.1.- Ejemplos de apeos de huecos y arcos.

2.2.- APEO DE MURO DE CARGA CON MADERA.

Se expresa a continuación una solución clásica para apear un muro de carga que transmite el peso a los codales laterales, para dejar espacio libre y poder realizar un recalce tradicional, que en este ejemplo sería el aumento de la superficie de la zapata.

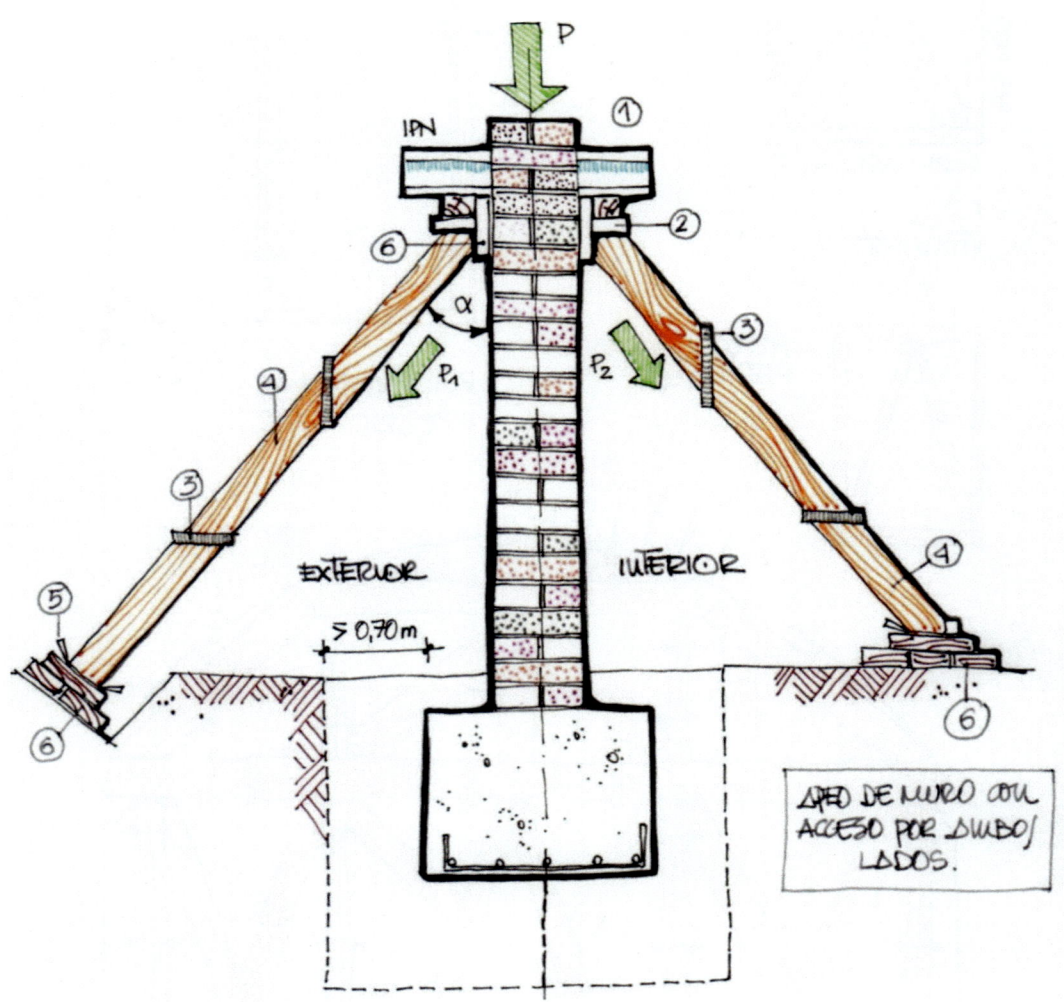

Figura 2.2.- Ejemplos de apeos de muro de carga con perfiles metálicos y codales de madera.

Como se ve, en la solución que se adjunta, no sólo se emplea madera sino perfiles metálicos, para descargar el muro mediante codales a los laterales de la zanja de cimentación. Esta solución puede ser sustituida por cualquier otra siempre que tengan la misma pretensión, que será la descarga de cargas del muro para poderlo apear de forma cómoda y fácil.

2.3.- APEO DE MURO DE CARGA CON ACCESO POR AMBOS LADOS Y GATOS HIDRÁULICOS.

En ocasiones es preciso apear un muro de carga para poder realizar un recalce tradicional, como el que se propone en la figura siguiente (2.3), ya que hay que excavar media cimentación longitudinalmente, para colocar la armadura y hormigonar medio recalce y posteriormente se realiza el otro medio. La armadura se coloca plegada de forma que cuando se escava la segunda fase se despliega y se recompone, quedando una armadura única conjunta.

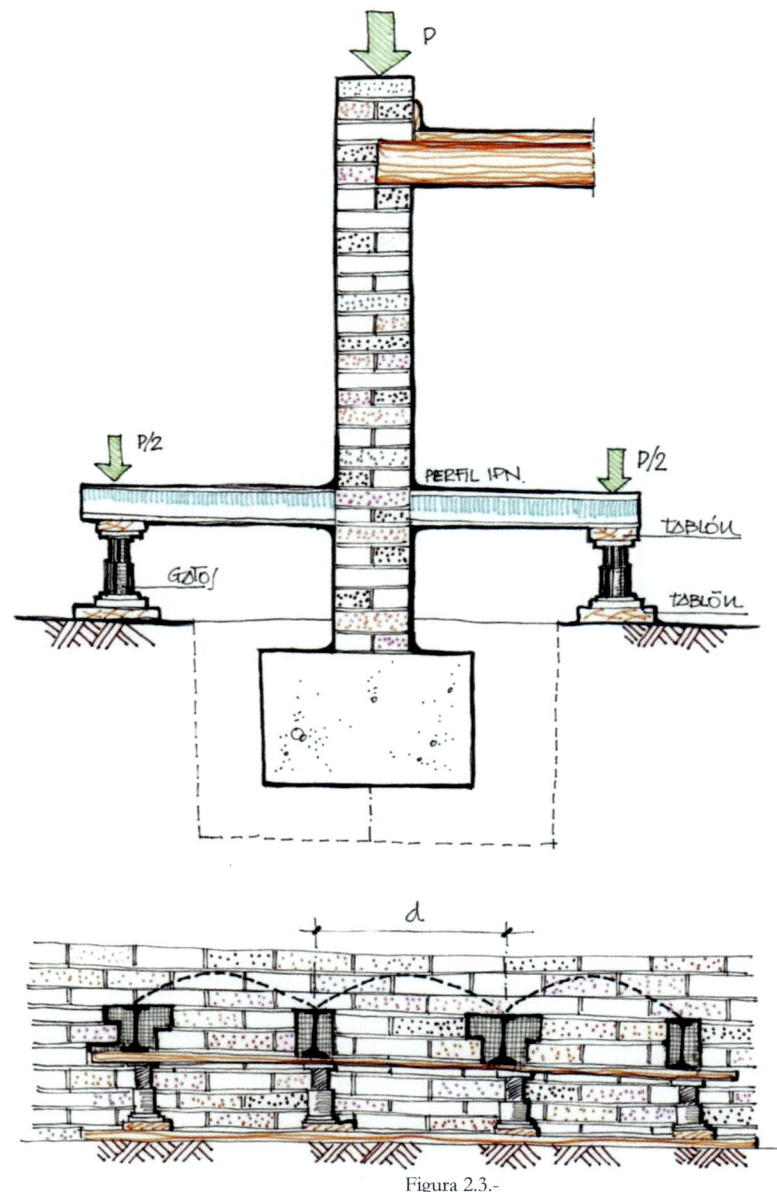

Figura 2.3.-
Ejemplos de apeos de muro de carga con acceso por ambos lados, con perfiles metálicos, gatos hidraulicos y codales de madera.

2.4.- APEO DE MURO DE CARGA CON ACCESO DESDE UN SOLO LADO.

E.

En otras ocasiones el acceso solo es posible por uno de los dos lados, por lo que hay que realizar un apeo ingenioso que compense el peso del muro.

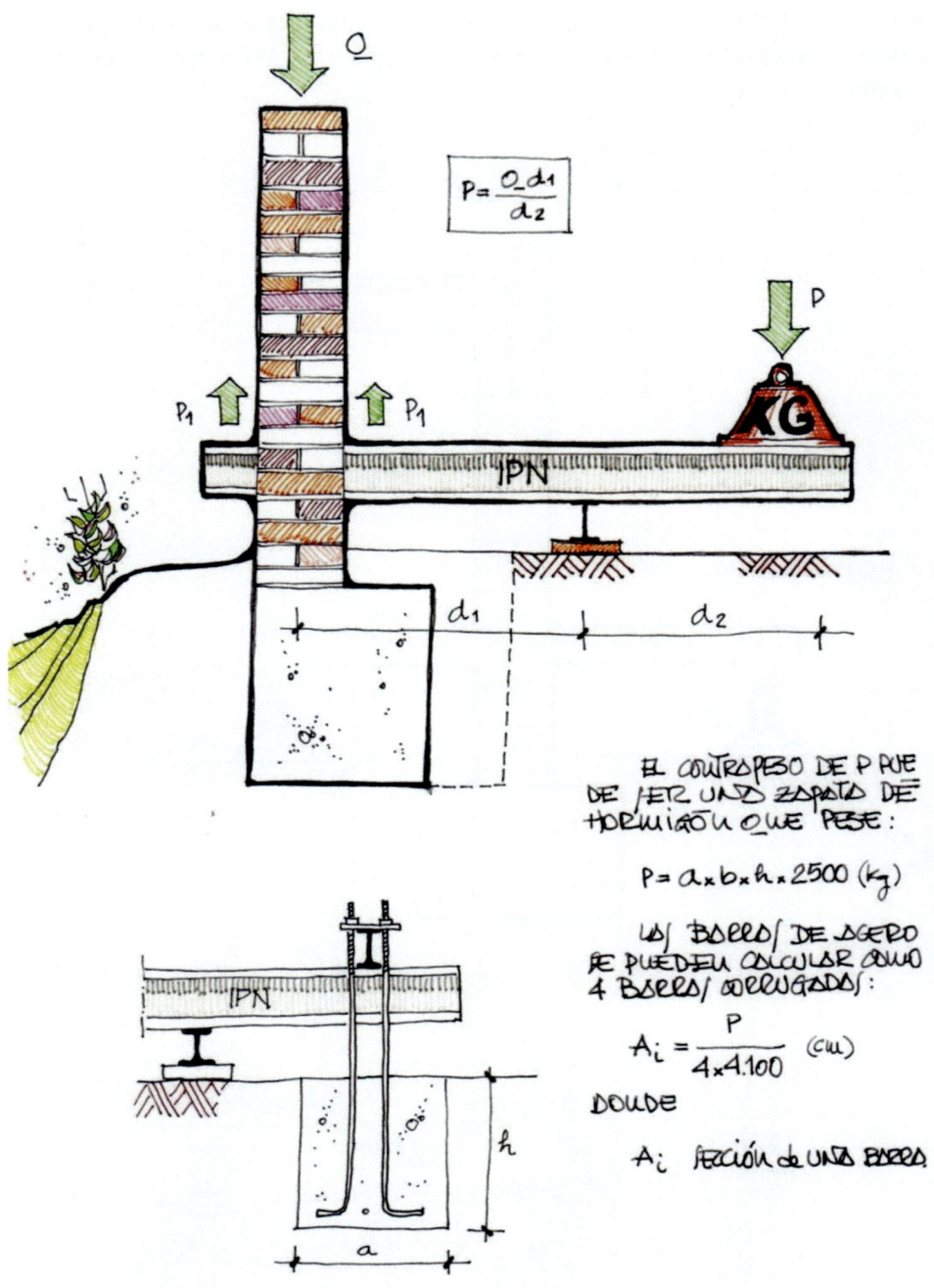

Figura 2.4.- Ejemplos de apeo de muro de carga con acceso desde uno de los lados, con perfiles metálicos.

2.5.- APEO DE PILAR DE HORMIGÓN CON PERFILES METÁLICOS Y GATOS HIDRÁULICOS.

Si es preciso apear un pilar de hormigón será preciso recoger la carga del pilar y levantarlo de 10 a 20mm para que una vez hecho el recalce el terreno entre en carga.

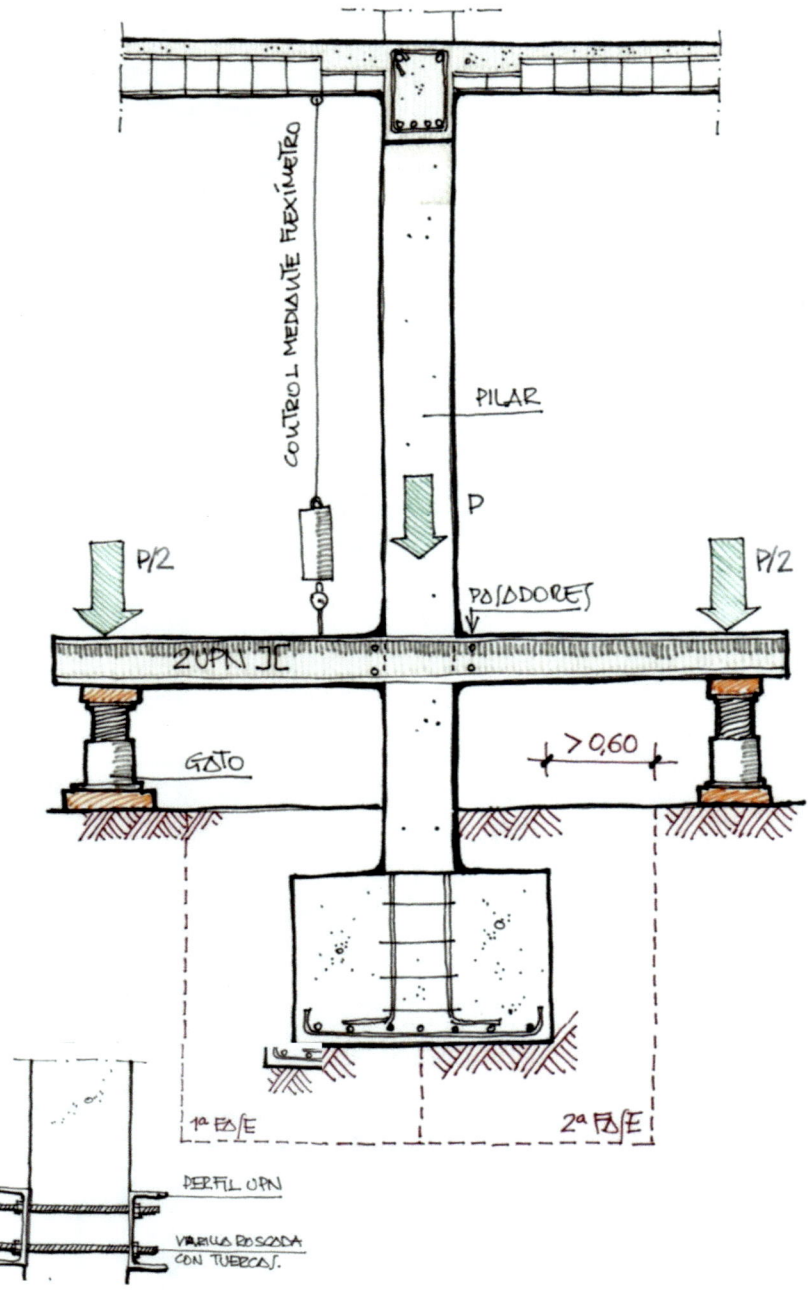

Figura 2.5.- Ejemplo de apeo de un pilar con dos perfiles metálicos y dos gatos hidráulicos.

2.6.- APEO CLÁSICO DE UN MUTRO DE FACHADA CON MADERA.

Aunque este sistema se va sustituyendo por estructuras metálicas tubulares con contrapesos de hormigón, es preciso dejar recuerdo de lo que fue un sistema de apeo de una fachada con tablones de madera.

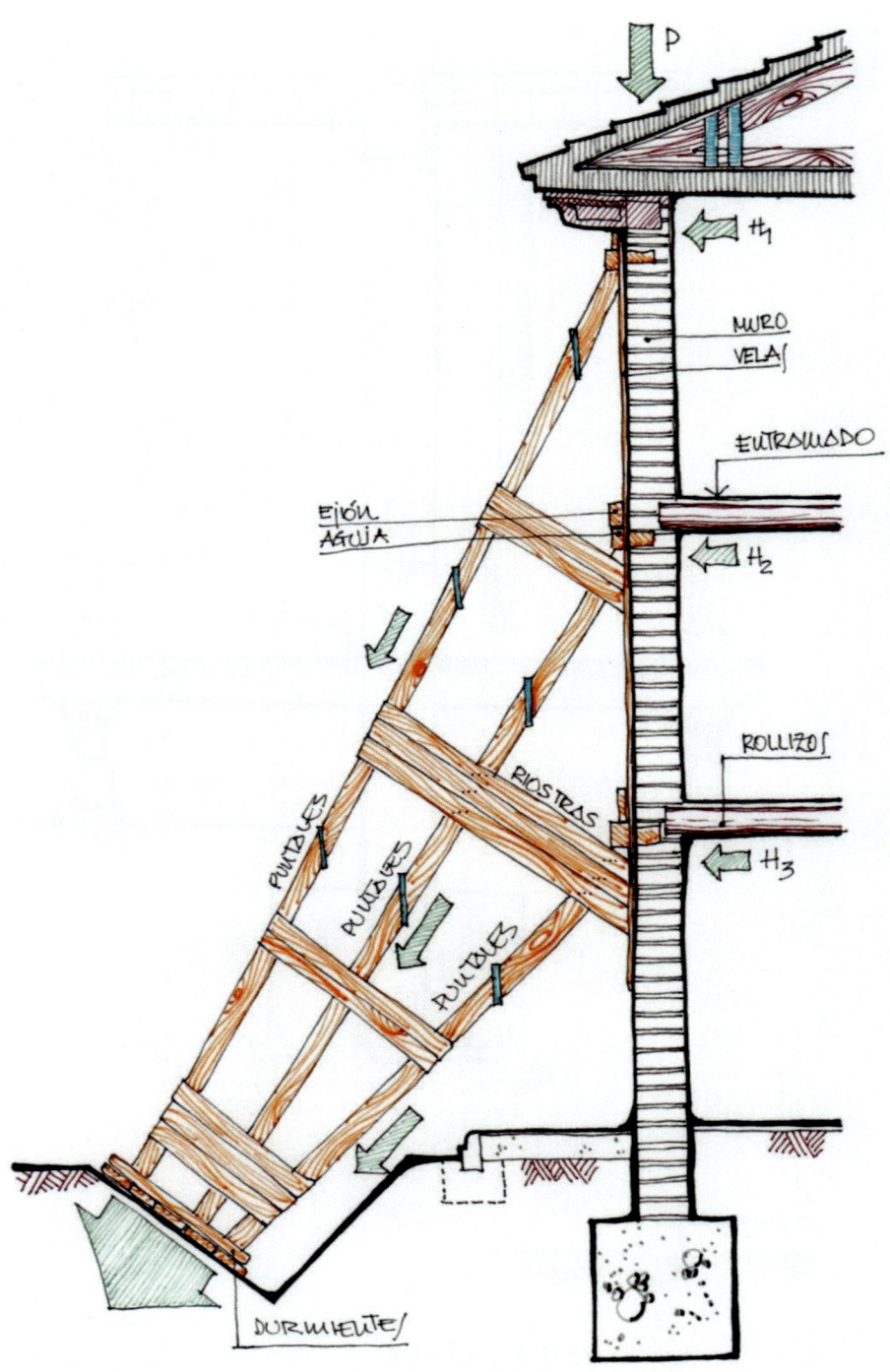

Figura 2.6.- Ejemplo de apeo clásico de fachada con puntales y tablones de madera.

2.7.- APEO DE PILAR CON ESTRUCTURA TUBULAR EMBRIDADA.

Los apeos de madera hoy día se realizan casi en su totalidad por estructuras metálicas tubulares con contrapesos de hormigón, es preciso dejar constancia las cargas que soportan los puntales y las cargas hay que apear.

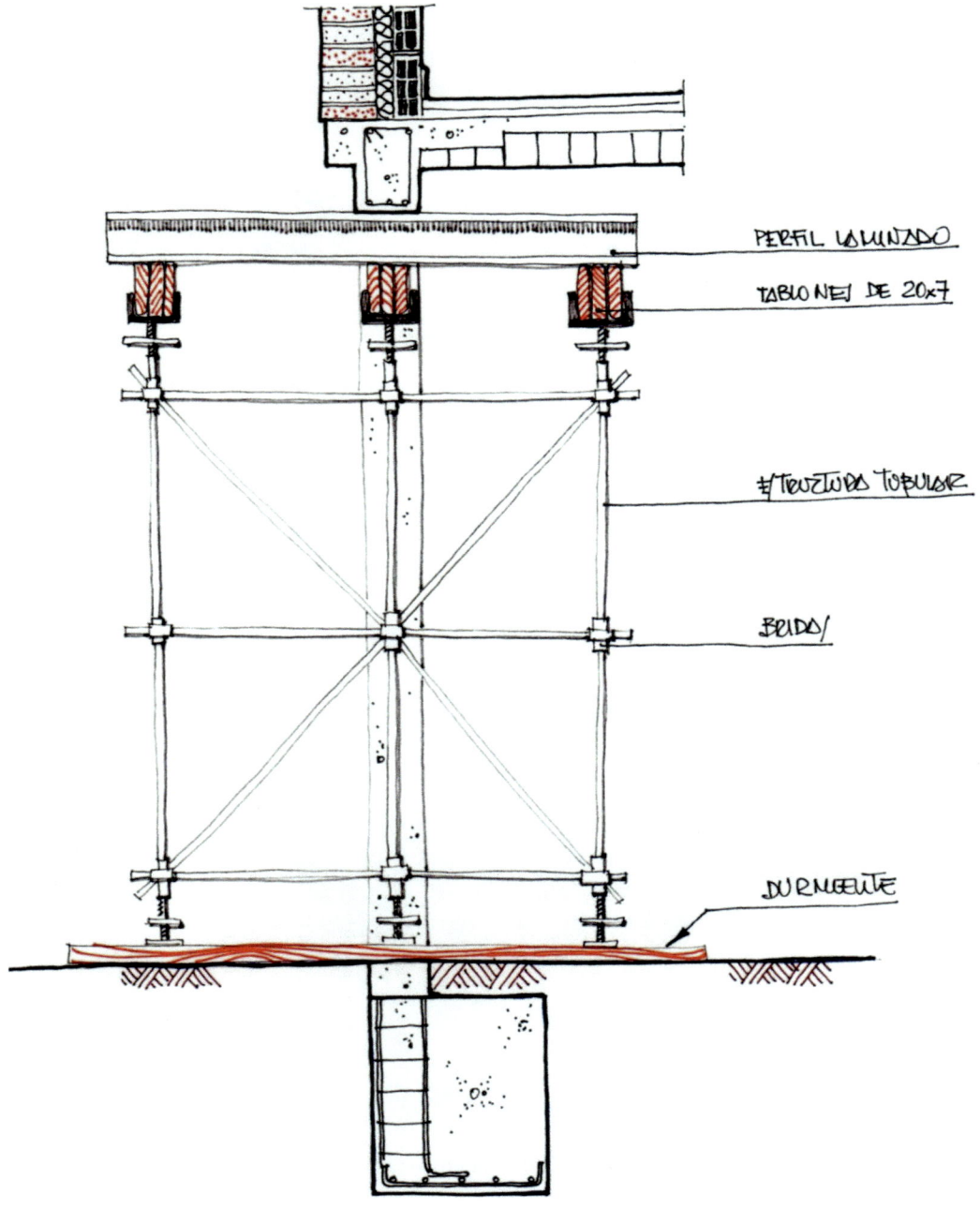

Figura 2.7.- Ejemplo de apeo de pilar de hormigón con estructura tubular embridada.

2.8.- LA UTILIZACIÓN DEL PUNTAL TELESCÓPICO.

Los puntales telescópicos se componen, fundamentalmente, por dos tubos huecos metálicos que deslizan uno dentro de otro, cada uno tiene una placa base utilizándose en el extremo del interior un regulador roscado que apoya contra un pasador que se ancla a agujeros existentes en el tubo hueco superior.

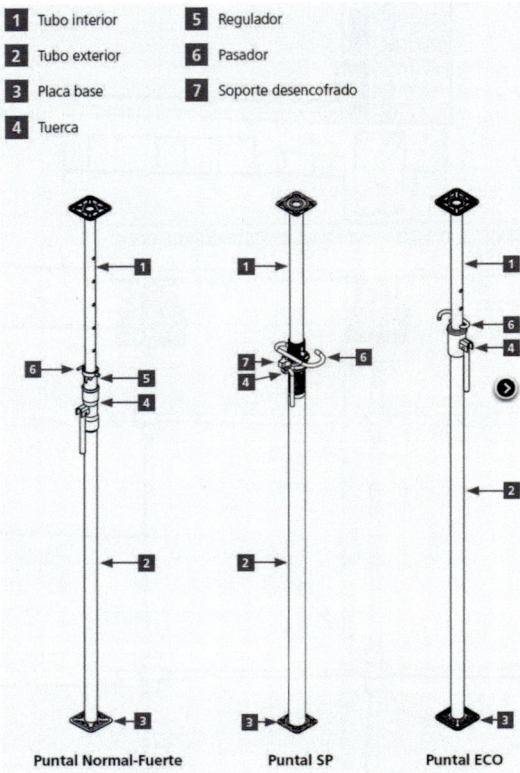

Figura 2.8- Tipos de puntales para apeos provisionales.

Figura 2.9- Tipos de puntales telescópicos para apeos provisionales.

El regulador suele ser de dos tipos: con orejetas o barra reguladora. En ambos casos permite regular su altura con bastante precisión.

Si se conocen las características técnicas de los tubos y del pasador se puede calcular el puntal como cualquier elemento estructural sometido a pandeo debido a su estado de la ruptura.

Altura (m)	PUNTAL NORMAL		PUNTAL FUERTE			SP-34	SP-40	SP-50
	1,75-3,10	2,10-3,5	2,10-3,65	2,35-4,0	3,65-5,25	2,00-3,40	2,5-4,00	3,9-5,00
1,75	23,00							
1,80	23,00							
1,90	23,00							
2,00	23,00					26		
2,10	23,00	23,00	26,00			26		
2,20	21,71	22,57	26,00			26		
2,30	20,43	22,14	26,00			26		
2,35	19,79	21,93	26,00	22,50		26		
2,40	19,14	21,71	26,00	22,50		26		
2,50	17,64	20,50	26,00	22,50		26	28,00	
2,60	15,93	18,50	26,00	22,50		26	28,00	
2,70	14,21	16,50	26,00	22,50		25,3	28,00	
2,80	12,50	14,50	26,00	22,38		24	28,00	
2,90	11,17	13,33	24,83	22,25		22,5	28,00	
3,00	9,83	12,17	23,67	22,13		21	28,00	
3,10	8,50	11,00	22,50	22,00		19,3	28,00	
3,20		10,36	20,83	21,32		17,5	28,00	
3,30		9,72	19,31	20,64		16,5	27,00	
3,40		9,08	17,94	19,95		15,8	26,00	
3,50		8,44	16,56	19,27			25,00	
3,60			15,19	18,59			24,00	
3,65			14,50	18,25	15,00		23,25	
3,70				17,57	14,66		22,50	
3,80				16,21	13,97		21,00	
3,90				14,86	13,28		19,50	22,00
4,00				13,50	12,59		18,00	22,00
4,10					12,06			22,00
4,20					11,67			22,00
4,30					11,29			22,00
4,40					10,90			22,00
4,50					8,44			22,00
4,60					8,16			22,00
4,70					7,88			21,63
4,80					7,60			21,25
4,90					7,10			19,88
5,00					6,60			18,50
5,10					6,10			
5,20					5,60			
5,25					5,40			

Figura 2.10- Puntales SP de ULMA: Cargas de uso (kN).

No obstante, las empresas fabricantes de estos elementos suelen proveer en sus catálogos de tablas para el cálculo de sus puntales según el modelo y la altura prevista con lo cual su utilización es más sencilla. Como puede observarse en un puntal normal tipo SP construido por ULMA, puede soportar una carga que oscila entre los 23,0 kN con 1,75 m de altura a los 8,50 kN con 3,10m, es decir de 2300 kp a 850 kp según su altura.

Algunos fabricantes indican en sus catálogos del empleo de un coeficiente de seguridad del orden de 2,00 o 2,5   lo que implica la necesidad de emplear un grupo importante de puntales.

Es decir, que un puntal, no debería cargarse con más de 1.000 kp (10,00 kN), lo que lo hace prácticamente inviable para cargas puntuales.

Otro aspecto a tener en cuenta es la colocación de un atado a media altura con un tubo y bridas, lo que acortaría su longitud de pandeo a la mitad, por lo que aumentaría casi el doble de la carga posible que si un puntal estuviera exento.

EJEMPLO DE APLICACIÓN.

Se ha de rehabilitar una vivienda unifamiliar antigua (1938) que se compone estructuralmente de muros de carga perimetrales y de un pilar de hormigón central.

Por necesidades de espacio y porque las circunstancias urbanística lo permiten, se va a levantar una planta más. Además por catas ya realizadas la zapata existente en el pilar central es de 1,00x1,00m con un canto de se 60 cm. El edificio se compone de planta baja sobre solera y planta primera con forjado de bovedilla de cerámica. Se cubre el edificio con estructura formada con entramado de madera que soporta un cañizo recubiertos de yeso negro sobre el que se han colocado teja árabe tomada con mortero de cemento.

ACTUACIÓN REALIZADA.

Como la cubierta se sustituye, se retirarán las tejas y se demolerá del cañizo, quitando el entramado de madera. También se demolerá la tabiquería, pavimentación e instalaciones, etc.

Como el área de influencia del pilar es de 5,00x 4,5m=22,5 m², se calcula la carga real que sustentaba el pilar, incluido el peso de la zapata, de la siguiente forma:

Forjado techo Planta Baja (22,50·200...............4.500,00 kp
Peso Pilar (0,30·0,30·2,50·2500) ....562,00 kp
Peso zapata
(1,00·1,00·0,60·2500)...1.500,00 kp

SUMA TOTAL 6.562,00 kp

La carga de cálculo será: 6.562,00·1,6=10.499,2≈**10.500,00kp**

Si esta carga la se divide por el área de la zapata, se obtiene la tensión a la que estaba trabajando el terreno: s_{adm}=10.500/(100x100)=**1,05 kp/cm²**

Si aumentamos una planta más las cargas serán de:

Forjado techo Planta Baja (22,50·200................4.500,00 kp
Forjado planta primera (22,50·350) ....7.875,00 kp
Sobrecargas (22,50·1509......................................3.375,00 kp
Peso Pilar (0,30·0,30·2,50·2500) ....562,00 kp
Peso zapata (1,00·1,00·0,60·2500) ....1.500,00 kp
Recalce (2,20·2,20·0,60·2500)............................7.260,00 kp
SUMA TOTAL........25.072,00 kp

La dimensión de la nueva zapata se ha realizado constructivamente. Al ser una zanja perimetral a la anterior zapata de al menos 60 cm alrededor, la nueva zapata tendrá una dimensión de 0,60+1,00+,60=2,20 cm

La carga de cálculo será: 25.072,00/220·220 =**0,0518 kp/cm²** <<1,05 kp/cm² Luego la solución sería razonable.

La nueva zapata se calcula de 2,20 x 2,20m, por lo que el apeo debe dejar hueco para poder trabajar alrededor del pilar haciendo la excavación necesaria para posteriormente hormigonar la nueva zapata con un hormigón fluido expansivo. (ver figura 2.07)

El apeo se realiza con dos perfiles metálicos que se apoya en dos grupos de cuatro tablones de 20x7 cm, que a su vez se apoyan en cuatro grupos de puntales. Por consiguiente cada grupo deberá soportar:

10.500/4=2.650 kp

Si se toma un puntal normal de 2,50 metros de altura se comprueba que la máxima carga permitida, según el catálogo del fabricante desde **1593 kp**, por lo que se necesitarían:

N°$_{puntales}$=2625/1593=1,65≈ **2 puntales**

Por otro lado y siguiendo las instrucciones o recomendaciones del fabricante y teniendo en cuenta un coeficiente de seguridad de 2, se colocan cuatro puntales en cada extremo. Es decir un total de dieciséis puntales.

Se recomienda además, colocar algún sistema horizontal o inclinado que arriostre la cabeza y bases del apeo para contrarrestar la posible aparición de esfuerzos horizontales.

En el caso expuesto se observa que para una pequeña carga **10,5 t** es preciso colocar 16 puntales, lo cual es un volumen de puntales difíciles de colocar y de poder tensionarlos todos para que tengan un reparto proporcional de la carga.

Como se puede comprender, el apeo con puntales sólo puede hacerse para cargas pequeñas, como el ejemplo indicado. Si la carga es mucho mayor el sistema a emplear será con estructura tubular o con estructura compuesta de perfiles metálicos laminados. Estructuras de edificios en altura, con cargas del orden de 300 toneladas no pueden ser apeadas, por lo que se plantean es la mejora del suelo o llevar las cargas a estratos más profundos, siempre que ello sea posible, con la ayuda del pilotaje o micropilotaje.

3.- EL ESTUDIO GEOTÉCNICO.

Comprobado que el edificio que estudiamos presenta un cuadro patológico importante, al que se ha dedicado el primer capítulo y una vez tomadas las primeras medidas de seguridad para su estabilización, apeando y consolidando provisionalmente las zonas más peligrosas, el siguiente paso es, sin duda, analizar el terreno para poder comprobar las interacciones entre el edificio y el terreno, en el punto que interesa que es la zona de la cimentación.

La cimentación de un edificio es la parte estructural del mismo que sirve para transmitir las cargas del edificio al terreno. Para poder diseñar o analizar una cimentación es imprescindible realizar, en primer lugar, un estudio geotécnico.

Siguiendo el código técnico de la edificación en su apartado de DB-SE-C, se expone procedimiento para realizar un estudio aceptable.

En primer lugar, se clasifican los tipos de construcciones de acuerdo a la siguiente tabla:

Tabla 3.1. Tipo de construcción

Tipo	Descripción [1]
C-0	Construcciones de menos de 4 plantas y superficie construida inferior a 300 m^2
C-1	Otras construcciones de menos de 4 plantas
C-2	Construcciones entre 4 y 10 plantas
C-3	Construcciones entre 11 a 20 plantas
C-4	Conjuntos monumentales o singulares, o de más de 20 plantas.

[1] En el cómputo de plantas se incluyen los sótanos.

Figura 3.01- CTE Clasificación del tipo de construcción.

Por otro lado, el Código Técnico clasifica los terrenos en tres grandes grupos:

Tipo de Terreno

Grupo	Descripción
T-1	Terrenos favorables: aquellos con poca variabilidad, y en los que la práctica habitual en la zona es de cimentación directa mediante elementos aislados.
T-2	Terrenos intermedios: los que presentan variabilidad, o que en la zona no siempre se recurre a la misma solución de cimentación, o en los que se puede suponer que tienen rellenos antrópicos de cierta relevancia, aunque probablemente no superen los 3.0 m.
T-3	Terrenos desfavorables: los que no pueden clasificarse en ninguno de los tipos anteriores. De forma especial se considerarán en este grupo los siguientes terrenos:

    a) Suelos expansivos
    b) Suelos colapsables
    c) Suelos blandos o sueltos
    d) Terrenos kársticos en yesos o calizas
    e) Terrenos variables en cuanto a composición y estado
    f) Rellenos antrópicos con espesores superiores a 3 m
    g) Terrenos en zonas susceptibles de sufrir deslizamientos
    h) Rocas volcánicas en coladas delgadas o con cavidades
    i) Terrenos con desnivel superior a 15º
    j) Suelos residuales
    k) Terrenos de marismas

Figura 3.02- CTE Clasificación del tipo de terrenos.

Respecto del tipo de terreno se tendrá en cuenta los siguientes extremos:

- Con carácter general el mínimo número de reconocimientos será de tres.
- La densidad y profundidad de los reconocimientos deben permitir una cobertura correcta de la zona a edificar.
- Para definirlos se tendrá en cuenta el tipo de edificio, la superficie de ocupación en planta y el grupo de terreno.
-

Las distancias máximas entre los puntos de reconocimiento y profundidad son orientativas y se refleja en la siguiente tabla:

Tipo de Construcción	Grupo de terreno			
	T1		T2	
	D_{max} (m)	P (m)	D_{max} (m)	P (m)
C-0, C-1	35	6	30	18
C-2	30	12	25	25
C-3	25	14	20	30
C-4	20	16	17	35

Figura 3.03- CTE Distancias y profundidades máximas de reconocimiento del terreno.

Obtenidos el número de reconocimientos, la norma permite la sustitución de sondeos por pruebas continuas de penetración, exigiendo un número mínimo de sondeos según el tipo de terreno y construcción, según la siguiente tabla:

Número mínimo de sondeos mecánicos y porcentaje de sustitución.

	Número mínimo		% de sustitución	
	T-1	T-2	T-1	T-2
C-0	-	1	-	66
C-1	1	2	70	50
C-2	2	3	70	50
C-3	3	3	50	40
C-4	3	3	40	30

Figura 3.04- CTE Sustitución de sondeos por penetraciones.

El CTE indica que debe comprobarse los siguientes extremos:

A. Se deberá comprobar que los reconocimientos a realizar alcanzan cotas del terreno por debajo del cual no que se desarrollan asientos significativos.

B. La cota definida será tal que el incremento de tensión, con las cargas del edificio, no superen el 10% de la tensión efectiva del terreno antes de construir el edificio.

C. La tensión transmitida podrá obtenerse mediante ábacos o tablas considerando que la superficie del edificio tiene una carga uniforme, que va disminuyendo de forma proporcional con una relación 1H:2V.

D. En el caso de pilotes se deberá analizar una profundidad de un pilote+5D, por debajo de éste.

3.1.- ESTUDIO DEL SUBSUELO: LA PROSPECCIÓN.

Cuando se estudia una edificación que sufre de patología a causa de la cimentación, es primordial detectar la tipología de la cimentación y su contacto con el terreno, para poder determinar la causa que provoca dicha patología.

Aunque no es primordial en este manual, es bueno recordar los sistemas de prospección. Este estudio del terreno puede llevarse a cabo mediante calicatas, sondeos mecánicos, ensayos continuos de penetración y métodos geofísicos.

3.1.1.- CALICATAS.

Las calicatas son excavaciones en zanja de 1, 00m de anchura por 5,00 m de profundidad, que se realiza mediante retroexcavadora. Estos ensayos se realizan ante la presencia de un geólogo, que determina los distintos estratos, afluencia de agua, toma de muestras para análisis de laboratorio, etc.

Es una prospección que puede determinar la tipología del subsuelo inmediato, válida para edificaciones de una o dos plantas.

Deben realizarse donde no se haya proyectado elemento de cimentación o cercanas a cimentaciones próximas existente para evitar crear patologías al edificio colindantes.

3.1.2.- ENSAYOS DE PENETRACIÓN.

El ensayo de penetración mecánica consiste en contabilizar el número de golpes (N) necesarios para hincar una varilla de 10 a 20cm de longitud, mediante la caída de una maza de peso conocido que cae desde una altura predeterminada.

Según el peso de la maza, la altura longitud y grosor de las varillas, se puede dividir en:

Ensayo ligero o DPL.
Ensayo pesado DPH.
Ensayos superpesado o DPSH.

ENSAYO LIGERO o DPL

Consisten en la hinca de una varilla con puntaza cónica pérdida que tiene un ángulo de 60° en punta. Con una maza de 30 kg a una altura de 25 cm y a un ritmo de 15 a 30 golpes por minuto, para hincar la varilla 10 cm.

El ensayo se da por terminado cuando $N_{10} > 80-100$ golpes, que se considera como rechazo.

ENSAYO PESADO o DPH (BORROS).

Este ensayo consiste en hincar una varilla, con punta cuadrada (4x4cm) de forma piramidal con un ángulo de 90° que se hace penetrar con una maza de 63,5 kg que cae desde una altura constante de se 50 cm, a un ritmo de 15 a 30 golpes por minuto. El número de golpes se contabiliza para la hinca de 20cm (N_{20}).

El ensayo se considera terminado cuando es necesario más de $N_{20} = 200$ golpes para la hinca de 20cm.

ENSAYO SUPERPESADO o DPSH.

Es una variante del ensayo anterior, con una puntaza cómica de 50 mm de diámetro que se hinca con una maza de 63,5 kg que cae a 75 cm de altura. También se contabiliza el N_{20} con un ritmo de 30 golpes. Se considera rechazo cuando $N_{20} > 75$ en tres series consecutivas.

Conocido número de golpes N, se puede obtener la resistencia mecánica del terreno Qd mediante la fórmula holandesa de hinca a partir de la cual se puede estimar la resistencia estática unitaria, de donde se obtiene la resistencia mecánica del terreno según diversas correlaciones propuestas por Sanglerat, Meyerhorf, etc.

3.1.3.- SONDEO MECÁNICO A ROTACIÓN.

Este estudio mecánico del terreno consiste en realizar una perforación continua mediante la recuperación del terreno que se coloca en cajas tomamuestras, diseñadas para mantener el testigo ordenadamente con las cotas de profundidad. De esta forma, tenemos una columna de determina la propia configuración del terreno.

Una vez colocada en su caja, se rotula los extremos que interesa para para que cualquier otro técnico pueda conocer no sólo su procedencia, si no la profundidad de la extracción. Las cajas que contienen la muestra obtenida se fotografía y se adjuntan al estudio geotécnico. Una muestra de ello es la fotografía que se anexiona a continuación.

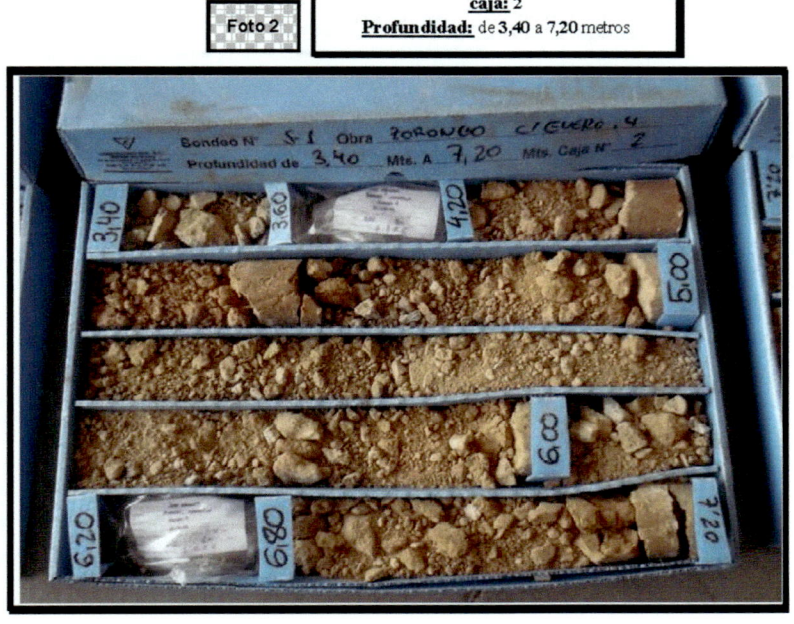

Figura 3.05- Muestra obtenida por sondeo a rotación clasificada en caja.

Durante la perforación, que se realizará hasta la profundidad necesaria, estará supervisada en todo momento por un técnico competente cualificado, se realizarán otro tipo de ensayos, que determinan parámetros presenciales de los suelos analizados, como son los siguientes:

a)   MUESTRAS INALTERADAS.

Son testigos, que una vez extraídos, en el sondeo, se protegen para evitar su desecación, para lo que se colocan el envase con tapones para final quedando la muestra inalterada.

b)   ENSAYOS SPT (STANDARD PENETRATION TEST).

El ensayo consiste en contar el número de golpes necesarios para hincar una puntaza normalizada 60 cm. Se cuenta los golpes cada 15 cm tomándose como referencia los golpes del segundo y tercer tramo (N_{30}). Si el número superior a 50 se considera rechazo (R).

Este ensayo se realiza en cada estrato diferente cada 2,5-3,0 m, en suelos cohesivos y cada 1,5-m 2,0 m   del   suelo granulares.

Con los datos obtenidos se puede realizar la siguiente clasificación:

No. de golpes N	Densidad relativa
0 - 4	Muy suelta
4 - 10	Suelta
10 - 30	Mediana
30 - 50	Densa
Mayor que 50	Muy Densa

Consistencia	N	q_u kg/cm²	Intervalo aproximado de γ_{sat} (t/m³)
Muy blanda	0 - 2	0 - 0.25	1.60 - 1.90
Blanda	2 - 4	0.25 - 0.50	
Media	4 - 8	0.50 - 1.00	1.76 - 2.07
Consistente	8 - 15	1.00 - 2.00	1.90 - 2.24
Muy consistente	15 - 30	2.00 - 4.00	
Dura	≥ 30	≥ 4.00	

(*) q_u = resistencia a la compresión inconfinada.

Figura 3.06- Clasificación de la densidad relativa según el número de golpes N.

Si es necesario el control del nivel freático se introducirá un tubo piezométrico de PVC y Ø50mm para ir comprobando la cota del mismo, según los cambios higrométricos en las distintas estaciones.

3.1.4.- OTROS ENSAYOS GEOFÍSICOS.

Además de los ensayos ya nombrados que pertenecen fundamentalmente a laGeomecánica, existen otros grupos de ensayos geofísicos que de modo nominativo son los siguientes:

- Sondeos eléctricos verticales.
- Tomografía eléctrica.
- Sísmica de refracción.
- Sísmica de reflexión.
- Georradar.
- Gravimetría.

De los métodos indicados los más utilizados son los sísmicos der reflexión y refracción, que se fundamentan en la medida de tiempos de ondas tipo P y S, generadas en el terreno por una fuente de energía mecánica con un generador de impactos y recogidas por unos Geófonos que están conectados a un sismógrafo registrador.

Habida cuenta de que la velocidad de propagación del sonido depende de la característica del material, se puede determinar la profundidad de e inclinación de los distintos estratos que configuran el terreno.

Figura 3.07- Camión de sondeos en plena campaña.

Figura 3.08- PENETRÓMETRO.

Figura 3.09- Penetrómetro junto a una calicata.

3.2.- ENSAYOS DE LABORATORIO.

Una vez se identificados los distintos estratos del terreno, se obtienen diversa muestra de cada uno de ellos con el propósito de conocer su identificación y sus capacidades físico-mecánicas. No hay que perder nunca de vista el destino final del estudio geotécnico, que es determinar la capacidad mecánica de un suelo para soportar una edificación.

Para ello se clasifican los ensayos de laboratorio en tres grandes grupos

- Identificación y clasificación del suelo.
- Comportamiento físico-mecánico.
- Ensayos químicos.
-

Dentro de cada uno de estos grupos los ensayos más habituales son los siguientes:

Identificación y clasificación del suelo:
Granulometría del suelo...UNE 103 101-95
Límites de Atterbeg,..UNE 103 103-93
Densidad aparente ....UNE 103 301-94
Humedad natural ....UNE 103 300-93
Densidad de las partículas sólidas......................................UNE 103 302-94
Proctor normal ....UNE 103 500-94
Proctor modificado..UNE 103 501-94
Ensayos físico-mecánicos.
Compresión simple ....UNE siento tres-400 93
Corte directo..UNE 103-401 98
Compresión Triaxial.. UNE 402-98
Ensayos Edométrico ....UNE 103 405-94
Ensayo de colapso .... NLT. 254/99
Ensayos de estas y vida Lambe...UNE 103 600-96
Ensayos de linchamiento libre en edómetro..........................UNE 103 601-96
Por presión de hincha miento en edómetro ....UNE 103 602-96
C.B. R... UNE 103 502
Ensayos químicos
Determinación de sulfatos solubles
Cuantitativa ....UNE 103 201-96
Cualitativa...UNE 103 202-96

3.2.1.- ENSAYOS DE IDENTIFICACIÓN Y CLASIFICACIÓN DEL SUELO.

Son ensayos cuyo fin primordial es identificable y clasificar el suelo, lo que va a permitir caracterizarlo y de esta forma conocer su comportamiento físico-mecánico.

Una primera forma de clasificación del suelo atendiendo a las cuantías y tamaño de su partículas, se pueden clasificar según la siguiente tabla:

DENOMINACIÓN	TAMAÑO(mm)
Rocas	>60
Bolos	>60
Grava Gruesa	20-60
Grava Media	6-20
Grava Fina	2-6
Arena Gruesa	0,6-2
Arena Media	0,2-0,6
Arena Fina	0,06-0,2
Limo Grueso	0,02-0,06
Limo Medio	0,006-0,02
Limo Fino	0,002-0,006
Arcillas	<0,002

De esta forma se tienen una primera clasificación atendiendo al tamaño del árido que los componen, que son:

- Rocas
- Gravas
- Arenas
- Limos
- Arcillas

Esto cinco tipos de suelos se pueden, a su vez, agrupadas en tres tipos de suelos, eliminando previamente la roca es, quedando en

- Rocas
- Terreno sin cohesión (gravas y arenas).
- Terrenos coherentes (limos y arcillas).
- Terrenos deficientes.

Pero no todos los suelos son uniformes con un solo componente primordial, sino que pueden tener otros componentes cuya presencia no puede ser despreciable, con lo que el suelo tomar un segundo apellido. De esta forma se pueden presentar los terrenos con nombres tales como:

- grava arenosa.
- Arcilla limosa.
- Limos arcillosos.
- etc.

El suelo que interesa, en edificación, no tiene una profundidad mayor de 20 o 30 m. Esta capa de la litosfera terrestre es el resultado de millones de años de evolución.

Las rocas provenientes del interior del planeta a consecuencia de las altísimas presiones, se licuan y aparecen sobre la superficie del planeta o se conforman con la presiones que se producen en las derivas de los continentes. Cuando estas rocas quedan expuestas la intemperie, se van disgregando por la acción de los cambios climáticos, que las van descomponiendo en partículas más o menos fina que son arrastradas por el viento o acarreada por las aguas superficiales.

Las fluctuaciones de las lluvias, las direcciones de vientos, escorrentías y otros agentes, al trasladar esas partículas de un lado a otro formando capas de espesores variables. Otras capas se forman por ser sales solubles en aguas que se desecan, formando estrato de espesores centimétricos o de espesores métricos.

En la mayoría de los casos donde se ha de ubicar un edificio son estratos producido durante cientos, miles o millones de años. Estos estratos son interrumpidos por singularidades del clima , que intercalan capas incoherentes con el estrato principal.

Por estas razones es difícil extrapolar los resultados de un sondeo al resto de la parcela, sin que a la larga el edificio puede presentar problemas por cambios inesperados del subsuelo.

Siguiendo la clasificación anteriormente expuesta, debida al tamaño de las partículas, hay que tener en cuenta las siguientes consideraciones:

A/ ROCAS.-

Las rocas son materiales compuestos de uno o varios minerales, resultado final de diferentes procesos geológicos.

Según la sociedad internacional de mecánica de rocas, éstas pueden clasificarse en:

Sedimentarias.

Son rocas que se forman por acumulación de sendimentos sometidos posteriormente a procesos físicos y químicos. Como los conglomerados, areniscas, limolitas, argilitas, margas calizas, calizas margosas, calcarenitas, dolomías o yesos.

Metamórficas.

Son los productos resultantes de minerales y otra rocas sometidos a fuertes presiones y altas temperaturas, como las cuarcitas, pizarras, esquistos o gneis.

Plutónicas. –

Son rocas de tipo ígneas, que se han enfriado lentamente en grandes masas de magma, como los granitos, dioritas, grabos, pórfidos o peridotitas.

Volcánicas. –

Son rocas ígneas, como las anteriores, que se enfriaron en la superficie terrestre formándose pequeños cristales, como los basaltos, fonolitas, piroclastos, traquitas, ofitas, riolitas, andesitas, etc.

Por otro lado, la misma sociedad internacional de mecánica de rocas (ISRM) las clasifica según el grado de meteorización que no es más que el grado de desintegración o descomposición de una roca.

Roca sana.

Es aquella roca que no presenta signos visibles de meteorización.

Ligeramente meteorizada.

En los planos de discontinuidad presenta signos de decoloración y la pared es algo más débil que la roca sana.

Moderadamente me teorizada mundo

La roca está decolorada, en la pared la meteorización empieza a penetrar hacia el interior de la roca.

Meteorizada.

Más del 50% del material está descompuesto en el suelo. Existen zonas de rocas sana.

Completamente meteorización.

Todo el material está descompuesto en el suelo.

Suelo residual.

La roca se ha descompuesto su totalidad y no puede reconocerse la textura ni la estructura original de la roca.

B/ SUELOS SIN COHESIÓN.-

Son terrenos conformados fundamentalmente por áridos: gravas, arenas y limos normalmente inorgánicos, pudiendo contener arcillas en cantidades moderadas. Predomina en ellos la resistencia debido a su rozamiento interno.

Se pueden clasificar en los siguientes grupos:

a) Graveras.
Si predominan las gravas y gravillas, conteniendo al menos un30% de estos áridos.

b) Arenas gruesas.
Predominan las arenas gruesas y medias, conteniendo al menos el 30% de gravas y gravillas, más de el 50% de arenas finas y limos inorgánicos.

c) Arenas finas.
Predominan las arenas finas conteniendo menos del 30% de grava y gravilla y más del 50% de las finas y limos y en orgánicos.

C/ SUELOS COHERENTES.-

Son terrenos compuestos fundamentalmente de arcillas, pudiendo contener áridos en cantidades moderadas. Al secarse forman terrones que no pueden pulverizarse con los dedos, predominando en ellos la resistencia debida a la cohesión.

Se pueden clasificar en:

a) Terrenos arcillosos duros.
Estos terrenos con su humedad natural se rompen difícilmente con la mano. Su tonalidad es clara en tonos ocres, con una resistencia a la compresión superior a los 4 kp/cm².

b) Terrenos arcillosos semiduros.

Estos terrenos con su humedad natural se pueden amasar con la mano. En general tienen tonalidades oscuras y resistencia a la compresión entre2 y 4 kp/cm².

c) Terrenos arcillosos blandos.

Estos terrenos, con su humedad natural se amasan fácilmente con la mano, permitiendo obtener entre las manos cilindros de 3mm de diámetro. Tienen tonalidades oscuras y resistencia a la compresión menores de 1 kp/cm².

d) Terrenos arcillosos fluidos.

Los terrenos, con su humedad, presionados con la mano, fluyen entre los dedos.

D/ SUELOS DEFICIENTES. -

Son terrenos no aptos para cimentación de edificios. Se pueden clasificar en:

a) Fangos orgánicos.

Son limos y arcillas con gran cantidad de agua que nos permiten la formación de cilindros que resistan su propio peso.

b) Terrenos orgánicos.

Son aquellos que contienen una elevada porción de materia orgánica.

c) Terrenos de rellenos.

Son no terrenos de naturaleza artificial es como rellenos sin compactar o vertederos sin consolidar.

3.2.2-CLASIFICACIÓN DE CASAGRANDE.

Arthur Casagrande (1.932) propuso una clasificación de los suelos atendiendo fundamentalmente al tamaño de las partículas en primer lugar y dividiéndolos en dos grandes grupos según pasen o se retenga por el tamiz 200.

A/ SUELOS DE GRANO GRUESO. -

Más del 50% del material irá queda retenido por el tamiz 200.
En este grupo se encuentran las gravas, gravillas y arenas.
Se identifican cribándolos por distintos tamices.

B/SUELOS DE GRANO FINO. -

Más de 50% material pasa por el tamizado.

En este grupo se encuentran en los limos y las arcillas.

Se identifican mediante el gráfico de plasticidad de Casagrande, que se expone a continuación

CLASIFICACIÓN DE LOS SUELOS DE CASAGRANDE				SÍMBOLO	GRANULOMETRÍA			OTRAS CARACTERÍSTICAS
TIPO DE SUELO					G% >4mm	A% 4-0,06	F% < 00,06	
SUELOS DE GRANO GRUESO Más del 50% del material queda retenido por el tamiz 200	ARENA Y SUELOS CON GRAVA: Más del 50% de la fracción gruesa queda retenida en el tamiz nª4	GRAVA LIMPIA	GRAVAS BIEN GRADUADAS Mezclas de grava y arena con pocos finos o sin finos	GW	100-50	<G	0-9	D₆₀/D₁₀ >4 3>D₃₀/(D₁₀•D₆₀)>1
			GRAVAS MAL GRADUADAS Mezclas de grava y arena con pocos finos o sin finos	GP	100-50	<G	0-9	....
		GRAVA CON FINOS (En cantidad apreciable)	GRAVAS LIMOSAS Mezclas: Grava-Arena-Limo	GM	90-26	<G	10-49	F: IP > Línea A
			GRAVAS ARCILLOSAS Mezclas: Grava-Arena-Arcilla	GC	90-26	<G	10-49	F: IP > Línea A
	ARENA Y SUELOS ARENOSOS: Más del 50% de la fracción gruesa pasa por el tamiz nª4	ARENA LIMPIA	ARENAS BIEN GRADUADAS Arena-Grava con pocos finos o sin finos	SW	≤A	100-46	0-9	D₆₀/D₁₀ >4 3>D₃₀/(D₁₀•D₆₀)>1
			ARENAS MAL GRADUADAS Arena-Grava con pocos finos o sin finos	SP	≤A	100-46	0-9	....
		ARENA CON FINOS (En cantidad apreciable)	ARENAS LIMOSAS Mezclas: Arena-Limo	SM	≤A	90-26	10-49	F: IP ≤ Línea A
			ARENAS ARCILLOSAS Mezclas: Arena-Arcilla	SC	≤A	90-26	10-49	F: IP > Línea A
SUELOS DE GRANO FINO Más del 50% del material pasa por el tamiz 200	LIMO Y ARCILLA Límite líquido menor de 50		Limos inorgánicos y arenas muy finas, polvo de roca, arenas finas limosas o arcillosas, limos arcillosos poco plásticos	ML	49-0	49-0	100-50	LL ≤ 50 IP≤ Línea A
			Arcillas inorgánicas poco o medianamente plásticas, arcillas con grava, arcillas arenosas, arcillas limosas, arcillas magras.	CL	49-0	49-0	100-50	LL ≤ 50 IP≤ Línea A
			Limos orgánicos y arcillas limosas orgánicas poco plásticas	OL	49-0	49-0	100-50	LL ≤ 50 IP≤ Línea A Color-Olor-Orgánico
	LIMO Y ARCILLA Límite líquido mayor de 50		Limos inorgánicos con mica o arena fina de diatomeas, o suelos limosos	MH	49-0	49-0	100-50	LL > 50 IP ≤ Línea A
			Arcillas inorgánicas muy plásticas Arcillas grasas	CH	49-0	49-0	100-50	LL > 50 IP > Línea A
			Arcillas orgánicas de plasticidad mediana o muy plásticas Limos orgánicos	OH	49-0	49-0	100-50	LL > 50 IP ≤ Línea A Color-Olor-Orgánico
SUELOS MUY ORGÁNICOS Turbas-Humus-Suelos de Pantanos				PT	--	--	--	Materia orgánica fibrosa Se carbonizan o arden

Figura 3.10- Clasificación de los suelos de Casagrande.

A cada grupo de le asigna una letra mayúscula que sirve de símbolo con el siguiente significado:

G   Gravel (Grava)
S   Sand (Arena)
M   Moh (Limo)
C   Clay (Arcilla)

A esta letra se le une una segunda que le proporciona otras características.

Por su gradación:
W   (Bien Graduado)
P   Poor (Mal graduado)

Por su plasticidad:
H   High (Alta plasticidad)
L   Low (Baja plasticidad)
0   Orgánico.

3.2.3- GRÁFICO CASAGRANDE.

Si bien los suelos granulares se pueden clasificar haciendo un ensayo de granulometría, que consiste en hacer pasar una muestra del mismo a través de una serie de tamices, los suelos coherentes de grano fino (arcillas) se pueden clasificar mediante el gráfico de plasticidad de Casagrande, que se adjunta a continuación:

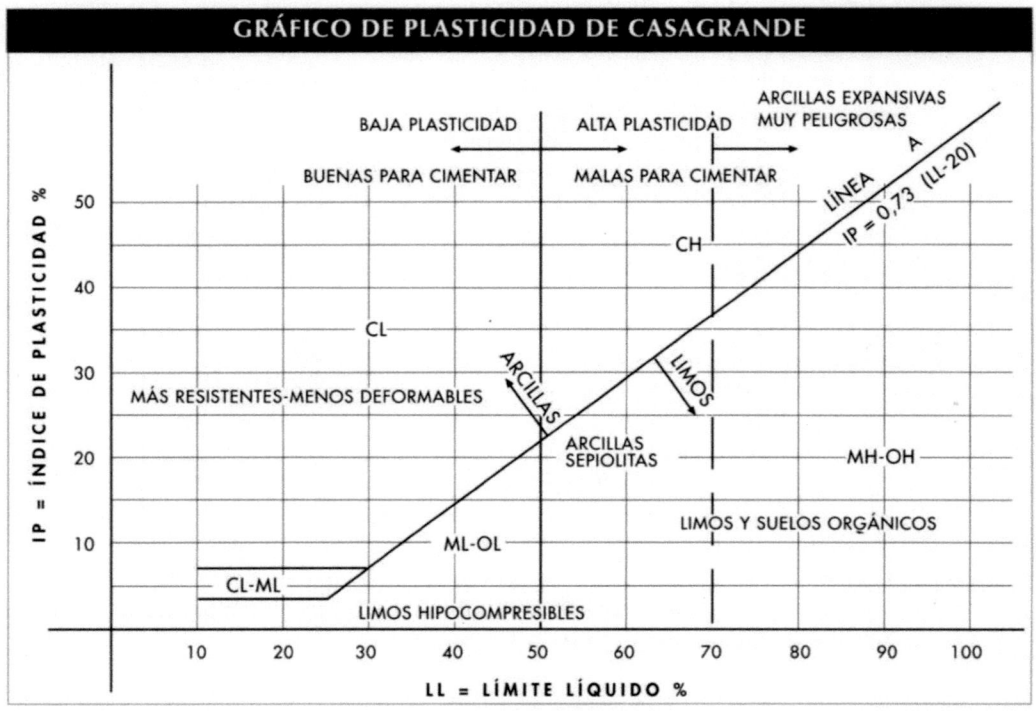

Figura 3.11- Gráfico de Casagrande.

Para su clasificación Casagrande se basó fundamentalmente en dos parámetros: el índice de plasticidad y el límite líquido. Conocidos estos índices, una muestra se puede situar en el gráfico, como si fueran las coordenadas de un punto.

El desarrollo de Casagrande se plasmó en una serie de situaciones cuyas conclusiones son las siguientes:

Si el límite de líquido es mayor de 50 los suelos son de alta resistencia. Si son menores de 50, son suelos de baja plasticidad.

Baja plasticidad   buenos para cimentar
Alta plasticidad   malos para cimentar

Línea A.

Existe una línea que Casagrande denomina línea **A**, que divide el gráfico en dos zonas: la superior donde se ubican las arcillas (C) y la inferior donde se se sitúan los limos (M).

La ecuación de la línea A es la siguiente:

$$\boxed{I_p = 0,73 \cdot W_L - 20}$$

Donde:

I_p índice de plasticidad.
W_L límite líquido.

De la experiencia que tiene Casagrande, expone en su gráfico las zonas donde se encuentran los suelos mejores o peores para cimentar, donde se encuentran los suelos orgánicos o las arcillas expansivas. De esta forma si se conocen este gráfico, la situación del suelo, conocidos y I_p W_L, se puede tener una clara visión y una previsión de un posible comportamiento posterior.

3.2.4- PROPIEDADES DE LOS SUELOS.

Desde el punto de vista de la mecánica del suelo, diversos autores han estudiado diferentes parámetros y propiedades, con cuyos datos se conocen mejor los suelos y su comportamiento previsible.

Estos parámetros y propiedades pueden obtenerse a nivel general o a nivel específico de un tipo concreto del suelo. Es evidente, que no existen propiedades de carácter general, porque la muestra seleccionada es concreta desde un punto determinado, pero su selección va encaminada a ser representativa de una forma más amplia.

3.2.4.1- PROPIEDADES GENERALES.

Desde el punto de vista de la mecánica del suelo diversos autores han estudiado diferentes parámetros y propiedades, con cuyos datos se conocen mejor los suelos y su comportamiento previsible.

Estos parámetros y propiedades pueden obtenerse a nivel general o a nivel específico de un tipo completo del suelo. Es evidente, que no existen propiedades de carácter general, porque la muestra seleccionada es concreta de un punto determinado, pero su selección va encaminada a ser la representativa de una forma más amplia. Estas propiedades son las siguientes:

A/ POROSIDAD. (n) Adimensional.

Es una propiedad física de la materia que indica el porcentaje de huecos que hay en un cuerpo sólido.

La porosidad línea expresada entre el volumen de huecos y el volumen total.

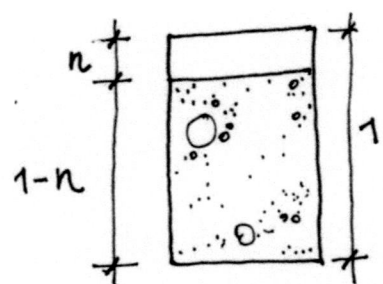

$$n = \frac{Volumen\ de\ huecos}{Volumen\ total}$$

Donde: 0<**n**<1

El valor puede obtenerse como un tanto por uno o un tanto por cien, de forma adimensional.

B/ ÍNDICE DE POROS (e) Adimensional.

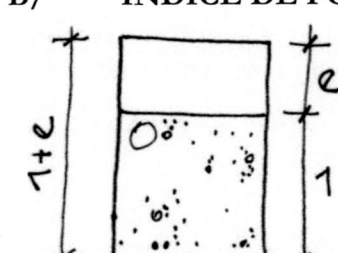

En este caso, es la relación entre el volumen de huecos y el volumen de sólidos.

$$e = \frac{Volumen\ de\ huecos}{Volumen\ de\ sólidos}$$

Dónde: 0<e<∞

C/ DENSIDAD. (ϱ) Gramos/cm³

Es la relación de la masa existente en un volumen total.

D/ PESO ESPECÍFICO. (γ) Pondios/cm³

En una muestra de suelo puede haber huecos, agua y partículas de material, por esta razón puede haber distintos pesos específicos.

D1/ PESO ESPECÍFICO DE LA PARTE SÓLIDA. (γ_s) Pondios/cm³

En una muestra de suelo puede haber huecos, agua y partículas de material, por esta razón puede haber distintos pesos específicos.

D2/ PESO ESPECÍFICO DEL AGUA. (γ_w) Pondios/cm³

Se toma 1

D3/ PESO ESPECÍFICO DEL SUELO SECO. (γ_d) Pondios/cm³

$$e = \frac{Volumen\ de\ sólidos}{Volumen\ de\ total} = \frac{W_s}{V_t}$$

$$\gamma_d = \gamma_s(1-n)$$

$$\boldsymbol{\gamma_d} = \frac{\gamma_s}{1 + e}$$

D4/ PESO ESPECÍFICO APARENTE DEL SUELO SATURADO. (γ_{sat}) Pondios/cm³

Es el caso en que todos los huecos están saturados de agua.

$$\boldsymbol{\gamma_{sat}} = \frac{\gamma_s + e \cdot \gamma_w}{1 + e}$$

$$\boldsymbol{\gamma_{sat}} = \frac{W_s + W_H \cdot \gamma_w}{Vt} = \boldsymbol{\gamma_d + n\gamma_w}$$

D5/ PESO ESPECÍFICO APARENTE DEL SUELO SUMERGIDO. (γ_{sum} o γ') Pondios/cm³

Es el caso en que todos los huecos están saturados de agua.

E/ HUMEDAD Y GRADO DE SATURACIÓN.

Humedad (W) Adimensional (%)

$$W = \frac{Peso\ del\ agua}{Volumen\ sólido}$$

Saturación (s) (%)

$$s = \frac{Volumen\ del\ agua}{Volumen\ huecos}$$

3.2.4.2- PROPIEDADES DE LOS SUELOS GRANULARES.

La propiedad fundamental de los suelos de granulares se obtiene a partir del estudio de su granulometría. Con este dato se puede definir su clasificación.

Para realizar el análisis granulometría por tamizado se dispone de una serie de tamices por los que se hace pasar una determinada cantidad de muestra de suelo. Posteriormente se pesa lo que ha sido retenido por cada tamiz, calculando el tanto por cientos que cada tamiz retiene respecto del total.

Estos datos se representan en un gráfico, obteniéndose la curva granulométrica. La representación se realiza colocando en ordenadas el tanto por ciento y en abscisas, con escala logarítmica, el tamaño de la partícula. Con los valores obtenidos se hace un gráfico como el de la figura adjunta.

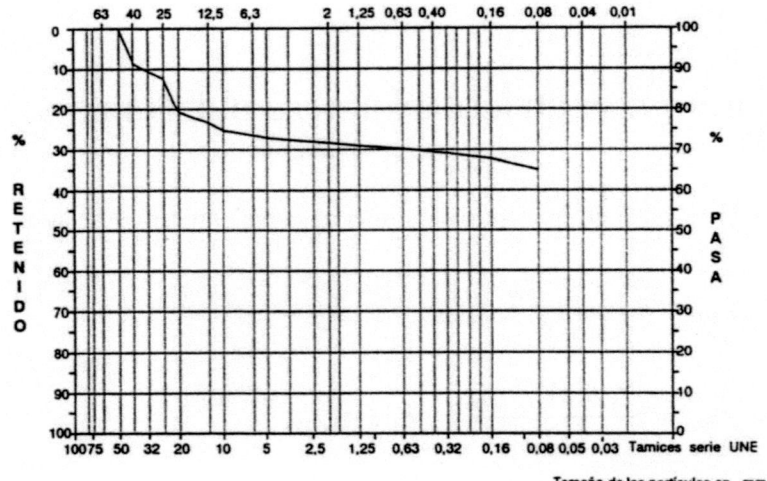

Figura 3.14- Gráfica Granulométrica.

Tamiz		Retenido entre tamices		Pasa en muestra total	
ASTM	UNE	muestra total gr	fracción fina ensayada (gr)	gr	%
2 1/2 *	63 mm				
2 *	50			1707	100,0
1 1/2 *	40	150		1557	91,2
1 1/4 *	32				
1 *	25	64		1493	87,5
3 / 4 *	20	143		1350	79,1
1 / 2 *	12,5	45		1305	76,4
3 / 8 *	10	30		1275	74,7
1 / 4 *	6,3	22		1253	73,4
nº 4	5,0	11		1242	72,8
nº 8	2,5				
nº 10	2	20		1222	71,6
nº 16	1,25	11	0,90	1211,00	70,9
nº 30	0,63	16	1,30	1195,12	70,0
nº 40	0,40				
nº 50	0,32	17	1,40	1178,01	69,0
nº 100	0,16	24	2,00	1153,57	67,6
nº 200	0,08	48	3,90	1105,91	64,8

Figura 3.15- Paso de partículas según l a granulometría.

La configuración de la curva granulométrica indica la constitución del terreno, por ello se van a considerar los siguientes aspectos para poderla interpretar correctamente:

A/ CURVAS VERTICALES.

Una recta o una curva muy vertical indican un terreno cuyas partículas son todas iguales y de diámetro superior al tamiz que la retiente.

B/ CURVAS HORIZONTALES.

En cambio este tipo de rectas o curvas representan terrenos cuyas cantidades son muy similares en cada uno de sus tamaños.

C/ CURVAS INCLINADAS

Una curva ascendente indica un alto contenido en finos. Una curva descendente indica un alto contenido en áridos gruesos.

D/ en el análisis de la granulométrico se puede observar que todo lo que se retenga en el tamiz 200 (tamaño de partículas> 0,08mm) son suelos de granulares y todo lo que pase son suelos cohesivos.

E/ para clasificar los tamaños finos de las particulares que componen el suelo, es decir la arcillas y los limos, partículas de diámetro<0,08mm, no se emplean sistemas mecánicos, sino análisis granulométrico por sedimentación.

Clasificar un suelo en estos extremos empieza a no tener sentido para el reconocimiento del suelo, en los aspectos que en este capítulo nos ocupa.

Se expone a continuación el formato que se emplea habitualmente el resultado de una prueba o ensayo granulométrico.

En abscisas se ubican el tamaño de las partículas y en ordenadas el porcentaje que pasa por cada uno de la batería de tamices empleados.

3.2.4.3.- PROPIEDADES DE LOS SUELOS COHERENTES

Los suelos coherentes están formados por partículas interiores a 0,08mm, es decir 80µ; en ellos se engloban los limos y las arcillas, los primeros tienen en una granulometría que oscila entre 80µ y 2µ; las arcillas tienen partículas inferiores a los 2µ.

Para realizar su clasificación Atterbeg, en 1911, desarrolló un sistema basado en la humedad que tienen una muestra en distintas fases de su estado.

Atterbeg partió de observaciones de una muestra de suelo seco, al que fue añadiéndose agua. De esta manera encontró las fases de:

Sólida	semisólida	plástica	fluida
Límite de retracción W_s (LR)	Límite de plástico W_p (LP)	Límite líquido W_L (LL)	

Para el conocimiento de las arcillas no es necesario conocer cada uno de estos límites, pero, se cree interesante indicar o definir su estimación, así como su obtención.

LÍMITE LÍQUIDO (W_L-LL)

Si a una muestra de arcilla plástica se le añade agua paulatinamente, llega un momento que se convierte en fluida. La cantidad de agua que contiene, en tanto por ciento, es lo que se denomina límite líquido. Obtener este dato es muy laborioso si se quiere determinar con precisión.

Figura 3.16- Cuchara de Casagrande.

Arthur Casagrande desarrolló un sistema que se fundamenta en lo que se denomina cucharada de Casagrande. El ensayo consiste en preparar las muestras de terreno que pasa por el tamiz número 40. Las muestras se preparan, añadiendo una cantidad de agua con lo que se conocen su grado de humedad.

Una vez bien amasadas se colocan en la cuchara de Casagrande, haciéndole un surco con una acanaladora normalizada. Posteriormente se da vueltas a la manivela y se cuenta el número de vueltas necesarias para que el surco se cierre una longitud mínima de 12mm.

Si se sitúan cada una de las muestras en el gráfico de Casagrande se observa, que la recta que los une tiene una pendiente de 0,117. En pruebas posteriores sólo se debe hacer un solo ensayo y posteriormente trazar una paralela por el punto representado. Dónde corta la recta a la vertical que representa el número de cortes 25, se obtiene el límite líquido

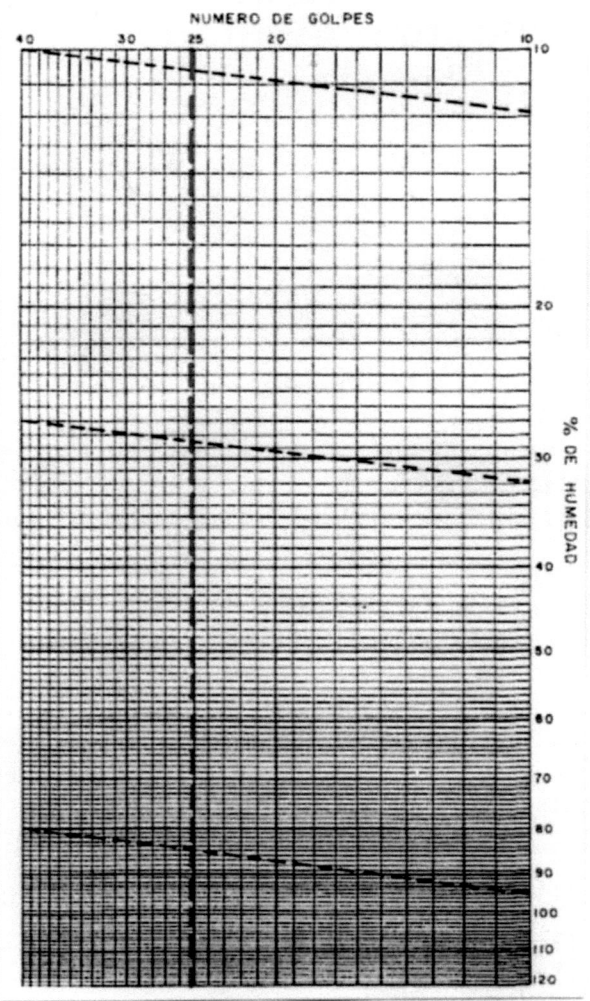

Figura 3.17- Cuchara de Casagrande: Obtención del límite líquido..

LÍMITE PLÁSTICO.

Con la misma muestra de la realizada para el ensayo anterior, se ejecutan unos cilindros de 3 mm de diámetro. Cuando los cilindros se cuartean se mide la humedad que poseen y éste es el límite plástico (W_p).

ÍNDICE DE PLASTICIDAD.

Se puede definir el índice de plasticidad al intervalo de humedad en el que la muestra está en estado plástico, es decir moldeable, porque con menos humedad sería terrosa y con más, fluida. Por consiguiente, se define el índice de plasticidad (Ip) como:

$$Ip = WL - Wp$$

Conocidos los valores Ip y WL, se puede entrar en el gráfico de Casagrande y clasificar un suelo.

LÍMITE RETRACCIÓN.

Se define como límite de retracción a la humedad que se le puede añadir a una muestra que aunque se deseque no pierde volumen.

Es importante conocer el límite de retracción (Ws), sobre todo si hay sospechas de que estamos ante arcillas expansivas. Conocido el límite de retracción (Ws) se puede hacer de la siguiente clasificación de los suelos:

Ws) >12	arcillas no expansivas.
10<Ws) <12	realizar ensayos especiales.
Ws) <10	arcillas expansivas

Si además de los límites de Atterbeg se conoce el contenido de humedad (H) de una muestra inalterada se puede obtener el índice de consistencia (Ic) a partir de la siguiente presión:

$$I_C = \frac{w_l - h}{I_p}$$

De multitud de muestras y experiencias realizadas se tiene el siguiente cuadro de clasificación:

Ic <0	Terreno líquido.
0< Ic <0,25	Suelo plástico muy blando.
0,25< Ic <0,50	Suelo plástico blando.
0,50< Ic <0,75	Suelo duro.
0,75< Ic	Suelo sólido duro.

Nota importante.-

Ic <0,50   Cimentar con pilotes.
Ic >0,50   Cimentar con losas o zapatas.

3.2.4.4.- EJEMPLO PRÁCTICO.

Clasificar un suelo cuyo límite Plástico W_p=15% y su límite líquido W_L=40%

1°.-   En primer lugar se calcula el Índice de Plasticidad:
        I_p=W_L-W_p=40-15=25%
2°.-   Entrando en el gráfico de Casagrande con W_L=40% e I_p=25%, se obtiene el punto P, que se sitúa dentro del área CL, que indica que es una <u>arcilla inorgánica</u>.
3°.-   Límite de Retracción: La recta I_p=0,73(W_L-20)d Un Valor de: I_p=14,5 para W_L=40%; luego: Ws=25-14,6=10,4%
4°.-   Como Ws está entre 10 y 12, habría que hacer ensayos especiales para comprobar si son arcillas expansivas.

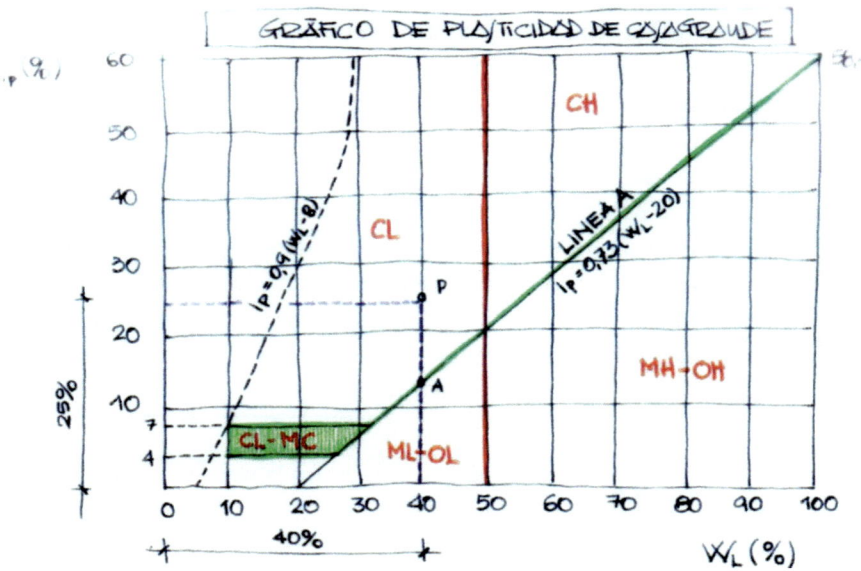

Figura 3.18- Situación (P) de un suelo en el gráfico de Casagrande.

3.2.5- ARCILLAS EXPANSIVAS.

Las arcillas expansivas son unos materiales de naturaleza química silícea que se denomina silicatos y que se clasifican dentro del grupo de los filosilicatos o silicatos laminares. Su estructura permite la interacción de moléculas de agua lo que producirá el linchamiento por retracción del suelo en función del contenido de humedad.

Provienen de la meteorización de rocas debido al cambio de los ciclos climáticos, por eso su estructura puede tener diversos orígenes, dependiendo del tipo de roca de la que proviene.

Estos silicatos sódicos, cálcicos o magnésicos permiten la entrada de gran cantidad de agua entre las láminas que la componen. Son pertenecientes al grupo de las esmectitas.

Si el catión interlaminar es el sodio (Na), puede llegar a un alto grado de dispersión formándose en presencia de mucha agua de lodos tixotrópicos o bentonitas. En cambio, si el catión interlaminar es el calcio (Ca) o el magnesio (Mg) su capacidad de hincha miento en se verá más ilimitada y su agresividad mucho menor.

Cuando se sospecha que se está en presencia de un suelo expansivo conviene hacer los siguientes ensayos:

Granulometría.-Se podrá determinar el porcentaje de finos que contienen y clasificarlo en limos o arcillas, según los criterios de Casagrande.
Límites de Atterbeg. Determinando el límite líquido y el índice de plasticidad
Hinchamiento Lambe. Obteniéndose el cambio de volumen potencial.
Humedad de muestra inalterada.
Edómetro, presión de hinchamiento, etc.

A partir de estos valores diversos autores han clasificado las arcillas expansivas según su grado de expansividad y del hinchamiento de su superficie. En la tabla que se adjunta a continuación se clasifica el grado de expansividad en baja, medida, alta y muy alta, de acuerdo a los parámetros obtenidos como el límite de retracción, el índice de plasticidad, el límite líquido, el contenido de finos que pasar por el tamiz 200, el contenido de arcilla, la presión de hincha miento, etc.

Expansividad	Límite de retracción	Índice de plasticidad I_p	Límite líquido W_L	Contenido de finos ≠ 200	Contenido de arcillas <0.002mm	Actividad	Presión de hinchamiento probable (k_p/cm^2)	Hinchamiento en superficie (cm)
Baja	> 15	< 18	< 30	< 30	< 15	< 05	< 03	0-1
Media	12-16	15-28	30-40	30-60	13-23	05-07	03-012	1-2
Alta	8-12	25-40	40-60	60-95	20-30	07-10	12-25	2-5
Muy alta	< 10	> 35	> 60	> 95	> 30	> 10	> 25	> 5

Figura 3.19- Clasificación de las arcillas expansivas.

Problemas que se suscitan.-

El movimiento superficial del suelo no es en si un problema, sino la aparición de movimientos diferenciales que deforma la estructura y hace que aparezca un cuadro patológico considerable.

La sintomatología es la inversa que la que se produce debido a los asientos de las cimentaciones.

Los hinchamientos se producen ante la presencia de agua, lo que implica que la propia edificación sirve de paraguas. Así la zona cubierta se deseca y el perímetro exterior se comporta con la expansividad silícea propiedad de este tipo de terreno.

Si no se tiene experiencia en este tipo de fenómenos, lo que aparentemente está ocurriendo, en el edificio adjunto, es un asentamiento de la zona central, cuando lo que ocurre realmente es su levantamiento de la zona periférica.

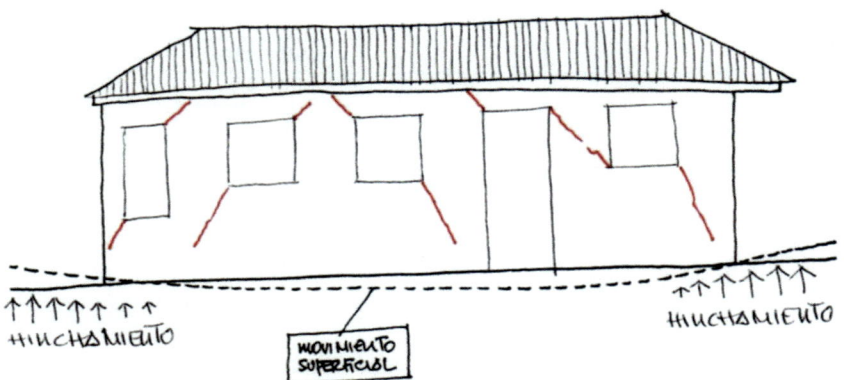

Figura 3.20- Movimientos inverso por suelos expansivos.

Estos fenómenos suelen ocurrir en edificaciones de poca entidad de una o dos plantas o en edificios cuya presión sobre el terreno es inferior a la presión de hincha miento del terreno.

Una vez producidos los problemas, su solución es complicada y de fuerte repercusión económica, lo que pone en duda su resolución al ser una ruina económica.

3.2.6.-PROPIEDADES QUÍMICAS AGRESIVAS DE LOS SUELOS.

Cuando las cimentaciones se realizaban rellenando una zanja de bolos y piedras (cal y canto) con una argamasa de cal y arena, no había prácticamente a agresiones del terreno a la cimentación, pero con la aparición del hormigón, hay terrenos que contienen sales que lo pueden atacar y disgregar.

En la actualidad es importante conocer el grado de agresividad química del terreno, fundamentalmente porque ciertos ataques pueden disgregarlo, apareciendo patología propia de la falta de respuesta de la cimentación a la transmisión de cargas al terreno, produciéndose una patología similar a las provocadas por los asientos diferenciales.

La propia normativa española en su "Instrucción del Hormigón Estructural" (EHE) clasifica los terrenos según el tipo de exposición en Qa, Qb y Qc según pueda producir un ataque al hormigón del tipo débil, medio o fuerte.

Para evitar estos problemas se indica la tipología de la resistencia mínima aceptable para poder ser usados en estos terrenos agresivos.

Tabla 8.2.3.b. Clasificación de la agresividad química

TIPO DE MEDIO AGRESIVO	PARAMETROS	TIPO DE EXPOSICIÓN		
		Qa	Qb	Qc
		ATAQUE DÉBIL	ATAQUE MEDIO	ATAQUE FUERTE
AGUA	VALOR DEL pH	6,5 - 5,5	5,5 - 4,5	< 4,5
	CO2 AGRESIVO (mg CO2/ l)	15 - 40	40 - 100	> 100
	IÓN AMONIO (mg NH4+ / l)	15 - 30	30 - 60	> 60
	IÓN MAGNESIO (mg Mg2+ / l)	300 - 1000	1000 - 3000	> 3000
	IÓN SULFATO (mg SO42- / l)	200 - 600	600 - 3000	> 3000
	RESIDUO SECO (mg / l)	>150	50-150	<50
SUELO	GRADO DE ACIDEZ BAUMANN-GULLY	> 20	(*)	(*)
	IÓN SULFATO (mg SO42- / kg de suelo seco)	2000 - 3000	3000-12000	> 12000

Figura 3.21- Clasificación de la agresividad química según la EHE.

3.2.7.- TERRENOS DE RELLENOS.

Son terrenos cuya elevación ha sido posible gracias al aporte de materiales exteriores al lugar. Estos aportes se pueden dividir en dos clases: naturales y artificiales.

A/MORFOLOGÍA.

Independientemente del origen o procedencia de los rellenos, morfológicamente pueden acomodarse a las distintas formas de la base, que se pueden su dividido por las formas siguientes:

A.1.- Rellenos confinados.

Son espacios cóncavos que se rellenas de material de procedencia exterior.

Figura 3.22- Rellenos confinados.

Por su propio peso, agua de lluvia y nieve el terreno se autoconsolida; Frecuentemente son terrenos consolidados de origen al aluvial o desplazados por el viento. Si el relleno se han consolidado a lo largo de cientos o miles de años, son suelos o bastante compactos, en cambio si son suelos recientes por rellenos artificiales puede dar problemas de asentamiento al encontrarse en periodo de autocompactación.

Un ensayo de penetración dinámica puede orientar el grado de compactación que tiene. Si N<10 es mejor desecharlos, bien con cimentaciones más profundas o realizando mejores del suelo en la zona de influencia del bulbo de presiones de la cimentación.

A.2.- Rellenos exentos.

El caso opuesto es la acumulación de depósitos de forma natural, por la presencia de un obstáculo o por la existencia de un depósito artificial, como una escombrera.

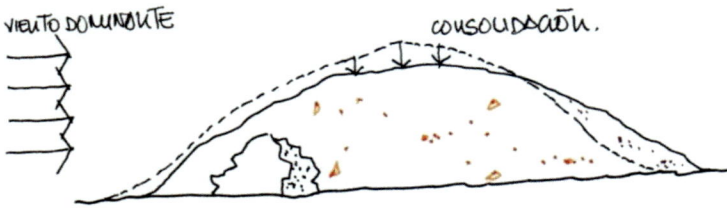

Figura 3.23- Rellenos formados por un obstáculo.

Como en el caso de muchos monumentos abandonados, estos han servido para constituir una colina de relleno que se ha formado lo largo de cientos de años como en el caso de Mesopotamia o el antiguo Egipto de los antiguos faraones.

137

A.3.- Rellenos adosados.

Su comportamiento es muy parecido a los rellenos exentos. Lo habitual es encontrarse una zona más compacta (zona central) y material más sueltos en la periferia. Un estudio geotécnico es imprescindible para definir el suelo, su grado de compactación y la capacidad mecánica que puede soportar.

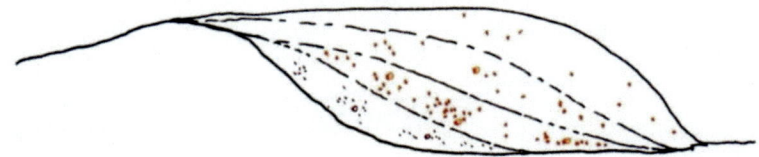

Figura 3.24- Rellenos adosados a un montículo.

B.- Rellenos artificiales.

Hay varios tipos de rellenos artificiales que dependen de su origen:

B.1.- Escombreras.

Hay zonas de hoy día son utilizadas por distintos municipios para verter los escombros procedentes de demoliciones, que serán autocompactando y que están especialmente ubicadas y delimitada tanto físicamente como urbanísticamente, por lo que no puedan ser objeto de construcción.

Pero durante siglos cuando el transporte se realizaba con carro y animales de carga, los edificios que se hundían o derribaban, quedaban como base para construir en la misma situación una nueva edificación encima. Como las edificaciones pesaban poco, el relleno de cascotes y escombros soportaban bien las nuevas cargas.

Los cascos históricos de las ciudades de origen muy antiguo, como Zaragoza, pueden tener rellenos de hasta nueve metros de profundidad.

En otros casos como Sevilla, el río ha ido dejando sedimentos de limos de hasta   21 m de profundidad. Estos terrenos es preciso conocerlos porque cimentar en ello puede resultar complicado y un nido de futuros problemas.

B.2.- Terrenos aluviales.

Los grandes ríos recogen mucho material en las cabeceras de los afluentes que los alimentan en forma de partículas muy pequeñas, que se van depositando cuando la velocidad el agua desciende.

Estos depósitos pueden ser considerables como en el caso de Sevilla (21m) o depositarse en su desembocadura como el delta del Ebro.

Los torrentes que provienen de zonas escarpadas como es el caso de la orilla izquierda del Ebro, produce un arrastre de suelos hasta que el agua pierde velocidad en el valle, originando lo que se conoce como cono de deyección, que por su configuración ha servido como base de apoyo para el nacimientos de pueblos como Alfajarín, La Puebla de Alfindén, Nuez de Ebro, etc.

Estos terrenos son rellenos aluviales de más de nueve metros de espesor, ya que se formaron durante más de 17.000 años. Sobre ellos se construyen ahora edificios de viviendas que tienen a la larga graves problemas si no se toman las precauciones necesarias.

B.3.- Vertederos sanitarios.

Como en el caso de las escombreras los vertederos sanitarios hoy día están perfectamente delimitados y ubicados, pero antiguamente se abandonaban ante las quejas de los propietarios de las viviendas más cercanas y se cubrían con tierra para evitar los malos olores. Con el tiempo la expansión de las ciudades ha absorbido estos vertederos, proporcionando multitud de sorpresas a las constructoras de siglos pasados que eran incapaces de solucionar los problemas que aparecían.

En un municipio cercano a Zaragoza se eliminó un cementerio que había quedado casi en el centro de la ciudad. Para desubicarlo se exhumaron todos los restos y se cribó el terreno para eliminar cualquier resto que hubiera quedado. Con el paso del tiempo el municipio creció de forma elevada, por lo que tuvo que construirse un nuevo ayuntamiento para dar servicio a las múltiples tareas administrativas.

Para ello, se asignó como ubicación, en lugar del antiguo cementerio. Como en aquella época el coste del estudio geotécnico era desproporcionado en relación con el coste de la obra y además llevaba un sótano, se pensó que el edificio se asentaría un terreno firme.

Un par de años más tarde se nos confió el análisis del mismo, ante la aparición de una patología importante que preocupaba sobre madera a la corporación local.

Una sola fotografía es suficiente para comprobar las compactaciones que el suelo había sufrido tras la ejecución del edificio.

Figura 3.25- Asentamiento natural de un terreno de relleno.

3.3.- CONCLUSIONES SOBRE EL TERRENO.

Como se ha indicado anteriormente los terrenos de relleno tienen una capacidad mecánica muy irregular, con un número de golpes en un ensayo de penetración dinámica muy baja con valores del número de golpes de N<10 e incluso inferiores para suelos saturados. Por ello, tienen un índice de huecos muy alto e=6≡10 y un índice de deformación de Young muy bajo. Para escombros E=50≈30 kp/cm² y para basuras E=5≈20 kp/cm².

Si se tiene en cuenta la ley de Hooke que indica que:

$$\varepsilon_x = \frac{\sigma_x}{E}$$

Donde:

$\varepsilon_x = Deformación$
$\sigma_x = Tensión\ aplicada$
$E \ \ = Módulo\ de\ deformación$

Se puede obtener que: la deformación que se produce es directamente proporcional a la presión ejercida e inversamente proporcional para su módulo de deformación, lo que indica claramente que al tener un módulo de deformación muy bajo los asientos que se obtienen pueden ser muy altos. De estos suelos se puede decir lo que sigue:

- Tienen deformaciones por distorsión, flexión y rotura.
- Se produce en erosiones internas.
- También se producen corrosiones, oxidaciones, fermentaciones y descomposiciones.
- Se genera metano con combustiones espontáneas.
- Sus autocompactaciones se realizan en periodos largos: de entre 10 a 20 años por lo menos.

El terreno no se puede mejorar con inyecciones de lechada de mortero de cemento con bentonita.

Si el terreno no es aprovechable por su ínfima capacidad mecánica, lo mejor es obviarlo. No obstante si es necesario finalmente aprovecharlo, lo mejor es realizar una cimentación profunda con un pilotaje que pase al terreno firme.

A continuación se adjunta un perfil del terreno real de un caso ejecutado.

Tipo Perforación	Ø Perforación	Revestimiento	Escala 1:75	Cota	Estratigrafía	Descripción	S.P.T. 10 20 30 40	Muestra	Soil Test Kg/cm2	Vane Test	Nivel freático
WS	B-113	113	1	431.30		Tierra Vegetal-Rellenos. Arcillas arenosas marrones con cantos					
			2			Rellenos Antrópicos. Gravas areno-limosas marrones y ocres con restos antrópicos (trozos de ladrillos, hormigón, algún plásti-co, etc).	2.40 3.00				
			3								
			4								
			5				5.40 6.00				
			6	425.40							
			7			Rellenos Antrópicos. Limos arenosos grisáceos a ocres-blanquecinos con algunos cantos y escasos restos antrópicos.					
			8	423.80 423.50 423.20		Rellenos Antrópicos. Bloque de Travertino.	8.40 9.00				
	B-58		9	422.30		Recubrimiento Cuaternario. -0.30 m de gravas limpias (lavadas). -0.90 m de arcillas limo-arenosas marrón-rojizas con cantos en general de pequeño tamaño.					
			10			Sustrato Terciario. Lutitas arenosas marrón-rojizas con inclusiones grisáceas y pasadas hasta algún nivel decimétrico intercalado de arenas hasta areniscas pobremente ce-mentadas.	10.13 10.40	8.60 MI-1 R 10.13			
			11								
			12	419.60							

Expediente   Fecha

En el caso anteriormente expuesto las sección transversal (AA') y la longitudinal (BB') del suelo eran las siguientes:

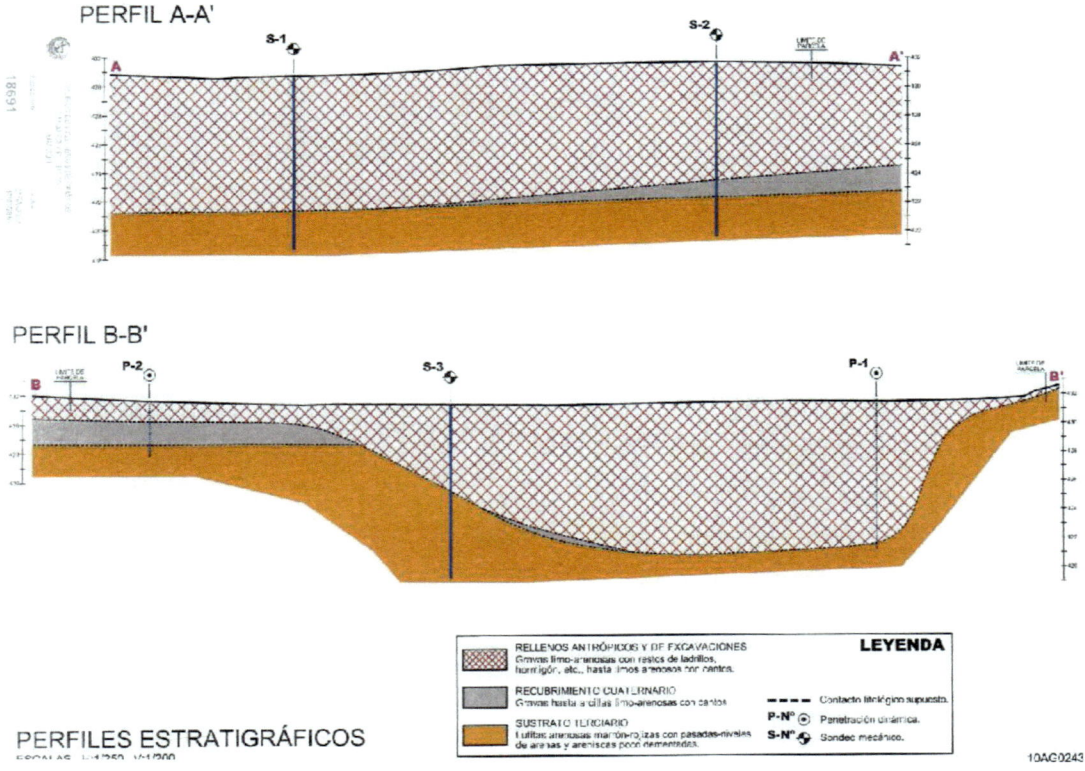

Figura 3.23- Rellenos antrópicos confinados reales. (Estudio Geotécnico (ENSAYA 10AG0243)

El terreno, propiedad municipal, se aprovechó para hacer un polideportivo, que, conociendo el problema de partida, se cimentó con pilotes a -8,50, no obstante, si bien la estructura no se movió, al menos aparentemente, aparecieron grietas y fisuras en la solera de las pistas deportivas.

Por ello a la hora de utilizar este tipo de suelos para edificarlos, lo mejor es desecharlos, sino la ejecución tiene que tener en cuenta que la superficie tiende asentar de forma aleatoria al autocompactarse los estratos inferiores, sobre todo si tiene en cuenta que los echadizos realizados no fueron extendidos y compactados en su momento, además seguramente se echaron otro tipo de vertidos que ahora pueden fermentar y perder volumen, con las consecuencias que ello lleva consigo.

4.- LA CIMENTACIÓN.

4.1.- INTRODUCCIÓN: PROCESO HISTÓRICO.

La cimentación es la parte de la estructura de un edificio cuya misión es transmitir al terreno las cargas de este, conformando un equilibrio estable y duradero. Históricamente y siguiendo la tesis de Ana María Gargamallo (1997) se puede analizar el desarrollo de la cimentación teniendo en cuenta los siguientes aspectos:

- Proceso de aprendizaje.
- Investigación geotécnica del terreno.
- Tipologías primitivas.
- Cimentaciones superficiales.
- Cimentaciones profundas.

A continuación, se desarrolle cada uno de estos apartados para tener una visión general a la vista del desarrollo histórico y poder de esta forma, comprender en el momento en donde estamos.

4.1.1.- PROCESO DE APRENDIZAJE.

El aprendizaje es el fruto de una serie de sucesos de hechos aislados, que han proporcionado una serie de conocimientos y en las que han constituido una serie de parámetros como:

A. Incremento de la actividad. Se han ejecutado pruebas reales a escala 1:1 de donde se han podido obtener conclusiones empíricas.

B. Hay épocas donde se han ejecutado edificaciones de mayor entidad, que incrementan las acciones sobre el terreno que se han tenido que resolver.

C. En ocasiones el terreno disponible era deficiente y la cimentación ha tenido que solucionar los problemas planteados.

D. También se han dado épocas con mayores recursos y con mejores medios disponibles.

4.1.2.- INVESTIGACIÓN GEOTÉCNICA DEL TERRENO.

Las primeras investigaciones del terreno no se hacen para conocer el mismo, sino que su finalidad es su estudio como fuente de recursos.

a) A partir del 5000 AC, se toma conciencia de la influencia del terreno en las grandes construcciones.

b) Pero no es hasta el año 3000-1000AC Cuando se busca esa intencionalidad geotécnica al comprobar la colocación de grandes cargas sobre el suelo.

c) Las primeras técnicas de investigación se producen hacia el año 1000 AC cuando se comprueba la conveniencia de apoyar en roca.

d) Durante el periodo romano la búsqueda del firme implica la búsqueda de determinadas características, como la dificultad en la excavación una facilidad para el clavado de estacas.

e) Es en china en el siglo I DC cuando se empiezan a utilizar los primeros sondeos a percusión con "la máquina de cable" y la denominada "cuchara deLoyang", que se utiliza en profundidades de hasta 50 ó 60m.

f) Pero no es hasta la segunda mitad del siglo XV en los tratados renacentista de Alberti, Palladio o Turiano cuando de referencias determinadas técnicas de investigación como base de apoyo para las nuevas edificaciones.

g) En este mismo siglo Leonardo da Vinci desarrolla una máquina de sondeos precursora del sondeo helicoidal.

h) Hasta el siglo XVII la investigación geotérmica estará restringida a unos3,00m de profundidad, y sus resultados proporcionará unos pocos datos prácticos.

i) Es a partir del siglo XVIII y el auge reciente de la ingeniería la que hace avanzar la caracterización del suelo, alcanzando los12,00m de profundidad.

j) Con el invento de la máquina de vapor se desarrolla el sistema de sondeos.

k) De todas formas, la arquitectura queda rezagada de la ingeniería.

4.1.3.- TIPOLOGÍAS PRIMITIVAS.

A. Los primeros apoyos se sitúan con el propósito de conseguir una altura de coronación de los monumentos megalíticos que el concepto mecánico de cimentación.

B. En la construcción de "Zigurats" se prepara el terreno de plataformas de relleno compactado (Mesopotamia (3000AC).

C. Las viviendas lacustres se construyen con troncos colocados directamente en el terreno (2700AC), que evolucionan formando un sistema emparrillado de cimentación.

D. Hacía 1600AC y con motivo de la ejecución de ciertos edificios singulares, se ejecutarán zapatas aisladas formadas por piedras grandes encajadas en el terreno si bien su ejecución va más encaminada en el sentido de conseguir la horizontalidad de los dinteles que el reparto de las cargas.

E. Hacia el año 1000AC aprecia en las primeras zanjas corridas y zapatas. Construidas para facilitar el replanteo y composición de los muros, que el estrictamente mecánico.

4.1.4.- CIMENTACIONES SUPERFICIALES.

Hacia el año 1000 AC en la arquitectura griega, las zapatas aparecen ya en todas sus variantes morfológicas, los factores que determine su evolución son:

- Disponibilidad de recursos y medios técnicos.
- Tipología de la edificación.
- Características geotécnicas del terreno.

Es curioso observar que las características geotécnicas aparecen en tercer lugar, cuando debería haber sido la primera.

No obstante, el tema de la cimentación es una preocupación de los maestros de obras. Por ejemplo en **Los Diez Libros de Arquitectura de Vitruvio** de 1486 (M. Vitruvii Pollionis, traducción J. de Laet 1649) en su libro III, capítulo IV que dedica a **Los Cimientos en los Templos**, indica:

"Si es posible encontrar un terreno sólido, la cimentación de estos edificios se excavará sobre terreno firme en una extensión que se ajuste proporcionalmente a las exigencias del volumen de la construcción; se levantará la obra lo más sólida posible, ocupando la totalidad del suelo firme. Se erigirán unas paredes sobre la tierra, debajo de las columnas, con un grosor que sobrepase en la mitad al diámetro de las columnas que posteriormente se levantarán, con el fin de que las inferiores, que se llaman esterobatae por soportar todo el peso, sean más sólidas que las situadas encima de ellas. Los resaltos de las basas no sobresaldrán más allá de la base; debe mantenerse con la misma proporción el grosor de las paredes superiores. El espacio que quede en medio se abovedará o bien se consolidará mediante relleno, con el fin de que todo quede bien compactado. Si, por el contrario, no se encuentra un terreno sólido sino que es de tierra de relleno en gran profundidad, o bien, si se trata de un terreno palustre, entonces se excavará, se vaciará y se

*clavarán estacas endurecidas al fuego de álamo, de olivo o de roble
y se hundirán como puntales o pilotes, en el mayor número posible,
utilizando unas máquinas; entre los pilotes se rellenará el espacio
con carbones; así, quedarán llenos los cimientos con una estructura
muy consistente. Una vez dispuestos los cimientos, deben colocarse
a nivel los estilóbatos."*

4.1.5.- CIMENTACIONES PROFUNDAS.

Después de ver que los parámetros que primaban a la hora de determinar la
morfología de una cimentación, otros factores que los geotécnicos, es de prever que
las cimentaciones profundas aparecen cuando hay que cimentar en terrenos
deficientes:

a) Cuando el terreno es muy deficiente se emplean pilotes cortos (1-3m) para
mejorar el suelo.

b) La consolidación del suelo se realiza hincando pilotes delgados de fácil
aplicación.

c) El empleo sistemático de pilotes para mejorar un suelo es causa de una
ralentización en la evolución de la técnica del pilotaje. Los principales
defectos son los siguientes:

- Aparecen a finales del siglo XVI aplicados a la construcción de puentes.

- A partir del siglo XV los tratados contienen reglas y límites
especificados para su dimensionado.

- Hasta el siglo XVII no se presentan iniciativas para regulan los
procedimientos de hinca, ya que en lo que se necesita conseguir es una
buena compactación en la instalación del pilotaje en su conjunto.

- Al final del siglo XVII aparecen los primeros criterios que relacionan
las dimensiones de los pilotes con la calidad del terreno.

- En el siglo XVIII se presentan avances considerables por el número
importante de edificios que se levantan en esta época.

- Los pozos profundos interconectados por arcos son conocidos desde
la época de los romanos si bien no son empleados posteriormente por
motivos técnicos y económicos.

- La cimentación por pozos, a partir del siglo XIX, se realizan más como
si fuera parte de una superestructura de consolidación del terreno, que
con un criterio de transmitir las cargas al terreno inferior que tiene una
mejor capacidad mecánica.

En definitiva, las cimentaciones aparecen como consecuencia de obtener un plano
de partida con propósitos de poder realizar un replanteo cómodo y estético.
Posteriormente aparecen técnicas para resolver los problemas que plantean los terrenos
deficientes. Para edificaciones de poca envergadura se ejecutan cimentación de reparto de
cargas enterrando troncos horizontales que sirven de apoyo a edificaciones simples.

Más adelante y sobre todo con la construcción de puentes en terrenos muy deficientes se utilizará la hinca de pilotes que compriman el terreno y mejoran la calidad del mismo.

No es hasta el siglo XIX y XX, cuando se analiza el suelo, según los distintos estratos y se diseña la cimentación como parte de la propia estructura del edificio, diseñada para repartir una determinada tensión al terreno.

De acuerdo a lo anterior se puede clasificar a las cimentaciones superficiales y profundas. En la primera están las zapatas aisladas, combinadas, corridas, emparrillados, losas aligerada las y losas macizas. En la segunda se encuentran los pilotes y micropilotes.

4.2.- CIMENTACIONES SUPERFICIALES.

Se define una cimentación superficial a aquella en la que la superficie horizontal prima sobre la vertical con lo cual el reparto de las cargas se realiza en un solo plano de contacto que se denomina " cota de cimentación". Este plano se encuentra implantado a 1,00m por debajo de la última planta habitable, de forma que para un edificio de planta baja y varias alzadas esta cota se encontrará a 1, 00-1,50m de profundidad. Si tiene un sótano la cota de cimentación se encontrará entre los -3,00 O -4,00m de profundidad.

Por ello, lo primero que interesa es conocer la presión admisible del terreno, para poder diseñar una cimentación acorde con la capacidad mecánica del terreno subyacente a la cota de cimentación.

Conocida la capacidad portante del terreno, se valorará en primer lugar si es apto para cimentar o si las cargas hay que transmitirlas a algún estrato más profundo, creando por consiguiente, una cimentación profunda.

Las cimentaciones superficiales se pueden dividir en las siguientes clases:

- Zapatas aisladas.
- Zapatas corridas.
- Zapatas combinadas.
- Emparrillados.
- Losas ha aligeradas.
- Losas de cimentación macizas.

4.2.1..- CARGA DE HUNDIMIENTO.
Se puede definir carga de hundimiento, como la capacidad total de carga que tiene un terreno, antes de llegar al colapso. Viene determinada por la siguiente presión:

$$q_h = q_c + q_{qh} + q_\gamma$$

Donde:

q_h Capacidad de carga total (T/m²)

q_c Término de cohesión.

q_{qh} Término de profundidad.

q_γ Término de superficie.

Es decir, que la carga de hundimiento depende de factores como la cohesión del terreno, la profundidad y/o la superficie de contacto.

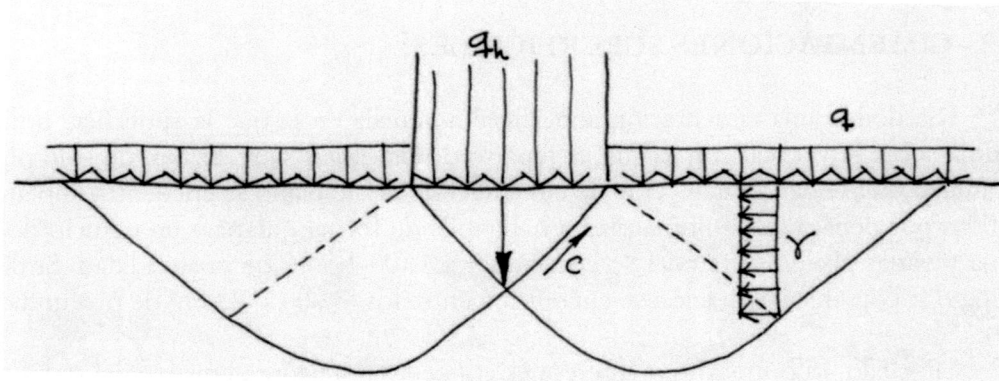

Figura 4.1- Esquema de la carga de hundimiento.

4.2.1.1.- ZAPATA RECTANGULAR.

Como se ha visto, uno de los parámetros que definen la carga de hundimiento es el término de superficie, por lo que independientemente de la profundidad y cohesión, la zapata es sensible a su forma. Por ello, para una zapata rectangular, la expresión de la carga de hundimiento toma la siguiente forma:

$$q_h = C \cdot N_c + \gamma D_f N_q + B \cdot N_\gamma$$

Donde:

C   Cohesión del terreno (T/m²)

    En arcillas $C = q_u/2$

    En arenas $C = 0$

γ Densidad del terreno (T/m³)

D_f Profundidad de la cota de cimentación de la cimentación (m)

B   Ancho de la zapata

Los valores de N_c, N_q y N_γ son parámetros obtenidos de la forme siguiente:

φ	Nc	Nq	Nγ	Nq/Nc	tgφ
0	5,14	1,00	0,00	0,19	0,00
1	5,38	1,09	0,07	0,20	0,02
2	5,63	1,20	0,15	0,21	0,03
3	5,90	1,31	0,24	0,22	0,05
4	6,19	1,43	0,34	0,23	0,07
5	6,49	1,57	0,45	0,24	0,09
6	6,81	1,72	0,57	0,25	0,11
7	7,16	1,88	0,71	0,26	0,12
8	7,53	2,06	0,86	0,27	0,14
9	7,92	2,25	1,03	0,28	0,16
10	8,34	2,47	1,22	0,30	0,18
11	8,80	2,71	1,44	0,31	0,19
12	9,28	2,97	1,69	0,32	0,21
13	9,81	3,26	1,97	0,33	0,23
14	10,37	3,59	2,29	0,35	0,25
15	10,98	3,94	2,65	0,36	0,27
16	11,63	4,34	3,06	0,37	0,29
17	12,34	4,77	3,53	0,39	0,31
18	13,10	5,26	4,07	0,40	0,32
19	13,93	5,80	4,68	0,42	0,34
20	14,83	6,40	5,39	0,43	0,36
21	15,81	7,07	6,20	0,45	0,38
22	16,88	7,82	7,13	0,46	0,40
23	18,05	8,66	8,20	0,48	0,42
24	19,32	9,60	9,44	0,50	0,45
25	20,72	10,66	10,88	0,51	0,47
26	22,25	11,85	12,54	0,53	0,49
27	23,94	13,20	14,47	0,55	0,51
28	25,80	14,72	16,72	0,57	0,53
29	27,86	16,44	19,34	0,59	0,55
30	30,14	18,40	22,40	0,61	0,58
31	32,67	20,63	25,99	0,63	0,60
32	35,49	23,18	30,21	0,65	0,62
33	38,64	26,09	35,19	0,68	0,65
34	42,16	29,44	41,06	0,70	0,67
35	46,12	33,30	48,03	0,72	0,70
36	50,59	37,75	56,31	0,75	0,73
37	55,63	42,92	66,19	0,77	0,75
38	61,35	48,93	78,02	0,80	0,78
39	67,87	55,96	92,25	0,82	0,81
40	75,31	64,20	109,41	0,85	0,84
41	83,86	73,90	130,21	0,88	0,87
42	93,71	85,37	155,54	0,91	0,90
43	105,11	99,01	186,53	0,94	0,93
44	118,37	115,31	224,63	0,97	0,97
45	133,87	134,87	271,75	1,01	1,00
46	152,10	158,50	330,34	1,04	1,04
47	173,64	187,21	403,65	1,08	1,07
48	199,26	222,30	496,00	1,12	1,11
49	229,92	265,50	613,14	1,15	1,15
50	266,88	319,06	762,86	1,20	1,19

FACTORES DE CAPACIDAD DE CARGA

Figura 4.2- Factores de la capacidad de carga

$$N_c = cotg\theta \cdot (N_q - 1)$$
$$N_q = tg^2\left(\frac{\pi}{4} + \frac{\theta}{2}\right) \cdot e^{\pi \cdot tg\theta}$$
$$N_\gamma = 2(N_q + 1) \cdot tg\theta$$

Siendo:
qu Resistencia a la compresión simple (T/m²)
θ Ángulo de rozamiento interno del terreno.

Los valores de N_c, N_q y N_γ se expresan en la tabla adjunta, en función del ángulo de rozamiento interno del suelo, teniendo en cuenta que en arcillas $\theta = 0$ y C>0 y en arenas $\theta > 0$ y C=0.

4.2.1.2.- ZAPATA CUADRADA.

La expresión general de la carga de hundimiento de una zapata cuadrada es:

$$q_h = 1{,}2CN_c + \gamma D_f N_q + B\gamma N_\gamma$$

Sobre arcillas $\theta = 0$ y C>0

$$q_h = 6{,}168C + \gamma D_f$$

Sobre arcillas $\theta > 0$ y C=0

$$q_h = \gamma D_f \quad + 0{,}4B\gamma N_\gamma$$

4.2.1.3.- ZAPATA CIRCULAR.

Para el caso particular de una zapata circular, la expresión general de la carga de hundimiento de una zapata cuadrada es:

$$q_h = 1{,}2CN_c + \gamma D_f N_q + B\gamma N_\gamma$$

Sobre arcillas $\theta = 0$ y C>0

$$q_h = 6{,}168C + \gamma D_f$$

Sobre arcillas $\theta > 0$ y C=0

$$q_h = \gamma D_f \quad + 0{,}6R\gamma N_\gamma$$

SUELO ARCILLOSO.

Cuando se carga un suelo arcilloso se genera un aumento de presión que se disipa muy lentamente, lo que conlleva un aumento lento o del esfuerzo efectivo y consiguientemente un aumento de la resistencia al corte.

El momento crítico para la estabilidad de la cimentación se produce cuando se termina la construcción y la arcilla no está drenada. En ese momento la carga de hundimiento tomará la siguiente expresión:

$$q_h = 1{,}2CN_c + 0{,}1D_f$$

CARGA DE HUNDIMIENTO EN LOSAS.

Esta expresión puede ser aceptada como válida para zapatas de hasta unos 5,00 m de lado.

Si se considera B=5,00 m se puede obtener la presión de hundimiento de una losa, independientemente de sus dimensiones

Si se parte de $N_{20}=10$

$C=q_u/2=0,5/2=0,25kp/cm^2$

$\gamma > 1,80T/m3$; $\theta=0$; $N_q=5,14$

$D_f= 1,00$ m (profundidad)

$q\_h = 1,2 \cdot 0,25 \cdot 5,14 + 0,1 \cdot 18 \cdot 1 = \mathbf{1,72kp/cm^2}$

Esta será la **carga de hundimiento de una arcilla situada bajo una losa**.

4.2.2.- CARGA DE HUNDIMIENTO –TENSIÓN ADMISIBLE DEL TERRENO.

Habitualmente se ha tomado como coeficiente de seguridad de un terreno $\gamma_R=3$, habida cuenta la heterogeneidad del mismo y las agresiones que puede tener. El mismo valor se recoge en la tabla 2.1 perteneciente al de DBSE-C del CTE. Por ello, el valor admisible previsto para el cálculo de la cimentación será:

$$\boxed{s_{adm}=q_h/3}$$

En el caso anterior de las losas de cimentación se puede prever una tensión admisible del terreno de:

$$\boxed{s_{adm}=1,72/3=0,57kp/cm^2}$$

Por esta razón todas las losas de cimentación se calculan a una tensión máxima de **0,57 kp/cm²** siempre que se asienten en terrenos arcillosos.

4.2.3.- ASIENTOS.

Cuando un terreno confinado se comprime, las partículas se reajustan produciéndose, bajo el plano de la compactación, un movimiento de descenso que se denomina asiento. Este movimiento se produce ante la pérdida de volumen del terreno subyacente. Si el terreno es granular la compactación es puramente mecánica, al resbalar los granos entre sí, lo que produce un mejor y óptimo acomodo de las partículas. El asiento es casi instantáneo. Si el terreno contiene agua, los espacios intergranulares son tan grandes que el agua drena y se evacua hacia zona subyacentes.

En cambio, si las partículas son muy finas como es el caso de los loes, limos o arcillas, la presión ejercida en el terreno debe desplazar al agua, contrarrestando la tensión superficial, lo que se va produciendo lentamente.

En conclusión, en terrenos granulares los asientos son instantáneos y en los suelos cohesivos son movimientos progresivos que pueden durar varios años.

4.2.3.1.- ASIENTOS EN SUELOS GRANULARES.

Dependiendo del tamaño de las partículas de los terrenos granulares se pueden clasificar en tres grandes grupos: bolos, gravas y arenas.

Más concretamente estos terrenos se pueden clasificar según la tabla siguiente:

SUELOS	TAMAÑO
Bolos	>60 mm
Grava Gruesa	20 a 60 mm
Grava Media	6 a 20 mm
Grava Fina	2 a 6 mm
Arena Gruesa	0,6 a 2 mm
Arena Media	0,2 a 0,6 mm
Arena Fina	0,06 a 0,2 mm

Para poder prever el asiento de una zapata, se debe realizar un ensayo de placa de carga de 30x30 cm, obteniendo un hundimiento (asiento) para una serie de presiones determinadas.

Terzaghi obtuvo una correlación entre el asiento de una placa de carga y el de una zapata obteniendo:

$$s = s_1 \left(\frac{2B}{B + 0,30} \right)^2$$

Donde:
- S   Asiento de la zapata (m)
- S_1 Asiento de la placa de carga de 30x30 cm (m)
- B   Ancho de la zapata.

Ecuación que tiene una asíntota $s/s_1=4$, cuando el ancho de la zapata B=∞ ; su representación es como sigue:

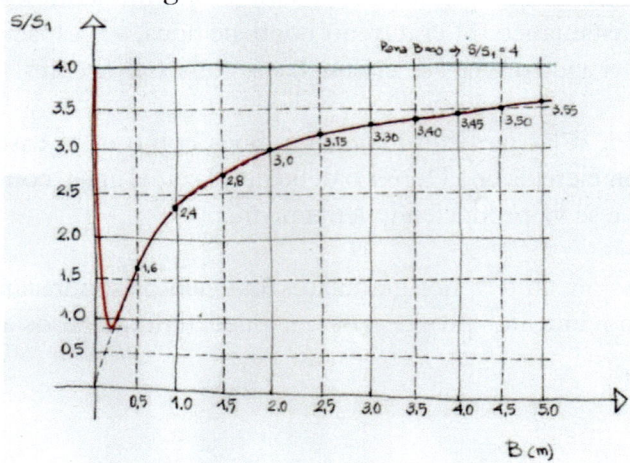

Figura 4.3- Curva de correlación del asiente de una zapata y el de la placa de carga.

ENSAYO DE PLACA DE CARGA

Ensayos de placa de carga consiste en transmitir al terreno una tensión determinada y medir la deformación que experimenta. Se realiza según la norma NLT-357/98. Consisten en una placa muy rígida25 (mm) de acero que transmite la tensión que produce un brazo hidráulico que se apoya normalmente en el eje de un camión fuertemente cargado.

El apoyo de la placa se realizará en la cota de cimentación, apoyándola en una capa de arena y yeso para que la transmisión sea lo más uniformemente posible.

El ensayo se realiza de forma escalonada tomando nota de las presiones y deformaciones en el sentido a la compresión, como en el de la descompresión. Se obtienen así dos curvas: la primera que es la de compresión y la segunda que es la descompresión, la distancia entre ella es la de formación permanente del terreno. Se suele marcar con una flecha que indica el proceso de carga y descarga. Si se hace una nueva secuencia de cargas y descargas se puede observar que la deformación residual se hace mínima, de esta forma se conoce el comportamiento del terreno.

Figura 4.4- Ensayo de placa de carga.

EJEMPLO

Se quiere conocer el asiento de la zapata cuadrada de 1,50x 1,50m y una carga de 50 T, ejecutada en un suelo granular. En la cota de cimentación se ha realizado un ensayo de placa de carga obteniéndolas siguientes curvas de compresión y descompresión.

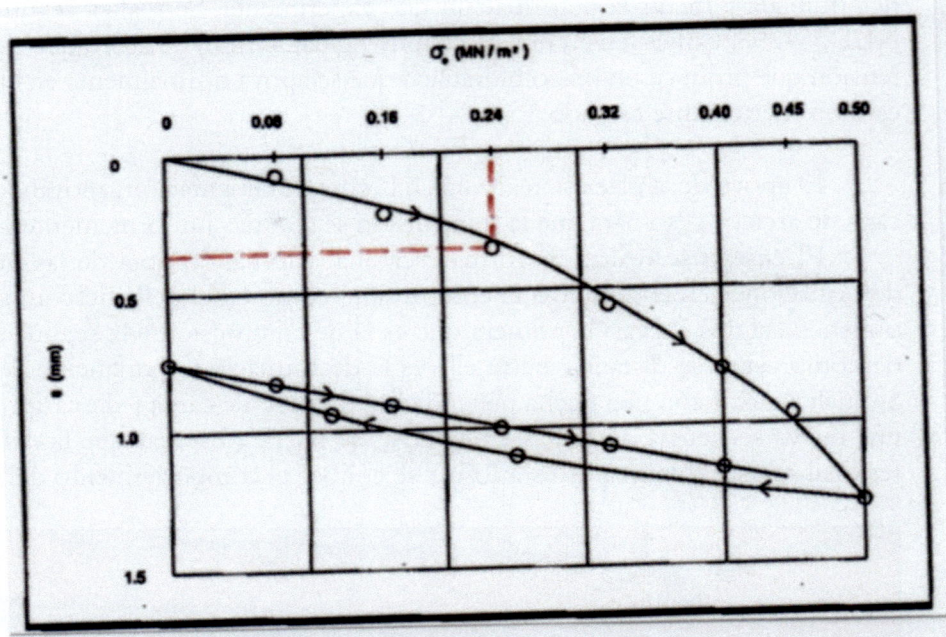

Figura 4.5- Gráfico del ensayo de placa de carga.

Si se considera una zapata de 1,50x1,50 por 0,70m de canto en la carga al transmitir será la que sigue:

Peso propio (1,50x 1,50x 0,70x 2500) .... 3983,50 kp
Carga transmitida .... 50.000,00 kp
TOTAL .... 53.973,50 kp

La tensión transmitida al terreno será:

$$\sigma_{Adm} = \frac{53.973,50}{150 \cdot 150} = 2{,}39 \ \text{kp/cm}^2 = 0{,}239\text{N/mm}^2$$

Entrando en la curva del ensayo de placa de carga realizado, para $\sigma_{Adm}0{,}24$ se tiene un asiento $s_1=0{,}4$mm. Empleando ahora la fórmula de Terzaghi se obtiene que:

$$s = s_1 \left(\frac{2B}{B+0{,}30}\right)^2 = 0{,}0004 \left(\frac{2 \cdot 1{,}5}{1{,}5+0{,}30}\right)^2 = 0{,}00011 = \boldsymbol{1,11 \ mm}$$

Donde:
- S Asiento de la zapata (m)
- S_1 Asiento de la placa de carga de 30x30 cm (m)=0,4 mm
- B Ancho de la zapata=1,50 m

4.2.3.2.- ASIENTOS EN LIMOS Y LOES.

Para determinar el tipo de cimentación que se debe realizar en este tipo de suelos se ejecutará un ensayo SPT, para obtener el número de golpes (N).

Si N<10	Suelo muy flojo.
Si N>19	se realizará un ensayo de consistencia
	Si es seca igual que arenas.
	Si es plástica igual que arcillas.

Para suelos intermedios mezcla de arenas y arcillas se realizada el ensayo del equivalente de arena, con lo cual se determina si fundamentalmente es una arena, una arcilla y posteriormente se actúa en consecuencia.

4.2.3.3.- ASIENTOS EN ARCILLAS.

Los asientos en arcillas se pueden obtener a partir del ensayo edométrico, que se basa en obtener una curva que relaciona las tensiones efectivas y el índice de poros. Es decir, la deformación real según la presión aplicada. Todo ello, realizado en una muestra inalterada.

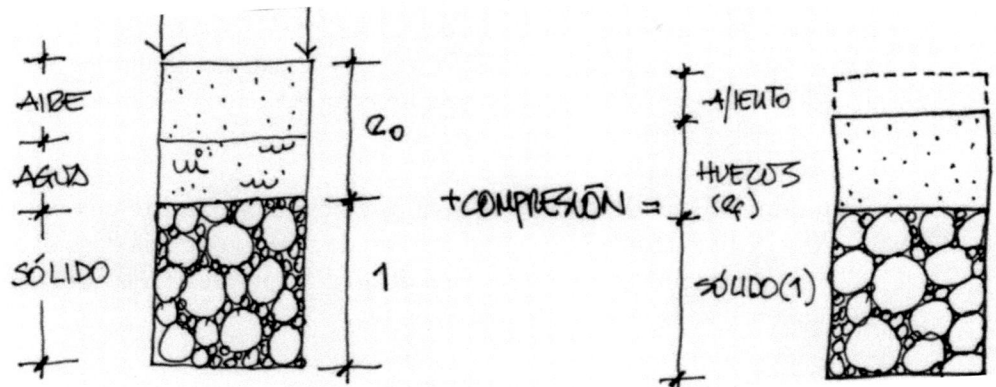

Figura 4.6- Estructura de un suelo después de una compresión.

El asiento unitario de una arcilla se obtiene a partir de la siguiente ecuación:

$$s_u = \frac{e_0 - e_f}{1 + e_0}$$

Donde:

e_0	Índice de huecos antes de la compresión.
e_f	Índice de huecos después de la compresión.
s_u	Asiento unitario.

Para una capa de arcilla de espesor H, el asiento total será el siguiente:

$$S = s_u \cdot H = s_u = \frac{e_0 - e_f}{1 + e_0} \cdot H$$

Ahora bien, la ecuación de la curva edométrica es:

$$s = \frac{C_c \log \frac{P_0 + \Delta P}{P_0}}{1 + e_0} \cdot H$$

La capa de suelo comprimible (H) se destina tres veces el ancho de la zapata (3B), siendo:

$$e_{f = e_0} - C_c \log \frac{P_0 + \Delta P}{P_0}$$

Donde:

C_c	Índice de comprensibilidad.
P_0	Presión inicial.
Δ_p	Incremento de presión posterior.

EJEMPLO DE CÁLCULO EN ARCILLAS

Se quiere conocer el asiento que tendrá una zapata de 1.00x1,00m que va a a transmitir al terreno una tensión de 1,6 kp/cm². La actuación comienza por realizar un sondeo en el terreno de forma que si existen arcillas se realizará un ensayo edométrico de las mismas en una muestra inalterada. Realizado todo ello el resultado del laboratorio es el siguiente:

En primer lugar, del sondeo realizado se obtiene que existe una primera capa hasta 1,20m de profundidad que es un terreno de relleno con una densidad de 1700 kp/m³. Posteriormente aparece una capa de arcillas que alcanza la cota máxima de profundidad realizada en el ensayo.

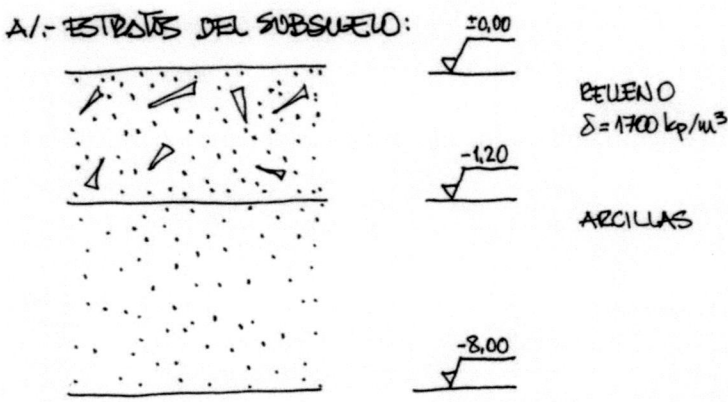

Figura 4.7- Sección del terreno realizada con un sondeo por rotación.

Por otro lado, de la capa de arcillas se ha obtenido una muestra inalterada y se ha procedido a realizar el ensayo edométrico obteniendo los siguientes resultados:

ENSAYO EDOMÉTRICO		
PRESIÓN EFECTIVA	Índice de poros	
1	0.00	0.958
2	0.20	0.953
3	0.40	0.948
4	0.8	0.938
5	1.60	0.920
6	3.2	0.878
7	6.40	0.789
8	12.8	0.691
9	3.20	0.719
10	0.8	0.754
11	0.20	0.791
12	0.00	0.890

Si se representan estos valores en una escala semilogarítmica, se obtiene la curva edométrica, donde se relaciona la presión efectiva con el índice de poros por deformación unitaria.

En la gráfica que se acompaña se puede observar la curva de compresión noval, que es la curva que indica la deformación del terreno en función de las presiones efectivas (en rojo). También se representa la denominada curva de entumecimiento (en verde) que define el estado en que va quedando el terreno al eliminar las presiones efectivas.

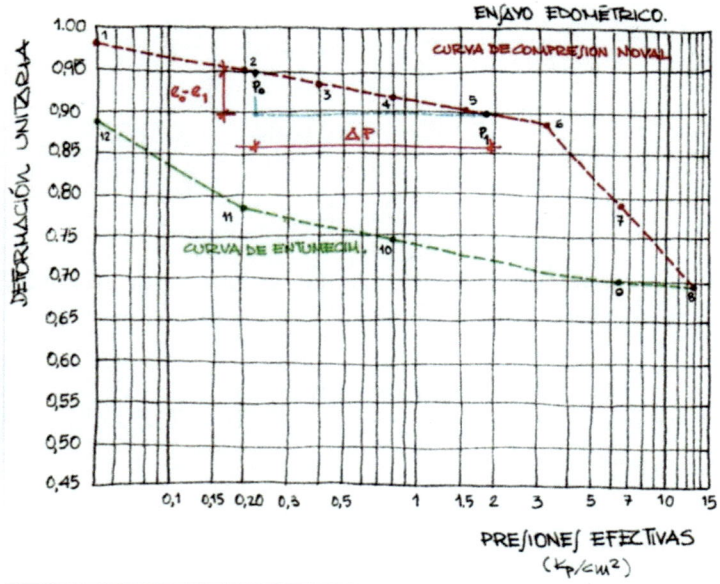

Figura 4.8- Curva edométrica de un terreno dado.

DETERMINACIÓN DEL ASIENTO.

La cimentación se realiza una vez pasada la zona de relleno a -1,20m de profundidad. Antes de la ejecución de la cimentación existía una presión inicial efectiva (P_o) equivalente al peso del terreno de relleno existentes encima:

$$P_o=1,00\cdot1,00\cdot1,20\cdot(1700\cdot10^{-6})=0,204 \text{ kp/cm}^2$$

El incremento de presión que se introducen desde 1,6 kp/cm², por lo que el terreno que inicialmente tiene una presión de 0,204 kp/cm² pasar a tener 1,804/kpcm². Interpolando los resultados para los valores obtenidos: P_o=0,204 kp/cm² y P_1=1,804 kp/cm² en la curva de compresión noval se obtiene un índice de poros de 0,95301 y 0,91464.

Se calcula a continuación el índice de compresibilidad (C_c) despejándolo de la ecuación de la curva edométrica:

Despejado Cc de la siguiente expresión se obtiene:

$$e_{f=e_0-}C_c log\frac{P_0 + \Delta P}{P_0}$$

Donde:

C_c Índice de comprensibilidad.
P_0 Presión inicial.
Δ_p Incremento de presión posterior.

$$C_c = \frac{e_0 - e_f}{log\dfrac{P_0 + \Delta P}{P_0}}$$

$$C_c = \frac{0,95301 - 0,091464}{log\dfrac{1,804}{0,204}} = \frac{0,03837}{0,9466} = 0,0405$$

La capa afectada por la zapata exterior desde su anchura, es decir 3, 00m, por lo que el asiento de la zapata será el siguiente:

$$s = \frac{C_c log\frac{P_0+\Delta P}{P_0}}{1+e_0} \cdot H = \frac{0,0405 log\frac{1,804}{0,204}}{1+0,95301} \cdot 3,00 = \boldsymbol{5,89\ cm}$$

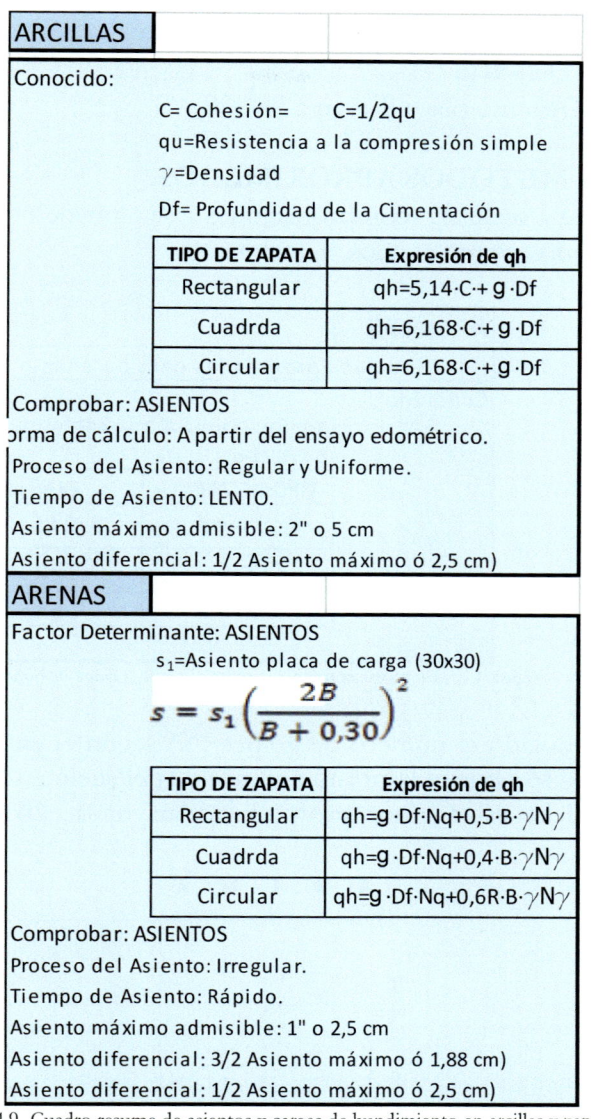

ARCILLAS

Conocido:

C= Cohesión=   C=1/2qu

qu=Resistencia a la compresión simple

γ=Densidad

Df= Profundidad de la Cimentación

TIPO DE ZAPATA	Expresión de qh
Rectangular	qh=5,14·C·+ g ·Df
Cuadrda	qh=6,168·C·+ g ·Df
Circular	qh=6,168·C·+ g ·Df

Comprobar: ASIENTOS

ɔrma de cálculo: A partir del ensayo edométrico.

Proceso del Asiento: Regular y Uniforme.

Tiempo de Asiento: LENTO.

Asiento máximo admisible: 2" o 5 cm

Asiento diferencial: 1/2 Asiento máximo ó 2,5 cm)

ARENAS

Factor Determinante: ASIENTOS

s_1=Asiento placa de carga (30x30)

$$s = s_1\left(\frac{2B}{B+0,30}\right)^2$$

TIPO DE ZAPATA	Expresión de qh
Rectangular	qh=g ·Df·Nq+0,5·B·γNγ
Cuadrda	qh=g ·Df·Nq+0,4·B·γNγ
Circular	qh=g ·Df·Nq+0,6R·B·γNγ

Comprobar: ASIENTOS

Proceso del Asiento: Irregular.

Tiempo de Asiento: Rápido.

Asiento máximo admisible: 1" o 2,5 cm

Asiento diferencial: 3/2 Asiento máximo ó 1,88 cm)

Asiento diferencial: 1/2 Asiento máximo ó 2,5 cm)

Figura 4.9- Cuadro resume de asientos y cargas de hundimiento en arcillas y zapatas.

Luego la zapata se asentará 5,89cm si se cimenta a la profundidad de -1,20m dentro de la capa de arcilla.

Como conclusión de este apartado se realiza un cuadro resumen que cuantifica y defina el asiento de una cimentación dependiendo de una serie de parámetros de dicho terreno y de si el suelo subyacente es una arcilla o una arena. Este cuadro resumen se adjunta en la página siguiente:

En conclusión, como los suelos no son nunca arcillas o arenas, sino que son mezclas de arcillas con arenas y en ocasiones con limos, para poder comprobar la carga de hundimiento y los asientos previsibles se deberá solicitar del laboratorio los siguientes parámetros:

q_u=Resistencia a la compresión simple

g=Densidad

s_1=Asiento placa de carga (30x30)

OTROS MÉTODOS APROXIMADOS.

Para realizar comprobaciones se pueden emplear otros métodos aproximados, como son los siguientes:

ARCILLAS		
Fórmulas aproximadas para obtener la carga de		
Conocido:		
qu=Resistencia a la compresión simple B= Ancho zapata		
TIPO DE ZAPATA	Expresión de qh	
Rectangular	qh=2.85·qu(1·+0,3B/L	
Circular	qh=3,7·qu	
Corrida	qh=2,85·qu	

Figura 4.10- Fórmulas aproximadas para obtener la carga de hundimiento en arcillas.

Conocido el número de golpes (N) según el ensayo (SPT) y el ancho de la zapata (B) se obtiene la presión admisible del suelo en kp/cm². El nivel de la capa freática debe estar a una profundidad mayor de 2B para que no influya en la apreciación.

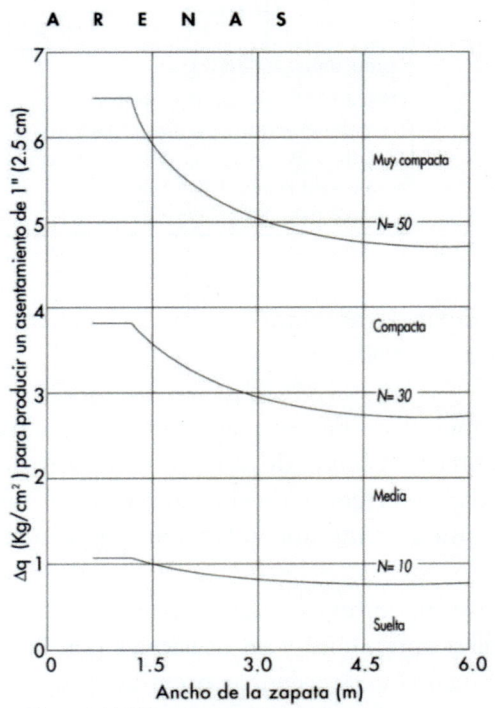

Figura 4.11- Fórmulas aproximadas para arenas.

4.3.- CÁLCULO DE CIMENTACIONES.

Antes de comenzar con los sistemas de recalces, se de hacer un repaso de las distintas cimentaciones de la forma más sencilla y su comparación con la normativa vigente.

4.3.1- ZAPATAS AISLADAS.

A. DATOS.

Para el cálculo de una zapata aislada se necesitan conocer los siguientes datos de partida:

- Carga del pilar. (kp)
- Tensión admisible del terreno (kp/cm²)
- Dimensiones del pilar (cm).

B. PREDIMENSIONADO.

Para el cálculo del área de contacto se mayorará la carga en un 15% en concepto del propio peso de la zapata, no se mayorarán las cargas. Por ello el área de la cimentación será:

$$A = \frac{N \cdot 1,15}{\sigma_{ADM}}$$

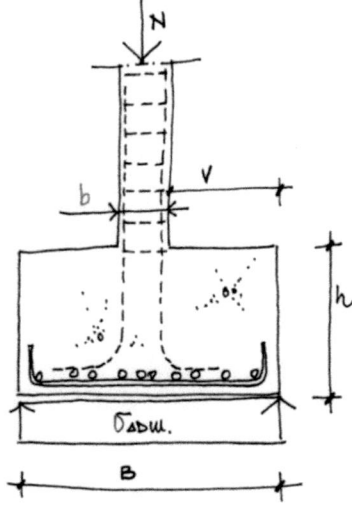

Figura 4.12- Esquema de zapata aislada.

Conocida el área aproximada, se puede dimensionar la zapata teniendo en cuenta los siguientes criterios:

- Las dimensiones se redondearán de 10 en 10 cm, es decir 1,00 – 1,10 – 1,20, etc.
- El canto tendrá la mayor de las siguientes dimensiones:

  o LA MITAD DEL VUELO.
  Si el pilar es de dimensiones axb el canto mínimo será:

  $$h = \frac{B - b}{4}$$

  o La dimensión mínima será h>50 cm. Se debe tener en cuenta la longitud de anclaje la armadura del pilar, debiéndose cumplir que:
  h>10·Ø²+10 (cm)

A partir de esta expresión se obtienen los siguientes valores:

Ø12	1,2cm	**L_A=24,4 cm≈25 cm**
Ø16	1,6cm	**L_A=35,6 cm≈36 cm**
Ø20	2,0cm	**L_A=50,0 cm≈50 cm**

C. DIMENSIONADO.

Conocido el volumen de la zapata, se tendrá el peso propio P_P, habida cuenta que la densidad del hormigón armado es de 2.500kp/cm³.

D. CÁLCULO DE LA ARMADURA.

Conocida las dimensiones de la zapata, se puede obtener la tensión transmitida:

$$\sigma_T = \frac{N + Pp}{A}$$

Donde:

σ_{ADM}	Tensión teórica transmitida al terreno.
N	Carga del pilar.
P_P	Peso propio de la zapata.
A	Área de contacto de la zapata con el terreno.

Para calcular la armadura de la zapata y comprender mejor lo que se hace, se dibuja la zapata de forma el invertida para comprender que el cálculo armadura es la necesaria para soportar una carga continua sobre un vuelo. La carga continua es la equivalente a la tensión transmitida, de esta forma se puede obtener lo que sigue:

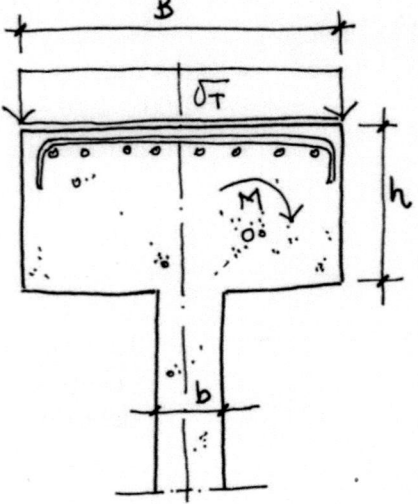

Figura 4.13- Esquema de zapata aislada invertida.

El momento que induce la carga continua es:

$$M = \sigma_T \cdot \frac{1}{2} \cdot \left(\frac{b}{2}\right)^2 = \sigma_T \cdot \left(\frac{b^2}{8}\right)$$

Por otro lado, el momento capaz de soportar el acero que se ha de colocar es el siguiente:

$$M = A_s \cdot 0{,}8 \cdot f_{yd} \cdot h$$

Igualando ambos momentos:

$$M = \sigma_T \cdot \left(\frac{b^2}{8}\right) = A_s \cdot 0{,}8 \cdot f_{yd} \cdot h$$

Despejando la armadura:

$$A_s = \frac{\sigma_T \cdot b^2}{8 \cdot 0{,}8 \cdot f_{yd} \cdot h}$$

Ecuación que define la armadura necesaria para soportar el momento máximo que se puede producir.

E. EJEMPLO DE CÁLCULO DE LA ARMADURA.

Dimensionar y armar una zapata aislada para un pilar cargado con 50T en un terreno cuya tensión admisible de 1,50 kp/cm².

a) Predimensionado.

$$A = \frac{N \cdot 1{,}15}{\sigma_{Adm}} = \frac{50.000 \cdot 1{,}15}{1{,}50} = 38.333{,}33\, cm^2$$

Si se hace la zapata cuadrada, el lado de la zapata es:
B=$\sqrt{38.833{,}33} = 195{,}78\ cm\ \cong 2x2\ m$

b) Cálculo del canto.

Si el pilar es de 30x30 cm con un armado con 4Ø16 el canto será:

$$h = \frac{200 - 30}{4} = 42{,}50\ cm$$

Por otro lado, se ve que para Ø16 la longitud de anclaje es de 35,6 cm si se aplica la fórmula: $L_A = 10 \cdot Ø^2 + 10$ (cm.

Conocida las dimensiones mínimas, así como las comprobaciones establecidas se opta por un canto de **60cm**.

c) Dimensionado.

La carga estimada total será:

Axil (N) .... 50.000 kp

Peso Propio (2,00x2,00x0,60x2500) .... 6000 kp

Total .... 56.000 kp

El área de contacto para una tensión admisible de 1,50 kp/cm²

$$A = \frac{N + Pp}{\sigma_{Adm}} = \frac{56.000}{1,50} = 37.333,33 cm^2$$

Para una zapata cuadrada, el lado de la zapata es:

$$\sqrt{37.833,33} = 1,93 \cdot 1,93m \cong 2x2\ m$$

d) **Armadura necesaria.**

La tensión transmitida final será:

$$\sigma_{Adm} = \frac{56.000}{200 \cdot 200} = 1,40\ kp/cm^2 < 1,50\ kp/cm^2\ (\sigma_{Adm})$$

La armadura necesaria es:

$$A_s = \frac{\sigma_T \cdot b^2}{8 \cdot 0,8 \cdot f_{yd} \cdot h} = \frac{1,5 \cdot 200^2}{8 \cdot 0,8 \cdot \frac{5000}{1,15} \cdot 60}$$

$$= 0,0359\ cm^2$$

Como en cimentaciones no se deben colocar armaduras inferiores a Ø12 mm y este tiene un área de 1,13 cm² con 1Ø12 mm sería suficiente; por lo que se armaría con la armadura mínima vigente.

e) **Armadura mínima.**

Según la EHE 08 en su tabla 4.2.3.5 la cuantía mínima será de 0,9 ‰ de la sección. Para una anchura de 200 cm y 60 cm de canto se obtiene:

$A_{MIN}=0,9\ ‰\cdot200\cdot60 =10,8$ cm² que equivale a **9 Ø12** mm, es decir que se colocará una parrilla bidireccional de #Ø12 mm cada 25x25 cm.

Se adjunta a continuación una tabla de equivalencia de la sección de acero

Ø mm	peso kg/m	⇓ sección en cm² para un número de barras ⇓									
		1	2	3	4	5	6	7	8	9	10
5	0,15	0,19	0,39	0,59	0,78	0,98	1,18	1,37	1,57	1,77	1,96
6	0,22	0,28	0,56	0,85	1,13	1,41	1,70	1,98	2,26	2,54	2,83
8	0,39	0,50	1,00	1,51	2,01	2,51	3,01	3,52	4,02	4,52	5,02
10	0,62	0,78	1,57	2,35	3,14	3,92	4,71	5,49	6,28	7,07	7,85
12	0,88	1,13	2,26	3,39	4,52	5,65	6,78	7,91	9,04	10,17	11,31
14	1,21	1,54	3,08	4,62	6,16	7,70	9,23	10,77	12,31	13,85	15,39
16	1,58	2,01	4,02	6,03	8,04	10,05	12,06	14,07	16,08	18,10	20,11
20	2,47	3,14	6,28	9,42	12,57	15,71	18,85	21,99	25,13	28,27	31,42
25	3,85	4,91	9,82	14,73	19,63	24,54	29,45	34,36	39,27	44,18	49,09
32	6,31	8,04	16,08	24,19	32,17	40,21	48,25	56,30	64,34	72,38	80,42

Figura 4.14- Tabla de equivalencia de acero según diámetro y número de redondos colocados.

ZAPATAS AISLADAS DE BORDE.

En una zapata de borde, hay que tener en cuenta que el pilar está descentrado respecto del eje de la zapata, de del pilar es tangente a un medianil colindante, por lo que el valor del momento que induce la tensión admisible será mayor.

Como en el caso anterior e indicado en los siguientes datos:

A. DATOS.

Para el cálculo de una zapata aislada de borde se necesitan conocer los siguientes datos de partida:

- Carga del pilar. (kp)
- Tensión admisible del terreno (kp/cm²)
- Dimensiones del pilar (cm).

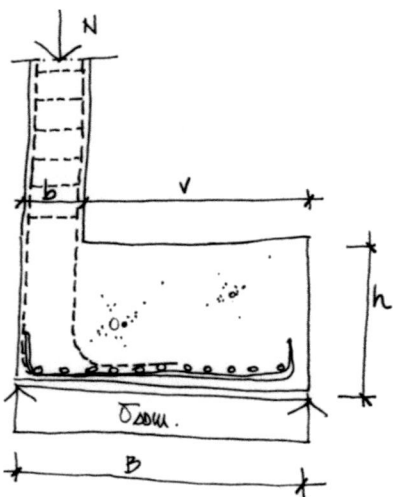

Figura 4.15- Esquema de la zapata aislada de borde.

B.   PREDIMENSIONADO.

Como en el caso anterior, para obtener el área de contacto se mayorará la carga en un 15% en concepto del propio peso de la zapata. Por ello el área de la cimentación A será:

$$A = \frac{N \cdot 1{,}15}{\sigma_{ADM}}$$

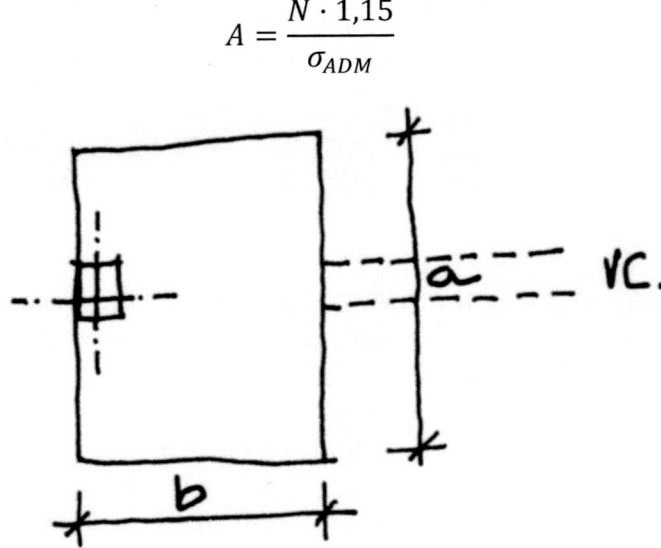

Figura 4.16- Esquema en planta de la zapata aislada de borde.

Dónde: A=a·b

En cuanto a sus dimensiones hay que tener en cuenta los siguientes criterios:

a. La carga excéntrica produce un momento que va a producir una carga triangular, contrarrestada por el propio peso de la zapata.
b. Se ha de dimensionar una zapata para que el propio peso contrarreste el momento producido por la excentricidad es inviable.
c. Para ello se coloca una viga centradora que transmita el momento a otra zapata vecina.
d. En este caso se puede dimensionar con a=b.
e. Como en el caso anterior se tomará el canto mínimo según la expresión:

$$h = \frac{B - b}{4}$$

Se tendrá en cuenta que h>50 cm y que se puedan establecer la longitud mínima de anclaje de la armadura **h>10·Ø²+10** (cm).

A partir de esta expresión se obtienen los siguientes valores:

Ø12	1,2cm	**L$_A$=24,4 cm**
Ø16	1,6cm	**L$_A$=35,6 cm**
Ø20	2,0cm	**L$_A$=50,0 cm**

C.   DIMENSIONADO.

Conocido el volumen de la zapata, se tendrá el peso propio (P$_P$), habida cuenta que la densidad de hormigón armado es de 2.500kp/cm³.

D.   CÁLCULO DE LA ARMADURA.

Conocida las dimensiones de la zapata, se puede obtener la tensión transmitida:

$$\sigma_T = \frac{N + Pp}{A}$$

Donde:

N   Carga del pilar.
P$_P$ Peso propio de la zapata.
A Área de contacto de la zapata con el terreno.
σ_{ADM} Tensión teórica transmitida al terreno.

Para calcular la armadura de la zapata y comprender mejor lo que se está haciendo, para lo que se realiza el cálculo con la zapata invertida para comprender que el cálculo de la armadura es la necesaria para soportar una carga continua sobre un vuelo, ahora de dimensiones mayores que la del caso anterior. La carga continua es la equivalente a máxima la tensión transmitida, que es la tensión admisible del terreno, de esta forma se puede obtener lo que sigue:

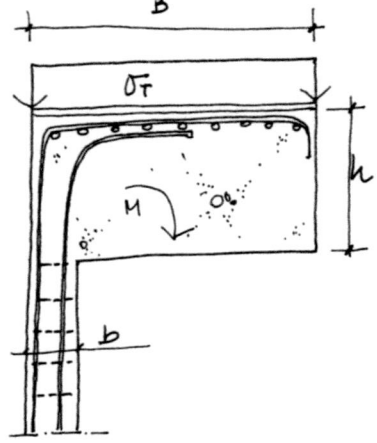

Figura 4.17- Esquema de la zapata de borde invertida.

$$M = \frac{1}{2} \cdot \sigma_T \cdot b^2$$

Por otrolado la sección de acero capaz de soportar el momento que se   produce por la excentricidad de la carga es el siguiente:

$$M = A_s \cdot 0{,}8 \cdot f_{yd} \cdot h$$

Igualando ambos momentos se obtiene:

$$M = \frac{1}{2} \cdot \sigma_T \cdot b^2 = A_s \cdot 0{,}8 \cdot f_{yd} \cdot h$$

Despejando la armadura:

$$A_s = \frac{\sigma_T \cdot b^2}{8 \cdot 1{,}6 \cdot f_{yd} \cdot h}$$

Hay que tener en cuenta que el momento aparecido por la excentricidad de la carga no se equilibra como en la zapata aislada centrada, por lo que será necesario introducir un elemento que equilibre el sistema. Este elemento lo denominamos viga centradora y equilibra el momento con una zapata vecina.

E.   **EJEMPLO DE CÁLCULO DE LA ARMADURA.**

Si se desarrolla el ejemplo de la zapata aislada como si fuera una zapata de borde se obtendría una serie de diferencias que se exponen a continuación:

a) **Predimensionado.**

Si los parámetros son los mismos, es decir: Un pilar cargado con 50T en un terreno cuya tensión admisible de 1,50 kp/cm², el área de apoyo de la zapata será:

$$A = \frac{N \cdot 1{,}15}{\sigma_{Adm}} = \frac{50.000 \cdot 1{,}15}{1{,}50} = 38.333{,}33 cm^2$$

Si se hace la zapata cuadrada, el lado de la zapata es:

$$\sqrt{38.833{,}33} = 195{,}78\ cm \cong 2x2\ m$$

b) **Cálculo del canto.**

Si el pilar es de 30x30 cm con un armado con 4Ø16 el canto será:

$$h = \frac{200 - 30}{4} = 42{,}50\ cm$$

Por otro lado se ve que para Ø16 la longitud de anclaje es de 35,6 cm si se aplica la fórmula: $L_A = 10 \cdot \text{Ø}^2 + 10$ cm.

Conocida las dim ensiones mínimas, así como las comprobaciones establecidas se opta por un canto de **60cm**.

c) Dimensionado.

La carga estimada total será:

Axil (N) ....50.000 kp

Peso Propio (2,00x2,00x0,60x2500) ....6000 kp

Total ....56.000 kp

El área de contacto para una tensión admisible de 1,50 kp/cm²

$$A = \frac{N + Pp}{\sigma_{Adm}} = \frac{56.000}{1,50} = 37.333,33 cm^2$$

Para una zapata cuadrada, el lado de la zapata es:

$$\sqrt{37.833,33} = 1,93 \cdot 1,93m \cong 2x2\ m$$

d) Armadura necesaria.

ZAPATA AISLADA.-

En el caso de una zapata aislada el momento es simétrico respecto del pilar, uno a cada lado del pilar, de forma que se equilibran y su resultante es nula.

$$A_s = \frac{\sigma_T \cdot b^2}{8 \cdot 1,6 \cdot f_{yd} \cdot h}$$

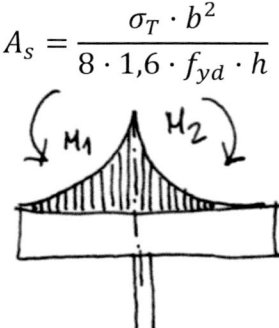

Figura 4.18- Ley de momentos en una zapata aislada invertida.

Donde $M_1 + M_2 = 0$

ZAPATA DE BORDE.

En cambio, en la zapata de borde la ley de momentos es:

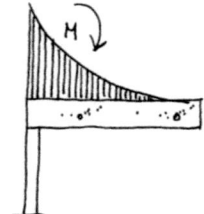

Figura 4.19- Ley de momentos en una zapata de borde invertida.

Momento que no puede equilibrarse exclusivamente en el empotramiento con el pilar y que debe estabilizarse mediante una viga centradora.

La armadura necesaria es:

$$A_s = \frac{\sigma_T \cdot b^2}{8 \cdot 1,6 \cdot f_{yd} \cdot h} = \frac{1,5 \cdot 200^2}{8 \cdot 1,6 \cdot \dfrac{5000}{1,15} \cdot 60} = \mathbf{0,0179 \; cm^2}$$

e) **Armadura mínima.**

Según la EHE 08 en su tabla 4.2.3.5 la cuantía mínima será de 0,9 ‰ de la sección. Para una anchura de 200 cm y 60 cm de canto se obtiene:

A_{MIN}=0,9 ‰·200·60 =10,8 cm^2 que equivale a 9 Ø12 mm, es decir que se colocará una parrilla bidireccional de # de Ø12 mm cada 20x20 cm.

ZAPATAS AISLADAS DE ESQUINA.

Una zapata aislada de esquina que por su propia configuración una zapata inestable, porque produce un momento en excéntrico que es preciso estabilizar. Esto se puede hacer mediante dos vigas centradoras o haciendo trabajar el forjado superior a tracción y la solera inferior a compresión.

Como en el caso de las zapatas anteriores, para su cálculo se necesitan los siguientes datos:

DATOS.-

- Carga del pilar N (kp).
- Tensión admisible del terreno (kp/cm²).
- Dimensiones del pilar (a·b)

DIMENSIONADO.-

Para obtener el área de contacto se deberá incrementar la carga del pilar en un 15% debido al peso propio de la zapata.

$$A = \frac{N + Pp}{\sigma_{Adm}}; Donde \; A = a \cdot b$$

En cuanto al tratamiento para su cálculo se tendrá en cuenta todo lo dicho en las zapatas de borde, teniendo en cuenta el cálculo en ambas direcciones y calculando dos vigas centradoras en la que divide los dos momentos aparecidos por la excentricidad de la carga.

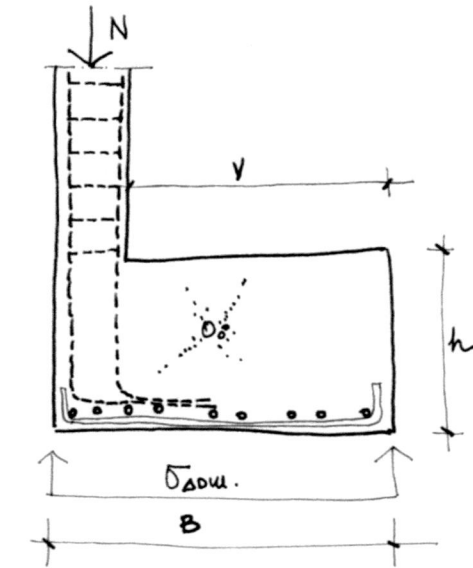

Figura 4.20- Esquema de zapata aislada de esquina.

VIGA CENTRADORA.-

El problema parece con todas las zapatas perimetrales, donde el pilar va al extremo de la zapata y es preciso equilibrar la excentricidad de la carga.

El cálculo se hace con un ejemplo, que se desarrolla a continuación:

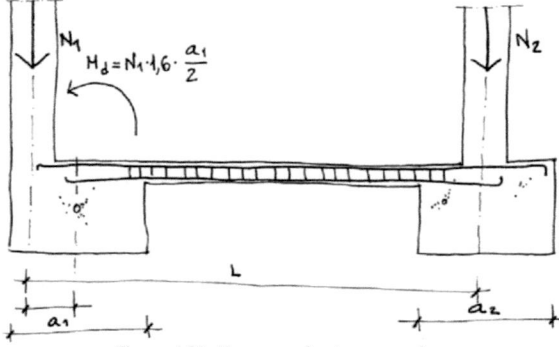

Figura 4.21- Esquema de viga centradora.

Si se parte de que la zapata de la izquierda es la descentrada, el momento flector mayorado que produce la carga N_1 es el siguiente:

$$M_d = 1,6 \cdot N_1 \cdot \frac{a_1}{2}$$

La ley de esfuerzos cortantes será:

$$V_d = \frac{M_d}{L - \dfrac{a_1}{2}}$$

La armadura longitudinal se puede obtener a partir de la expresión:

$$A_s = \frac{M_d}{0,8 \cdot f_{yd} \cdot h}$$

Por último, es preciso calcular la armadura a cortante. Para ello, se compara el esfuerzo cortante(V_d) con lo que resiste la sección:

$$V_{cu} = 0,5 \cdot \sqrt{f_{cd} \cdot b \cdot d}$$

1°.- Si $V_d < V_{cu}$

Se dispondrá la armadura mínima.

$$A_c = 0,02 \cdot \frac{f_{cd}}{f_{yd}}$$

2°.- Si $V_d > V_{cu}$

Se dispondrá la armadura a cortante:

$$A_c = \frac{V_d - V_{cu}}{0,8 \cdot h \cdot f_{yd}}$$

EJEMPLO.-

Se trata de calcular la siguiente cimentación:

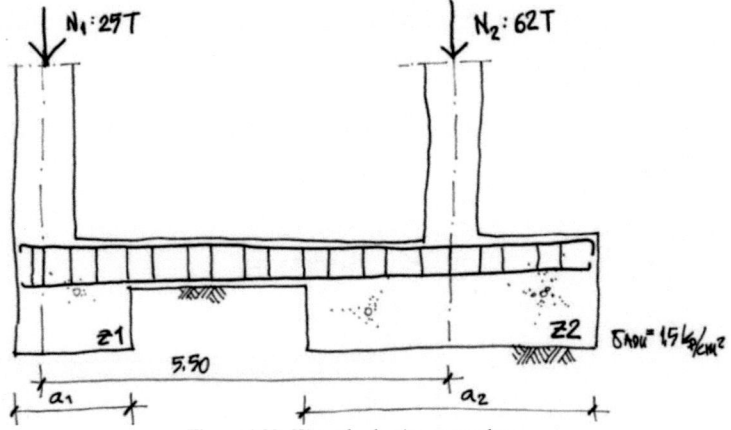

Figura 4.22- Ejemplo de viga centradora.

ZAPATA 2.- CÁLCULO, DIMENSIONADO Y ARMADO.

En primer lugar, se calcula la zapata 2, siguiendo el procedimiento explicado con anterioridad.

$$A = \frac{N + Pp}{\sigma_{Adm}} = \frac{62.0003 \cdot 1,15}{1,5} = 47.533,33; \quad a_2 = 218,02 cm$$
$$\approx 2,20 \ m$$

Es decir que la zapata 2 tendrá unas dimensiones de 2,20·2,20 m.

El canto de la zapata se predimensiona en base a las dimensiones del pilar que es de 40·40 cm.

$$h = \frac{220 - 40}{4} = 37,50 \ cm$$

Si se arma con Ø16 se necesita $10 \cdot Ø^2 + 10 = 35,6$ cm de longitud de anclaje. Con estos valores se determina un canto de **60 cm** de canto. Si además se considera un hormigón de limpieza de 10cm, se toma un canto final de 70 cm.

El peso propio de la zapata y el axil real serán:

Axil ....62.000,00 kp
Peso propio (2,20·2,20·0,70·2500) ....8.470,00 kp
Total Carga.....................70.470,00 kp

$$\sigma_{Adm} = \frac{N + Pp}{A} = \frac{\dfrac{70.470}{220 \cdot 220} \ 1,45 kp}{cm^2} < 1,50$$

Luego el dimensionado es correcto.

Armadura necesaria:

$$A_s = \frac{\sigma_T \cdot b^2}{0,8 \cdot f_{yd} \cdot h} = \frac{1,5 \cdot 220^2}{\cdot \ 0,8 \cdot \dfrac{5000}{1,15} \cdot 60}$$

$$= \mathbf{0,347 \ cm^2}$$

Se coloca armadura mínima: #Ø12a 20x20 cm

ZAPATA 1.- CÁLCULO, DIMENSIONADO Y ARMADO.

Se calcula como una zapata de borde.

$$A = \frac{N + Pp}{\sigma_{Adm}} = \frac{25.000 \cdot 1,15}{1,5} = 19.166,66; \quad a_1 = 138,44 cm$$

$$\approx 1,40 \ m$$

Es decir que la zapata 1 tendrá unas dimensiones de 1,40·1,40 m.

El canto de la zapata se predimensiona en base a las dimensiones del pilar que es de 30·30 cm.

$$h = \frac{140 - 30}{4} = 27,50 \ cm$$

Si se arma con Ø16 se necesita $10 \cdot Ø^2 + 10 = 35,6$ cm de longitud de anclaje. Con estos valores se determina un canto de 60 cm de canto, igual al anterior por razones constructivas.

El peso de la zapata y axil reales serán:

Axil ....25.000,00 kp
Peso propio (1,40·1,40·0,70·2500) ....3.430,00 kp
Total Carga....................28.430,00 kp

$$\sigma_{Adm} = \frac{N + Pp}{A} = \frac{28.430}{140 \cdot 140} = 1,45 < 1,50$$

Luego el dimensionado es correcto.

Armadura necesaria:

$$A_s = \frac{\sigma_T \cdot b^2}{0,8 \cdot f_{yd} \cdot h} = \frac{1,5 \cdot 140^2}{\cdot 0,8 \cdot \frac{5000}{1,15} \cdot 60}$$
$$= \mathbf{0,14 \ cm^2}$$

Se coloca armadura mínima: #Ø12a 20x20 cm

CÁLCULO, DIMENSIONADO Y ARMADO DE LA VIGA CENTRADORA.

El momento flector que genera la excentricidad del pilar 1 es el siguiente:

$$M_f = N_1 \cdot 1,6 \cdot \frac{a_1}{2} = 25.000 \cdot 1,6 \cdot \frac{140}{2} = 2.800.00 \ mkp$$

La armadura longitudinal es:

$$A_s = \frac{M_d}{0,8 \cdot f_{yd} \cdot h} = \frac{2.800.000}{\cdot 0,8 \cdot \frac{5000}{1,15} \cdot 40}$$
$$= \mathbf{20,12 \ cm^2 \approx 7\emptyset 20}$$

Ahora bien, si se aumenta la sección de la viga centradora disminuirá el armado, por ello en vez de 40x30cm se dimensiona a 50x40cm, la armadura longitudinal será:

$$A_s = \frac{M_d}{0,8 \cdot f_{yd} \cdot h} = \frac{2.800.000}{\cdot 0,8 \cdot \frac{5000}{1,15} \cdot 50}$$
$$= \mathbf{16,1 \ cm^2 \approx 6\emptyset 20}$$

Se dispondrán cercos Ø8 cada 20 cm

4.3.2- ZAPATAS CORRIDAS.

Popularmente la zapata corrida era prácticamente la única cimentación que se utilizaba ya que las cargas puntuales aparecen con el empleo de materiales capaces de concentrar grandes cargas como el hormigón armado.

Aunque las columnas y pilastras de piedra podían concentrar estas cargas. Estos elementos solo se empleaban en edificios singulares.

La zapata corrida aparece como base para un muro de carga. Normalmente se picaba una zanja de 60 cm de anchura hasta llegar al firme, que se rellenaba con una argamasa de cal y arena a la que se añadía grava y bolos. Es lo que se denominaba una cimentación a "cal y canto" como sinónimo de buena cimentación.

Hoy día se emplean como base para los muros de contención de sótanos, muros de carga y como cimentación auxiliar que recoge cargas de cerramientos de planta baja y elementos auxiliares.

Aunque el cálculo se podría desarrollar mediante un programa de elementos finitos, lo habitual es hacer una fragmentación de la misma y asimilarla a uno de los tipos que ya se han estudiado con anterioridad.

A efectos del cálculo, las cargas que llegan a ellas son cargas continuas que se pueden obtener sumando las cargas existentes y dividiendo por la superficie o longitud del muro.

Hay que recordar que un muro de carga tiene una rigidez muy grande en el plano de trabajo y la transmisión de cargas puede considerarse como una carga continua en su unión con la zapata.

Es aceptable del lado de la seguridad considerar que la transmisión de cargas se transmite por el muro con un ángulo de 60°.

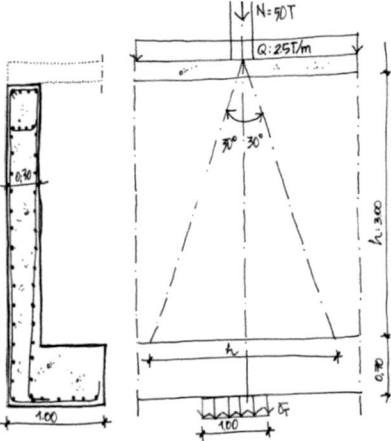

Figura 4.23- Ejemplo de cálculo de zapata corrida.

EJEMPLO.

Si se quiere obtener la máxima carga transmitida para el cálculo de la cimentación corrida del muro del gráfico anterior, se puede proceder de la forma siguiente:

1. Se calcula la carga que llega a la cimentación, por metro de zapata, de la siguiente forma:

Carga pilar (50.000/39 .... 16.666 kp
Carga forjado.. 2.500 kp
Peso propio muro(3,00·0,30·1,00·2500)............ 2.250 kp
Peso Propio zapata (1,00·0,70·1,00·2.500)........ 1.750 kp
Total Carga...**23.166 kp**

2. La carga total obtenida reparte su carga en una zapata de 100·100 cm, por lo que la transmisión de cargas al terreno seá:

$$\sigma_{Adm} = \frac{N + Pp}{A} = \frac{23.166}{100 \cdot 100} = 2,32 kp/cm^2$$

3. Con este valor se procedería como ya se ha explicado en las zapatas de borde o medianera, para proceder a su cálculo.

4.3.3- ZAPATAS COMBINADAS.

La zapata combinada es el resultado de resolver la cimentación de dos pilares próximos de forma que sus zapatas se unen en una sola.

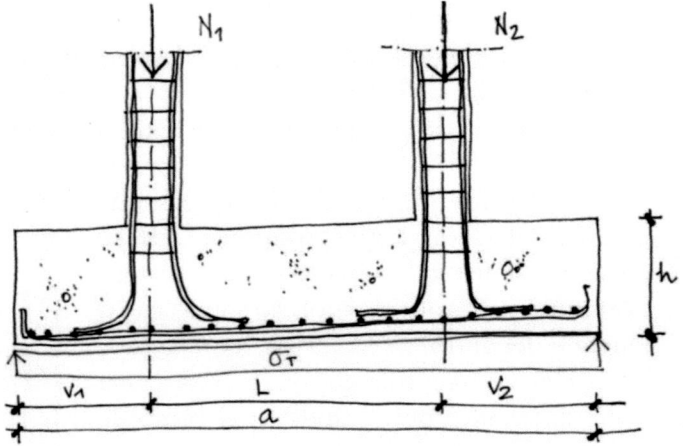

Figura 4.24- Esquema de una zapata combinada.

DIMENSIONADO.

Las dimensiones de la zapata se establecerán para que la suma de las cargas y el peso propio de la zapata transmitan al terreno una carga inferior a la tensión admisible.

Para el canto se debe garantizar que la longitud de anclaje de la armadura del pilar $h > 10\emptyset^2 + 10 > 50$ cm.

Para el cálculo de la armadura longitudinal se calcula el conjunto como una viga apoyada con dos vuelos. En el sentido transversal se calcula el momento con la carga mayor como un voladizo, al igual que se hizo en el cálculo de una zapata aislada.

CÁLCULO DE LA ARMADURA LONGITUDINAL.

Según el gráfico siguiente, se obtienen los siguientes momentos de cálculo:

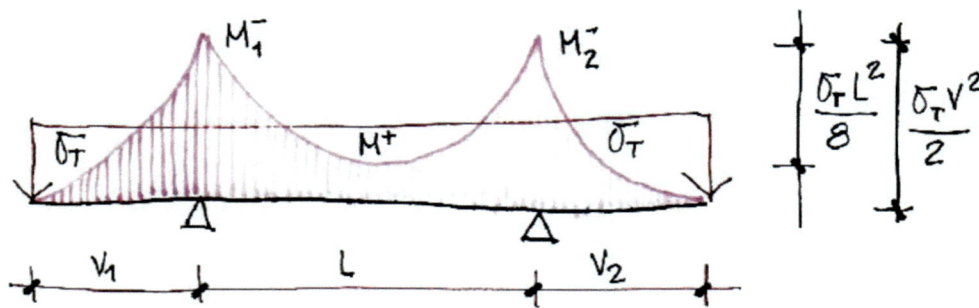

Figura 4.25- Gráfica de momentos de una zapata combinada.

$$M_1^- = \frac{\sigma_T \cdot V_1^2}{2} \qquad M^+ = \frac{\sigma_T \cdot L^2}{8} \qquad M_2^- = \frac{\sigma_T \cdot V_2^2}{2}$$

Posteriormente se arma tal y como se explicó en el apartado de la zapata aislada: Si una sección debe soportar un determinado momento, este debe ser soportado por el momento que forma la tensión de la armadura por el canto del elemento.

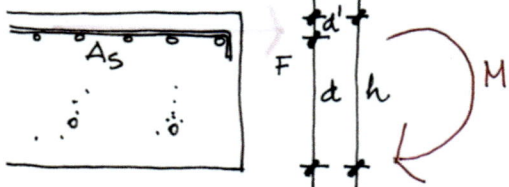

Figura 4.26- Resistencia de la armadura frente el momento.

En la sección dada, el momento M debe ser contrarrestado por F·d si bien F=A_s·f_{yd}, donde f_{yd} es la resistencia mecánica del acero, mayorada, y A_s su sección. Por simplicidad se toma h en vez de d y se aplica una disminución del 20%. En definitiva el cálculo de la armadura queda:

$$A_s = \frac{M_d}{0,8 \cdot f_{yd} \cdot h}$$

La armadura transversal se calcula exactamente igual que el método explicado para la zapata aislada.

EJEMPLO.

Se quiere dimensionar y armar una zapata combinada que forman dos pilares próximos (L=3,80m) con unas cargas de 55T y 75T respectivamente, en un terreno que tiene una tensión máxima admisible de 1,30 kp/cm².

En primer lugar se realiza un esquema gráfico del conjunto para comprender mejor el problema planteado, que puede ser un caso real de un proyecto que se está diseñando.

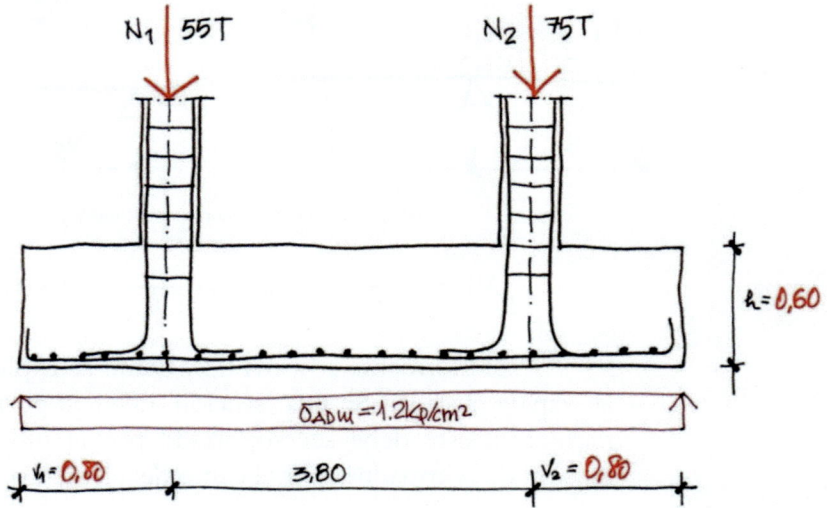

Figura 4.27- Esquema de la zapata combinada del ejemplo.

El proceso de cálculo explicado se resume en los siguientes pasos:

PRIMERO.- Se calcula en primer lugar el área que se necesita para cumplir el equilibrio:

$N=N_1+N_2=55T+75T=130T=130.000kp$

Se aumenta un 15% por el peso propio del peso de la zapata:

$N_D=130.000\cdot 1,15=149.500kp$

SEGUNDO.- Se predimensiona la zapata combinada a partir de la anchura como si fueran aisladas. El lado de la zapata 1 sería $\sqrt{55.000/1,20}=214\ cm$, es decir de 2,15·2,15 m.Por el extremo 2 el lado sería: $\sqrt{75.000/1,20}=250\ cm$, es decir 2,50·2,50 m. A partir de estos valores se toma un valor medio y se evalúan los vuelos. Tomando

b=2,30;v_1+v_2+3,80=(75.000+55.000)·1,15/1,20·230=541cm.

Si los vuelos se hacen iguales: 2v+380=541; de donde se obtiene que v=80 cm.

TERCERO.- Conocidas las dimensiones en planta de 540·230 cm queda calcular el canto de la zapata, para ello, se parte de obtener el peso propio de la zapata que es de 15%(55.000+75.000)=19.500kpde donde:

$$h = \frac{19.500}{5,40 \cdot 2,30 \cdot 2.500} = 0,62m \approx 60\ cm$$

Con la obtención de este valor se tiene ya dimensionada la zapata: 5,40·2,30·0,60 m.

CUARTO.- ARMADURA LONGITUDINAL.

Siguiendo el procedimiento indicado:

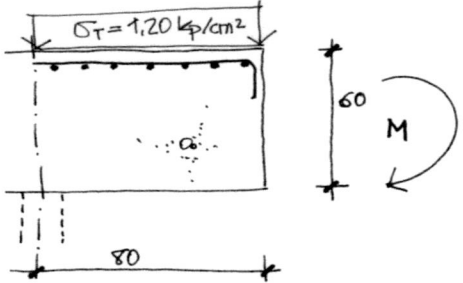

Figura 4.28- Esquema del equilibrio momento-armadura.

La armadura capaz de soportar este momento es:

$$M = \frac{1}{2} \cdot \sigma_T \cdot v^2 = \frac{1}{2} \cdot 1,2 \cdot 80^2 \cdot 230 = 883200\ \text{kp·cm}$$

$$A_s = \frac{M_d}{0,8 \cdot f_{yd} \cdot h} = \frac{2.883.20000.000}{\cdot 0,8 \cdot \frac{5000}{1,15} \cdot 80} = 3,96\ \boldsymbol{cm^2}$$

Como la armadura mínima es del 0,9‰ para una sección de 230·60 la armadura será de 12,42 cm² lo que equivale a redondos del 12 (1,13 cm²) a 11Ø12, luego la armadura longitudinal será de Ø12 a 20 cm.

QUINTO.- ARMADURA TRANSVERSAL (por metro de zapata)

El cálculo que hay que hacer es el mismo, pero para un vuelo de 230/2=115 cm.

$$M = \frac{1}{2} \cdot \sigma_T \cdot v^2 = \frac{1}{2} \cdot 1,2 \cdot 115^2 \cdot 100 = 793.500\ \text{kp·cm}$$

Como el valor nominal del momento es menor, la cuantía será inferior por lo que se pone la cuantía mínima calculada, es decir, una malla de Ø12 cada 20·20cm.

$$A_s = \# \; Ø12a20{\cdot}20cm$$

4.3.4.- EMPARRILLADOS.

Cuando el terreno es de poca capacidad portante y las cargas van aumentando, las zapatas se van uniendo unas con o transformando zapatas combinadas, que se unen en ambas direcciones. Estas cimentaciones bidireccionales se denominan emparrillados. Pueden ser el resultado de la unión de zapatas que aumentan o como estructuras diseñadas exprofeso por las características de un edificio singular.

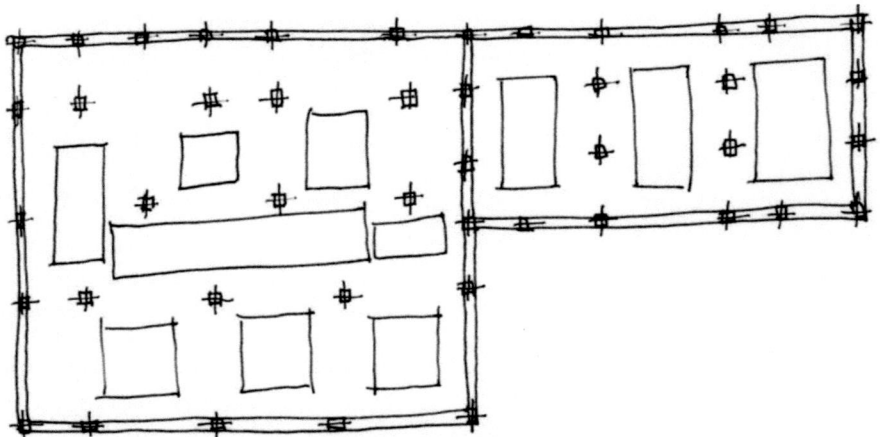

Figura 4.29- Cimentación de zapatas combinas o losa aligerada.

En el primer caso aparecen huecos que no se hormigona, resultando como una losa aligerada. En el segundo caso su diseño se realiza a consecuencia del propio diseño de un determinado edificio, por lo que nace como consecuencia del mismo.

Los primeros se calculan como las losas macizas de cimentación, mediante el sistema de pórticos virtuales. Si se quiere un cálculo a mano. Hoy hay programas que analizan estas estructuras según distintas hipótesis de cargas y las arman correctamente. Por ello, a no ser que la cimentación sea muy sencilla o fácilmente descomponible, no merece la pena emprender un cálculo manual.

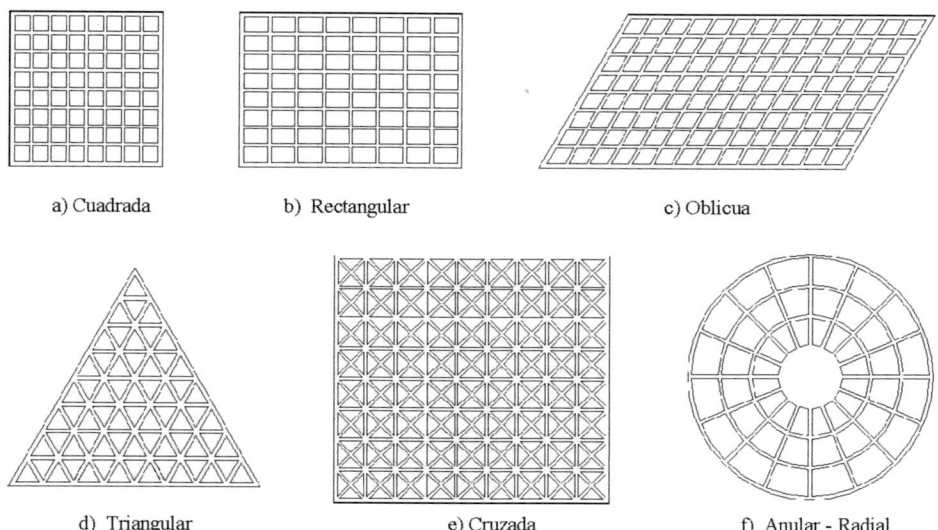

a) Cuadrada   b) Rectangular   c) Oblicua

d) Triangular   e) Cruzada   f) Anular - Radial

Figura 4.30- Ejemplos de cimentación de emparrillados.

4.3.5.- LOSAS DE CIMENTACIÓN.

Cuando un suelo tiene poca capacidad mecánica las zapatas se pueden unir más allá de formar un emparrillado para formar una losa maciza de hormigón armado, que funciona de forma bidireccional.

Para diseñar su dimensionado y cálculo se suele emplear un programa de cálculo para ordenador o un programa de cálculo de elementos finitos. Si no se puede emplear el siguiente procedimiento:

PRIMERO.- Según determina Jimenez Montoya, es preciso calcular la resultante de las acciones transmitidas por la estructura y comprobar que esta se encuentra lo más cercana del centro de gravedad de la losa, porque si se aleja de él, se puede producir asientos diferenciales e inclinaciones del edificio.

SEGUNDO Se recomienda que dicha resultante caiga dentro de la llamada **zona de seguridad** que es homotética con el **núcleo central** de la losa con respecto al centro de gravedad, pero de dimensiones mitad que el núcleo central.

TERCERO.- El núcleo central de un rectángulo es:

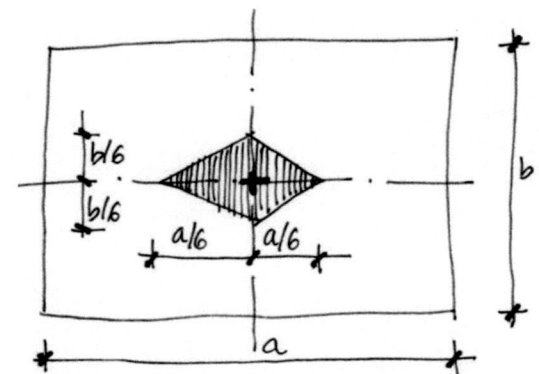

Figura 4.31- Dimensionado del núcleo dentral de un rectángulo.

CUARTO.- El cálculo del centro de gravedad y la resultante de todas las fuerzas se realiza de la forma siguiente:

CENTRO DE GRAVEDAD.

Se obtiene simplificando la losa en volúmenes geométricos simples. La situación de las dos coordenadas se obtiene haciendo referencia a cada volumen a una recta. En las coordenadas del centro de gravedad serán:

$$\bar{X} = \frac{\sum_1^i v_i \cdot d_i}{\sum_1^i v_i}; \quad \bar{Y} = \frac{\sum_1^i v_i \cdot d\prime_i}{\sum_1^i v_i}$$

El Centro de gravedad estará situado en las coordenadas X,Y.

RESULTANTE DE CARGAS.

Conceptualmente es lo mismo pero con cada una de las cargas, así se obtiene las coordenadas X,Y .

$$\bar{X} = \frac{\sum_1^i F_i \cdot d_i}{\sum_1^i F_i}; \quad \bar{Y} = \frac{\sum_1^i F_i \cdot d\prime_i}{\sum_1^i F_i}$$

Por consiguiente, el punto de aplicación de las cargas será X,Y.

Es decir, el centro de gravedad es el punto de aplicación de los volúmenes, masas de la losa y el punto resultante de aplicación de las cargas. Es como el centro de gravedad de las cargas.

QUINTO.- Si la distancia es grande y el CGD no entra dentro de la zona de seguridad será preciso dividir la losa en porciones que puedan comportarse con asientos uniformes.

SEXTO.- Canto de la losa: según Jiménez Montoya el canto debe cumplir:

$$h=10 \cdot L+30$$

Donde h es el canto en centímetros y L en metros

SÉPTIMO.- Una vez Predimensionada la losa y calculados el centro de gravedad y el núcleo central se comprueba la situación de la resultante de las cargas.

OCTAVO.- Se define a continuación dos pórticos virtuales perpendiculares entre sí que contiene cada uno de ellos una banda de soportes y una banda central.

NOVENO.- Se calcula los valores de los momentos positivos y negativos del pórtico como:

$$M^+ = \frac{q \cdot 1,6 \cdot L^2}{16}; \ M^- = \frac{q \cdot 1,6 \cdot L^2}{10}$$

El valor de este momento se redistribuye de la forma siguiente

Banda de pilares: 80%
Bandas centrales:30% (dos bandas de15%)

DÉCIMO.- La armadura de cada zona se obtiene como ya se ha calculado en otras zapatas a partir de la expresión:

$$A_s = \frac{M_d}{0,8 \cdot f_{yd} \cdot h}$$

UNDÉCIMO.- ARMADURA DE PUNZONAMIENTO.

Aunque la sección que se ve afectada por la aparición del punzonamiento es:

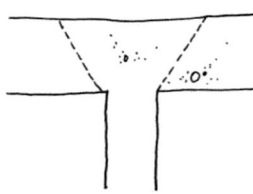

Figura 4.32- Sección a cortante.

No obstante, se toma la sección más desfavorable.

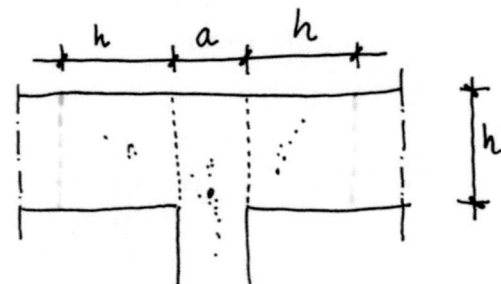

Figura 4.33- Sección más desfavorable que se tiene en cuenta en el cálculo, a cortante.

Si las dimensiones del pilar son a·b la sección a punzonamiento es:

$$Ap=[2\cdot(a+2h)+2\cdot(b+2h)]=2h(a+b+2h)$$

Y la resistencia de esta área crítica será:

$$V_u=\sqrt{f_{cd}}\cdot 2h(a+b+2h)$$

La comprobación a punzonamiento se realizará partiendo de la máxima carga del axil del pilar mayorada:

$$V_D=N\cdot 1,6$$

La comprobación se realiza de la forma siguiente:

1º.- SI $V_u>V_D$ no necesita armadura de refuerzo.

2º.- SI $V_u<=V_D$ Hay que armar a punzonamiento.

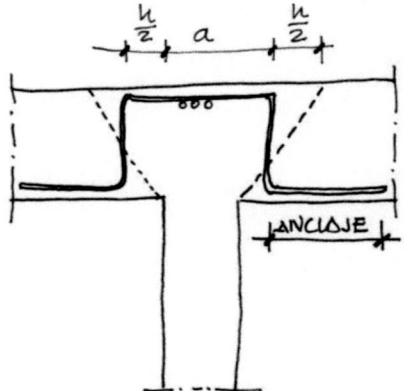

Figura 4.34- Armadura a cortante.

Como cuando el hormigón se fisura el acero debe soportar toda la carga, la sección de armadura necesaria será:

$$A = \frac{V_D}{h \cdot f_{yd}}$$

No obstante, la mejor forma de calcular una losa de cimentación es realizar un ejemplo real y comprobar toso los extremos indicados.

EJEMPLO DE CÁLCULO DE LOSA DE CIMENTACIÓN.

Se diseña una losa de cimentación que va a soportar dos viviendas unifamiliares de planta baja, primera y entrecubierta, cuya forma y distribución de pilares es el que se indica en la figura siguiente.

Para realizar el cálculo de la losa, lo primero es obtener las cargas de los pilares, partiendo de las acciones características del propio edificio, que son las siguientes:

1º.- ACCIONES CARACTERÍSTICAS.

En primer lugar, se calcula el canto de la losa a partir de la expresión: h=10·L+30; como L=3,5m; h=10·3,5+30=65cm; pero como las cargas son pequeñas se emplea: h= 10·L+20=10·3,5+20=**55cm**

PLANTA BAJA.
Peso propio (Losa) 0,55·2500.............1.375 kp/m²
Peso propio solado.................................120 kp/m²
Sobrecarga de uso....................................200 kp/m²
  Suma planta baja   1.695 kp/m²
PLANTA PRIMERA.
Peso propio forjado (e=25+5)...............350 kp/m²
Peso propio solado.................................120 kp/m²
Peso propio tabiquería............................100 kp/m²
Sobrecarga de uso....................................200 kp/m²
  Suma planta primera..................770 kp/m²
ENTRECUBIERTA.
Peso propio forjado (e=25+5)...............350 kp/m²
Peso propio elementos de cobertura....240 kp/m²
Sobrecarga de uso (mantenimiento).....100 kp/m²
Sobrecarga de viento-nieve......................50 kp/m²
  Suma planta entrecubierta..........740 kp/m²
  TOTAL CARGA ....3.205 kp/m²
Peso propio fachadas..............................700 kp(m²

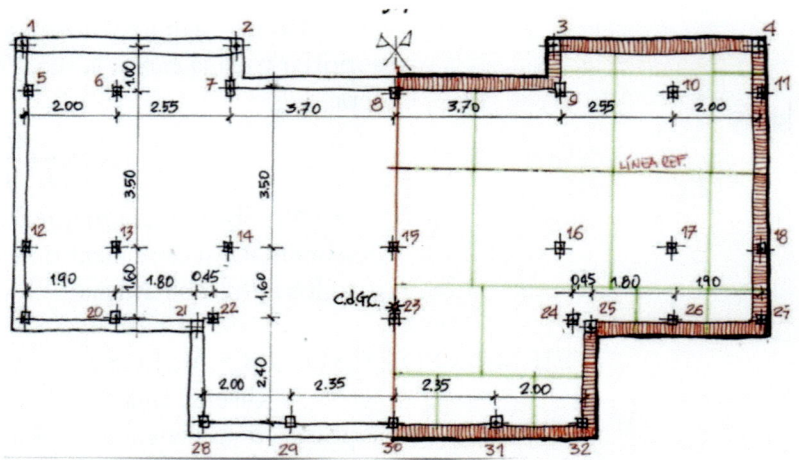

Figura 4.35- Planta de la losa y ubicación de pilares y cerramientos.

2º.- CÁLCULO DE LAS CARGAS DE LOS PILARES.

Se calcula el área de influencia que afecta a cada pilar, que multiplicada por la carga total, da la carga que llega a la losa de cimentación.

Hay que tener en cuenta de la losa es simétrica de la línea de 8-15-23-30 por lo que se calcularán los pilares de la mitad para ser los otros correspondientes asimétricos y tendrán la misma carga.

Una vez conocidas las acciones características y el área de influencia, se puede obtener las cargas sobre los de la forma que se expresa en la tabla siguiente:

Nº	Area	Cerramiento	Carga-Area	Carga-Cerram	SUMA	D Ref	Carga Total x D
01-04	0,90	2,10	2884,50	1470,00	4354,50	-2,85	-24820,65
02-03	1,39	3,40	4454,95	2380,00	6834,95	-2,85	-38959,22
05-11	1,20	1,00	3846,00	700,00	4546,00	-1,80	-16365,60
06-10	2,20	0,00	7051,00	0,00	7051,00	-1,80	-25383,60
07-09	3,15	4,20	10095,75	2940,00	13035,75	-1,80	-46928,70
8	3,50	3,50	11217,50	2450,00	13667,50	-1,65	-22551,38
12-18	3,00	2,50	9615,00	1750,00	11365,00	1,75	39777,50
13,17	5,72	0,00	18332,60	0,00	18332,60	1,75	64164,10
14-16	8,00	0,00	25640,00	0,00	25640,00	1,75	89740,00
15	8,75	0,00	28043,75	0,00	28043,75	1,85	51880,94
19-27	1,30	2,30	4166,50	1610,00	5776,50	3,25	37547,25
20-26	1,60	1,60	5128,00	1120,00	6248,00	3,25	40612,00
21-25	1,00	2,20	3205,00	1540,00	4745,00	3,25	30842,50
22-24	4,40	0,00	14102,00	0,00	14102,00	3,30	93073,20
23	7,60	0,00	24358,00	0,00	24358,00	3,30	80381,40
28-32	1,82	2,70	5833,10	1890,00	7723,10	5,60	86498,72
29-31	2,86	2,20	9166,30	1540,00	10706,30	5,60	119910,56
30	2,60	2,00	8333,00	1400,00	9733,00	5,60	109009,60
TOTALES	60,99		195472,95		216262,95	27,50	668428,63

Figura 4.36- Tabla de cálculo de cargas de pilares.

Obtenidas las cargas, así como las cargas referentes a los cerramientos se puede obtener el centro de gravedad de las cargas, a partir de la expresión antes indicada. Como la losa es simétrica la coordenada x no es preciso calcular la llave que el centro de gravedad se encontrará precisamente en el eje de simetría. La coordenada y se calcula de la forma siguiente:

$$\bar{Y} = \frac{\sum_1^i v_i \cdot d\prime_i}{\sum_1^i v_i} = \frac{668.428,63}{216.262,95} = 3,09m$$

Como se han referenciado defectos de una línea arbitraria se tienen que dicho centro se enfrentará al 3,09m de dicha línea de referencia, que del dibujo anterior cae muy próximo al pilar 23 en el eje de simetría.

Si las cargas no fueran simétricas se hubiera duplicado el proceso para calcular asimismo, la coordenada X.

3º.- CÁLCULO DEL CENTRO DE GRAVEDAD DE LA LOSA.

Para obtener su cálculo se parte de dividir la losa se parte de dividir la losa en fragmentos rectangulares de los que se puede obtener su centro de gravedad simplemente.

Posteriormente se obtiene el C.D:G. Aparte de la expresión

$$\bar{d} = \frac{\sum_1^i A_i \cdot d_i}{\sum_1^i A_i}$$

Si subdivide la losa en tres rectángulos de áreas A1, A2 y A3 de donde se obtiene que la coordenada Y del centro de gravedad se tiene de la siguiente expresión

$$\bar{d} = \frac{\sum_1^i A_i \cdot d_i}{\sum_1^i A_i} = \frac{16,90 \cdot 8,6 \cdot 1,4 - 6,9 \cdot 0,85 \cdot 4,25 - 2,25 \cdot 8,15 \cdot 0,35}{16,90 \cdot 8,6 - 6,9 \cdot 0,85 - 2,25 \cdot 8.15}$$

De donde d=**1,42m**
Valor que se sitúa muy cercano al pilar 23.

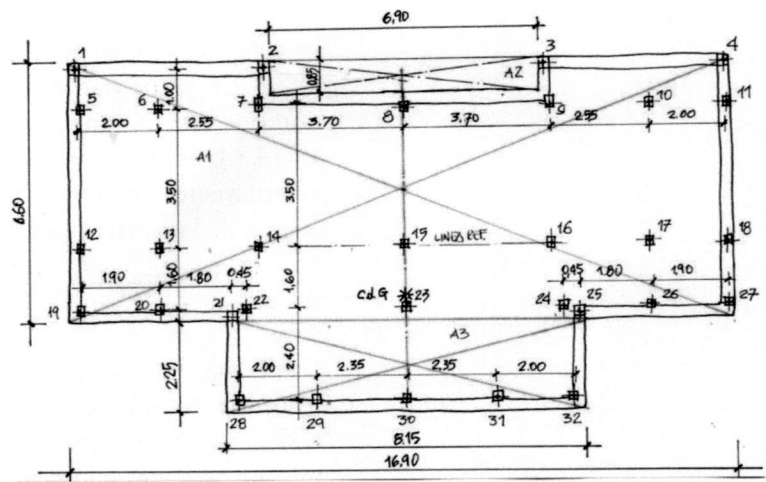

Figura 4.37- División de la losa en elementos más simples para el cálculo de su C.D.G.

4º.- COMPROBACIÓN DE LA TENSIÓN TRANSMITIDA.

$A_{losa}=16,90\cdot8,60-6,90\cdot0,85+8,15\cdot2,25=157,81m^2$

$$\bar{\sigma}_T = \frac{\sum_1^i c_i}{\sum_1^i A_i} = \frac{216.262,95}{157,81} = 1.370,40 \text{ kp/m}^2 = 0,14 \text{ kp/cm}^2$$

No se ha calculado el núcleo central habida cuenta que el C.D.G. de la losa prácticamente coincide con el C.D.G. de las cargas.

5º.- ARMADO DE LA LOSA DE CIMENTACIÓN.

Para el cálculo de la losa se toman dos pórticos virtuales como el formado por los pilares 12, 13, 14, 15, 16, 17 y 18 y otro transversal como el 18, 15, 23 y 30. El criterio para su elección es el que tengo mayor luz, ya que lo que se busca el mayor momento.

PÓRTICO LONGITUDINAL 12-18.-

Como la tensión máxima transmitida es de 0,14 kp/m² y como el ancho del pórtico virtual es: 165+75=240 cm. La carga será:

Q=0,14·240·1,6=53,76 kp/cm

Momento Positivo.

$$M_d^+ = \frac{q \cdot L^2}{16} = \frac{53,76 \cdot 370^2}{16} = 459.984 \; cmkp$$

Momento Negativo.

$$M_d^- = \frac{q \cdot L^2}{10} = \frac{53,76 \cdot 370^2}{10} = 735.974 \; cmkp$$

PÓRTICO TRANSVERSAL 8-30.-

Como la máxima luz de este pórtico es menor que las del pórtico longitudinal, se arma con los valores antes calculados.

Momento Positivo: $459.984 \; cmkp$

Momento Negativo.$735.974 \; cmkp$

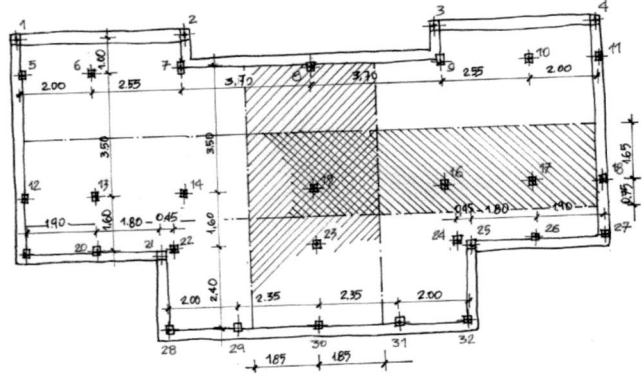

Figura 4.38- Cálculo de pórticos vistuales.

Para obtener la armadura se utiliza el procedimiento reiteradamente utilizado en el cálculo de la armadura de las zapatas:

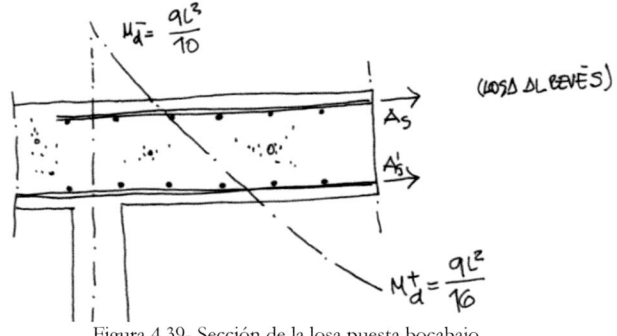

Figura 4.39- Sección de la losa puesta bocabajo.

Como se ha calculado con anterioridad:

$$M_d^- = 735.974 \; cm \; kp$$
$$M_d^+ = 459.984 \; cm \; kp$$

También se ha indicado que la banda de soportes debe absorber el 80% y la banda central el 15% por cada lado.

$$A_s = \frac{M_d}{0,8 \cdot f_{yd} \cdot h}$$

$$A_s = \frac{735.974}{0,8 \cdot \frac{4000}{1.15} \cdot 50h} = 3,38 \ cm^2$$

$$A'_s = \frac{459.984}{0,8 \cdot \frac{4000}{1.15} \cdot 50h} = 2,65 \ cm^2$$

Por otro lado la armadura mínima para esta sección sería del 0,90 ‰, por lo que de la sección: 240x50=12.0000cm2; el 0,90 ‰ es 10,80 cm2. Ahora 10,80/1,13=10Ø12 o Ø12 a 25x25 cm en ambas caras.

ANÁLISIS DE LA LOSA A PUNZONAMIENTO.

El pilar de más carga es el N° 15 que tiene una carga de 28.043,75 kp.

El área de punzonamiento es:

Ap= (8·h+4·a)·h= (8·50+4·30)·50=26.000 cm²

$$V_u = \sqrt{f_{cd}}\,Ap = \sqrt{\frac{250}{1,15}}\,Ap = \sqrt{\frac{250}{1,15}}\,26.000 = 335.658 kp \gg 28.043,75 kp$$

Luego como la Resistencia de la sección es mucho mayor que la carga del pilar no hay punzonamiento. El coeficiente de seguridad a punzonamiento será:

$$\gamma_p = \frac{335.658}{28.043} = 12$$

Es decir que la sección puede con doce veces la carga del pilar más cargado.

4.4.- CIMENTACIONES PROFUNDAS.

Cuando se tiene un suelo con capas de terreno muy flojo, es necesario transmitir las cargas del edificio a estratos más profundos. Para realizar estos trabajos se emplea maquinaria pesada que es capaz de realizar perforaciones hasta profundidades de 50 ó 60m. Con esta técnica se pueden realizar pilotes y micropilotes.

Figura 4.40- Perforadora de micropilotaje.

Viendo la maquinaria necesaria se puede entender que es necesario que el solar esté vacío para poder trabajar. Por ello, el recalce con pilotes es muy difícil de ejecutar. En cambio, la maquinaria de perforar micropilotes es más pequeña y cabe en el interior de edificios, quitándole la cabeza de perforación, la oruga puede entrar por una puerta de un metro de anchura.

En la siguiente fotografía se observa una máquina de micropilotaje en el interior de un edificio.

Figura 4.41- Perforadora de micropilotaje en el interior de un edificio.

4.4.1- CIMENTACIONES POR PILOTES.

El fundamento de un pilote no es más que hacer un elemento estructural que transmita la carga a estratos más profundos. Su ejecución se justifica con terrenos muy flojos, incapaces de soportar cargas repartidas a través de cimentaciones superficiales.

Se pueden clasificar por su forma de ejecución en: pilotes in situ o pilotes prefabricados.

A/.- PILOTES IN SITU.

Dentro del grupo que se denomina "in situ" hay a su vez varios tipos según su forma de ejecución:

A1.- PILOTES CON DESPLAZAMIENTO CON AZUCHE.

Se trata de hincar un tubo metálico que tiene una puntaza metálica cónica (azuche) hasta el estrato deseado. La puntaza suele ser 5cm mayor que el diámetro para evitar el rozamiento del tubo por el fuste.

Una vez encontrada la cota de apoyo se introduce la armadura y se hormigona de abajo a arriba. El tubo se extrae o no dependiendo de la calidad del terreno y de la existencia del nivel freático, que pueda disgregar y lavar el hormigón.

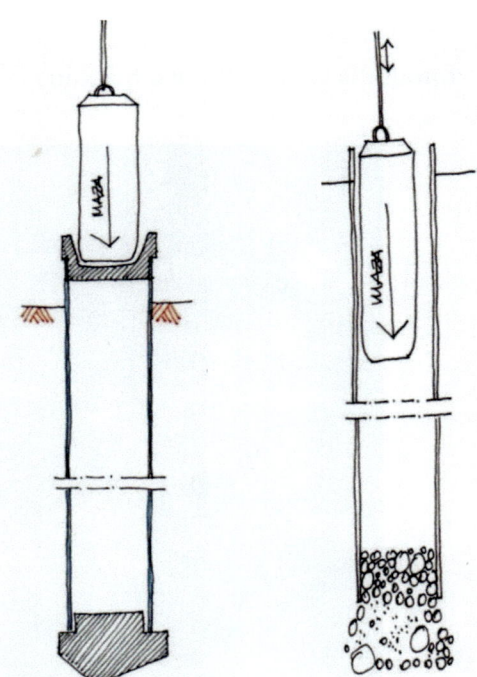

Figura 4.42.- Pilote tipo A1   Figura 4.43.- Pilote tipo A2

A2.- PILOTES CON DESPLAZAMIENTO DE TAPÓN DE GRAVAS.

En esta tipología el azuche es sustituido por un tapón de gravas en el fondo que se va apisonando. Esta acción va arrastrando el tubo de acero hacia el interior. En este sistema siempre queda un ensanchamiento en el fondo, que corresponde a la inclusión de la grava en el terreno. El tapón de grava puede ser sustituido por hormigón seco, trozos de roca, etc.

Como en el caso anterior el tubo puede recuperarse o no, en función de la tipología del terreno y la existencia de un nivel freático que pueda disgregar o lavar el hormigón, pudiendo poner en cuestión la continuidad del hormigón.

La recuperación o no del tubo es por tazones económicas normalmente, aunque en ocasiones pueden ser de orden técnico.

A3.- PILOTES CON EXTRACCIÓN DEL TERRENO.

Otro tipo de ejecución consiste en la colocación de un tubo vertical por el que se desliza otro que tiene una compuerta interior. La caída por su propio peso hace que se hinque en el fondo y se vaya llenando la cuchara de terreno que se va extrayendo al exterior, mientras que el tubo va descendiendo. Cuando se alcanza la cota de cimentación se coloca la armadura y se hormigona de abajo a arriba.

A4.- PILOTES BARRENADOS.

Esta tipología se fundamenta en realizar una perforación mediante una barrena en forma de hélice que penetra por rotación. Cuando se llega a la cota de cimentación deseada se saca la barrena y se inyecta hormigón por el eje de la hélice.

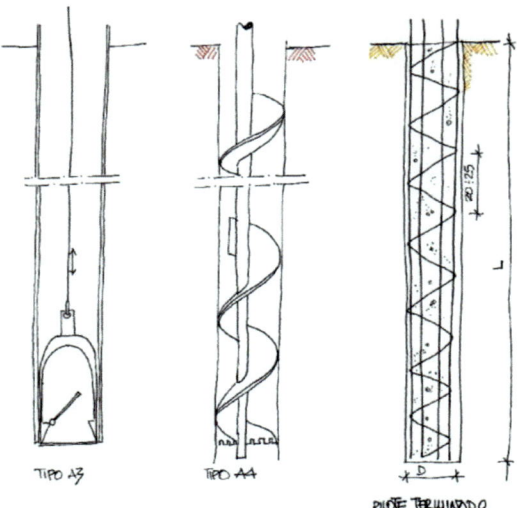

Figura 4.44.- Pilote tipo A3 y A4.

B/.- PILOTES PREFABRICADOS.

Son elementos alargados prefabricados de hormigón con sección circular, rectangular o poligonal, que llevan una terminación en punta o una pieza especial o azuche necesaria para facilitar su hincado. El terreno no se perfora sino que el pilote se hinca en el terreno mediante golpeo de una maza que se hace caer sobre su cabeza.

C/.- PROPIEDADES DE LOS PILOTES.

Independientemente de la tipología de ejecución que se escoja, es preciso tener en cuenta las siguientes características:

TIPOLOGÍA.

La tipología que se elija depende en primer lugar de su ubicación. Pilotes prefabricados indicados no se pueden ejecutar junto a viviendas existentes, sobre todo si las edificaciones son antiguas, no sólo por las molestias y ruidos que ocasiona su ejecución, sino porque producen vibraciones considerables que pueden afectar a las edificaciones colindantes.

En este caso los pilotes de barrenados son más rápido y silenciosos de ejecutar.

REVESTIMIENTO.

Los pilotes se tienen que realizar mediante la colocación de un tubo que contienen las tierras durante el proceso de hormigonado. Como el tubo de acero es caro, se retira mientras se procede a dicho hormigonado.

Un proceso más económico consiste en llenar la perforación con bentonita. Posteriormente se inyecta el hormigón de abajo arriba, por lo que en la bentonita sube al ser menos densa que el hormigón. Durante el proceso se inyecta hormigón muy fluido por abajo mientras la bentonita se recoge de la zona superior.

DIMENSIONES.

En edificación se realizan los pilotes de Ø30cm a un máximo de Ø125cm, si bien los más comunes son de tamaño pequeño como Ø30cm ó Ø35cm.

En cuanto la profundidad se pueden alcanzar profundidades de hasta sesenta metros, si bien lo normal es no exceder de los 20 ó 30 m.

HORMIGÓN.

El hormigón que se emplea es el hormigón estructural normal HA25. Es muy importante conocer la agresividad del terreno, por lo que, en caso de duda, se recomienda utilizar hormigones sulforresistentes.

ARMADURA.

La armadura longitudinal estará compuesta 6Ø12, con un cerco espiral compuesto por una varilla de diámetro 6Ø8 mm, en un paso de20 cm. La jaula conformada tendrá un diámetro de 8cm menor que el diámetro del pilote, para garantizar un recubrimiento mínimo de 4cm.La armadura longitudinal cubrirá al menos los 2/3 superiores del pilote.

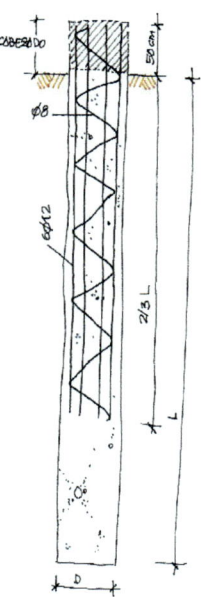

Figura 4.45.- Armadura de un Pilote

GRUPOS.

A no ser en casos excepcionales se construyen con un mínimo de dos y un máximo de cuatro, unidos por un encepado en la coronación.

D/.- CÁLCULO DE UN PILOTE.

La carga de hundimiento de un pilote tiene dos componentes: una por su resistencia en punta y otra debido a su rozamiento por el fuste.

$$Q_h = Q_p + Q_S$$

Donde:

Q$_h$ Carga total de hundimiento.

Q$_p$ Resistencia en punta.

Q$_S$ Resistencia por el fuste.

La carga admisible se obtiene de:

$$Q_{Adm.} = \frac{Q_H}{\gamma}$$

Donde:

Q$_H$ Carga de hundimiento.

Q$_{Adm}$ Carga admisible.

g   Coeficiente de seguridad (**3**).

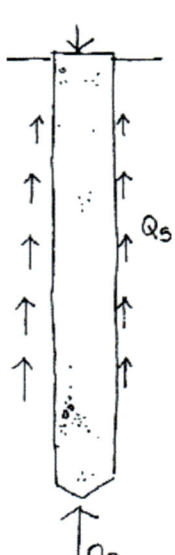

Figura 4.46.- Resistencia en punta y resistencia por el fuste de un pilote.

197

RESISTENCIA EN PUNTA.

En primer lugar, se calcula la resistencia en punta del pilote: Q_p

$$Q_p = A_p \cdot q_p$$

Donde:

Qp   Carga en punta.

qp   Carga unitaria en punta.

Ap   Área de la punta.

Para calcular q_p se procede de la forma siguiente:

a/.- **Si $q_3 > q_{pi}$**

La zona de seguridad no se cuenta, por lo que:

$$q_p = \frac{1}{2}(q_{ps} + q_{pi})$$

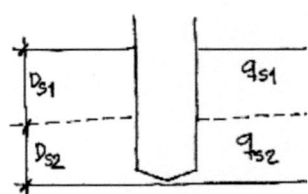

Figura 4.47.- Zonas activas en punta.

b/.- **Si $q_3 < q_{pi}$**

La zona de seguridad se tiene en cuenta y se toma con la zona activa inferior la media ponderada, por lo que:

$$q = \frac{q_{pi} \cdot D_2 + q_3 \cdot D_3}{D_2 + D_3}$$

De esta forma la carga unitaria en punta será:

$$q_p = \frac{1}{2}(q_{ps} + q)$$

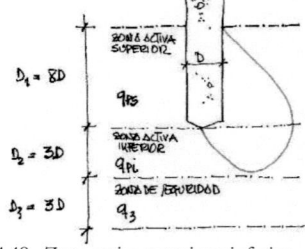

Figura 4.48.- Zona activa superior e inferior

Si la zona activa superior se compone a su vez de dos zonas, de distinta resistencia, se obtiene en primer lugar la medida ponderada:

$$q_{ps} = \frac{q_{s1} \cdot D_{s1} + q_{s2} \cdot D_{s2}}{D_{s1} + D_{s2}}$$

RESISTENCIA POR EL FUSTE.

$$Q_s = \sum q_{si} \cdot A_{si}$$

Donde:

Qs   Resistencia por el fuste.

Qsi   Resistencia unitaria de cada estrato.

Asi   Área del pilote en contacto con el estrato.

CÁLCULO DE LAS RESISTENCIAS UNITARIAS.

A.- SUELOS GRANULARES (ARENAS)

Hay que ensayar el suelo obteniendo N y q_c donde **N** es el número de golpes en penetración normal y q_c el valor de la resistencia al corte en suelos cohesivos saturados, del ensayo del cono holandés.
En este tipo de suelos se tiene en cuenta:

Zona activa superior 8D
Zona activa inferior 3D
Zona de seguridad 3D
Ver esquema de la figura 4.48.

Por otro lado y a los efectos del cálculo de las cargas o resistencias unitarias

- Si ØPilote<0,50 m
    $$q_p \, (kp/cm^2) = q_{c(cono\ holandés)} (kp/cm^2) = 4N$$
- Si ØPilote>=2,00 m
    $$q_p \, (kp/cm^2) = \tfrac{1}{2} q_c (kp/cm^2) = 2N$$
- Si 0,50<ØPilote<2,00 m
    $$q_p \, (kp/cm^2) = \tfrac{1}{3} q_c (3,5-d) = 4/3 N (3,5-d_{(cm)})$$

RESISTENCIA POR EL FUSTE:
En principio qc<= 1 kp/cm²

Por otro lado, si se tiene el valor del cono holandés qc (kp/cm²) se puede establecer:

q_c	20	45	80	140	200
q_s	0,30	0,45	0,60	0,85	1,00

Donde q_s es la resistencia unitaria por el fuste.

B.- SUELOS COHESIVOS: ARCILLAS

Para este tipo de suelos hay que tener en cuenta:
Zona activa superior 4D
Zona activa inferior 2D
Zona de seguridad 2D

Teniendo en cuanta los resultados de los ensayos N, q_u, q_c y f

Donde:

q_u Resistencia a la compresión simple.
q_c Resistencia en punta del cono holandés.
f   Resistencia por el fuste del cono holandés.
N   Número de golpes del ensayo de penetración (SPT).

$$q_p = C_u \cdot N_c = 1/2 \cdot q_u \cdot 9 = 4,5 \cdot q_u = 0,6 \cdot q_c$$

Donde:

C_u Cohesión (Sin drenaje).

Obteniendo las siguientes tablas de valores:

q_c	0,1	0,2	0,3	0,5	0,7	1,0	1,5	2,0	4,0	<010
q_s	0,05	0,1	0,15	0,23	0,29	0,35	0,41	0,45	0,60	1,00

Kp/cm²
Obteniendo que $C_u = \frac{1}{2} \cdot q_u$

Por otro lado, se tiene una correlación entre la resistencia en punta del ensayo del cono holandés (q_c) y la resistencia por el fuste:

q_c	00,75	1,50	2,25	5,00	7,50	15	30	>=75
q_s	0,05	0,1	0,15	0,27	0,35	0,45	0,60	1,00

Obteniendo $q_c = 9 \cdot C_u$ (C_u cohesión sin drenaje)
Donde:

$$C_u = \frac{q_c}{q}$$

Igualando ambas expresiones:

$$C_u = \frac{q_c}{q} = \frac{q_u}{2}$$

De donde:

$$Q_c = q \cdot q_u$$

Siendo:

q_u Resistencia a la compresión simple.
q_c Resistencia en punta del cono holandés.

En resumen la resistencia o carga de hundimiento de un pilote tiene dos componentes, por un lado la carga en punta y por otro la resistencia que ejerce el rozamiento por el fuste.

Para determinar las resistencias unitarias es preciso realizar un ensayo del cono holandés obteniendo q_c y el número de golpes en un ensayo de penetración dinámica normal. Además si el suelo es arcilloso es necesario conocer la resistencia a la compresión simple q_u.

C/.- TOPE ESTRUCTURAL DE UN PILOTE:

La carga que puede soportar un pilote se calcula a partir de la expresión:

$$Q = A \cdot \sigma_{ADM.}$$

Siendo:

A   Área de la sección.

S_{Adm} $,025 \cdot f_{ck}$ $(0{,}25 \cdot 250 = 62{,}5 \, kp/cm^2)$

Para la resistencia admisible del acero se toma el valor de 0,35 por el límite elástico (f_{yd}).

D/.- GRUPOS DE PILOTES:

Normalmente los pilotes se ponen en grupos de 2, 3 o 4 pilotes. Solo se coloca uno en casos puntuales o con diámetros superiores a 1,0 m.

Si se colocan solo dos es preciso conectarlos con una viga centradora en el sentido perpendicular al eje de giro.

La separación entre pilotes debe ser la longitud menor de:

s=2Ø ó s=L/5

Si la separación es de 3Ø o superior el coeficiente de eficacia es de 1, es decir, que cada pilote funciona como si estuviera de de forma independiente. Para separaciones de1Ø el coeficiente de eficacia sería 0,7 de separaciones entre1Ø y 3Ø el coeficiente sería proporcional a su distancia oscilando entre 0,7 y 1,0. (Artº 5.3.4 del SE-C CTE).

E/.- ENCEPADOS:

La transmisión de la carga de un pilar a un grupo de pilotes se realiza a través de un elemento estructural que se denomina encepado. Es muy parecido a una zapata, sólo que en su apoyo no estén el terreno, sino en la cabeza de los pilotes. El edificación no se ha empleado con demás de cuatro pilotes, ni menos de dos. Por esta razón se va a desarrollar el cálculo de los aceptados para dos, tres y cuatro pilotes.

a/.- ENCEPADOS DE DOS PILOTES.

El canto del encepado será el amayor de los siguientes valores: h>=D ó 50 cm h>10$\emptyset^2$+20 (Anclaje armadura del pilar).

Estructuralmente el encepado se descompone en el siguiente esquema estructural:

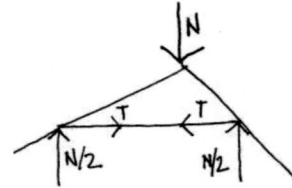

Figura 4.49.- Descomposición de fuerzas en el encepado.

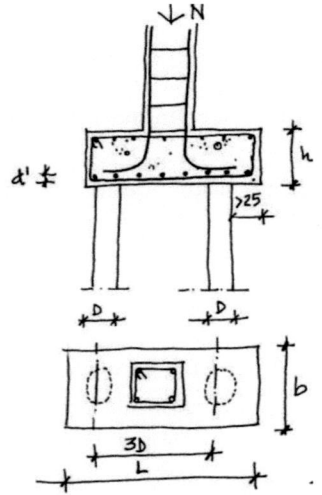

Figura 4.50.- Encepado para dos pilotes.

ARMADURA PRINCIPAL.

La armadura principal está sometida a una tracción T cuya cuantía, una vez resuelto el equilibrio anterior es:

$$A_{si} = 1,65 \cdot \frac{N \cdot L}{4 \cdot f_{yd} \cdot (h-d')} =$$

ARMADURA SUPERIOR.

El armado superior será del 25% con una cuantía mínima de $\emptyset$12a20 cm.

ARMADURA A CORTANTE.

Se calculará a cortante. Si no necesita se colocarán cercos de $\emptyset$8 a20 cm.

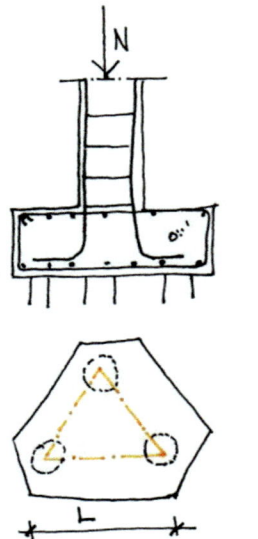

Figura   4.51.- Encepado para tres pilotes.

b/.- ENCEPADOS DE TRES PILOTES.

Como en el caso anterior, se trata de resolver un problema estructural

CANTO

El canto del encepado, como en el caso anterior, será el a mayor de los siguientes valores: h>=D ó 50 cm h>10Ø²+20 (Anclaje armadura del pilar).

SOLUCIÓN ESTRUCTURAL.

Estructuralmente el encepado se resuelve como si se realizaran tres encepados para dos pilotes. La armadura inferior en cada uno de los armados que unen dos pilotes es:

$$A_{si} = 0{,}40 \cdot \frac{N \cdot L}{3 \cdot f_{yd} \cdot (h - d')} =$$

ARMADURA SUPERIOR.

El armado superior será del 25% con una cuantía mínima de Ø12a20 cm.

ARMADURA A CORTANTE.

Se calculará a cortante. Si no necesita se colocarán cercos de Ø8 a20 cm.

c/.- ENCEPADOS DE CUATRO PILOTES.

Como en el caso anterior, se trata de resolver un problema estructural, formado por cuatro vigas cruzadas.

CANTO

El canto del encepado, como en el caso anterior, será el mayor de los siguientes valores: h>=D ó 50 cm h>10Ø²+20 (Anclaje armadura del pilar).

SOLUCIÓN ESTRUCTURAL.

Las armaduras se calcularán suponiendo la resistencia de vigas que unen las cabezas de los pilotes. La armadura inferior en cada uno de los armados que unen dos pilotes es:

$$A_{si} = 0{,}80 \cdot \frac{N \cdot L}{3 \cdot f_{yd} \cdot (h - d')} =$$

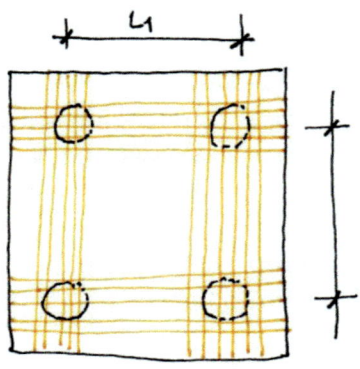

Figura   4.52.- Encepado para cuatro pilotes.

ARMADURA SUPERIOR.

El armado superior será del 25% ($0,25 \cdot A_{si}$) ó una cuantía mínima de Ø12a20 cm.

ARMADURA A CORTANTE.

Se calculará a cortante. Si no necesita se colocarán cercos de Ø8 a20 cm.

Para el resto de encepados, pentagonales, hexagonales, etc., se seguirá el mismo procedimiento.

G/.- CÁLCULO DE UN PILOTE:

Se tiene el resultado de un estudio geotécnico que indica que un suelo se compone de la siguiente descripción:

de   0,00 a -2,00 m   Arcilla limosa   N=6
de -2,00 a -5,00 m   Limo arenoso   N=8
de -5,00 a -19,00 m   Arena limosa   N=17
de -19,00 a-21,00m Arena limosa cons. N=48
de >-21,00   Gravas

Con estos datos de partida se van a realizar dos supuestos:

1.- PRIMER CASO.-

Se calcula la longitud de un pilote que se encuentra en la capa de arena limosa para comprobar si es capaz de soportar su tope estructural.

Resistencia propia del pilote:
$f_{cd}=0,25 \cdot 250=62,5$ kp/cm^2

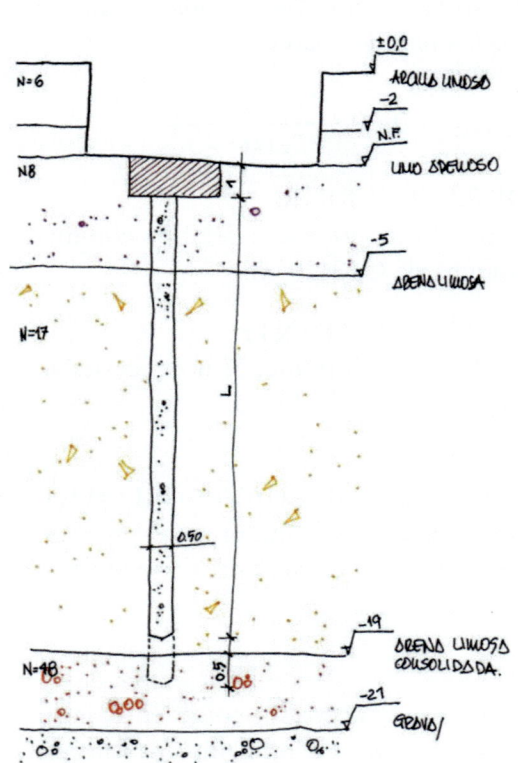

Figura   4.53.- Pilote del ejemplo calculado.

$$Q_{adm} = 62,5 \cdot \frac{\pi \cdot 50^2}{4} = \textbf{122.718kp} \ (122,72T)$$
$$\gamma = 4$$

Conocido el tope estructural del pilote se obtiene la carga de hundimiento para cada estrato del terreno.

Para N=8 $q_{u1}=8 \cdot 4=32$ kp/cm^2 $q_{s1}=0,80$T/m^2
Para N=17 $q_{u2}=17 \cdot 4=68$ kp/cm^2 $q_{s2}=1,70$T/m^2

Carga en Punta.-

$$Qp = \cdot \pi \cdot 0{,}25^2 \cdot 68 \ (10T/m^2) = 133{,}52 T/m^2$$

Carga de rozamiento por el fuste.-

$$Q_f = 2 \cdot \pi \cdot 0{,}25 \cdot 4 \cdot 0{,}8 + 2 \cdot \pi \cdot 0{,}25 (L-4) \cdot 1{,}70 = 5{,}02T + 2{,}67(L-4)$$

Ahora igualando:

$$Q_{adm} = 62{,}5 \cdot \frac{Q_p + Q_f}{3} = \frac{133{,}52 + 5{,}02 + 2{,}67(L-4)}{3} = 122{,}72T$$

De donde despejando se obtiene que L=90m, longitud que supera en estrato. Lo que indica que esta solución no es válida.

2.- SEGUNDO CASO.-

Si se aumenta la longitud del pilote para empotrarlo 50cm en el estrato de arena-limos consolida (N=48), se obtiene que:

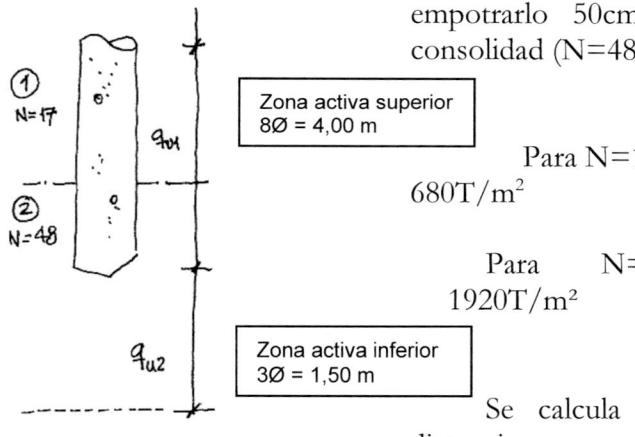

Figura 4.53.- Zonas activas del pilote

Para N=14 q_{u1}=17·4=68 kp/cm^2 680T/m^2

Para N=48 q_{u2}=48·4=192 kp/cm^2 1920T/m^2

Se calcula la media ponderada según las distancias.

$$q_{ps} = \frac{3{,}5 \cdot 680 + 0{,}5 \cdot 1920}{4} = 835 \ T/m^2$$

q_{pi}=4·48=192 kp/cm^2 = 1920 T/m^2

q_p=½(q_{ps}+q_{pi})= ½(835+1920)=1377,5 t/m^2

La carga en Punta es:

qp= 1377,5·π·0,5^2/4=270,47T

Carga de rozamiento por el fuste.-

q_{f1}=2·π·0,25·1·0,8=   1,26T

q_{f2}=2·π·0,25·14·1,7=   37,38T

q_{f3}=2·π·0,25·0,5·4,8=   3,77 T

Total carga por el fuste **42,41 T**

CARGA TOTAL DEL PILOTE.-

Q_T=Q_P+Q_F=270,47+42,41=**312,88t**

$$Q_{adm} = \frac{Q_p + Q_f}{3} = \frac{312,88}{3} = \mathbf{104,3T} < 122,72T$$

Como son suelos granulares E>=1; luego se toma como valor máximo de cálculo **104T**.

Conocido el valor máximo de la carga de hundimiento, se puede obtener el valor máximo para grupo de dos, tres o cuatro pilotes:

Para 2 pilotes   208,6 T
Para 3 pilotes: 312,9 T
Para 4 pilotes: 417,2 T

NOTA.-

Como el valor límite de hundimiento de un pilote se ha tomado por su resistencia ante el colapso del terreno Q_{Adm}=104,3T y su propia resistencia estructural es superior a los Q_T=122,72T se puede asegurar que el fallo será por colapso del terreno y no por fallo estructural.

4.4.2- CIMENTACIONES CON MICROPILOTES.

Otra forma de transmitir cargas a estratos más profundos se realiza mediante el empleo de micropilotes, que como su propio nombre indica es, al fin y al cabo, un pilote de diámetro pequeño, normalmente inferior a 20cm.

Su ventaja principal es su diámetro pequeño, inferior a lo que permite una fácil ejecución ya que la maquinaria a emplear es bastante más pequeña que en la maquinaria pesada necesaria para hacer un pilotaje.

El cabezal de perforación puede ser montado y desmontado de una pequeña oruga y todo el conjunto puede ejecutar micropilotes en el interior de viviendas unifamiliares, donde el gálibo no supera los 2,50 m y el paso se reduce a las anchuras inferiores a 0,80m.

Los diámetros que se suelen emplear son de Ø120mm, Ø150mm ó Ø200mm, con camisa perdida de acero ST37. Se rellenan con lechada de mortero de cemento con dosificación 1:1 y las cargas admisibles oscilan entre10 y 20T. Cuando el terreno e agresivo se deben emplear cementos sulforresistentes o lechadas de cal y arena fina. Su empleo puede ser como base de apoyo en obra nueva o como base de apoyo de recalces convencionales.

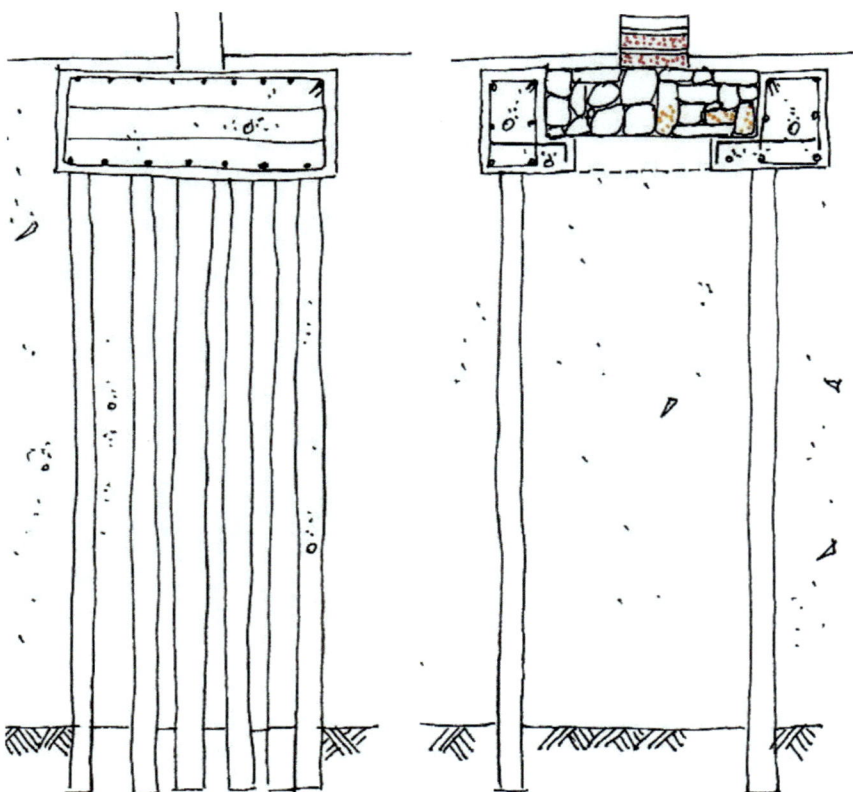

Figura 4.54.- Ejemplos de micropilotaje.

ARMADURA.

La armadura principal lo compone principalmente el propio tubo de acero tipo: S235, S275, S355, S420 y S46 según norma UNE EN10027.

Como refuerzo para el caso de funcionamiento a tracción, puede ir reforzado con acero corrugado en barras, colocadas en su interior, según la norma EHE, de acero B400S ó B500S.

LECHADAS DE MORTERO DE CEMENTO.

La arena empleada debe ser inferior a 2mm cuya mezcla con agua (lechada) debe tener una resistencia de250kp/cm² a 28 días y del 60% a los 7 días.

La dosificación agua cemento debe establecerse en el intervalo:

$$0,40 \leq \frac{A}{C} \leq 0,55$$

Es preciso prever que el cemento sea sulforresistente según lo estipulado para suelos agresivos por la EHE.

CORROSIÓN DEL ACERO.

La corrosión se combate con un recubrimiento mínimo de tubo de 20mm, en caso de lechada o 30mm si la inyección es el mortero de cemento. Parámetros lotes a tracción estos valores aumentarán en 5mm.

Figura 4.55.-Micropilote ejecutado.

CÁLCULO DE LA CARGA EN PUNTA.-

SUELOS GRANULARES.

Se considera la carga en punta de un micropilote si esta se encuentra en un estrato donde $N>30$, es decir, con compacidad densa a muy densa.

SUELOS COHESIVOS.

Se considera la carga en punta si la resistencia a la compresión simple es es $q_u>1$ kp/cm^2 y la longitud de empotramiento $L_{Emp}>6\emptyset$, es decir de consistencia firme a muy firme.

CÁLCULO DE LA CARGA POR EL ROZAMIENTO DEL FUSTE.-

La resistencia del micro pilote por el fuste será tomara según la siguiente ecuación:

$$R_f=A_l+R_{uf}$$

Donde:

R_f Resistencia total del micropilote por rozamiento del fuste.

A_l Área lateral en contacto el terreno.

R_{Uf} resistencia unitaria de rozamiento.

Si hay varios estratos (de 1 a n) la resistencia total al rozamiento será la suma de cada uno de ellos:

$$R_f = \sum_{i=1}^{n} A_L R_{if}$$

En la práctica los valores de R_{if} se obtienen haciendo pruebas de carga. También se pueden obtener empíricamente de la siguiente ecuación:

$$R_{uif} = \frac{\gamma_{f \cdot lim}}{F_r}$$

Donde

F_r Coeficiente de minoración. Ppara una obra de duración superior a seis meses $F_r=1,65$

A_l Área lateral en contacto el terreno.

$\gamma_{f \cdot lim}$ Se obtiene del gráfico siguiente:

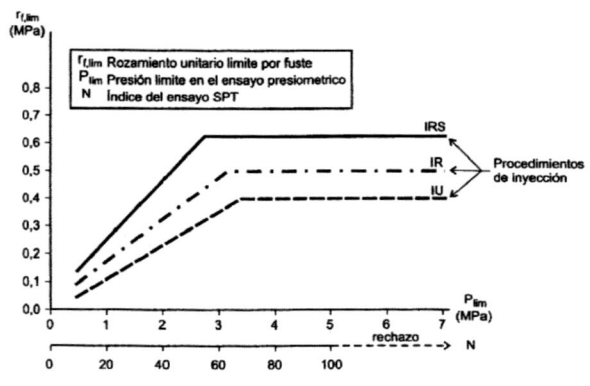

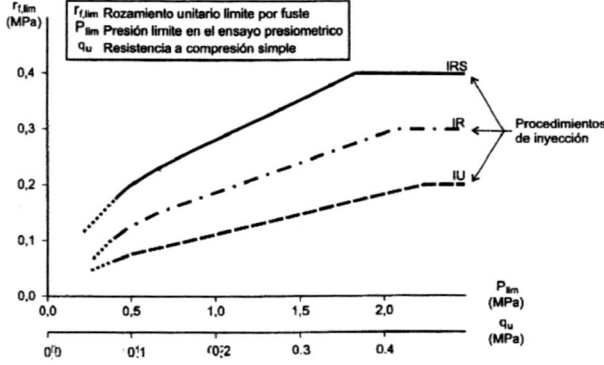

Figura 4.56.-Obteención de la densidad $\gamma_{f \cdot lim}$.

CALCULO DE MICROPILOTES.-

Los micropilotes se deben calcular según varios métodos para comprobar el sistema más desfavorable y cuál es el camino por el que antes pueden llegar al colapso. Fundamentalmente se calculan por un método, por ejemplo por la carga de hundimiento y posteriormente se comprueban otros aspectos a tener en cuenta.

Estos sistemas son los siguientes:
- Carga de hundimiento.
- Carga de rotura estructural.
- Conexión con la cimentación.
- Rotura horizontal del terreno.

Figura 4.57.-Micropilotes ejecutados.

CARGA DE HUNDIMIENTO.-

En este primer sistema de cálculo hay que comprobar que:

$$N_d \leq R_f + R_p$$

Donde:

N_d Axil mayorado ($N_k \cdot \gamma$) para $\gamma = 2$

R_F Resistencia al rozamiento por el fuste.

R_p Resistencia en punta.

Para realizar el cálculo hay que tener en cuenta el tipo de terreno: sean terrenos granulares, cohesivos o roca. Dependiendo de la tipología se procederá de la forma siguiente:

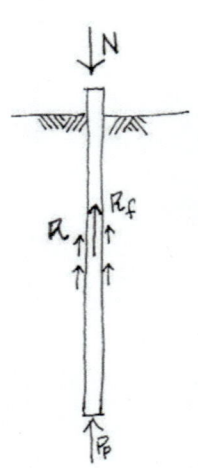

Figura 4.58.-Cálculo de micropilotes

CARGA EN PUNTA.-

Normalmente la carga en punta no se tiene en cuenta o se calcula como un 15% de su resistencia por el fuste.

RESISTENCIA ESTRUCTURAL DEL MICROPILOTE.

. Por otro lado, hay que tener en cuenta que el micropilote, como elemento estructural es capaz de soportar la carga a la que se ve sometido. Para ello, se calcula su resistencia estructural como:

$$R_E = 0,85 \cdot A_c \, f_{cd} \cdot A_a \cdot F_{yd}$$

Donde:

R_E Resistencia estructural.

f_{cd} Resistencia de cálculo del hormigón $f_{cd} = fc_k / 1,5$

f_{yd} Resistencia de cálculo del acero $f_{yd} = f_{yk} / 1,15$ para FykO4.000

         kp/cm^2

$Ac\cdot$ Área de hormigón

A_a Área de Acero

Como se desarrolla en el apartado 5.3.3- Transmisión de Cargas a Estratos más Profundos en el apartado de estabilidad a pandeo de un micropilote, se obtiene que el valor de la carga crítica es:

$$P_k = \mu \cdot \overrightarrow{P_k}$$

Donde:

P_k Carga ccrítica

μ Factor de pandeo

$\overrightarrow{P_k}$ Carga estructural (Resistencia estructural R_E)

Obteniéndose finalmente la carga máxima admisible como:

$$P_{Adm} = \frac{P_k}{\gamma}$$

Siendo:

P_{Adm} Carga máxima admisible.

P_k Carga crítica.

γ Coeficiente de seguridad ($2 \leq \gamma \leq 2,5$)

EJECUCIÓN DE LOS MICROPILOTES.

La secuencia de ejecución de un micropilote es la siguiente:

1. Una vez replanteado la situación de los micropilotes, se ejecuta la perforación. La perforadora es similar a la que emplea para hacer sondeos en el terreno, empleando brocas de 120, 160 o 200 mm, y varillaje necesario para que la broca descienda a la profundidad que se desea.

2. Se introduce el tubo estructural.
3. Se inyecta mortero o cemento-bentonita de abajo a arriba.
4. Por último, se realiza la conexión con la cimentación.

MEJORA DEL SUELO CON MICROPILOTES CON TUBO MANGUITO.

Como posteriormente se desarrollará si al tubo de acero que se introduce se le hacen taladros en las cuatro direcciones a diversas profundidades, normalmente cada 50 cm, colocando un manguito de goma o Neopreno, se puede inyectar bentonita cemento mediante un obturador, que se va colocando en cada grupo de taladros, mejorando el suelo alrededor del micropilote.

No obstante, si solo a media altura del micropilote se realizara una inyección de bentonita-cemento a presión además de inyectar en el extremo inferior, como base de apoyo, el cálculo a pandeo se vería favorecido al disminuir la luz a $L/2$.

SITUACIÓN DE LOS MICROPILOTES.

Los micropilotes se pueden distribuir según las necesidades de cada obra. Para ello será preciso comprobar el estado de la cimentación.

OBRA NUEVA.

Si la obra es nueva se distribuyen los micropilotes para posteriormente construir un encepado similar al que se construye para obras cimentadas por pilotes. Se deberá emplear algún sistema que conecte bien el micropilote son su encepado.

Debe ejecutarse un mínimo de dos micropilotes por apoyo o zapata. Si éstas no van arriostradas con vigas centradoras se ejecutarán tres, para impedir el giro que podría aparecer en el caso de solo dos.

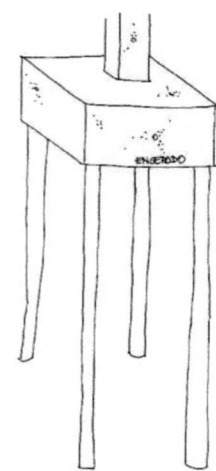

Figura 4.59 Micropilotes de Obra Nueva

En obra nueva, como la perforadora puede moverse libremente por la parcela donde se construye, los micropilotes suelen ser habitualmente perpendiculares a la superficie del terreno y a la base del encepado.

En recalces, como el edificio ya está construido la perforadora debe acercarse a la cimentación como puede, ejecutando en muchas ocasiones, el micropilotaje inclinado a tresbolillo, para ejecutar un apoyo en forma de trípode.

En la obra de recalce nueva la mayor dificultad aparece cuando hay que taladrar las armaduras de las zapatas. Por ello, si se puede recalzar sin atravesar las zapatas es bastante mejor.

OBRA ANTIGUA.

En las obras antiguas es necesario en primer lugar hacer catas para comprobar es estado de la cimentación. Si la cimentación es sólida, se puede taladrar en dos direcciones opuestas para

Ejecutar los micropilotes al tresbolillo. Si la cimentación está muy disgregada, será preciso previamente realizar taladros pequeños (Ø50 o 60mm) para inyectar una lechada de mortero y consolidar previamente la cimentación.

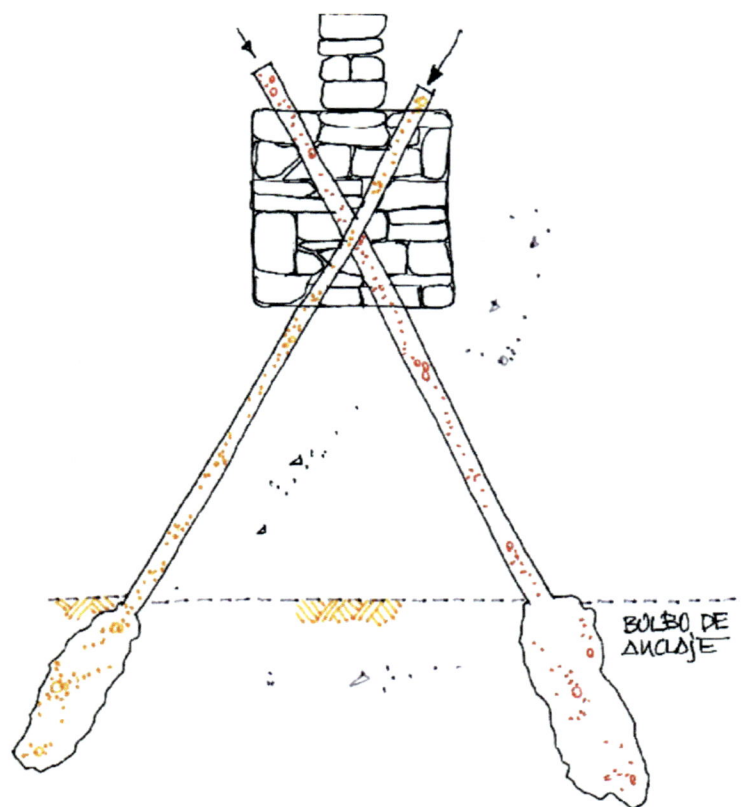

Figura 4.60.-Micropilotes en obra antigua.

CONEXIÓN MICROPILOTE-CIMENTACIÓN.

Un aspecto muy importante que hay que prever, antes de ejecutar un recalce o una cimentación con el empleo de micropilotes, es el sistema de conexión del micropilote con la cimentación. Para que la transferencia de cargas se realice sin problemas.

Pueden existir innumerables formas de transferir la carga al micropilote, porque depende de la forma de acceder a las cabeceras de los micropilotes.

A continuación se presentan a modo de ejemplo algunas de las soluciones más comunes.

A/ CONEXIÓN CON PLACA DE REPARTO SOLDADA A LA CABEZA DEL MICROPILOTE.

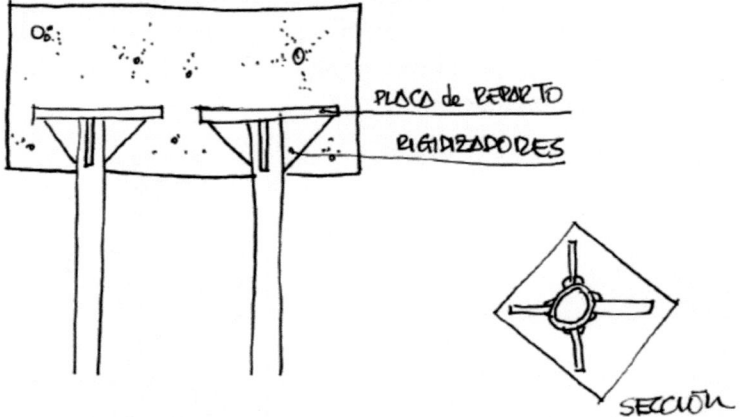

Figura 4.61.-Conexión de Micropilotes-Cimentación: Placas soldadas en cabeza.

B/ CONEXIÓN CON BARRAS CORRUGADAS SOLDADAS AL MICROPILOTE.

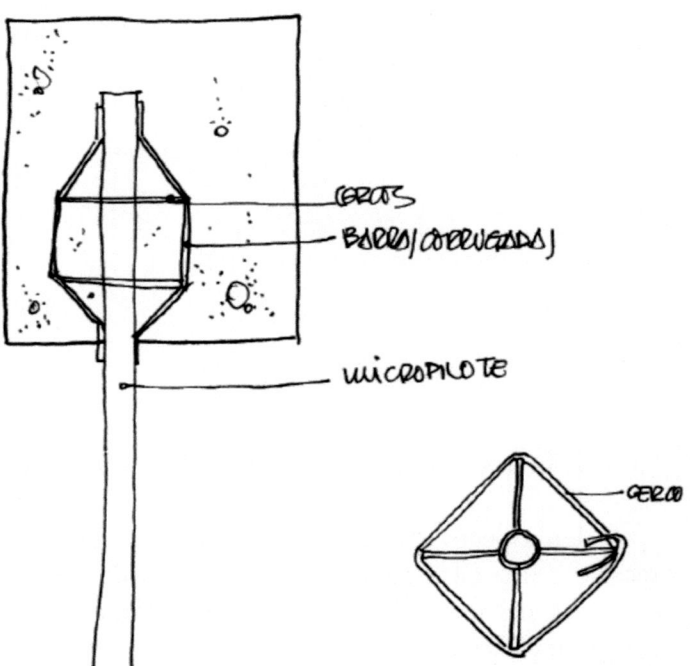

Figura 4.62.-Conexión de Micropilotes-Cimentación: Barras corrugadas soldadas.

C/ CONEXIÓN CON CONECTORES SOLDADOS AL MICROPILOTE.

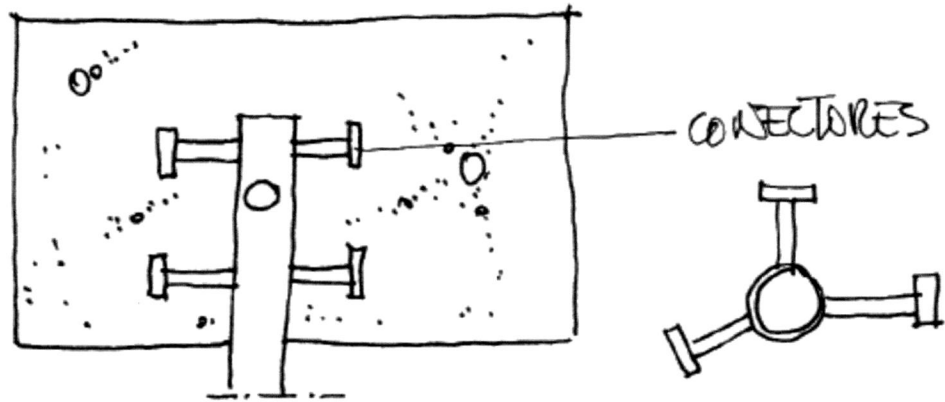

Figura 4.63.-Conexión de Micropilotes-Cimentación: Conectores soldados.

En cualquier caso será preciso calcular los elementos colocados al micropilote para que aoporten la carga que tienen que transferir

D/ CONEXIÓN CON PERFILES LAMINADOS SOLDADOS AL MICROPILOTE.

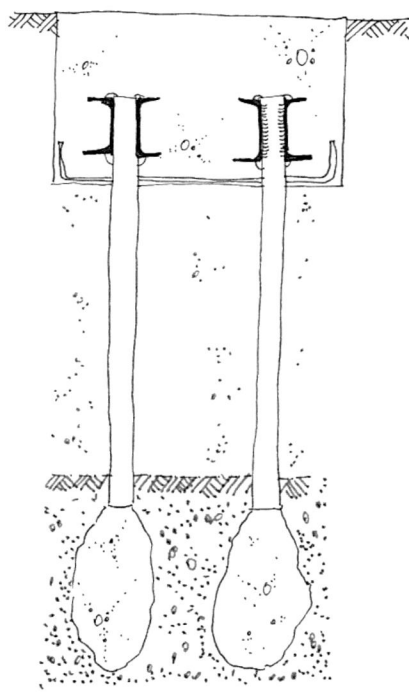

Figura 4.64.-Conexión de Micropilotes-Cimentación: Perfiles laminados.

En cualquier caso será preciso calcular los elementos colocados al micropilote para que soporten la carga que tienen que transferir.

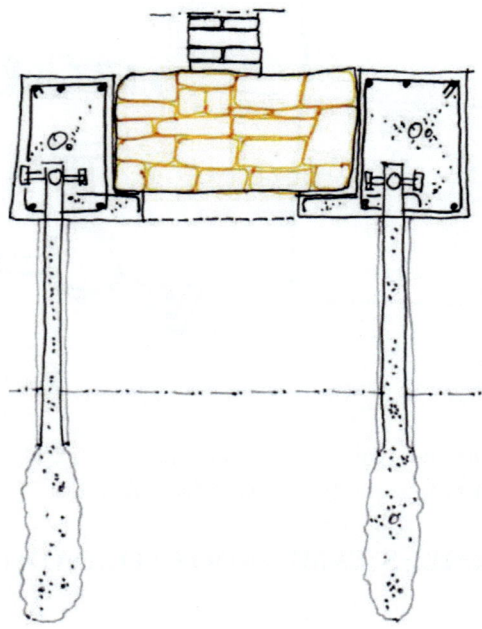

En caso de soluciones micro pilotadas de cimentaciones de edificios antiguos, se puede realizar un zunchado perimetral de la cimentación, que recoge las cabezas de los micropilotes, como es el caso que se grafía.

En definitiva que las soluciones deben ser resueltas según cada caso con el conocimiento de las cargas, la tipología del cimiento y su estado, los distintos estratos que se desarrollan bajo el cimiento y finalmente de tener una perspectiva general de lo que se pretende solucionar y fundamentalmente de la lógica constructiva.

Figura 4.65.-Conexión de Micropilotes-Cimentación: Obra antigua.

5.- RECALCES.

Cuando se implanta un edificio en un terreno determinado, se produce un equilibrio en la cimentación entre el peso del edificio y la capacidad mecánica que tiene el suelo de contacto. Si este equilibrio desaparece, por las causas que se van a enumerar a continuación, el edificio asienta de nuevo y pueden aparecer nuevas necesidades si existen movimientos diferenciales entre las diversas zonas del mismo.

Como ya se explicó en apartados anteriores, las lesiones aparecen no con los asientos globales, sino por la aparición de asientos diferenciales que son los causantes de las deformaciones estructurales.

Por consiguiente, los recalces son complementos a la cimentación o al terreno para recuperar el equilibrio perdido. Aunque cada recalce es un caso independiente y debe tener su propia solución, se va a intentar recorrer un camino en algunos casos tipo, para restablecer un sistema de actuación a partir de las experiencias desarrolladas.

5.1.- CAUSAS DETERMINANTES DE UN RECALCE.

Las causas que determina el recalce de un edificio se pueden clasificar en cuatro grandes grupos:

A. Defectos de proyecto.

- Olvido de alguna sobrecarga de explotación de la estructura como el peso propio de la cimentación, o cualquier otro tipo de sobrecarga de uso, nieve o viento.
- Cimentación insuficiente, capacidad de carga del suelo insuficiente de los suelos demasiado cargados.
- Distribución de la carga irregular.
- Excentricidad de cargas a nivel de la cimentación.
- Defectuoso conocimiento del suelo por escasez de reconocimientos previos del terreno, la interpretación de los resultados realizados por el laboratorio.
- No se tiene en consideración los fenómenos de suelos agresivos.
- Cimentación que pueda tener deslizamientos.
- Asientos no tolerados por la estructura por asientos excesivos en suelo flojos o rellenos.
- Defectuosa estimación de defecto de grupo de pilotes flotantes; sin tener en cuenta los esfuerzos laterales por el rozamiento negativo.
- No considera las condiciones del entorno de la estructura proyectada, tales como posibilidad de socavones, arrastre del terreno, descartes, acotamientos, fluctuaciones importantes del nivel freático, procesos de disolución del terreno, etcétera.

Todas estas causas mencionadas no deberían existir si se pone el suficiente cuidado y atención en el momento de la redacción del proyecto y si no se tienen los conocimientos adecuados del suelo se debería hacer algún tipo de consulta para conocer dicho suelo.

B. Defectos de ejecución.

- Deterioro de los elementos de cimentación con zapatas, placas, losas o muros, por escasa calidad de los materiales empleados.
- Lavado del hormigón de la cimentación, por presencia de agua en el momento del hormigonado.
- Cimentación sobre pilote rotos durante el hincado sobre arcillas blandas y que, posteriormente, han sido rehincados.
- Cimentaciones profundas mal ejecutadas.

C. Variaciones de las condiciones de contorno.

- Variaciones de las características del suelo, sobre todo en lo que se refiere al contenido en humedad (debido a cambios del nivel freático, drenajes, bombeo de pozos en obras colindantes, roturas o escapes de conducciones subterráneas, árboles de desarrollo rápido, etc.)
- Alteraciones de las condiciones de equilibrio del suelo, producida por vibraciones o percusiones en las proximidades de la estructura, sobre todo en arenas poco densas.
- Excesiva deformación del suelo debida a excavaciones cercanas para su ejecución de muros, pantallas continuas, etc.
- Alteración general producida por la construcción de edificios colindantes.

D. Variaciones de las hipótesis de proyecto.

En ocasiones es necesario incrementar la capacidad de carga de la cimentación por causas como:

- Incremento del número de plantas o altura del edificio.
- Cambio de uso y por consiguiente del tipo de sobrecargas de uso.
- Cese de la situación de fuerzas que discriminan o disminuían o contrarrestaban algunas cargas.
- Necesidad de profundizar las cimentaciones para ejecutar sótanos.

En definitiva, se ha comprobado que la realización de un recalce puede ser debida a efectos patológicos, cambios de uso o a multitud de consideraciones de sus propietarios.

5.2.- NECESIDAD DE RECALZAR.

Un edificio es necesario recalzarlo o modificar su estructura cuando se dan uno de los siguientes supuestos:

A. Si su cimentación presenta deficiencias o insuficiencias que ponen en peligro su estabilidad parcial o total.

Figura 5.1.-Edificio afectado por un asentamiento de su zona central.

B. Si se acusan asentamientos diferenciales que provocan grietas no estabilizadas e inadmisibles que perjudican su habitabilidad o estética.
C. Si se acusan asentamientos diferenciales que provocan grietas no estabilizadas e inadmisible que perjudican su estabilidad o estética.
D. Si se van a realizar obras en las proximidades o por debajo de su cota de apoyo, que puedan alterar las condiciones de equilibrio del conjunto suelo-cimentación.

En ocasiones ocurren dos o más causas superpuestas que corroboran la necesidad de recalzar. También sucede que con un simple apeo se resuelve el problema, pero para obtener una solución definitiva es preciso recalzar.

5.3.- TIPO DE RECALCES.

En principio se pueden establecer dos grandes grupos de recalces dependiendo de si el problema planteado se debe a deficiencias o tererioro del propio cimiento o la patología aparecida se debe a eficiencias o disminución de la capacidad portante del terreno.

5.3.1.- DEFICIENCIAS O DETERIORO DEL CIMIENTO.

Hasta que se generaliza el empleo del hormigón en la ejecución de las zapatas, los edificios se cimentaban, excavando una zanja bajo los muros maestros, que se rellenaban con piedras y cascotes mezclados con una argamasa de cal y arena, lo que se definía a "a cal y canto" como como argumento de que estaba muy bien fundamentado.

La restitución del cemento deteriorado se puede realizar de diferentes formas:

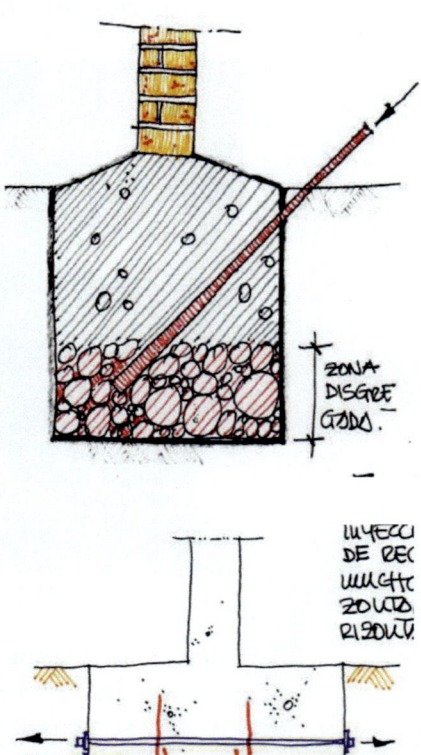

a) Restitución de las características del cimiento deteriorado mediante las inyecciones de lechada de mortero de cemento, que rellene los huecos existentes a aglutine los elementos disgregados.

b) En zapatas de hormigón o cantería deterioradas por la falta de acero en las zonas fraccionadas, se pueden realizar refuerzos en el cimiento primitivo mediante la introducción de armaduras o bulones inyectados con tensores postensados.

El trabajo se efectúa a través de excavaciones laterales, taladrando horizontalmente la masa del cimento. La introducción de la armadura se realiza con la inyección de morteros expansivos. Para realizar este tipo de recalce no es necesario apear el edificio, como mucho es preciso realizar un atado horizontal para prevenir posibles esfuerzos horizontales.

Figura 5.2.-Cimiento disgregado.

Asimismo, es conveniente que los elementos metálicos sean galvanizados y dimensiones mayores a 12mm. El cálculo de los tensores se efectúa de la misma forma que la armadura de la zapata.

c) Refuerzo por zunchado.

Otra solución para el mismo caso anterior es la realización de un zunchado perimetral, siendo conveniente la existencia o ejecución de conectores entre ambos elementos.

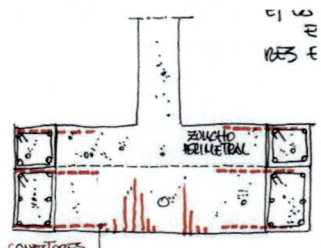

Figura 5.3.-Cimientos deteriorados

Por otro lado, habida cuenta de que no es necesario descalzar la zapata el apeo se colocará para evitar la aparición de movimientos horizontales de la estructura. En este caso lo óptimo sería colocar armaduras postensadas, para evitar un mayor deterioro mientras la armadura entra en carga.

d) Demolición del cimiento.

En el caso de que el elemento esté muy alterado y su recuperación sea inviable, será preciso su total demolición. Para ello será necesario apear las cargas para poder proceder a su demolición.

En este caso tan importante es el apeo de la estructura como solucionar el encuentro del nuevo cimiento con la estructura inicial.

Estos cuatro tipos de recalces tienen como común denominador, mejorar la calidad final del cimiento, restituyendo por alguno de los procedimientos, ya indicados, a sus características iniciales. Se suelen utilizar de forma combinada. Si el cimiento está en condiciones muy precarias, lo mejor es demolerlo y ejecutar otro nuevo que lo reemplace.

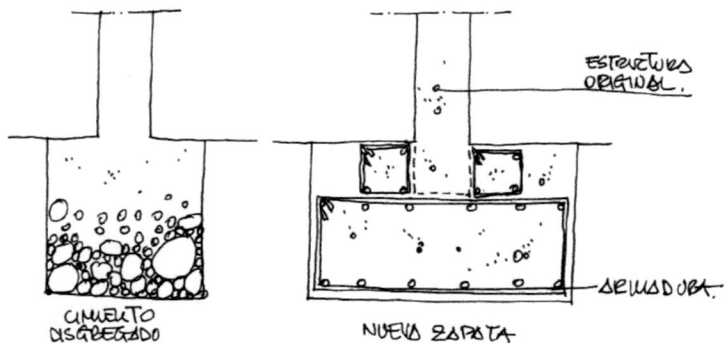

Figura 5.4.-Demolición y nueva ejecución.

5.3.2.- INCREMENTO DEL ÁREA DE APOYO.

En el caso de que mediante una causa externa disminuya la capacidad portante del terreno o por cargas superiores a las previsiones iniciales, sea necesario disminuir la presión efectiva, se pueden emplear algunas de las técnicas que se exponen a continuación.

A. ENSANCHE DE L ÁREA DE APOYO.
Si la zapata es accesible perimetralmente, se realizará una excavación perimetral hasta la cota de cimentación, empleándose algún procedimiento como el que se expone.

A1.- ENSANCHE CON LLAVES DE UNIÓN Y CONECTORES.

Como se ha indicado se hará una excavación perimetral y se colocarán llaves que unan los esfuerzos en un hormigón viejo y otro nuevo. El hormigón perimetral será zunchado para que de unidad al recalce. También es muy importante colocar la armadura inferior para armar las zonas de tracciones.

Aunque se exponen dos tipos de soluciones, una con llaves de hormigón excavadas en la zapata antigua y otra con conectores metálicos, puede haber muchas más soluciones, que por un lado conecten ambos hormigones y por otro, no se haga excavación inferior, por lo que no será necesario apear el elemento de apoyo.

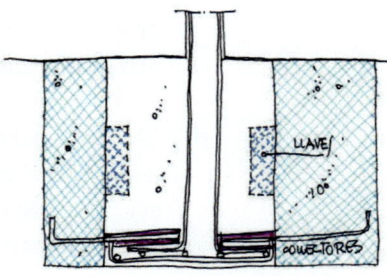
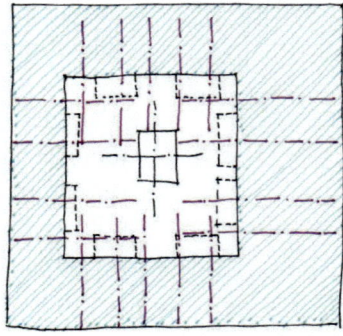

Figura 5.5.-Soluciones para el recalce por ensanche de la zapata.

B. ENSANCHE DEL ÁREA DE APOYO.

Mientras que en los casos anteriores no era necesaria la descarga de la cimentación, a lo sumo un atado para evitar desplazamientos laterales, si lo que se quiere es ampliar la base de la cimentación será necesario descargar completamente la cimentación, para dejar ésta totalmente exenta. En cambio, mientras que en las soluciones anteriores había que cuidar la unión de las dos cimentaciones a cortante, en estas soluciones el problema queda resuelto.

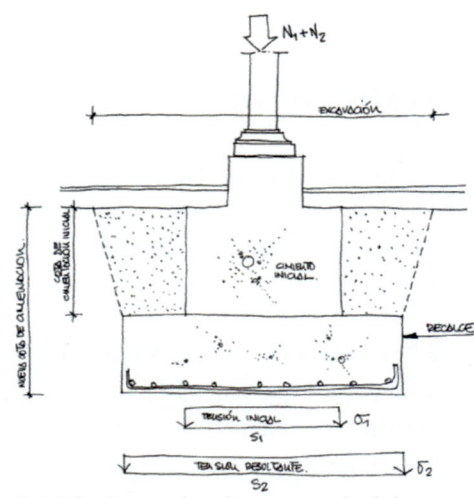

Figura 5.6.-Solución para el recalce por ensanche de la zapata.

Para este caso, como para el anterior, la tensión máxima final transmitida al terreno debe ser menor que 1,2 o 0,9 veces la resistencia a la compresión del suelo según se trate de zapatas aisladas o corridas.

5.3.3.- TRANSMISIÓN DE CARGAS A ESTRATOS MÁS PROFUNDOS.

En ocasiones una fuga de agua puede reblandecer el terreno que sustenta la cimentación, no siendo recomendable hacer un aumento de la base, sino transmitir la carga a un estrato más profundo. Es decir, lo que se aumenta es el canto de la zapata, ejecutando un pozo de cimentación inferior donde se va apoyar la zapata. No se necesitará ningún tipo de armadura, ni conexiones entre ambos hormigones.

Este tipo de recalce se emplea cuando la cimentación original se apoya en estratos que no pueden soportar las presiones transmitidas, o han sido alterados de forma irreversible, sin sufrir fuertes asientos que pueden dañar la estructura.

Para este tipo de recalces es necesario realizar un apeo

A. PROFUNDIZACIÓN DE LA ZAPATA.

Consiste en excavar debajo de la zapata existente, alargándola posteriormente hasta alcanzar otro estrato más resistente.

Como la transmisión de cargas el terreno suele ser inferior a 5 kp/cm² el alargamiento de la zapata puede realizarse con hormigón pobre tipo HM6 o incluso de calidad inferior.

B. PROFUNDIZACIÓN POR BATACHES.

Cuando el elemento es una zapata corrida, bajo un muro de carga, se puede emplear este método ejecutando pozos de cimentación por batachas de uno o dos metros de longitud consiste en excavar debajo de la zapata existente, alargándola posteriormente hasta alcanzar otro estrato más resistente.

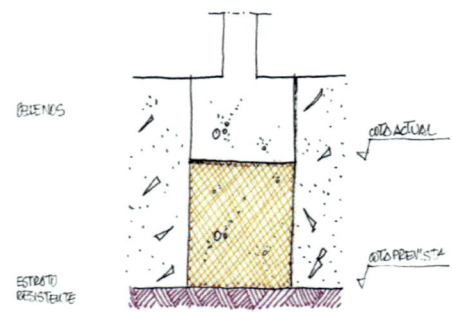

Figura 5.7.-Solución de recalce por profundización de la zapata.

223

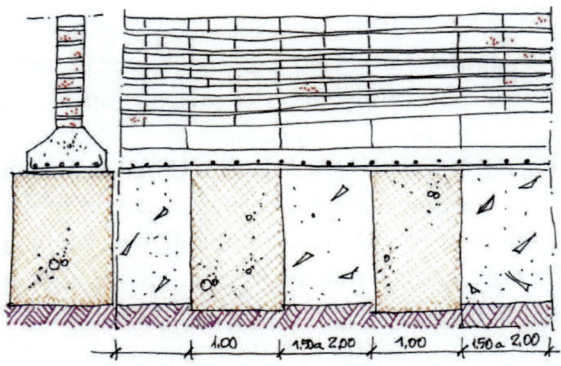

Figura 5.8.-Solución de recalce profundo por
bataches de la zapata corrida.

Hay que tener mucho cuidado con este tipo de recalces, aunque
sean los más usuales ya que la lentitud de los trabajos puede ocasionar
una descompresión del terreno, lo que agrava el peligro de arrastres y
sifononamientos. **No ejecutar nunca por debajo del nivel freático.**

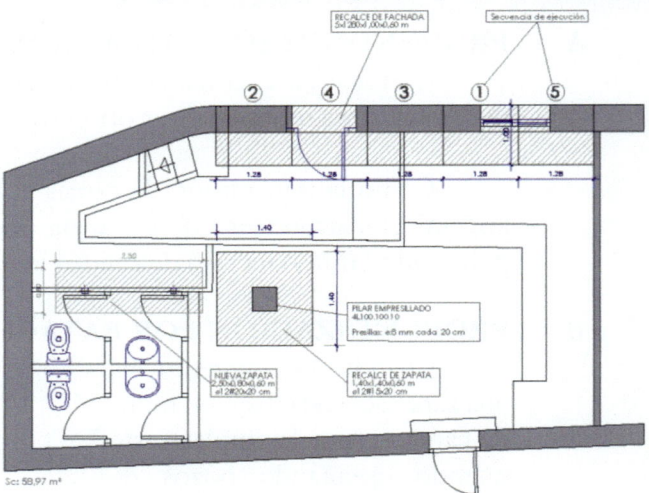

Figura 5.9.-Solución de recalce profundo con cinco
bataches de la zapata de fachada.

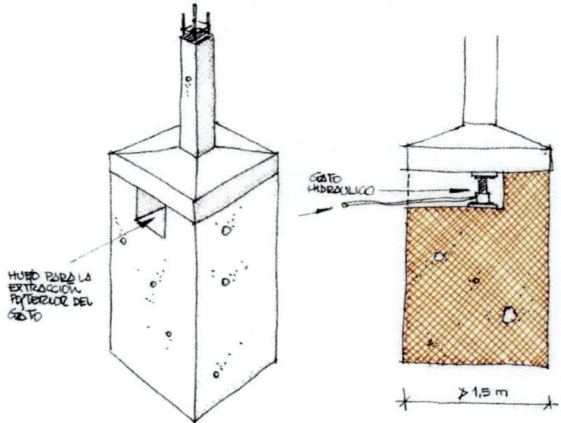

Figura 5.10.-Recuperación del asiento.

En estos tipos de recalces se puede intentar recuperar parte o todo el asiento existente, mediante la introducción de gatos hidráulicos. El apeo realizado debe transmitir al suelo adyacente en más de un 10% la sobrecarga inicial al recalce, para evitar corrimientos y derrumbes del terreno.

C. EJECUCIÓN DE PILOTES RODEANDO LA CIMENTACIÓN.

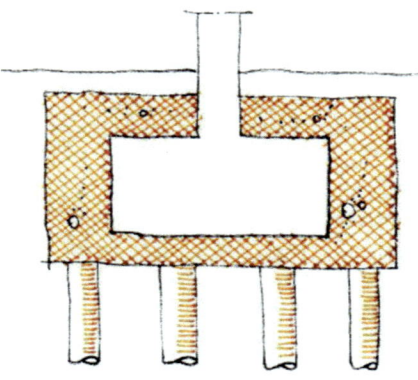

Esta técnica consiste en realizar una serie de pilotes en torno a la cimentación primitiva resolviendo, posteriormente la conexión de los pilotes con la zapata existentes.

Son técnicas difíciles de realizar habida cuenta de que las zapatas no están casi ninguna exentas por lo que su aplicación está muy restringida, salvo en obras civiles públicas. Su empleo

Figura 5.11.-Recuperación del asiento.

no se suele realizar en edificación, porque se necesita mucho espacio alrededor del elemento sustentante para la maquinaria de perforación. La técnica más empleada es la del micropilote, cuya maquinaria de perforación es más acorde con las obras de cimentación.

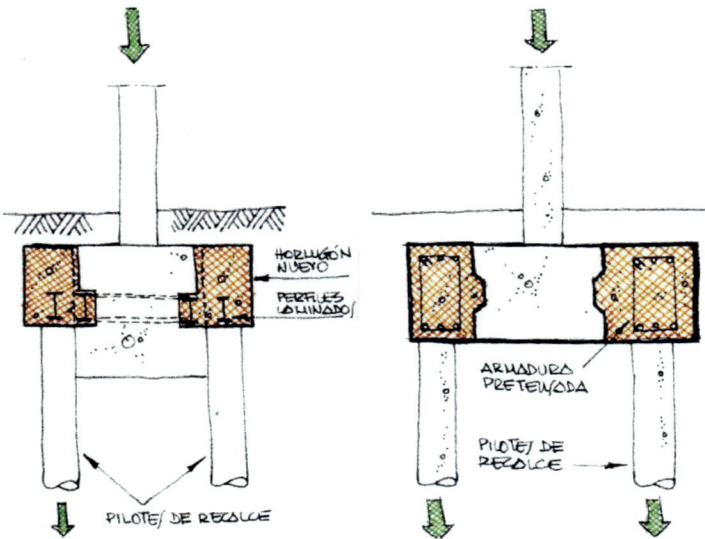

Figura 5.13.-Recalce con pilotes perimetrales

225

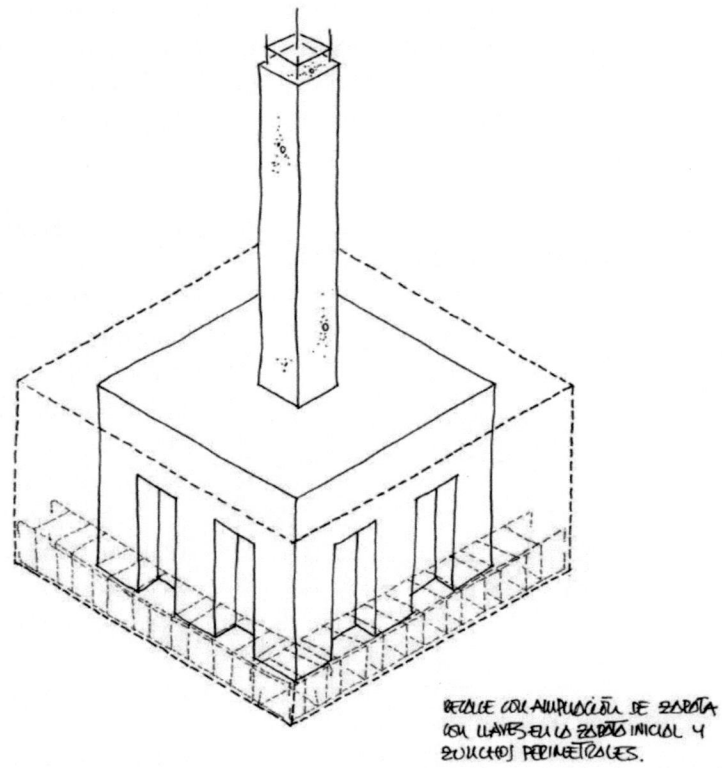

Figura 5.14.-Recalce con con ampliación de la zapata con llaves y zunchos perimetralespilotes perimetrales.

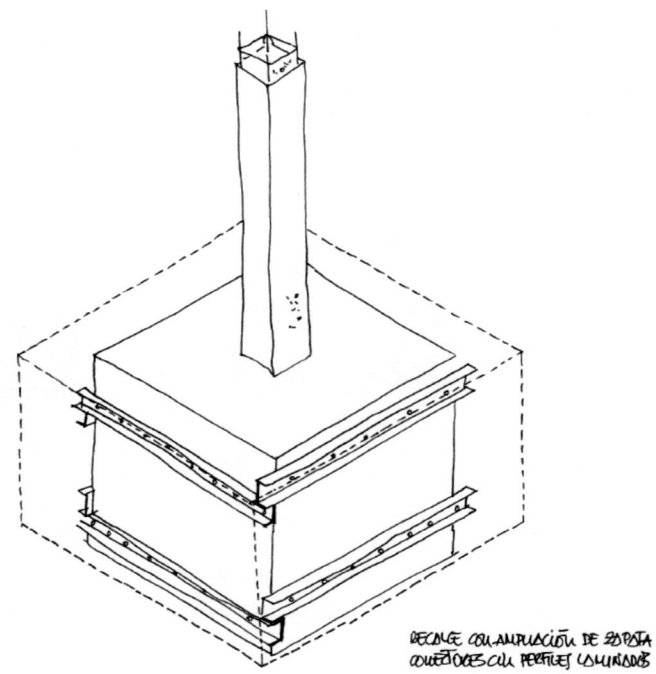

Figura 5.15.-Recalce con ampliación de zapata con conectores de perfiles laminados.

D. EJECUCIÓN DE PILOTES ESPECIALES.

Otro sistema empleado consiste en introducir un gato hidráulico entre la zapata y un fragmento de pilote. Cuando el gato se expande el pilote se hinca; dejando espacio para introducir un nuevo fragmento de pilote que se conecta al anterior volviéndose a presionar para repetir la operación. Este sistema es poco utilizado en España aunque sea indicado para terrenos sueltos por debajo del nivel freático. Se ha utilizado mucho durante la construcción del metro de New York.

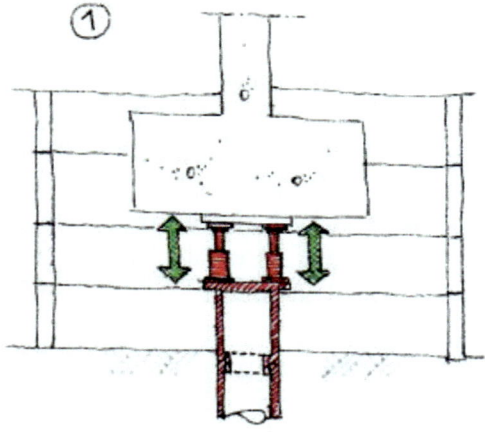

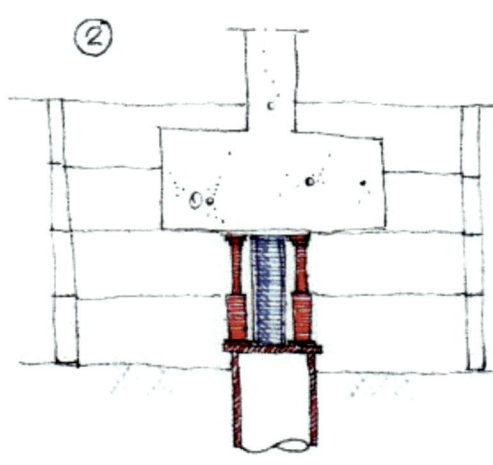

La técnica de ejecución es la siguiente:

1. Se apea la estructura para poderla descalzar.

2. Se excava alrededor de la misma, dejando una profundidad necesaria para poder trabajar debajo. En esta fase del trabajo se tomarán las precauciones oportunas como la entibación del terreno.

3. Se introduce el primer tramo de pilote colocándole una cabeza para no estropear las roscas.

4. Entre la cabeza del pilote y la base de la cimentación a recalzar se una serie de gatos hidráulicos.

5. Al introducir presión en los gatos, estos se expanden, hincando el pilote en el terreno.

6. Posteriormente se retiran los gatos y se introduce un nuevo tramo de pilote, procediéndose de la misma forma.

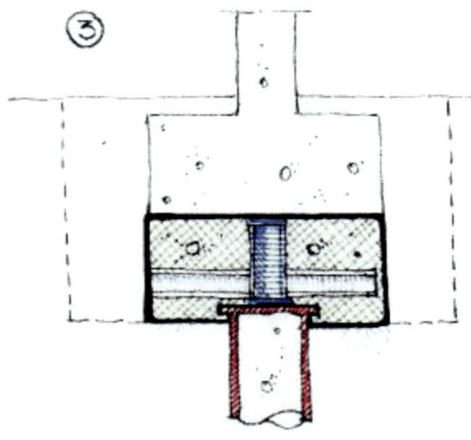

Figura 5.16.-Recalce con pilotes especiales.

7. Una vez alcanzada la profundidad requerida, se introduce un soporte y se hormigona entre la base de la zapata y el pilote.

E. RECALCE CON MICROPILOTES.

El recalce con la técnica de micropilotes es uno de los sistemas más utilizados en la actualidad, ya que no necesita apear la estructura, proporcionando una solución homogénea de gran calidad.

La técnica consiste en introducir unos pilotes de diámetro muy pequeño (<Ø350 mm), tanto verticales como inclinados, que atraviesan la cimentación existente, perturbándola muy poco.

Las máquinas que se emplean para la perforación son pequeñas y poco peso (<1T) y pueden trabajar en espacios muy reducidos. Tienen poco gálibo (<3,0 m) y se pueden acercar a 30 cm de los elementos estructurales.

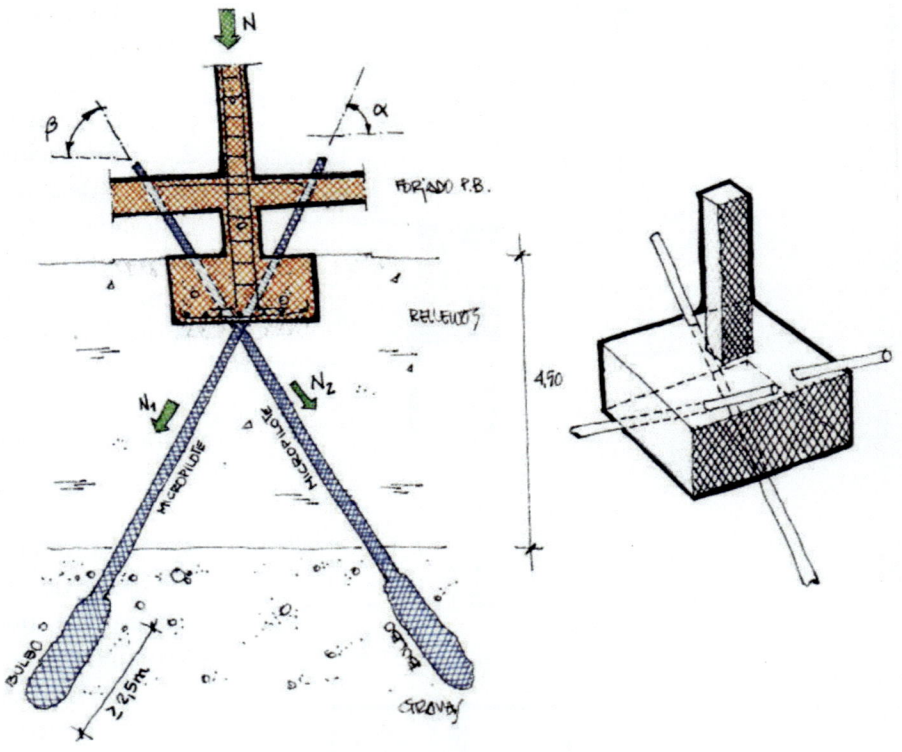

Figura 5.17.-Recalce con micropilotes.

Su armadura suele estar constituida por un tubo de acero de alto límite elástico. En lugar de hormigón se utiliza una lechada de mortero de cemento para su relleno, lo que permite restituir la posible descompresión del terreno.

Las inyecciones se realizan de abajo a arriba desalojando, de esta forma, por su cabeza el agua procedente de su perforación y los residuos terrosos. En el tramo más inferior se realiza con altas presiones, lo que permite realizar un bulbo de anclaje en el extremo inferior más firme.

Como encepado se suele utilizar la propia cimentación recalzada, realizándose la unión simplemente por adherencia en la mayoría de los casos.

Los parámetros más usuales son Ø120mm, Ø150mm y Ø200mm de acero ST37, utilizado como camisa perdida. Tanto el exterior como el interior se rellena con una lechada de mortero de cemento con una dosificación 1:1 mezclada con bentonita, para evitar decantaciones de los sólidos.

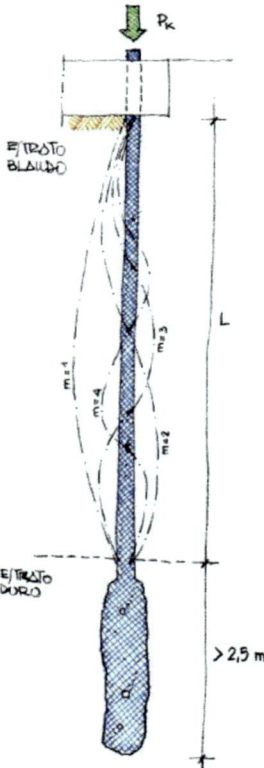

La empresa que realice el recalce de un edificio mediante micropilotaje debe ser especializada con personal altamente cualificado. Unas empresas trabajan a altas presiones y otras a bajas presiones. El procedimiento utilizado por las primeras destruye el terreno, por lo que durante el proceso inmediatamente posterior al de la inyección y antes del fraguado de la lechada se pueden producir fuertes asentamientos del edificio.

No conviene realizar más de un micropilote al día por zapata.

Se puede considerar que, según tipo de tubo y armadura empleada, la carga transmitida puede oscilar entre 10 y 20T.

Por último, hay que indicar que el número mínimo de micropilotes por zapata no debe ser nunca inferior a a tres, a no ser que se controle el posible giro con eje uniendo los puntos de apoyo de los micropilotes, esté controlado mediante un zuncho de atado de las zapatas.

Figura 5.18.-Pandeo del micropilote.

F. ESTABILIDAD A PANDEO DE UN MICROPILOTE.

A la hora de calcular un micropilote es muy importante calcular la estabilidad a pandeo del mismo considerando como longitud del micropilote la zona del fuste de sección constante.

La carga crítica de un micropilote cargado axialmente y vinculado lateralmente a un medio elástico, viene determinadas por la expresión:

$$P_k = \frac{\pi^2}{L^2}(m^2 + \frac{\beta L^4}{m^2\pi^4 EI}$$

Donde:

Pk   Carga crítica (kp)

E   Módulo de Elasticidad (kp/cm²)

I   Momento de Inercia (cm⁴)

L   Longitud del fuste (cm)

β   Coeficiente vinculado al rozamiento y rigidez de los extremos (empotrado-empotrado: β=1)

m   Número entero de semiondas de la deformada sinusoidal originada por la carga en punta.

Si se considera λ=L/m es decir que λ es el valor de la semilongitud de onda y se sustituye en la ecuación anterior se obtiene el valor de la carga crítica según la siguiente expresión:

$$P_k = \pi^2 EI(\frac{1}{\lambda^2} + \frac{\beta \cdot \lambda^2}{m^2\pi^4 EI}$$

El valor de la carga crítica se puede obtener dando valores a λ que se obtiene de dividir L por valores enteros o bien calculando P_k en función de λ.

Si se deriva la expresión anterior respecto de λ se puede expresar que:

$$\frac{dP_k}{d\lambda} = 0 = \frac{-2}{\lambda^3} + \frac{2\lambda\beta}{\pi^4 EI} \Rightarrow \lambda^4 \frac{\beta}{\pi^4 EI} = 1$$

De donde se obtiene que:

$$\lambda = \pi \sqrt[4]{\frac{EI}{\beta}}$$

Sustituyendo este valor en la expresión anterior de la carga crítica se obtiene que:

$$\overline{P}_k = 2\sqrt{\beta EI}$$

En esta expresión se cumple que:

Para β=0 P_k=0

Para β≠0 $P_{kLimL\rightarrow\infty}$=0

Por otro lado si se considera que:

$$\mu = \frac{\bar{P}_k}{P_k}; \ \ \nu = \frac{\lambda}{\bar{\lambda}}; \ \ \bar{P}_k = 2\sqrt{\beta EI}; \ \ \bar{\lambda} = \pi \sqrt[4]{\frac{EI}{\beta}}$$

Se obtiene que:

$$\mu = \frac{1}{2}\left(\nu^{1/2} + \nu^2\right)$$

Ecuación cuya gráfica es la siguiente:

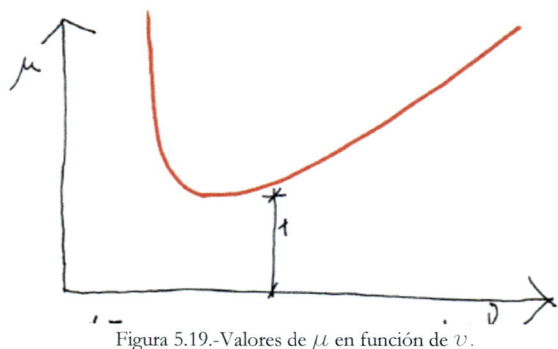

Figura 5.19.-Valores de μ en función de ν.

En la práctica se procede de la forma siguiente:

1. Se obtiene el valor mínimo de $\bar{P}_k$ **a partir de:** $\bar{P}_k = 2\sqrt{\beta EI}$

2. Se calcula el valor de la semionda: $\bar{\lambda} = \pi \sqrt[4]{\frac{EI}{\beta}}$

3. Se obtiene el número de semiondas: $\bar{m} = \frac{L}{\bar{\lambda}}$

4. Se toma el entero mayor y menor de $\bar{m}$ *de forma que* $m_1 < \bar{m} < m_2$

5. Se calculan los valores: $\nu_1 = \frac{\bar{m}}{m_1}; \ \nu_2 = \frac{\bar{m}}{m_2}$

6. Conocidos

   ν_1 y ν_2 *se obtienen los valores* μ_1 y μ_2 *a partir de la expresión*:
   $$\mu = \frac{1}{2}\left(\nu^{1/2} + \nu^2\right)$$

7. Se toma el valor de μ_1 y μ_2 calculando $\bar{P}_k$ \ \ Pk= $\mu\bar{P}_k$

8. La carga máxima admisible será: $P_{Adm.} = \frac{P_k}{\gamma}$

   Donde **g** es el coeficiente de seguridad que se toma con el valor de **2,5**.

   NOTA: El momento de Inercia de una sección circular es: $I = \frac{\pi d^4}{64}$

5.3.4.- MEJORA Y CONSOLIDACIÓN DEL TERRENO.

La cimentación de un edificio está permanentemente en equilibrio con el terreno. Por ello, cuando aparece una patología que rompe este equilibrio, se debe analizar bien desde el propio terreno o desde la cimentación.

Si el edificio es reciente, la pérdida del equilibrio inicial hay que buscarla en la inadecuación de la cimentación diseñada. La solución debe actuar el adecuando o complementando la cimentación construida.

En cambio, si el edificio es antiguo y la patología aparece cuando éste lleva años de servicio, la causa se deben buscar en la aparición de un agente externo que está provocando la rotura del equilibrio inicial.

Como dice el artículo 8 del DB-SE-C del CTE, hay que tomar en consideración una serie de factores para utilizar el más adecuado a la hora de hacer un recalce.

Estos factores son los siguientes:
- Espesor y propiedades del suelo a mejorar.
- Presiones intersticiales de los diferentes estratos.
- Modificaciones del nivel freático.
- Deformaciones previsibles.
- Efectos en el entorno.
- La degradación de los materiales

También hay que tener en cuenta que la mejora del terreno se debe realizar con el edificio construido, por lo que muchas de las técnicas que se indican no son compatibles con un recalce.

Las técnicas a emplear son las siguientes:
- Compactación.
- Precarga y drenaje.
- Columna de grada por vibrosustitución.
- Vibrocompactación.
- Jet Grouting.
- Inyecciones.

A. COMPACTACIÓN.

Mediante la compactación del terreno se consigue una mejora de las propiedades físico-mecánicas del mismo. Se emplean técnicas diferentes con aporte de zahorras o sin aporte. La maquinaria que se emplea es pesada como: compactador es de rodillos, neumáticos o pata de cabra, así como máquinas vibratorias. A excepción de la compactación superficial, ésta técnica consiste en eliminar el terreno o relleno inadecuado, verter unas zahorras en capas de pocos centímetros (<30cm), modificar la humedad del suelo y compactar al 98% del ensayo Proctor modificado.

A no ser en casos excepcionales es una técnica que no se puede emplear para la mejora del terreno en edificios ya construidos.

B. COLUMNAS DE GRAVA.

Se trata de ejecutar un pozo como si fuera un pilote y llenarlo de grava. Realizando cuatro columnas se puede tener la base de una zapata como si estuviese apoyada en cuatro pilotes. Esta técnica no se suele emplear para realizar recalces habida cuenta que es difícil ejecutar con edificios ya construidos.

C. VIBROCOMPACTACIÓN.

La vibrocompactación es una técnica que se emplea para compactar suelos sin cohesión muy flojos como las escorias. La técnica consiste en hincar el vibrador debido al peso propio, vibración e inyección de agua. El terreno no se sustituye. La compactación se realizará por pasada sucesivas de abajo arriba, compactando un cilindro de los cinco metros de diámetro posteriormente, es necesario aportar terreno o zahorras para compensar el cono de hundimiento generado por el vibrador.

La vibrocompactación podría utilizarse para compactar terrenos granulares muy disgregados, bajo zapatas. Para su utilización sería necesario realizar un fuerte apeo de la zona de influencia.

D. JET GROUTING.

Esta técnica consiste en la formación de columnas pseudocilíndricas de suelo-cemento de diámetros variables entre 0,5 3,5 m de diámetro con tensiones de hasta 200kp/cm^2.

Puede funcionar como apoyo en mejoras del suelo y como mejora del terreno en recalces. Se ejecutarán en dos fases: la primera es la perforación hasta la cota necesaria; la segunda la inyección del fluido y la recuperación de la tubería de forma simultánea. El propio tubo lleva varios taladros de forma que cuando se ha realizado la perforación se introduce una lechada de cemento altas presiones, mayor de 500 bares, que rompe el terreno, mezclándose la lechada con el terreno. Simultáneamente se va subiendo el tubo y se va rotando formando una especie de hélice que va desde el estrato de apoyo hasta la base de la cimentación. Este movimiento produce un efecto cilíndrico, con una resistencia de hasta 200 kp/cm^2.

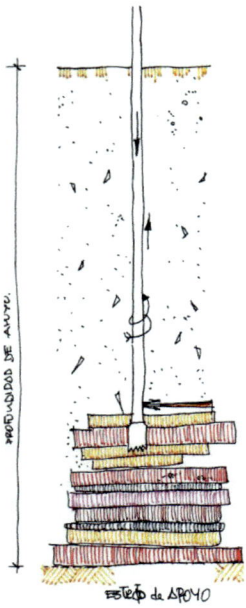

Figura 5.20.-Jet Grouting.

Como material aglutinador se utiliza lechada de cemento con bentonita u otro tipo u otro tipo de material compuesto por mezclas químicas. La presión de la inyección, así como la velocidad de ascenso y giro, producen columnas de mayor o menor densidad de consolidación. Los Jet Grouting se pueden emplear de forma aislada como apoyo de un recalce en hilera tangente, para la contención de laderas ancladas o sin anclar. La calidad de la mezcla de cemento-bentonita-terreno depende de las necesidades reales, realizando columnas más o menos resistentes o simplemente mejorando el suelo en cilindros de 3,5 m de diámetro.

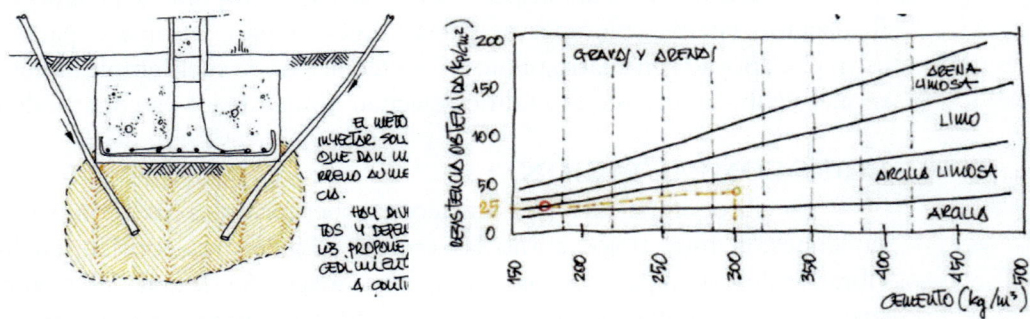

Figura 5.21.-Silicatación   Figura 5.22.-Tendión del terreno.

Según el tipo de terreno y la presión con la que se quiere operar, la estimación de cemento necesario se puede obtener la nueva tensión del terreno según se aprecia en el cuadro siguiente:

EJEMPLO.-

Si se quiere obtener un suelo consolidado de 25 kp/cm^2

En una arcilla limosa, sería necesario realizar una mezcla de cemento 175 kg/m^{3}y bentonita.

E. INYECCIONES.

Este apartado contempla las inyecciones de fluidos que endurecen o mejoran el terreno, en diferencia con el anterior no rompen el terreno, sino que lo precipitan o confinan para mejorar su capacidad mecánica.

E1.- SILICATACIÓN.-

El método consiste en inyectar soluciones químicas que dan mayor dureza al terreno aumentando su resistencia. Hay diversos procedimientos y dependen del autor que los propone, aunque el procedimiento es similar. A continuación, y a modo de ejemplo se exponen algunos de estos métodos:

E1A.- PROCEDIMIENTO JOOTEN.

El ingeniero berlinés propone perforar el terreno con tubos puntiagudos de Ø25 cm hasta la profundidad necesarias. Se sitúan a distancias entre 0,75 a 1,00 m inyectándose, posteriormente, a una presión de hasta 100 atmósferas, dos componentes: una primera inyección de silicato sódico y una segunda inyección de un ácido que reacciona con la primera produciéndose la silicatación del terreno. Los terrenos solidificados pueden alcanzar resistencias de hasta 100 kp/cm². No obstante, como el proceso no se detiene, se ha comprobado que 28 días después la solidificación era completa y seis meses después puede duplicar su resistencia inicial.

E2.- PROCEDIMIENTO GAYARD.

Este procedimiento es similar al propuesto con anterioridad, solo se diferencia en las mezclas a inyectar, que son las siguientes:

PRIMERA INYECCIÓN.
Solución de silicato alcalino comercial diluido 1:9 en agua.

SEGUNDA YECCIÓN.
Bicarbonato de sodio o potasio al 3,15%.
Cloruro sódico (15%)
Hipoclorito sódico o potásico (del 0,3 al 1%)
(Nota: Los porcentajes se refieren al peso del silicato empleado)

E3.- PROCEDIMIENTO FRANÇOIS.

Este procedimiento es propone la inyección simultánea mediante dos tubos colindantes o cercanos: por unos se inyecta soluciones de silicato y por el otro una sal ácida (sulfato de alúmina)

F. ARCILLAS EXPANSIVAS.-

Las arcillas expansivas pueden estabilizarse con inyecciones de cal o cemento que añadidos al suelo reducen la plasticidad potencial de hinchamiento. De cal se añade entre un 2 a 4% del peso del suelo y algo más se aña de cementos. Se realizan taladros de Ø50 mm y entre 4 a 6 m de profundidad, tratando la zona de terreno que puede afectar a la cimentación del edificio que se recalza.

G. ATAQUES POR SULFATOS.-

Es frecuente la existencia de sulfatos solubles de sodio, potasio, calcio o magnesio, quedando el ion so$_4^-$ libre, que tiende a combinarse con el silicato cálcico y el aluminato cálcico hidratado que componen el cemento, formando etringita. Con el hidróxido cálcico se forma yeso. Ambas reacciones químicas producen expansiones muy fuertes produciéndose patología de los elementos de sustentación, similares a los que se producen por las arcillas expansivas. Además, las reacciones del ion sulfato con el cemento ocasionan erosión, disgregación y destrucción del hormigón, con las graves consecuencias que ello acarrea.

La solución a los problemas que provienen de ataques de sulfatos se puede afrontar de la forma siguiente:

a. Se extrae un testigo de la zapata, para comprobar el estado de disgregación de la misma.

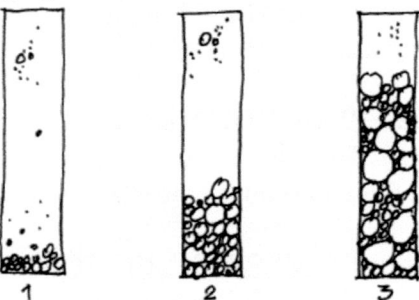

Figura 5.23.-Testigos de una zapata.

b. En el primer caso, en el que se observa el comienzo de la disgregación del de la cimentación se puede actuar químicamente tal y como se indicó en alguno de los procedimientos anteriores, inyectando una disolución de bicarbonato sódico que neutraliza el ion sulfato libre, que es el que ataca al hormigón.

c. En el caso segundo, donde se observa un ataque al canto del hormigón inferior al 20%, el problema se puede solucionar inyectando una lechada de cemento sulforresistente y bentonita en la base de la cimentación.

d. En el tercer caso, debe sustituirse el elemento afectado, es decir su demolición y sustitución por otro similar. Se deberá prever un apeo total del elemento.

H. INYECCIONES ARMADAS DE LECHADA DE CEMENTO.-

En la mayoría de las ocasiones el problema que se plantea no es químico sino mecánico. El problema aparece cuando se plantea una cimentación asentada en un terreno flojo que además se encuentra muy afectado ante la presencia de agua, como las roturas de las redes municipales de agua potable o de saneamiento.

En estos casos la transmisión de cargas a otros estratos inferiores no es suficiente ya que la ejecución de micropilotes debe de ser apoyados lateralmente para evitar el pandeo.

Este tipo de inyecciones se pueden dividir de dos formas: Inyecciones libres o armadas con tubo-manguito.

H1.- INYECCIONES LIBRES.

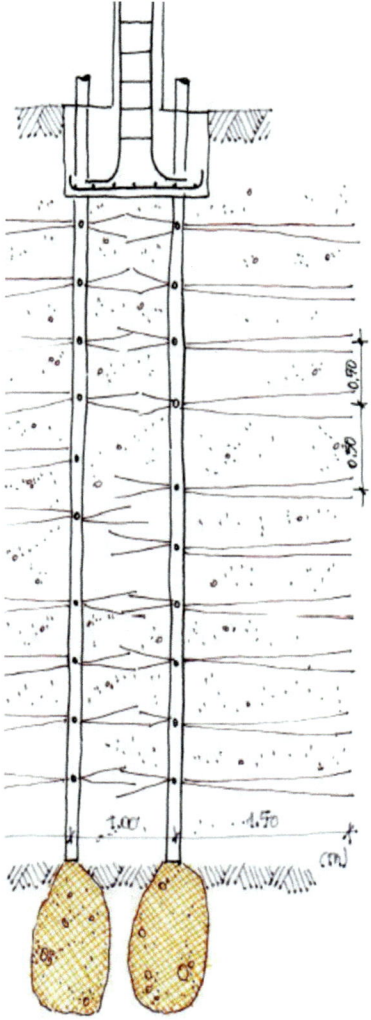

El método consiste en la ejecución de un micropilote convencional, realizando una perforación a un estrato resistente. Posteriormente se introduce un tubo de acero de Ø120 o Ø150mm de acero ST37. El tubo va libre en su extremo inferior y perforado cada 50cm de cuatro taladros de Ø10 o Ø12 mm. Una vez colocado el tubo en su posición definitiva se introduce el cilindro de inyección hasta el fondo, solo o con el obturador superior, inyectándose una mezcla de bentonita-cemento a presión de 50 a 500 bares, produciéndose una gran bola de apoyo de uno o dos metros cúbicos de anclaje inferior.

Posteriormente se completa el cilindro de inyección con los dos obturadores, superior e inferior, posicionándolo a la altura de cada grupo de taladros e inyectando la bentonita cemento de dos maneras: bien con una cantidad y presión preestablecida o con cantidades suficientes hasta alcanzar una determinada presión determinada previamente.

Figura 5.24.-Inyecciones armadas.

Si lo que se quiere evitar es el pandeo del micropilote con inyecciones de 100 a 200 l por perforación será suficiente. Además, como el cilindro de inyección lleva un doble obturador siempre va limpiando el interior, por lo que las inyecciones se pueden repetir inyectando a diferentes presiones.

Finalmente se quita el obturador inferior y se inyecta de abajo arriba rellenando totalmente el tubo de acero.

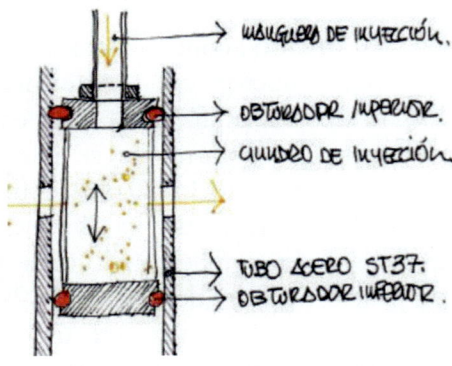

Figura 5.25.-Obturador de las inyecciones armadas.

Un tubo de acero de estas características puede soportar una carga de:

$$P = \frac{3,14 \cdot 6^2 cm^2 \cdot 250 \, kp/cm^2}{1,5}$$
$$= 18.850 kp \cong 20T$$

Con este sistema se puede recalzar una cimentación y y simultáneamente mejorar el suelo existente bajo la misma. Ahora bien, si lo que se pretende es evitar el pandeo de los micropilotes, no sería necesario realizar perforaciones cada 50 50 cm, con situar una, dos o tres perforaciones sería suficiente para apoyar lateralmente los micropilotes. Asimismo, el coste de la ejecución se reduciría notablemente. Los puntos de apoyo dependerían de la longitud del micropilote y de la carga crítica que se quiera establecer, de acuerdo al apartado anterior.

H2.- INYECCIONES ARMADAS CON TUBO-MANGUITO.

Mientras que en el apartado anterior se describe el método de las inyecciones libres, se puede establecer un sistema parecido o una variante del sistema anterior que se denomina Inyecciones con **Tubo-Manguito**.

El sistema consiste en colocar delante de cada perforación del tubo dos anillos de acero que sujetan un tubo de goma o Neopreno que evita, como en el caso anterior, la salida perpendicular de la inyección, sino que forma superficies cóncavas de diferentes curvaturas según la presión preestablecida a la que se inyecta. El tubo-manguito se coloca entre dos aros metálicos para evitar su desplazamiento a la hora de introducir el tubo en la perforación.

Una vez posicionado el obturador de inyección, se introducen 110-120l/taladro en una primera fase, obteniéndose unas superficies de lechada más o menos regladas que salen en las cuatro direcciones, según la situación de los taladros realizados en el tubo.

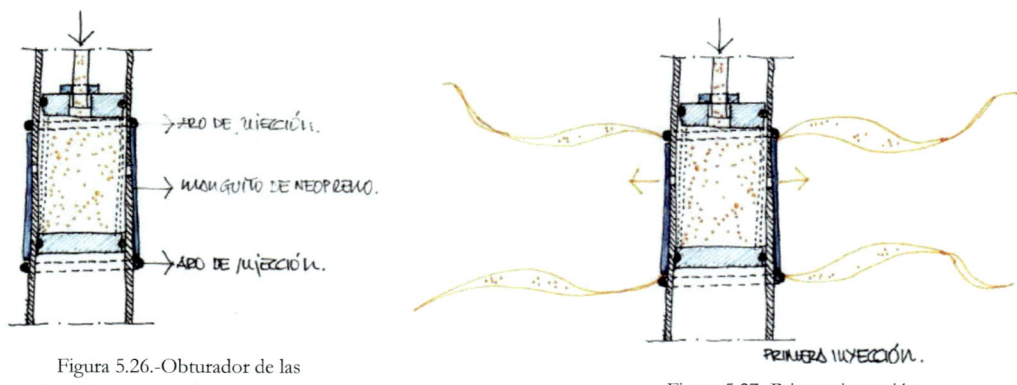

Figura 5.26.-Obturador de las inyecciones con tubo-manguitos.

Figura 5.27.-Primera invección.

El procedimiento se va realizando en cada uno de los manguitos, de forma que no se realicen más de una inyección por zapata y día en cada una de las perforaciones establecidas de un micropilote.

Terminada una primera fase se reitera el procedimiento en una segunda fase de inyecciones. Como el mortero de la lechada primera se ha endurecido, la presión de la segunda fase deberá ser mucho mayor para romper la zona de las perforaciones ya endurecida, lo que provoca que la lechada salga más vertical que la primera, formando una serie de celdillas que confinan el terreno.

Con el procedimiento descrito se van realizando una serie de fases de inyecciones que se van sucediendo hasta que el suelo adquiere la consistencia suficiente, lo que se conoce por la presión que es necesario ejercer por cada taladro.

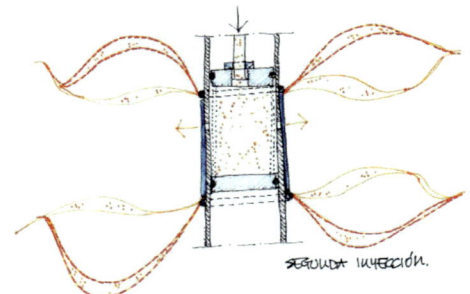

Figura 5.28.-Segunda inyección.

Al igual que en casos anteriores el paso del cilindro de inyección a través del tubo hace que éste, esté siempre limpio interiormente, por lo que el número de inyecciones por grupo de taladros puede realizar ser tantas veces como sea necesario para alcanzar las presiones necesarias para consolidar el suelo.

El procedimiento se fundamenta en la rotura hidráulica del terreno que depende exclusivamente de su resistencia inicial y no de su textura.

Como se ha indicado el procedimiento se realiza de forma escalonada, por lo que permite el tratamiento con mezclas de bentonita-cemento en suelos cuya textura impediría su impregnación. La rotura hidráulica se produce con volúmenes de lechada aplicado a través de puntos de inyección, protegidos por

239

tubos de goma, dispuestos en tubos de acero con separación no superior a los 50 cm entre los puntos de inyección, consecutivos en el mismo tubo.

Estos puntos de inyección permiten la repetición del tratamiento, cuantas veces sea necesarios, después de haber fraguado, las inyecciones anteriores, así como la dosificación de cada fase y el volumen y caudal deseado, lo que permite un control muy preciso de las deformaciones inducidas en el estrato del suelo tratado.

La regulación del caudal tratado está forzado por la rotura del terreno, lo que permite presiones estáticas de forma crecientes, hasta la última que cierra el manguito y que se fija según la profundidad. Estas presiones cerrarán las células del terreno de dimensiones centimétricas, comprendidas entre lenguas de lechada.

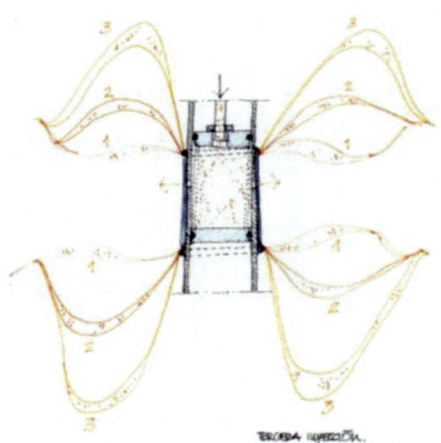

Figura 5.29.-Tercer a inyección.

El resultado de todo el proceso consiste en la inclusión, en el terreno, de un esqueleto de lenguas de lechada ce cemento-bentonita endurecidas con una resistencia de unos 20 kp/cm² a los veintiocho días.

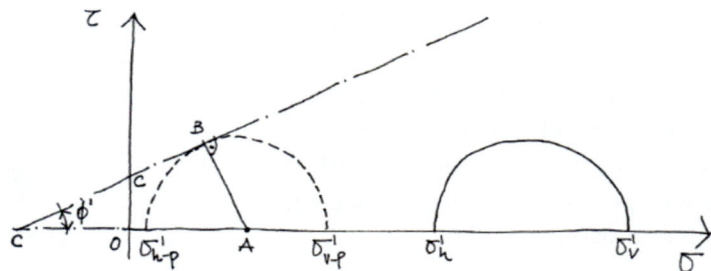

Figura 5.30.-Círvulo de Mohr.

Para estimar los parámetros mecánicos del terreno inyectado a presión, Santos y Cuellar[1] proponen la siguiente demostración según el círculo de Mohr donde se supone un estado tensional del terreno de dimensiones efectivas, horizontal y vertical (s_h', s_v'). La condición de rotura para una presión hidrostática P ocurre cuando el en círculo de tensiones, trasladado –P, es tangente a la envolvente de la resistencia, lo que supone corresponde a parámetros efectivos de cohesión C' y de ángulo de rozamiento interno φ'. De la condición de tangencia del círculo trasladado se deduce:

$$AB = AC \cdot sen \; \phi' \quad AB = \frac{\sigma_v' - P - \sigma_h' + P}{2} = \frac{\sigma_v' - \sigma_h'}{2}$$

---

[1] Artículo publicado en el libro homenaje a Jimenes Salas, Geotécnia 2000.

$$AC = OC + OA = \frac{C'}{tg\varphi'} + \frac{\sigma_v' - P - \sigma_h' + P}{2} = \frac{\sigma_v' - \sigma_h'}{2}$$

De donde se obtiene que:

$$cos\varphi' + \frac{\sigma_v' - \sigma_h'}{2} \cdot sen\varphi' \quad \frac{\sigma_v' - \sigma_h'}{2} = P \cdot sen\varphi'$$

Simplificando y considerando $\sigma_v' = \sigma_h'$

$$C' cos\varphi' + \sigma_v' sen\varphi' = Psen\varphi'$$

Dividiendo por $cos\varphi'$

$$\textbf{C'=(P-}\sigma_v'\textbf{)} \, \boldsymbol{tg\varphi'}$$

Si se toma como valor de P-σ_v' =5kp/cm² para un ángulo de rozamiento $\varphi' = 30º$ el valor de la cohesión C'=2,88 kp/cm².

Si se parte de un ensayo de resistencia a la compresión simple, no drenado, hubiera proporcionado mayor valor de cohesión y menor ángulo de rozamiento interno.

$$S_u = \frac{C'}{tg\,\varphi'} = \frac{2,88}{0,58} = 5kp/cm^2$$

Con estos valores obtenidos, el corte vertical queda garantizado (F>2) para empujes horizontales en condiciones de reposo por parte del terreno y construcciones circundantes $(\sigma_h' = k_o \sigma_v')$.

Se tienen multitud de experiencias de asientos de terrenos antes y posteriormente al tratamiento con inyecciones armadas, reduciéndose los asientos el 25% previsto inicialmente. Este tipo de mejora y consolidación del terreno se realiza con un fuerte control de la ejecución que comprende:

- Seguimiento de las inyecciones realizadas en cada uno de los taladros de cada tubo.
- Seguimiento de los movimientos afectados de los distintos elementos estructurales.

Si bien es un proceso es complejo de realizar para lo que se necesita una empresa especializada, tiene la ventaja de su fácil ejecución y control. Tiene el inconveniente de que en interiores se destruye todos los acabados de las viviendas.

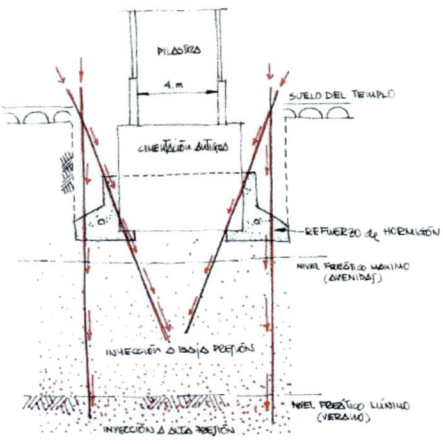

Figura 5.31.-Forma y situación de las inyecciones.

Este procedimiento solo está justificado si lo que se rellena u hormigona es parte del estrato blando, antes de llegar a un estrato forme.

Además, es más económico que el de silicatación del terreno y es ideal para suelo granulares. Los tubos de inyección verías de Ø40 a Ø150 mm, según el caso y la presión puede alcanzar valores superiores a los 150 kp/cm^2.

Los materiales pueden ser morteros fluidos de cemento y arena de dosificación 1:4 y lechada de cemento agua 1:7, según el tipo de granulometría del terreno. Se debe empezar por inyecciones de mortero de cemento, en varias fases, esperando el fraguado de la fase anterior. Posteriormente se inyecta la lechada de cemento, que va introduciéndose por los intersticios más pequeños. Cuando se inyecta lechadas de cemento y agua es conveniente añadir bentonita para evitar la disgregación del cemento y que queden zonas sin cemento.

Hay que tener en cuenta que si se inyecta en terrenos yesíferos se debe emplear cementos sulforresistentes y/o lechada de arena y cal.

En conjunto, cuando se inyecta bentonita-cemento se produce unas finas láminas de mortero que confinan el terreno en una serie de celdillas que hace aumentar considerablemente su capacidad portante, mejorando así un suelo deficiente. La profundidad de inyección debe ser superior a tres veces el ancho de la zapata más grande.

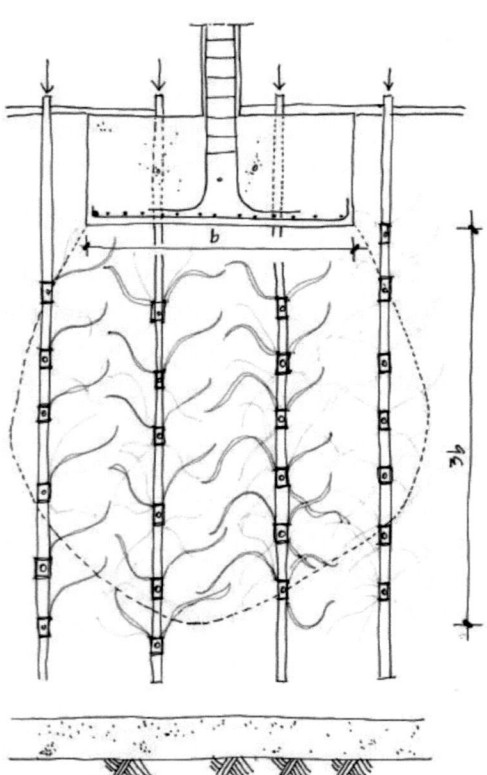

Figura 5.32.-Mejora del suelo en la zona del bulbo de presiones de una zapata

I. OTRO TIPO DE INYECCIONES

Cuando se producen problemas en cimentaciones profundas, como la discontinuidad de un pilotaje o la falta de resistencia del suelo en punta, se puede emplear la técnica descrita para aumentar la resistencia del terreno en la punta del pilote o inyectando una zona discontinua de un pilote durante la ejecución del mismo. Se perfora el pilote por su centro y se detecta de esta forma la zona discontinua, donde se inyecta una lechada de hormigón fluido que une las dos partes del pilote afectado, recomponiendo el mismo, para que pueda dar servicio convenientemente.

Hay que tener en cuenta la sobrecarga que se inyecta, que puede ser contraproducente, ya que el peso propio del hormigón vertido puede arrastrar el hormigón, produciéndose asentamientos importantes que pueden perjudicar más que el propio estado inicial.

Lo acertado en estos casos es sopesar el agrandamiento de la cabeza de compresión. Es preciso reflexionar que un metro cúbico inyectado suele ser 2.500 kg de peso que si adhiere a la cabeza de del pilote es una sobrecarga más que hay que cuantificar para calcular si el estado final puede estar en equilibrio y si el nuevo asiento inducido puede ser aceptable o no se puede admitir.

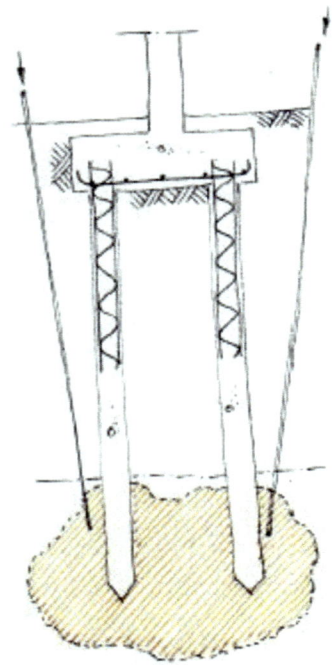

Figura 5.33.-Inyeccíón en extremo de pilotes.

Este método fue empleado en la Basílica del Pilar de Zaragoza en 1933, ante el lavado del terreno debido a las avenidas de agua del río Ebro, que pueden tener fluctuaciones del nivel del agua de hasta 6,00 m , con sus correspondientes fluctuaciones del nivel freático. Estas fluctuaciones van lavando el terreno haciendo migrar los finos a otras zonas, dejando las gravas limpias. Esta pérdida de material provoca asentamientos de las cimentaciones que se apoyan en estos terrenos, por lo que, una vez detectado el problema, es preciso actuar lo antes posible.

5.3.5.- RECALCES ESPECIALES.

Aunque cada actuación es siempre un tipo recalce diferente, es preciso indicar otros tipos de recalces más inusuales, como los que se describen a continuación:

RECALCES LATERALES.

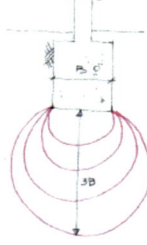

Una cimentación superficial distorsiona el terreno subyacente mediante un bulbo de presiones en una profundidad tres veces el ancho de la zapata (3B). Esta distorsión o compresión tiene como consecuencia el desplazamiento vertical y horizontal de las distintas partículas que configuran dicho suelo.

Figura 5.33.-Bulbo de presiones de una zapata.

Mediante la construcción de muros pantalla que superen esta profundidad se podrá evitar el desplaza-miento horizontal del suelo, al confinarlo entre dos muros pantalla.

Este muro pantalla puede realizar con una serie de micropilotes en hilera que soportan el terreno, confinándolo a un área determinada.

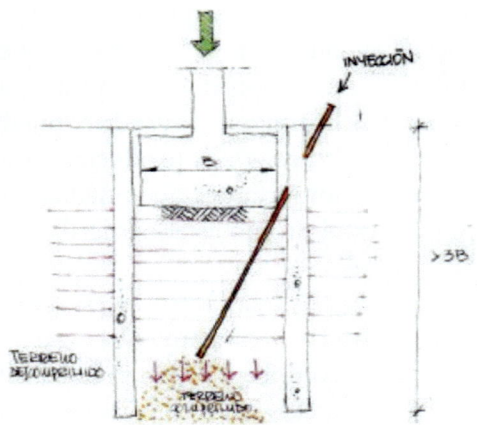

Figura 5.34.-confinamiento de terreno.

De esta forma el asiento tenderá rápidamente a su equilibrio. Es un procedimiento empleado en grandes zapatas o losas de cimentación. Se puede superponer con inyecciones inferiores en cimentaciones de grandes edificios históricos. Es un recalce de costo elevado, pero necesario en determinados casos.

RECALCES CON ANCLAJES.

En ocasiones es necesario en determinados casos realizar unos anclajes a tracción para contener determinados elementos estructurales que pueden contener empujes o deslizamientos. Como puede ser el caso del deslizamiento de una ladera, que se puede equilibrar mediante la ejecución de un muro pantalla y unos micropilotes pasivos (solo ejecutados) o posteriormente tensados, para evitar posibles deslizamientos del terreno.

Figura 5.35.- Anclajes laterales con micropilotes.

En este tipo de recalces o anclajes es preciso comprobar los siguientes extremos:

a) Que la longitud de anclaje supera la zona afectada.

b) Que el bulbo de anclaje, conseguido por la inyección de muy fuertes presiones, es suficiente para soportar las tracciones a que se verá sometido.

c) Que la placa de anclaje puede soportar las solicitaciones de trabajo, especialmente las debidas al punzonamiento.

OTROS TIPOS DE RECALCES.

Como se ha indicado con anterioridad, cada solución a un problema de recalce, puede plantear especificaciones novedosas y metodologías empleadas de forma habitual, en cambio hay tipos de recalces desechados por obsoletos, como recalces con tablestacas o tecnológicamente muy avanzados o muy costosos, como la congelación de suelos que no pueden considerarse por ser prácticas inusuales.

5.3.6.- RECALCES CON MICROPILOTES HINCADOS.

Otra técnica utilizada, más recientemente, es la del micropilote hincado. Consiste en Taladrar la zapata introducir el micropilote en dicho taladro y mediante un mecanismo neumático, se va hincando el micropilote en el terreno, hasta alcanzar una capacidad mecánica determinada. Una vez conseguida, se fija el micropilote a la zapata mediante un mortero de reparación. Esta patente de Geonovatek puede realizarse en pequeños espacios, como trasteros, escaleras, etc., ya que el gato hidráulico que se emplea es muy pequeño.

Figura 5.36.- micropilote hincado.

El micropilote es macizo de **60mm** de diámetro, en varas de unos tres metros, de longitud, que se roscan unos con otros, pudiéndose, así, obtener profundidades considerables

Figura 5.37.- Los micropilotes se roscan para alcanzar la longitud necesaria

Los cálculos se realizan para cargas de 25T, por eso se va hincado en micropilote hasta que es necesario una presión de 25T. En ese momento se para la hinca, se corte el micropilote y se hecha por el agujero un mortero de reparación, que lo consolide con la zapata y se deja fraguar. De esta forma, se tiene la certeza de que cada micropilote alcanza una carga de 25T, independientemente de la profundidad alcanzada, ya que dicha carga se obtendrá, dependiendo del tipo del terreno, el grado de compactación y longitud hincada.

5.3.7.- CÁLCULOS ESTRUCTURALES.

Para establecer el estado del edificio tal y como está ejecutado, se han realizado una serie de comprobaciones de cálculo siguiendo diferentes hipótesis, con el fin de que se pueda establecer un grado de fiabilidad y se pueda conocer los coeficientes de seguridad existentes, para poder tomar las determinaciones que se estimen oportunas.

Con tal propósito se han realizado las siguientes comprobaciones:

5.3.7.1.- Acciones características.

En primer lugar, se establecen las acciones características que van a actuar en dicha estructura, que tal como se calcularon, no de acuerdo a la Norma Básica de la Edificación NBE-AE/88 y al CTE/SE-AE:

De acuerdo a dichas condiciones, de Acciones en la Edificación, estas acciones son las siguientes:

5.3.7.2.- Tensiones transmitidas a la cimentación.

ACCIONES EN LA EDIFICACIÓN

Planta Baja.
Peso Propio:
Forjado de Hormigón (Sanitario) con Bov. de poliestireno 2,45 kN/m^2
Pavimento 1,00 kN/m^2
PESO PROPIO   3,45 kN/m^2
Sobrecargas:
Uso   2,00 kN/m^2
Tabiquería 1,00 kN/m^2
SOBRECARGAS 3,00 kN/m^2
TOTAL PLANTA BAJA 6,45 kN/m^2

Planta Primera.
Peso Propio:
Forjado de Hormigón con Bovedilla de poliestireno   2,45 kN/m^2
Pavimento 1,00 kN/m^2
PESO PROPIO   3,45 kN/m^2
Sobrecargas:
Uso   2,00 kN/m^2
Tabiquería 1,00 kN/m^2
SOBRECARGAS 3,00 kN/m^2
TOTAL PLANTA PRIMERA   6,45 kN/m^2

Planta de Cubierta.
Peso Propio: Forjado de Hormigón con Bovedilla de poliestireno 2,80 kN/m^2
Elementos de cobertura   1,20 kN/m^2
PESO PROPIO   4,00 kN/m^2
Sobrecargas:
Uso   1,00 kN/m^2
Nieve   0,50 kN/m^2
SOBRECARGAS 5,50 kN/m^2
TOTAL PLANTA de CUBIERTA   7,54 kN/m^2

Los valores se calcula la cimentación del edificio comprobando la carga transmitida al terreno, cálculo que se acompaña en el Anexo II.

Por otro lado, se considera un terreno compuesto de arena   limosa marrón clara, con cantos subredondeados y subangulosos de caliza, disperosos Que es un tramo de compacidad media-alta que se denomina Glacis. Esta capa riene una capacidad mecánica de e 0,**20 kN/mm²** (**2,0 kp/cm²**).

Valores unitarios de cálculo.
PLANTA BAJA   6,45 kN/m²
PLANTA TIPO   6,45 kN/m²
PLANTA de CUBIERTA   7,54 kN/m²
Cerramiento (2,80x2,50)   **7,00 kN/m**

Por ejemplo, si se toma los valores de carga que llegan a un metro de zapata, que soporta el muro de carga se obtiene:

P=1,00x1,40x0,50x2.500+1,00x2,95(680x3+754)+700·3x2,95=
1.750+8.242+6.195=16.187kp
s_T = 16.187/100*140=**1,16 kp/cm²**< 1,5

						CARGAS EN ZAPATAS Y CÁLCULO DEL NÚMERO DE MICROPILOTES NECESARIOS							
NÚMERO	DIMENSIONES (m)			PESO PROPIO	ÁREA DE INFLUENCIA			CARGA	CERRAMIENTO	CARGA TOTAL DE	Tensión	TOTAL	
ZAPATA	LONGITUD	ANCHO	CANTO	(kp)	LONGITUD	ANCHURA	Nº FORJADOS	(kp)	(kp)	CÁCULO (kp)	Transmitida	Nº M	MICROS
P1	0,95	1,15	1,50	4.096,88	2,48	1,92	3	13.142	9.240	26.479	2,42	2	2
P2	1,20	1,00	1,50	4.500,00	4,53	2,58	3	12.503	9.513	26.516	2,21	2	2
P3	1,20	1,05	1,50	4.725,00	3,90	2,58	3	27.717	5.408	37.850	3,00	2	2
P4	1,40	1,45	1,50	7.612,50	1,85	2,58	3	13.148	3.885	24.645	1,21	2	2
P7	1,30	1,00	1,50	4.875,00	2,48	5,00	3	34.224	10.500	49.599	3,82	3	4
P8	1,10	1,60	1,50	6.600,00	4,53	5,18	3	64.765	0	71.365	4,05	4	4
P9	1,60	1,90	1,50	11.400,00	5,18	3,90	3	55.758	0	67.158	2,21	4	4
P10	1,20	1,15	1,50	5.175,00	1,85	5,18	3	26.449	10.878	42.502	3,08	2	2
P11	1,35	1,30	1,50	6.581,25	2,48	3,25	3	22.246	12.033	40.860	2,33	3	3
P12	0,95	1,15	1,50	4.096,88	2,48	2,58	3	17.625	5.208	26.930	2,47	3	3
P13	1,10	1,10	1,50	4.537,50	3,90	2,60	3	27.986	8.190	40.714	3,36	3	3
P14	1,10	1,40	1,50	5.775,00	1,85	2,60	3	13.276	9.345	28.396	1,84	2	2
											TOTAL MICROS..........	S	33

Figura 5.38.- Tamaño del gato hidráulico**hincado**.

Para establecer el estado del edificio tal y como está ejecutado, se realizan una serie de comprobaciones de cálculo, siguiendo diferentes hipótesis, con el fin de que se pueda establecer un grado de fiabilidad y se pueda conocer los coeficientes de seguridad existentes, para poder tomar las determinaciones que se estimen oportunas. Con tal propósito se han realizado las siguientes comprobaciones:

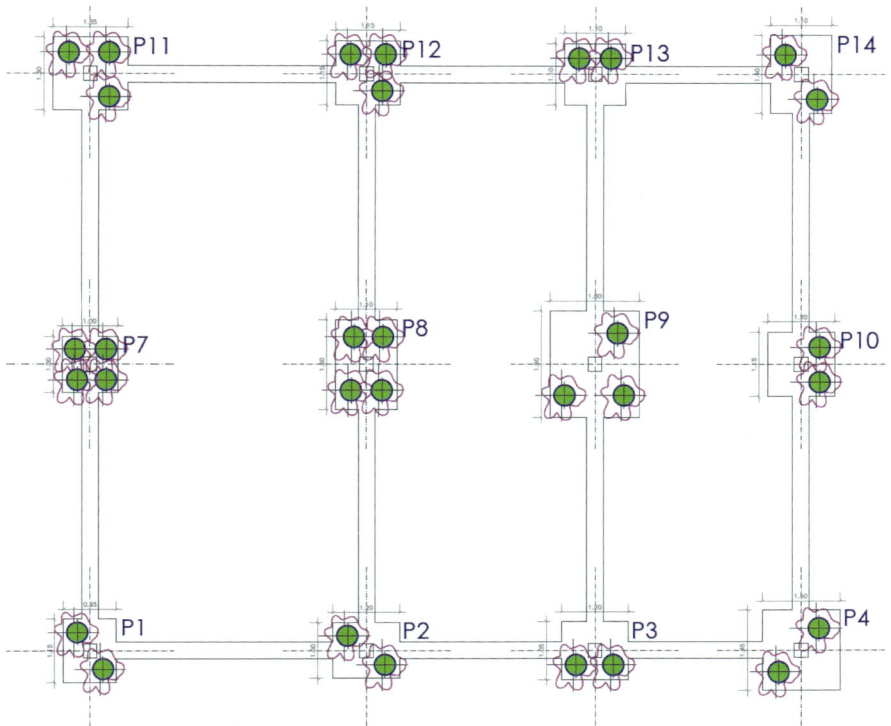

Figura 5.39.- Posición de los micropilotes.

En el cálculo realizado se tiene en cuenta los siguientes extremos:

- Las cargas no se mayoran.
- Se tiene en cuenta el peso propio de la zapata existente.
- Como se observa en la tabla anterior existen disparidad de tensiones transmitidas al terreno que oscila en una horquilla de 0,69 kp/cm² a 1,39 kp/cm². Es decir que habrá zapatas que asentarán el doble que otras, lo que provoca asientos diferenciales, con la subsiguiente distorsión angular. Lo que induce al descuadre de la estructura y consecuentemente a la aparición de patología.

Para recuperar la capacidad mecánica del terreno se utilizará una tipología de resina expansiva como la **HDR 300** estática, con una densidad libre de **90 kg/m³**o que permite rellenar con un material de poco peso.

Además, tiene un Coeficiente de expansión **1/12** lo que permite que el relleno se expanda y presione negativamente a la cimentación hacia arriba, haciéndola entrar en carga de nuevo.

Por último, la resina tiene una resistencia a la compresión mínima de 800 kPa/cm² lo que equivale a **8,158 kp/cm²** que es muy superior a los **0,40 kp/cm²** establecidos en el Estudio Geotécnico.

También es preciso valorar el tiempo de solidificación que es de 3s y el tiempo de reacción a la expansión de 30 s.

Una vez tensionada la cimentación se propone el recalce mediante la ejecución de una serie de micropilotes tipo **MP60** roscados que se introduce con un gato hidráulico hasta alcanzar un estrato inferior capaz de soportar hasta 25.000 kg. El sistema permite fijarlo a la cimentación cementando definitivamente la cabeza del micropilote con un mortero fluido sin retracción tipo SIKA GROUT S55.

5.4.- CONTROL DE UN RECALCE.

Durante los trabajos de recalce de un edificio con inyecciones armadas, conviene realizar un control de los movimientos del edificio y poder actuar en previsión de males mayores. Un proceso adaptable y de bajo costo puede ser el siguiente:

1. En primer lugar, se toma un punto de referencia fijo exento a la estructura del edificio, de forma que movimientos del edificio no afecten a este elemento. Se coloca encima de él un nivel óptico o laser.

2.

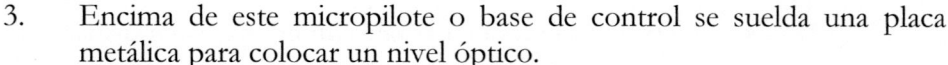

   Si el recalce se va a efectuar mediante micropilotes o inyecciones armadas, se realiza un taladro en la solera o forjado sanitario y se ejecuta un micropilote en su interior, que no toque la estructura del edificio.

Figura 5.40.-Reglilla de control.

3. Encima de este micropilote o base de control se suelda una placa metálica para colocar un nivel óptico.

4. A la altura de dicho plano del nivel, se colocan unas reglillas metálicas de unos 10-15 cm (puede servir trozos de un flexómetro metálico cortado a trozas de 20 cm).

5. Se coloca, asimismo, una de ellas en una referencia externa al edificio que se va a controlar.

6. Se hacen taladros en los tabiques y cerramientos que impidan la visión de las reglillas, desde la base de control.

7. la reglilla de control debe posicionarse de forma que no impida el paso de la maquinaria de perforación.

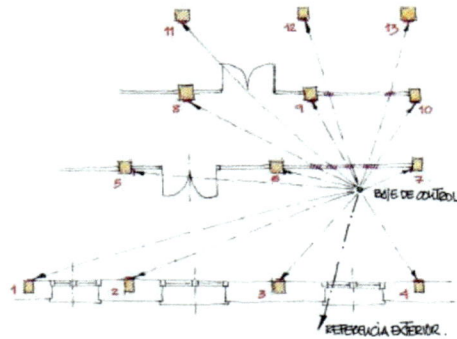

Figura 5.41.-Sistema de control ded un recalce.

8. Antes de comenzar los trabajos de inyección se hará una primera lectura de la posición de las reglillas, para conocer el punto de partida. Asimismo, se hará referencia y se tomarán los datos inamovibles del punto de referencia externo.

9. Cada vez que se interactúe en la base de una zapata o se esté inyectado lechada de bentonita-cemento a presión un topógrafo tomara datos del elemento recalzado y en sus colindantes.

   Estas medidas se tomarán cada hora, de forma que si se producen movimientos superiores a 1 mm se paralizarán los trabajos de recalce del elemento y se proseguirán en otro alejado, dejando fraguar la lechada inyectada, al menos hasta el día siguiente.

10. De esta forma el control de la estructura recalzada será exhaustivo con movimientos inferiores a un milímetro de asiento.

11. Cuando se producen altas presiones en las inyecciones se pueden producir movimientos ascendentes que pueden ser tan peligrosos como los de asentamiento.

12. Llevando un estadillo con las mediciones realizadas en cada uno de los elementos controlados, se puede posteriormente, deslindar los movimientos globales de la estructura, comprobando distorsiones angulares aparecidas y la patología que, posteriormente, se puede analizar independientemente a la inicial del edificio.

5.5.- POSIBLE RECUPERACIÓN DE ASIENTOS.

Mediante la técnica de las inyecciones de mortero de cemento a alta presión bajo la base de la cimentación se puede recuperar los fuertes asientos producidos, para mantener el edificio en su posición inicial. El problema que se plantea no es recuperar el asiento de una sola zapata, sino de restablecer un sistema de control que provea la inyección de fluidos a cada una de las zapatas afectadas, de acuerdo a las necesidades de recuperación.

El procedimiento puede ser manual o automático. En el primer caso consistiría en colocar, mediante perforaciones tubos de inyección bajo cada zapata. Posteriormente se inyecta la zapata que ha asentado más, para recuperar un asiento no mayor de 5 mm. La inyección se paraliza y se cierra la válvula que lleva la manguera. A continuación, se lleva la manguera de inyección a otra zapata colindante y se realiza la misma operación.

El procedimiento se reitera tantas veces como sea necesario para compensar los asientos de cada zapata. Como el fluido que se inyecta deba estar muy líquido, es necesario realizar la operación de recuperación de una, antes de que el mortero fragüe, sino sería necesario perforar nuevos taladros y colocar nuevos tubos de inyección. Por último, hay que indicar que estas operaciones se deben realizar de forma muy despacio para que el edificio se vaya recuperando lentamente sin esfuerzos añadidos.

Otra forma más sofisticada de recuperación de asientos se podría realizar automáticamente de la forma siguiente:

1. Se instalan los tubos de inyección debajo de cada zapata.
2. Se prepara un colector de distribución que tiene una entrada de fluido a presión desde el aljibe de lechada y tantas bombas como puntos de inyección se hayan colocado.
3. A la salida de cada tubo de inyección se coloca una electroválvula que se manada y controla desde un ordenador.
4. Según la recuperación necesaria en cada zapata el ordenador calcula el caudal y presión necesaria en cada salida del colector.
5. Un sistema de medidor electrónico podría cerrar cada electroválvula, cuando una zapata haya recuperado su asiento.
6. Para evitar un brusco movimiento la lechada podría llevar un retardador de fraguado con lo que la recuperación podría realizarse a lo largo de varias horas, con el propósito de que los movimientos sean lo suficientemente lentos para que la estructura se vaya acomodando suavemente.

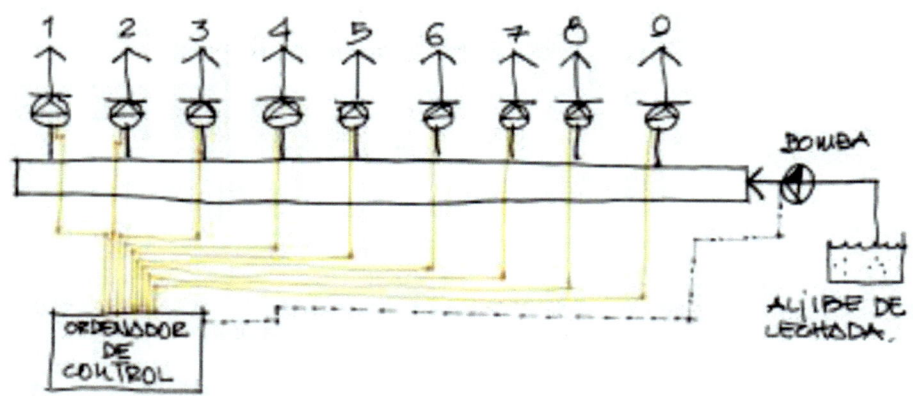

Figura 5.42.-Sistema automático de control de asientos.

5.6.- DISCUSIÓN: TENSIÓN INICIAL-TENSIÓN SECUNDARIA.

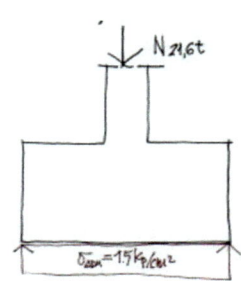

Si se tiene una zapata aislada de planta rectangular de 1,00x1,40 m que se recalza porque la tensión transmitida va a aumentar al doble del axil inicial se puede calcular que:

Si se considera una carga de 21.600kp inicial, la tensión transmitida será:

$$\sigma_{Trans} = \frac{21600\ kp}{100 \cdot 145\ cm^2} = 1,50\ kp/cm^2$$

Hay que considerar que en el axil inicial que se ha tenido en cuenta, además de la carga de la estructura, el peso propio de la zapata.

Si el axil aumenta a a 50T necesitará una superficie de contacto de:

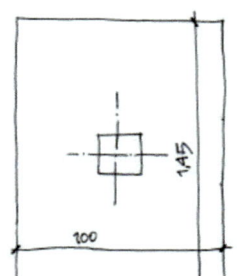

$$A = \frac{50.000 \cdot 1,15}{1,5} = 38.333,33\ cm^2 = 195x195cm^2$$

Es decir, que se necesita una zapata de 1,95x1,95 m. Ahora bien, si se quiere mantener la misma proporción inicial
$$a \cdot 1,00 \cdot a \cdot 1,45 = 38.333,33\ ;\ a^2 = 26.436,76 \cong a = 1,65$$

Si a=1,65m, b=2,40m

Es decir, que, si se ejecuta la zapata calculada de 1,65x2,40m la tensión es de 1,45 kp/cm² < 1,50 kp/cm². Geométricamente transmitidas sería como sigue:

253

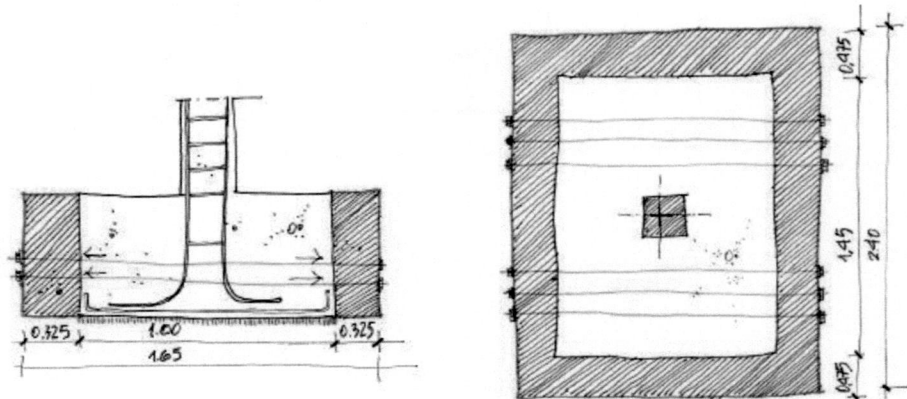

Figura 5.43.- Recalce de una zapata.

Ahora bien, un suelo va disminuyendo su volumen conforme aumenta la presión sobre el mismo. Si posteriormente se descarga recupera parcialmente el volumen perdido. En el ensayo edométrico se obtienen las curvas de compresión descompresión que son similares a está que se grafía a continuación:

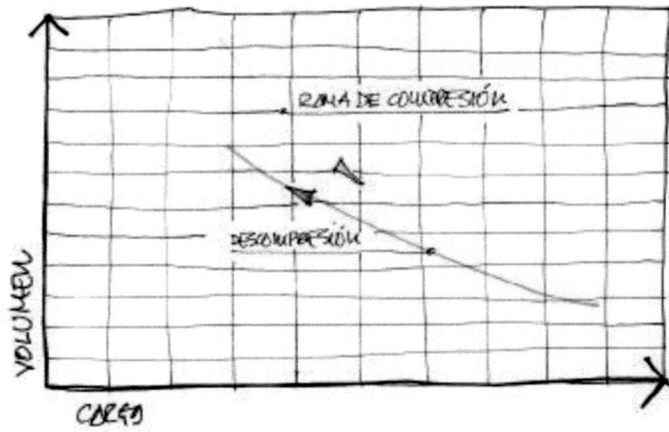

Figura 5.44.-Ensayo edométrico

Por lo que si se aumenta la superficie de la zapata, la zona que estaba debajo de la zapata inicial está comprimida y la zona exterior del recalce es un terreno natural sin comprimir, lo que significa que cuando la zapata entra en carga la zona central ya transmite una tensión al terreno $\sigma_{T1} + \Delta\sigma_{T2}$ y el de la zona del recalce σ_{T2}, tensiones que no serán iguales y que dependerán del tipo de terreno, de su deformabilidad, pudiéndose dar el caso de que el suelo bajo la zapata inicial colapse, teniendo que soportar toda la carga el nuevo recalce.

Es decir, que, si se realiza un ensayo edométrico y las curvas de compresión y descompresión se desfasan en un 20%, lo que quiere decir que el terreno cuando se descomprime solo recupera el 80% de su volumen, cuando la nueva zapata entre en carga comprimirá el terreno del recalce hasta que se comprima un 20%. Posteriormente irá entrando en carga alcanzando bajo la zapata inicial mayor tensión que la que tenía en origen.

Es el mismo caso que si se refuerza un pilar con angulares y presillas de acero, cuando debido a la carga el hormigón colapsa el acero debe soportar toda la carga. Por ello, en el caso que nos ocupa, cuando el terreno que inicialmente soportaba la zapata inicial, colapsa aumenta la tensión transmitida, el recalce debe soportar toda la carga que transmite la zapata ya que el terreno se comporta de forma diferente respecto del módulo de Young. Este varía según la compresión aumentando directamente proporciona la la tensión transmitida, según se deduce de la ecuación de Hooke.

$$E = \frac{\sigma_T}{\varepsilon}$$

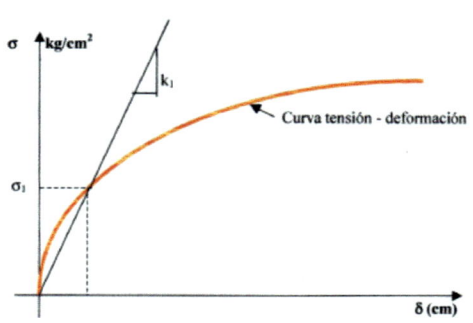

Figura 5.45.-Curva tensión-deformación.

Donde:

E   Módulo de Young
σ_T Tensión transmitida
ε Deformación.

En definitiva sería conveniente hacer un ensayo edométrico en la cota de cimentación para comprobar la curva de compresión y descompresión, así como la capacidad mecánica máxima admisible del terreno para poder hacer un cálculo que compense ambas tensiones transmitidas para obtener un equilibrio final deseado, sino habría que realizar exactamente lo mismo que en el refuerzo estructural de acero, es decir calcular el recalce para la totalidad de la carga y olvidarse de la zapata inicial.

6.- EJEMPLOS DE INTERVENCIÓN.

Este capítulo, colofón de todo el presente manual, se quiere dedicar a distintos ejemplos reales donde se ha intervenido. En algunos casos lo más importantes es el proceso que se ha seguido para poder establecer el origen de la patología. Otros ejemplos están en pleno proceso de intervención. En cambio, en algún otro se realizó la intervención y se tienen datos de su comportamiento posterior. Con estos datos se puede obtener la bondad de cada intervención, con el propósito de mejorar los sistemas empleados.

Además, como ya se ha indicado en el desarrollo de este manual, cada caso suele ser diferente a todos los casos anteriores, por lo que a veces es preciso desarrollar una nueva metodología de intervención, no solo para detectar las causas y su patología, sino incluso en el propio proceso de intervención en la reparación o estabilización final del edificio.

No obstante, como norma general el procedimiento de intervención suele ser el siguiente:

1. Toma de datos de la patología existente: esquemas con grietas y fisuras, humedades, pendientes de las vías públicas, existencia de indicios de obras en zonas colindantes, fotografías de la patología y del entorno donde se desarrolla.

   Posteriormente se buscan fotografías aéreas de la zona, fotografías antiguas con el posible desarrollo del urbanismo, Catastro urbano y fotografías aéreas que se pueden obtener fácilmente a partir de Google Maps o de Google Earth.

2. Con los datos obtenidos se analiza la patología existente y se cotejan los indicios existentes.

3. Se tiene en cuenta la evolución geológica y urbanística de la zona, que puedan luz a la patología existente.

4. Se comprueba el Proyecto de Ejecución inicial, si es posible, revisando los cálculos para establecer que la cimentación proyectada y su tipología era la adecuada y no es la causante de los problemas que se han generado.

5. Es muy importante realizar un análisis histórico de la situación y comprobar en qué momento aparece la patología que general el estudio del edificio o de la zona.

6. Conocida la causa de la aparición de la patología denunciada, es preciso adelantar ya en el Informe Inicial la posible solución al problema, así como una estimación del coste de dicha reparación.

7. Habitualmente el siguiente paso es una demanda judicial al causante de los daños que según se plantee, puede acabar favorable o no a las necesidades de la reparación.

8. Por último, se redacta el Proyecto de Reparación y se interviene en la reparación del edificio afectado.

Como desarrollo del procedimiento de intervención indicado se exponen en el presente capítulo una serie de casos reales en los que se ha intervenido, con resultados satisfactorios, en algunos de ellos, e insatisfactorio en otros, a pesar de haber detectado la causa de la patología. La justicia a veces no es todo lo neutral que debería ser o los jueces tienen en cuenta otros aspectos que los puramente técnicos.

6.1 INTERVENCIÓN EN EDIFICIO PARA UNA VIVIENDA ANTIGUA EN HILERA

6.1.- INTERVENCIÓN EN EDIFICIO PARA UNA VIVIENDA ANTIGUA EN HILERA.

A/.- ANTECEDENTES.

Se nos requiere para esclarecer la aparición de una patología de un edificio para una vivienda unifamiliar en hilera sita en un municipio del entorno de Zaragoza. La patología observable consiste en la aparición de una serie de grietas y fisuras, tanto en interiores como en la fachada principal del mismo.

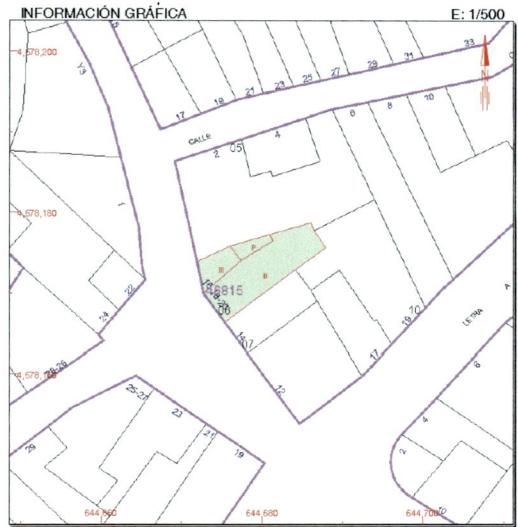

el autor del encargo es una compañía de seguros por lo que lo único que quiere saber si debe reparar el edificio afectado o derivar la responsabilidad a otro agente causante.

es un edificio situado en el número 16 de la calle de un municipio de Zaragoza, remarcado en el gráfico adjunto, construido alrededor del año 1.945. Se compone de planta baja y dos alzadas. Estructuralmente el edificio se resuelve con muros de cargas paralelos a la vía pública con entramado de rollizos de madera y arriostramientos de los medianiles. Además, la viga que embrochala la escalera se ha salido alarmantemente de su apoyo.

El edificio se ve sólido y bien mantenido, por lo que la causa de la patología aparecida, en una primera impresión parece externa al mismo.

B/.- ANTECEDENTES.

- INTERIORMENTE.

    Se observan grietas de despegue de la fachada principal, abiertas con grosores mayores en las zonas superiores y casi cerradas en las inferiores.

- EXTERIORMENTE.

    Aparecen grietas horizontales desde el balcón hacia la derecha y a 45° descendentes desde la esquina inferior izquierda hacia el medianil izquierdo.

C/.- ANÁLISIS DE LA PATOLOGÍA EXISTENTE.

Con los primeros datos obtenidos y prestando más atención a la patología aparecida en el cerramiento exterior principal se tiene la impresión que la fachada ha asentado por su zona derecha volcándose hacia la calle, por eso la viga que embrochala la escalera se ha salido de su apoyo de forma alarmante.

Antes de seguir se reflexiona que un edificio de esta tipología con poco peso, como el que nos ocupa no puede inducir nuevos asentamientos si no se han hecho obras considerables. Las reparaciones efectuadas de mantenimiento, tienen carácter puramente estético.

D/.- DETECCIÓN DE LA PATOLOGÍA.

Vista la problemática planteada se analiza el entorno inmediato a la edificación y se obtienen datos esclarecedores que revelan el origen de la patología.

> ➢ Por un lado, se observa la existencia de una grieta o fisura horizontal en la casa colindante Nº 14.

> Se detecta, asimismo, una grieta o fisura ascendente hacia el medianil izquierdo en la edificación Nº 12. En este caso parece que ha asentado la fachada por por su lado izquierdo, simétricamente al Nº 16.

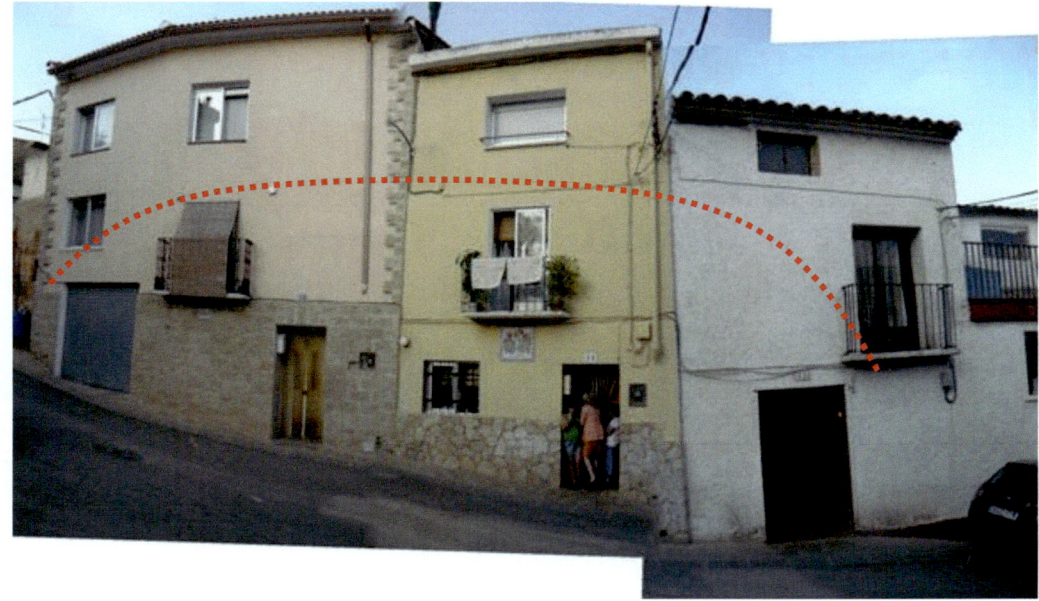

> Por el otro lado se había comprobado que el Nº 14 tenía una grieta horizontal, lo que podría ser consecuencia de un asiento uniforme de toda la fachada.

> Si nos retiramos un poco más del escenario y unimos las grietas de los tres edificio Nº 12, 14 y 16 construidos en una misma

263

época, se puede observar la aparición de un arco de descarga en el conjunto de los tres edificios.

Es decir que las tres fachadas de los edificios están funcionando estructuralmente como un elemento unitario. Reproduciendo realmente el apartado D de tipología de lesiones en muros del Capítulo 1 de este tratado, donde se indicaba que si una zona de terreno falla y asienta parcialmente la zona BC a la B'C' una de las posibles formas de rotura del muro era la que se expone a continuación:

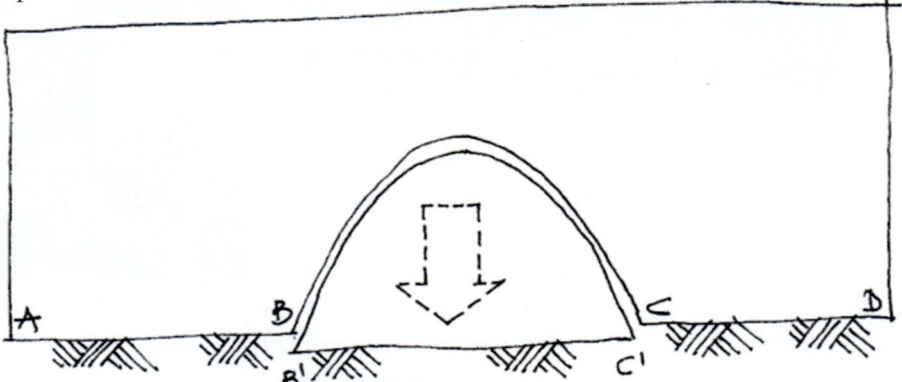

Lo que nos indica que el muro de fachada en su conjunto, de los números 12, 14 y 16, está asentando como si fuera un solo muro, fundamentalmente a la altura del número 14.

E/.- OTROS ASPECTOS DE INTERÉS.

Analizando el entorno se comprueba la existencia de obras a la altura del Nº 1, que los propietarios de la finca confirman que el Ayuntamiento ha reparado recientemente una fuga de agua de la tubería de la red de abastecimiento de agua potable. (ver fotografía adjunta)

F/.- ESTUDIO COMPLEMENTARIO DE CONFIRMACIÓN.

Ante los datos obtenidos se solicita la ejecución de tres ensayos de penetración dinámica, que se realizan por un laboratorio de ensayos geotécnicos, en la acera de la calle, junto a los Nº 14 y 16, así como en el lateral de la edificación que se analiza. Más concretamente el esquema de la posición de las penetraciones es que se expone en la página siguiente.

En el primer ensayo de penetración se observa la existencia de un suelo muy flojo hasta los 2,50m. El rechazo se obtiene a los 3,40m de profundidad.

El segundo ensayo realizado en la puerta del edificio analizado (Nº 16), se obtiene un suelo consistente superficial que se va degradando hasta los 4,50m.el rechazo se obtiene sobre los 5,00m de profundidad. En el tercer y último ensayo se obtiene un terreno muy flojo hasta los 7,00m, teniendo el rechazo sobre los 8,00m de profundidad, ubicados según el esquema de situación adjunto.

CONCLUSIONES.-

Con los datos obtenidos se puede informar que estre los 2,60 y 6,80m de profundidad existe un estrato de terreno sobre el que se obtienen golpeos mayoritariamente inferiores a N=5 y en todo caso inferiores a 10, lo que indica una consistencia del terreno floja.

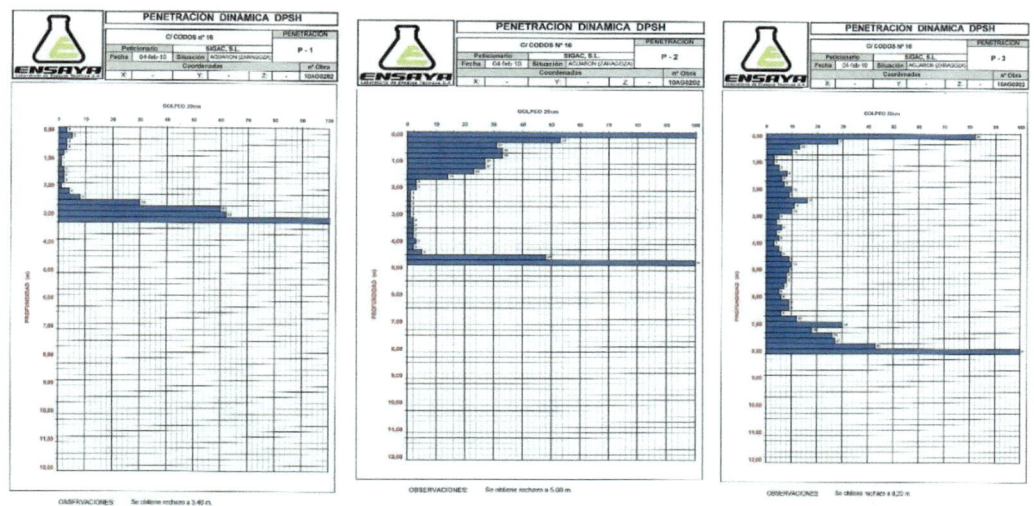

G/.- SEGUIMIENTO DE LA INTERVENCIÓN.

Con los datos conocidos se elaboró un Informe Pericial que sirvió a la compañía de seguros interponer un Contencioso-Administrativo contra el Ayuntamiento responsable y titular de la red de abastecimiento de agua potable. No obstante, la compañía de seguros o los propietarios deberían haber realizado un seguimiento de la patología, para lo que se podría haber controlado las grietas destacadas mediante la colocación de pares de pernos metálicos y posteriormente midiendo con un pie de rey digital de alta precisión, periódicamente la separación de los mismo.

Con los datos así obtenidos se pueden dar dos casos:

1º.- MOVIMIENTO ACTIVO RESIDUAL.

En este tipo de terreno la presión suele drenar lentamente el agua vertida, apareciendo un movimiento suave de asentamiento, que representan una curva suave asintótica que indica su aproximación a la asíntota de equilibrio.

Conocida la ecuación del movimiento residual y su asíntota se puede determinar en qué momento puede existir un movimiento residual suficientemente pequeño como para reparar los daños provocados, con el propósito de que el edificio pueda recuperar su aspecto antes del incidente.

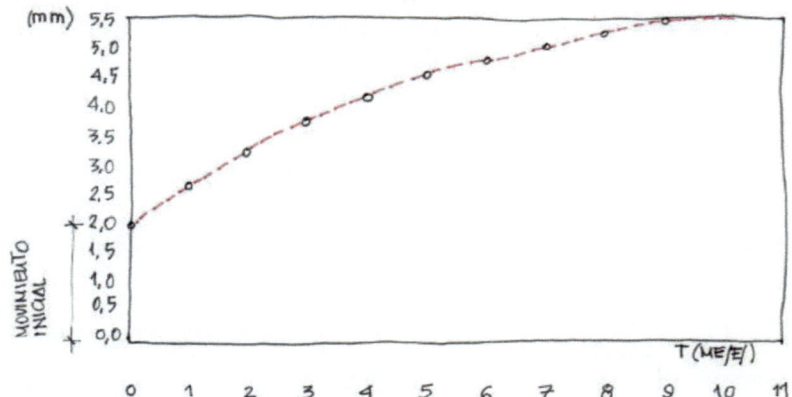

NOTA.- Se adjunta fotografía aérea superpuesta al parcelario catastral, correspondiente al ejemplo anterior. En la misma puede apreciarse una mancha alargada de color gris claro correspondiente a la reparación de la vía pública d e la rotura de la red de abastecimiento de agua potable.

6.2 RECALCE MEDIANTE PILOTES

6.2.- RECALCE MEDIANTE PILOTES.

Se nos encomienda la transformación de la cimentación superficiel de una vivienda unifamiliar a una por pilotes habida cuenta el terreno existente comprobado posteriormente a la redacción del Proyecto de Ejecución.

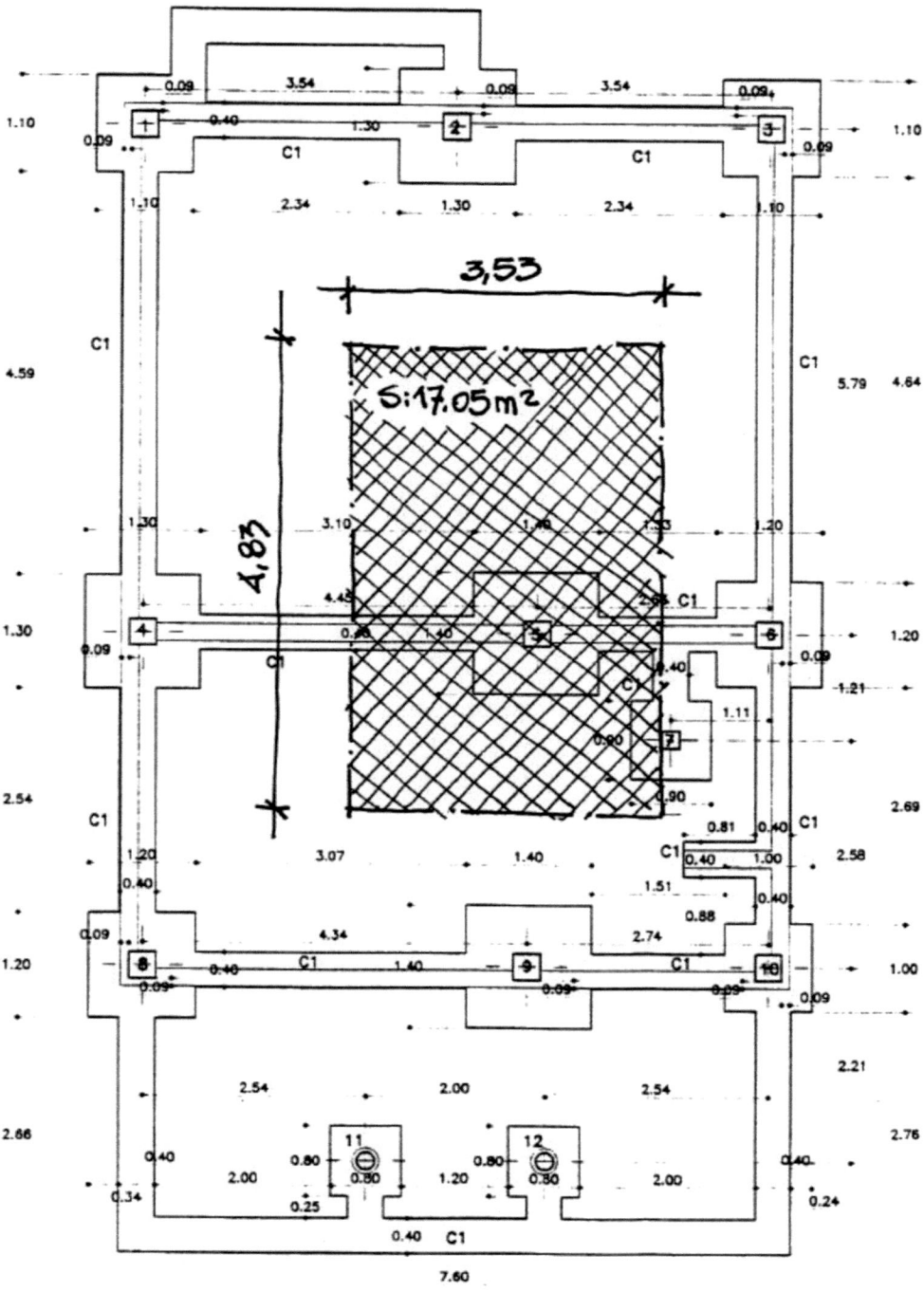

ACCIONES CARAACTERÍSTICAS:

Se parte inicialmente de obtener las cargas de los pilares para comprobar la capacidad portante de un pilote de determinadas características y establecer la nueva tipología de cimentación.

PLANTA PISO:

PESO PROPIO
Forjado hormigón (26+4 cm) .... 330 kp/cm²
Pavimento (Terrazo - mármol) .... 110 kp/cm²
Enlucido guarnecido de yeso (1,5 cm) .... 15 kp/cm²
SUMA   PESO
PROPIO .... 455 kp/cm²
SEBRECARGAS
Uso (Vivienda) .... 200 kp/cm²
Tabiquería .... 100 kp/cm²
SUMA SOBRECARGAS .... 300 kp/cm²

TOTAL PLANTA PISO .... 755 kp/cm²

CUBIERTA:

PESO PROPIO
Forjado hormigón (26+4 cm) .... 330 kp/cm²
Formación de pendientes .... 144 kp/cm²
Pavimento ligero .... 80 kp/cm²
SUMA PESO PROPIO .... 554 kp/cm²
SEBRECARGAS
Uso (Conservación) .... 100 kp/cm²
Nieve .... 50 kp/cm²
SUMA SOBRECARGAS .... 150 kp/cm²

TOTAL PLANTA PISO .... 704 kp/cm²

A todos los efectos se comprueba el pilar Nº 5 que en principio es el más desfavorable y cuya carga se estima de la forma siguiente:

Teniendo en cuenta que el área de influencia sobre dicho piler es de 17,05 m², se obtiene:

Planta baja (17,05·755) 12,87T
Planta Primera (17,05·755) .... 12,87 T
Cubierta (17,05·704) .... 12,00 T
TOTAL CARGA .... 37,74 T

CÁLCULO DE LA CIMENTACIÓN:

Habida cuenta de la configuración del terreno se calcula una cimentación profunda conformada p or pilotes clavados 1,00m en la capa más dura que va desde los 7,00m a los 10,0 m de profundidad.

Para realizar el cálculo se tiene en cuenta, en primer lugar, la resistencia por punta teniendo en cuenta las siguientes zonas:

1°.- RESISTENCIA ESTRUCTURAL DEL PILOTE.-

En primer lugar se considera la resistencia minorada del hormigón en función de la resistencia característica fyd=250 kp/cm² y un coeficiente de minoración de γ_c=4, de donde se obtiene que:

$$f_{cd} = \frac{f_{yd}}{\gamma} = \frac{250}{4} = 62,5 kp/cm^2$$
$$Q_{máx} = 625 \, T/m^2 \cdot \pi \cdot 0,20^2 = 78,54T \gg 37,74T$$

Luego estructuralmente unpilote puede resistir perfectamente a la carga que se le va a sometercon un coeficiente de seguridad de 2,08.

2°.- CARGA MÁXIMA DE HUNDIMIENTO POR PILOTE.-

En primer lugar se considera la resistencia minorada del hormigón en función de la resistencia característica fyd=250 kp/cm² y un coeficiente de minoración de γ_c=4, de donde se obtiene que:

2.1.- CARGA EN PUNTA.-

$$q_{u1} = 4 \cdot 15 = 60 \, kp/cm^2 = 600T/m^2$$
$$q_{u2} = 4 \cdot 40 = 160 \, kp/cm^2 = 1600T/m^2$$

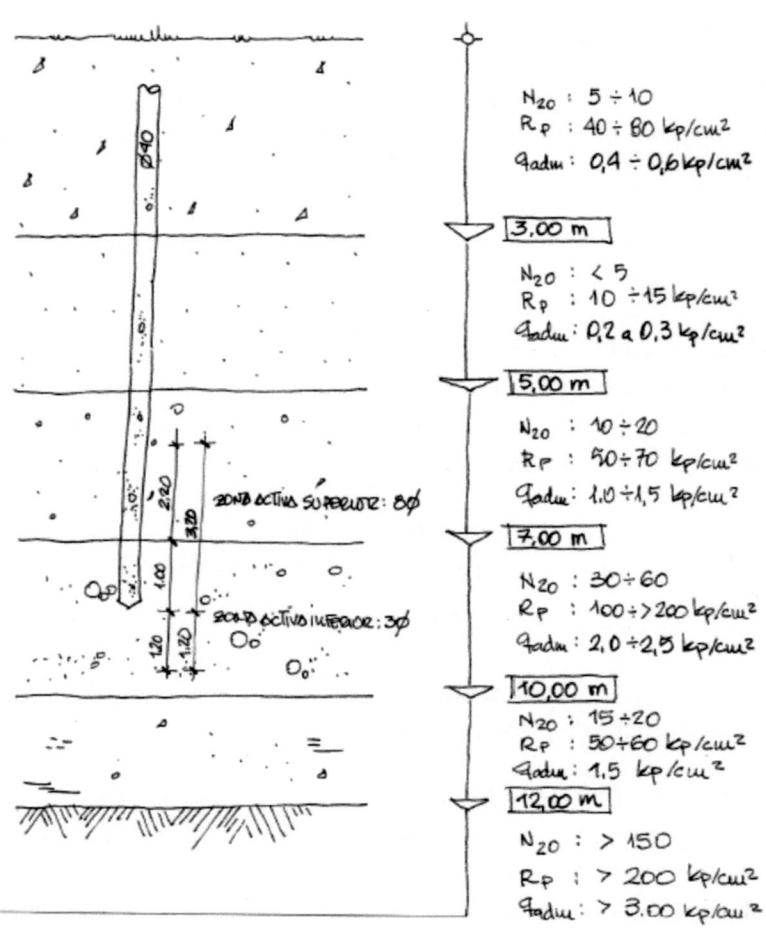

$$q_{ps} = \frac{20 \cdot 600 + 10 \cdot 1600}{20 + 10} = 933\,T/m^2$$

$$q_{pi} = 4 \cdot 40 = 160\,kp/cm^2 = 1600\,T/m^2$$

$$q_p = \frac{1}{2} \cdot \left(q_{ps} + q_{pi}\right) = \frac{1}{2} \cdot (933 + 1600) = 1.266\,T/m^2$$

$$Qp = 1.266\,T/m^2 \cdot \pi \cdot 0{,}20^2 = 159\,T$$

2.2.- CARGA POR ROZAMINETO EN EL FUSTE.-

$$Q_{F1} = 2 \cdot \pi \cdot 0{,}20 \cdot 30 \cdot \frac{N=7}{10} = 2{,}64\,T$$

$$Q_{F2} = 2 \cdot \pi \cdot 0{,}20 \cdot 2{,}0 \frac{N=4}{10} = 1{,}00\,T$$

$$Q_{F3} = 2 \cdot \pi \cdot 0{,}20 \cdot 2{,}0 \frac{N=15}{10} = 3{,}77\,T$$

$$Q_{F4} = 2 \cdot \pi \cdot 0{,}20 \cdot 1{,}0 \frac{N=40}{10} = 5{,}03\,T$$

TOTAL FUSTE=12,44T

2.3.- CARGA TOTAL DE HUNDIMIENTO DEL PILOTE POR ROZAMINETO DEL FUSTE.-

$$Q_T = Q_p + Q_F = 158t + 12t = 171T$$

2.4.- CARGA MÁXIMA ADMISIBLE.-

$$q_{Adm} = \frac{Q_T}{3} = \frac{171}{3} = 56,66T \ (57T)$$

2.5.- CARGA MÁXIMA DE CÁLCULO.-

Como la resitencia estructural calculada es de 78,54T y su resitencia al hundimiento es de 57T, se toma la menor como resistencia de cálculo:

$$Q_{cal} = 56,66T \ (57T)$$

2.6.- CARGA DE GRUPO DE DOS PILOTES.-

Para evitar el vuelco se colocan dos pilotes cuya carga máxima admisible será:

$$Q_{Máx.2P} = 2 \cdot 56,66T = 113,32 \ T$$

2.7.- COEFICIENTE DE SEGURIDAD.-

Además del propuesto cuyo valor es 3 un grupo de dos pilotes para soportar la carga del pilar 15 tiene el siguiente coeficiente de seguridad:

$$\gamma = \frac{Q_{Máx}}{Q} = \frac{113,32T}{37,74T} = 3$$

2.8.- SEPARACIÓN DE LOS PILOTES.-

La separación entre pilotes se realiza tomando la mayor de las siguientes dimensiones:

a) 2Ø=2·0,40=0,80m
b) 1/15 de la luz máxima: 6,00/15=0,40m
c) Se toma, por consiguiente, **0,80m**.

2.9.- DIMENSIONADO DEL ENCEPADO.

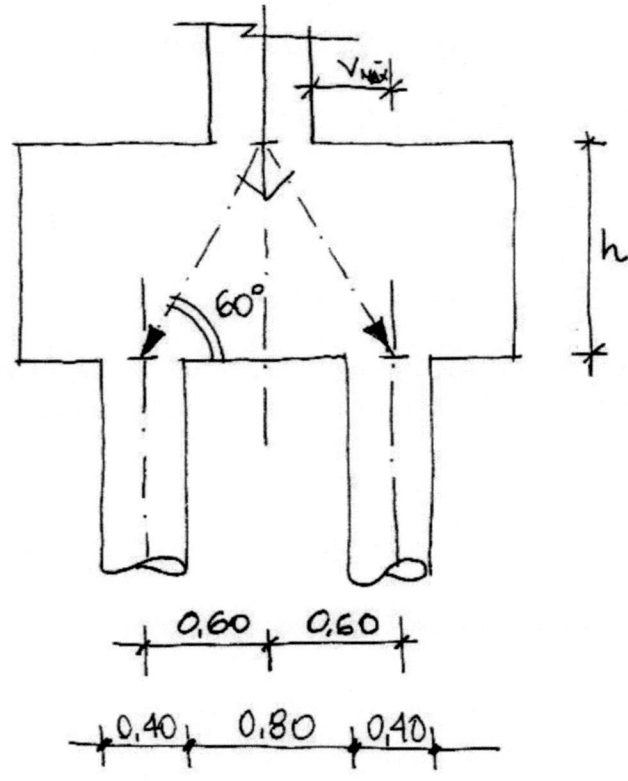

CANTO.-

Se calcula a partir de la expresión: $tag60 = \frac{h}{0,60}$; $h = 0,60 \cdot tag60 = 1,04m$

Se toma h=**1,05 m**

2.10.- ARMADURA.

El vuelo mácimo es: $V_{máx}$=0,60-0,15=0,45m. Como 0,5·h=0,525>0,45 se calcula como una ménsula corta, para realizar el cálculo se soloca el encepado el revés, como ya se hizo para el cálculo de una zapata, con el porpósto de tener la referencia de que se está calculando un vuelo.

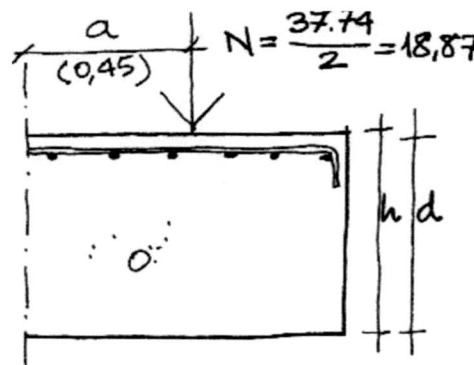

En esta sección los valores que se obtienen son los siguientes:

N=37,74/2=18,87 ≈19T
Cortante: V_d=19·1,6=30T
Axil: N_d=0,20·1,9·1,6=6,08T
Momento:M=F_{vd}+F_{ud}·(h-d)
M_d=19·1,6·0,45+6,08(1,05-1,00)=**13,98mT**

Sección a cortante:

$$A_{sv} = \frac{V_d}{f_{yd} \cdot cotg\theta} = \frac{30.000 \cdot 1,5}{4.000 \cdot 1} = 8,65 \text{ cm}^2$$

Armadura principal: 6Ø12
Armadura secundaria: Ø12 a 15cm

2.11.- ARMADURA PILOTES.

Armadura longitudinal: 6Ø12
Longitud mínima: 4,5 m

Además del detalle constructivo adjunto, se indica el resultado final propuesto para toda la cimentación. Se mantienen las vigas centradoras previstas en la cimentación inicial, para evitar el giro, al cimentarse con dos pilotes. A este respecto, hay que indicar, que siempre sería conveniente pilotar con un mínimo de tres pilotes, porque dos pilotes solos pueden producir un giro con eje la unión de ambas cabezas, pero si las cargas son muy pequeñas

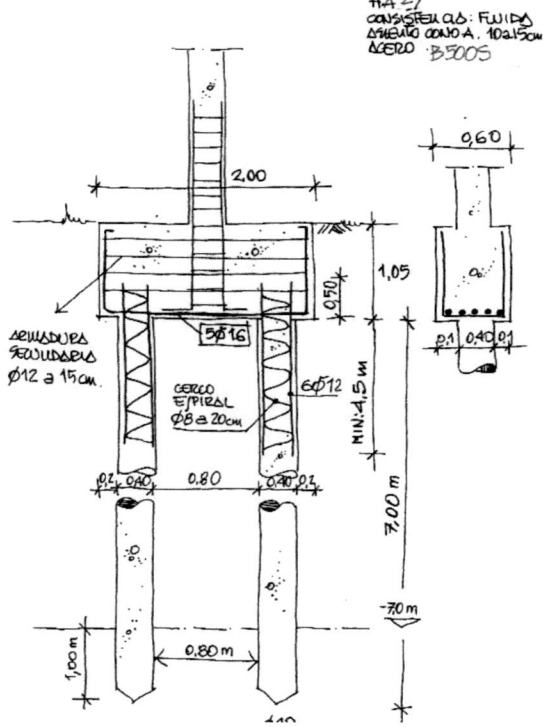

para encarecer excesivamente (inviable) pilotando con tres pilotes, se puede subsanar la cimentación arriostrando muy bien las cabezas de los pilotes para evitar ese giro, bien por arriostramiento al giro o bien, por confiar el equilibrio del giro mediante el cálculo a torsión de las vigas riostras.

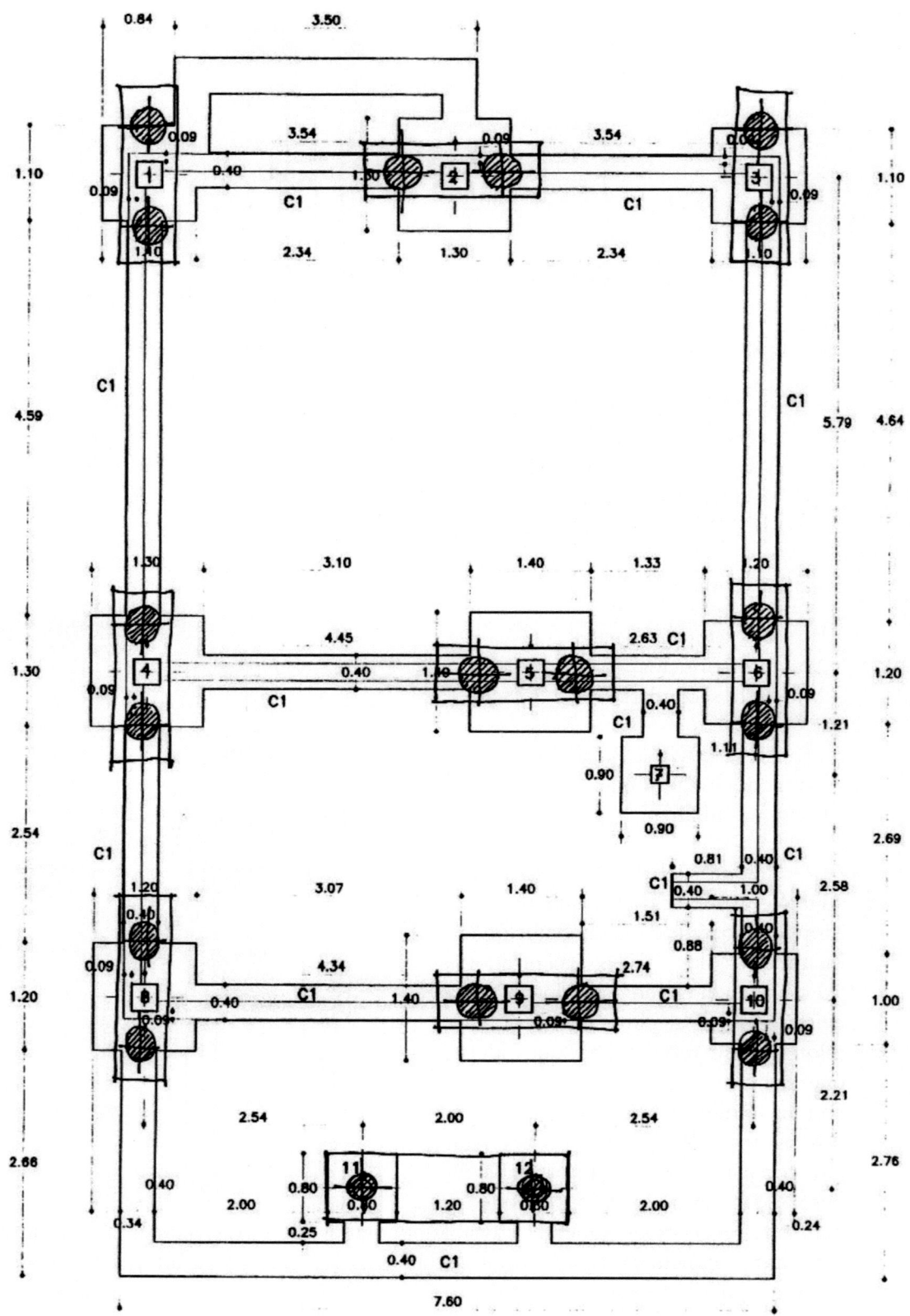

6.3 ESTUDIO DE ESTABILIDAD DE EDIFICIO

6.3.- ESTUDIO DE ESTABILIDAD DE EDIFICIO.

Para ejecutar la excavación de un vaciado de terreno en el casco histórico de la ciudad, se realiza unas inyecciones de bentonita cemento, con el propósito de poder excavar sin la realización de entibaciones, en una profundidad de 7,00m, ya que en dicha excavación se van a construir dos sótanos para aparcamiento.

La excavación se realiza en un terreno de relleno de la ciudad, terreno con gran contenido en sulfitos, provenientes de los restos de antiguas demoliciones y del propio terreno.

El problema se plantea debido a que las lechadas inyectadas se realizaron con mortero normal, cuando se debería haber empleado un cemento sulforresistente.

Las inyecciones de bentonita-cemento han reaccionado con los sulfatos del terreno produciéndose las siguientes sales:

Basanita	$SO_4Ca+1/2 \cdot H_2O$
Mirabinta	$SO_4Na+10 \cdot H_2O$
Yeso	$SO_4Ca+2 \cdot H_2O$
Arcanita	SO_4K_2
Kiserita	SO_4Mg+H_2O
Glauberita	$(SO_4)^2Na_2Ca$
Epsomita	$SO_4Mg+7 \cdot H_2O$
Langbeinita	$(SO_4)^3Mg_2K_2$
Taaumasita	$Ca_3 \cdot Si \cdot CO_3 \cdot SO_4OH+2 \cdot H_2O$

Las dos consecuencias de que un cemento sea atacado por los iones sulfatos del terreno son: la formación de **etringita** (Aluminato cálcico hidratado) y yeso (sulfato cálcico hidratado). La formación de etringita puede generar un aumento de volumen del terreno, provocando la expansión del suelo.

Como las inyecciones se han realizado desde el centro del solar hacia el terreno perimetral, la expansión del suelo afecta fundamentalmente a dos edificios antiguos que se sitúan en la parte trasera del solar excavado, ya que se inyectó por debajo para consolidar el suelo.

Por otro lado, hay que indicar que la generación de estas sales que hinchan el terreno son consecuencia directa de la existencia de materiales para su formación, como son los iones sulfatos, los cementos y el agua necesaria para la disolución de los primeros. Si la materia prima se va agotando el hinchamiento irá estabilizándose.

Es evidente que el hinchamiento dependerá, como se ha indicado, de la existencia de materia prima, es decir de la existencia de iones sulfato, disueltos en agua y de la existencia de cemento. Por este motivo la variación del hinchamiento depende de la cantidad de sulfatos existentes. Para ello es primordial comprobar y seguir el hinchamiento del terreno, colocando unos puntos fijos a ambos lados de los labios de una de las grietas o fisuras y hacer un seguimiento durante varios años, mediante las mediciones de la distancia entre ambos puntos.

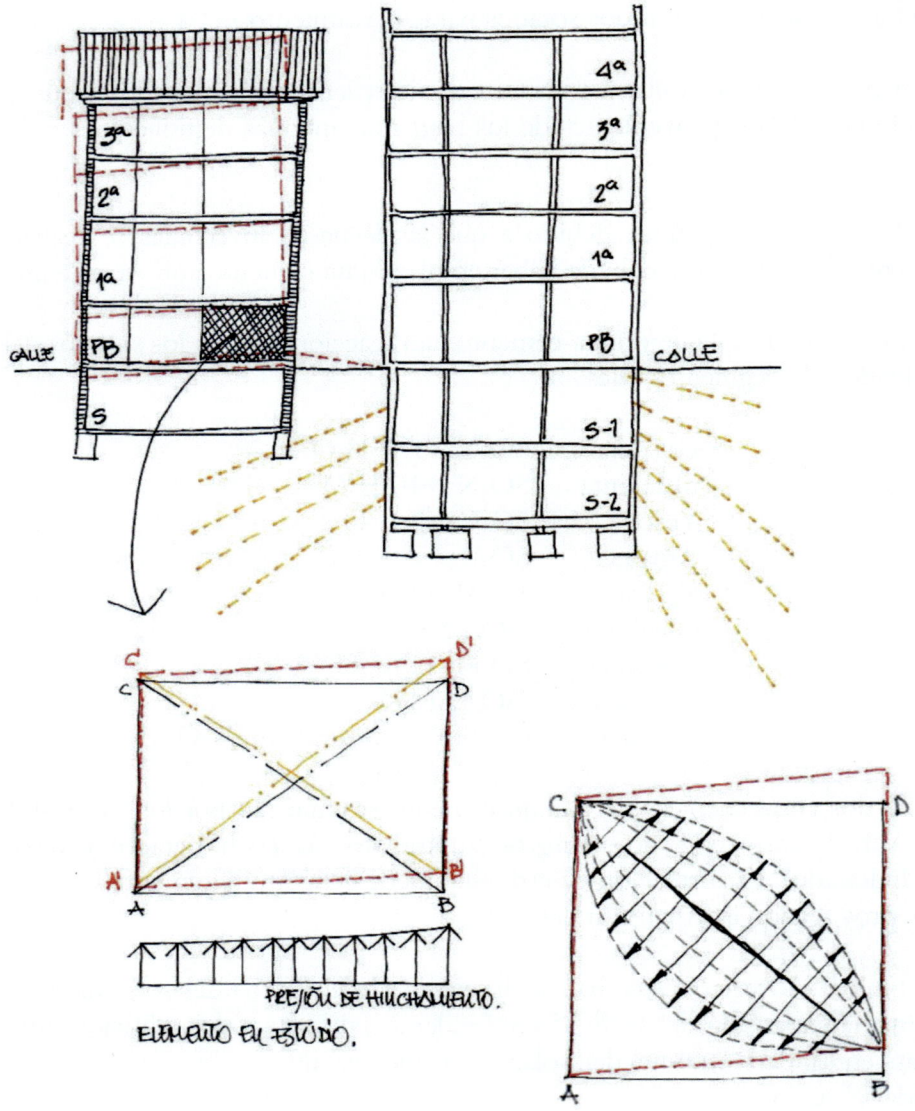

Según se analizó en el Aprtado 1.4.2 del capítulo 1º, si se toma un elemento cuadrangular perpendicular al medianil común se observa que que el elemento ABCD se transforma en el A'B'C'D' de forma que en un primer estadio la diagonal AD=BC y que tras la deformación A'D'>B'C'; es decir que se produce una serie de deformaciones diagonales que tensionan el elemento a tracción que termina por la aparición de una fisura o grieta en la diagonal BC, que es la cona de máxima deformación.

La aparición de la grieta o fisura es el sítoma de que la tensión existente ha desaparecido, equilibrándose el elemento internamente.

Si se hace un seguimiento de la grieta colocando dos pernos uno a cada uno de los lados de la grieta, se puede comprobar la actividaddel terreno, ya que la apertura es función del hinchamiento del terreno y de la temperartura del mismo.

Ahora bien, en el caso que nos ocupa, se hizo el seguimiento de 22 pares de puntos tomados en diferentes posiciones. Se tomaron muestras de paramentos, suelos y profundiades de grietas, lo que daba un abanico completo de los movimientos del edificio. Asimismo, se tomaron mediciones en sentidos paralelos y perpendiculares al medianil.

Los datos fueron tomados los días siguientes:

12.01.2009	0 (Referencia)
27.03.2009	24 días
03.07.2009	172 días
26.11.2009	318 días
25.01.2010	378 días
18.09.2012	1345 días

Los valores obtenidos fueron los siguientes:

ARCO TECNOS

Referencia obra: 08ev1202
Informe nº: 07 06
Página nº. 2 de 4

Testigo Nº	Ubicación Y-E : Yeso o Escayola / S: Solado / A: Alicatado	Planta	Lectura de la Amplitud (Vertical / Horizontal / Profundidad)	FECHA: 12-ene-09 TEMPERATURA Interior: 16°C Exterior: 3°C Amplitud inicial de la fisura (mm.)	FECHA: 12-ene-09 DIMENSIONES (mm.)	FECHA: 27-mar-09 TEMPERATURA Interior: 19°C Exterior: 21°C DIMENSIONES (mm.)	FECHA: 03-jul-09 TEMPERATURA Interior: 23°C Exterior: 26°C DIMENSIONES (mm.)	FECHA: 26-nov-09 TEMPERATURA Interior: 22°C Exterior: 9°C DIMENSIONES (mm.)	FECHA: 25-ene-10 TEMPERATURA Interior: 21°C Exterior: 7°C DIMENSIONES (mm.)	Amplitud final de la fisura (mm.)	Variación de la amplitud entre el 12-ene-2009 y el 25-ene-2010 (mm.)	Variación de la amplitud (mm.)	FECHA: 18-sep-12 TEMPERATURA Interior: 22°C Exterior: 27°C DIMENSIONES (mm.)	Variación de la separación entre testigos de julio del 2009 a septiembre del 2012 DIMENSIONES (mm.)
1	SEMISÓTANO - Y		VERTICAL	6,3	51,05	51,09	50,94	51,91	52,56	7,9	1,6		54,42	3,48
2	SEMISÓTANO - Y		PROFUNDIDAD	X	3,62	3,82	3,95	4,56	5,09	X	X		8,26	4,31
3	SEMISÓTANO - Y		PROFUNDIDAD	X	32,04	32,12	32,49	32,62	34,18	X	X		-	-
4	SEMISÓTANO - A		VERTICAL	5	53,72	53,56	53,48	54,16	54,47	6,3	1,3		-	-
5	SEMISÓTANO - A		PROFUNDIDAD	X	3,7	3,69	3,9	4,20	4,29	X	X		-	-
6	SEMISÓTANO - Y		PROFUNDIDAD - TECHO	X	21,75	21,58	21,51	22,64	23,32	X	X		-	-
7	SEMISÓTANO - Y		VERTICAL	1,8	55,75	55,6	55,62	55,87	56,22	2,5	0,7		55,74	0,12
8	SEMISÓTANO - A		VERTICAL	0,9	55,80	55,85	56,19	56,40	56,51	1,6	0,7		-	-
9	SEMISÓTANO - A		VERTICAL	1,8	56,17	55,53	55,5	56,53	56,39	2	0,2		-	-
10	SEMISÓTANO - A		PROFUNDIDAD	X	26,31	26,45	26,24	26,62	26,56	X	X		27,78	-0,48
11	SEMISÓTANO - S		HORIZONTAL	2	56,8	55,63	55,87	56,22	56,83	3	1		57,52	1,65
12	SEMISÓTANO - Y		HORIZONTAL - SOBRE ENCIMERA	8,14	52,27	52,47	52,38	53,63	54,37	9,3	1,16		55,86	3,48
13	PLANTA BAJA - Y		VERTICAL - PILAR PASILLO	4,2	53,97	54	54,13	54,84	55,25	4,9	0,7		-	-
14	PLANTA BAJA - Y		VERTICAL - PILAR PASILLO	6,3	51,19	51,3	51,2	52,62	53,4	7,8	1,5		-	-
15	PLANTA BAJA - Y		HORIZONTAL - HABITACIÓN PARED	0,3	52,64	52,57	52,64	52,96	53,04	0,6	0,2		53,83	1,19
16	PLANTA BAJA - Y		VERTICAL - HABITACIÓN-CABECERO PUERTA	0,6	52,48	52,52	52,3	52,64	52,57	0,6	0,2		51,85	-0,44
17	PLANTA BAJA - Y		TECHO HABITACIÓN	0,6	50,48	50,52	50,46	50,58	50,76	0,8	0,2		50,73	0,27
18	PLANTA BAJA - Y		TECHO PASILLO	5,6	57,63	57,58	57,74	58,84	59,25	7,3	1,7		-	-
19	PLANTA BAJA - Y		PROFUNDIDAD - CABECERA PUERTA ASEO	X	33,02	33,14	32,63	33,46	35,34	X	X		36,31	3,38
20	PLANTA BAJA - Y		PROFUNDIDAD - ASEO	X	25,42	25,5	25,3	26,40	26,94	X	X		-	-
21	PLANTA BAJA - Y		HORIZONTAL - PILAR SUELO PASILLO	7,5	60,47	60,43	60,5	61,62	62,42	10,5	3		64,76	4,26
22	PLANTA BAJA - A		VERTICAL - RODAPIÉ PASILLO	3,6	56,29	56,27	56,19	56,81	57,24	5,1	1,5		-	-

ANÁLISIS GRÁFICO.

En primer lugar se tomaron los datos de cinco testigos los denominados 1, 2, 7, y 21 y se representaron gráficamente de forma que en el eje de abcisas se colocó el tiempo en días y en ordenadas las deformaciones obtenidas, uniendose cada uno de los puntos mediante una curva suave diferenciable obtenidas en formaciones mediante polinomios de interpretación geométrica denominada *spline*. Las curvas que desarrollan los movimientos que se han obtenido se grafían a contuación.

En el testigo 1 se observa que cuando se comienza a realizar el control se encuentra en proceso de recesión, que se invierte a un proceso de ampliación de la grieta, que tiende a una estabilización en la actualidad, con un nuevo proceso de cierre de la grieta en la actualidad.En resumen se observa un claro proceso de estabilización general de este punto.

TESTIGO Nº 1

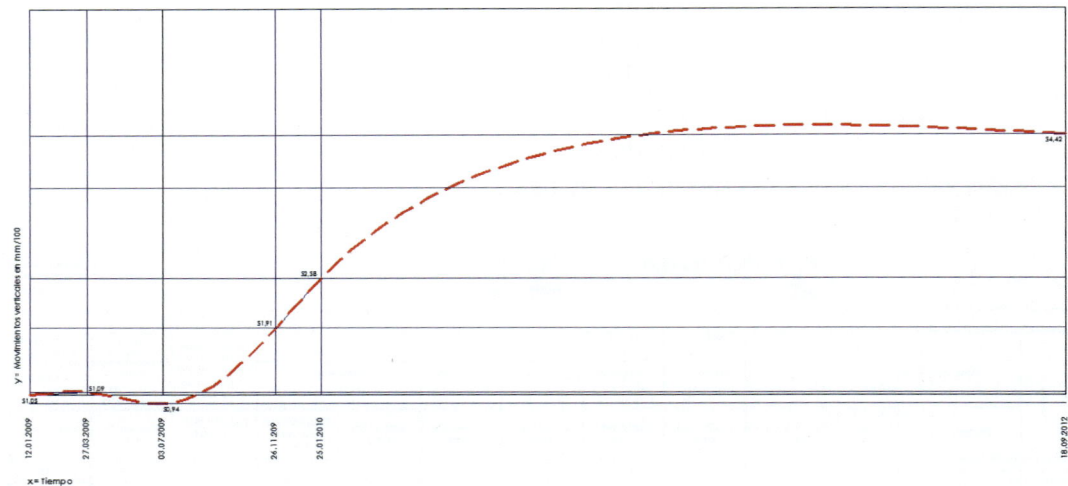

TESTIGO Nº 2

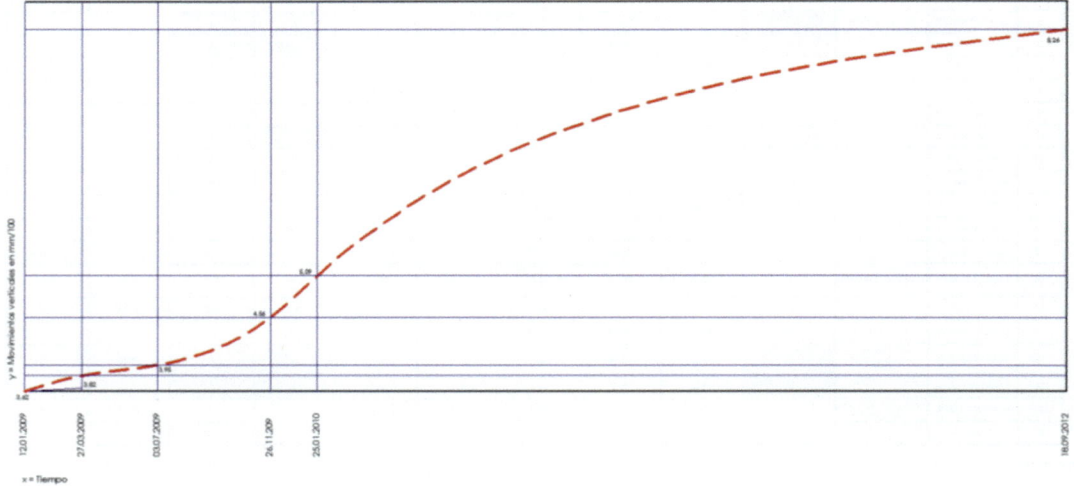

En el testigo 2, se observa un claro proceso de estabilización general de este punto, con una tendencia muy suave de apertura activa.

TESTIGO Nº 7

En el testigo Nº 7 se observa que cuando comienza a realizar su control se encuentra en proceso de recesión, como en los casos anteriores, que se invierte a un proceso de ampliación de la grieta, que tiende a un cierre de la grieta, recuperando prácticamente el valor inicial.

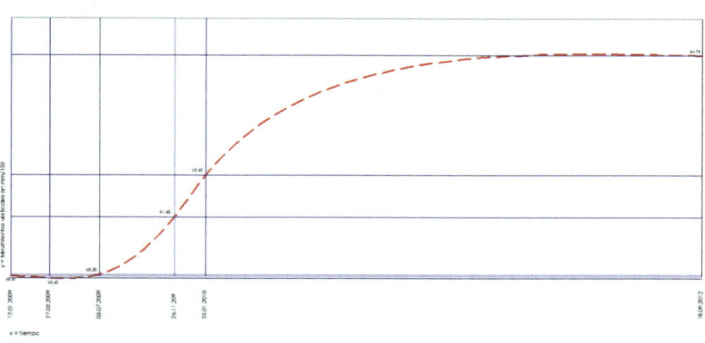

La apertura de una grieta no tiene un valor límite, pero su cierre solo puede llegar al valor inicial o valor 0

TESTIGO Nº 12

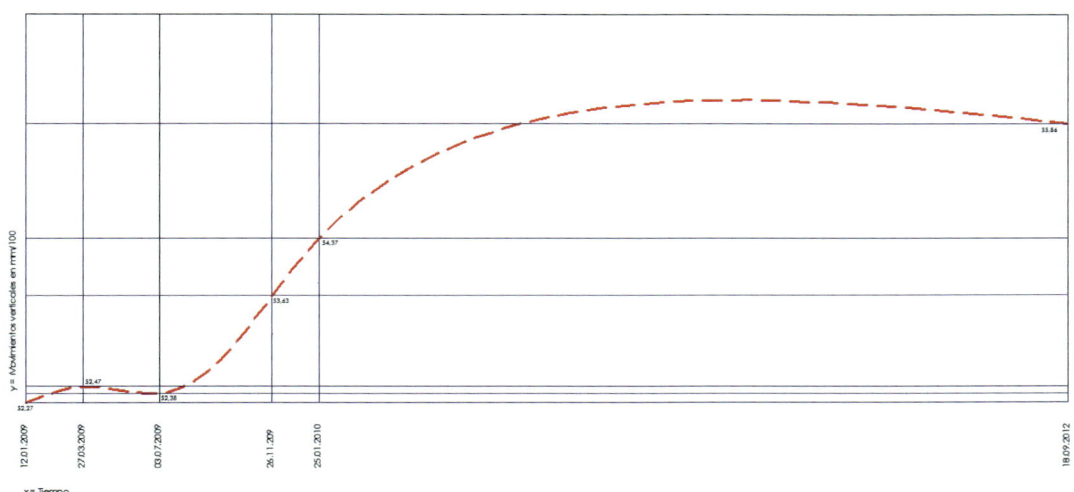

Por último el testigo 12 tiene un comportamiento muy similar a las curvas de movimientos de lo demás testigos.

El análisis de los datos permite establecer o descartar interacciones de los movimientos de la edificación relacionados con cambios de temperatura, humedad o intervenciones humanas. Se definen en la siguiente tabla los periodos descritos entre las mediciones con el fin de aclarar el análisis posterior.

PERIODO	FECHA INICIO	FECHA FINAL	DÍAS
1	12/01/2009	27/03/2009	74
2	27/03/2009	03/07/2009	172
3	03/07/2009	26/11/2009	318
4	26/11/2009	25/01/2010	378
5	25/01/2010	18/09/2012	1345

Descartando los supuestos de cambios de humedad por tratarse de un edificio entre medianeras y en calle pavimentada y al no haberse realizado intervenciones sobre la edificación durante el periodo de las mediciones, se realiza una comparación con la diferencial de temperaturas del edificio.

En el gráfico anterior se advierte la relación existente entre los movimientos de los primeros 6 testigos de la edificación y el diferencial de temperatura (DIF TEMP/10) en línea de trazos negros, durante el primer año de mediciones, periodos 1 a 4; (12/01/2009 – 25/01/2010); Reflejando una leve tendencia al alza pero de baja entidad, 0,5 mm entre mediciones. En el siguiente gráfico se encuentra una menor tendencia para los siguientes 6 testigos, siendo la variación media entre mediciones de menos de 0,3 mm.

En la comparativa con los últimos 10 testigos se observa idéntica tendencia, con una leve dilatación de 0,4 mm de media. Considerando las diferencias entre los periodos de mayor desplazamiento, los números 3 y 4, y el periodo 5; a pesar de no tener ninguna otra medición intermedia cabe afirmar que la aceleración de los movimientos fue claramente negativa y la tendencia es por tanto a la estabilización, si bien si existiera algún punto más de medición cercano a la fecha de 18/09/2012 sería determinante para demostrar la estabilidad pronosticada. Los testigos 1 y 2 han tenido un movimiento relativo menor durante el periodo de ausencia de mediciones mientras que el testigo 7 incluso ha revertido su movimiento.

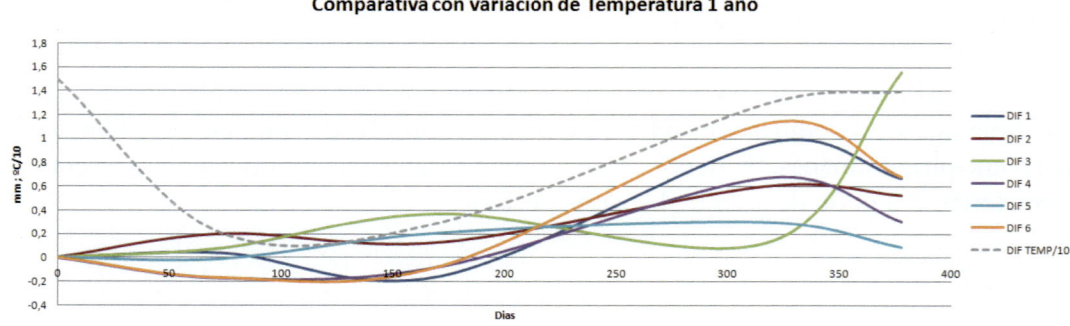

Comparativa con variación de Temperatura 1 año

Por otro lado las curvas de los testigos 12 y 21 presentan un mínimo movimiento relativo con respecto al periodo de mayores desplazamientos lo que sugiere que tambien se comportan desaceleramente y hacia la estabilidad.

Con los datos analizados caben las siguientes conclusiones:

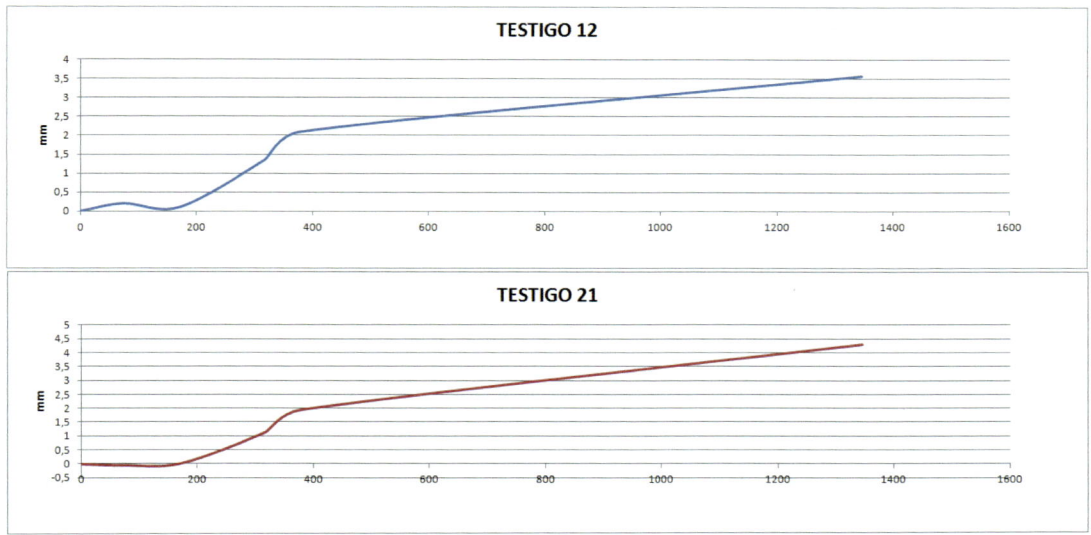

1. Los periodos de mayor desplazamiento en el periodo 4 paracen verse afectados por la diferencia térmica entre el interior y el exterior del edificio y por ello se prefiere realizar la comparativa entre los periodos 3 y 5.

2. La comparativa entre dichos periodos (3 y 5) advierten una clara disminución de la velocidad de movimiento (deceleración) y por tanto una tendencia a la estabilidad. Si bien sería necesaria una medición posterior para certificar con total rotundidad dicha afirmación.

PROPUESTA DE INTERVENCIÓN.

Considerando que todos los puntos analizados tienen una clara tendencia a la estabilización se propone una actuación que puede concretarse atendiendo a los siguientes criterios:

ESTADO DEL EDIFICIO.

En primer lugar y una vez obtenido un criterio positivo de estabilidad total y real, se podría proceder de acuerdo a la siguiente:

- Comprobación topográfica de la perpendicularidad de los muros de carga y horizontalidad de los distintos entramados.

- Simultáneamente se realizarán catas en los falsos techos de cañizo y escayola, para comprobar el estado de apoyo de los rollizos y puentes de madera, por si es necesario reforzar algún apoyo.

- Se estudiará, con la ayuda de estos datos, la necesidad de reforzar el conjunto ante la posible aparición de esfuerzos horizontales.

- Para el análisis del edificio será preciso contar con operarios tipo escayolistas o albañiles, según se necesiten, que puedan abrir catas y comprobar el estado de la estructura. Posteriormente se deberán cerrar las catas de comprobación abiertas y pintar el paño o techo.

- Con los datos anteriores obtenidos se redactará un Proyecto de Reparación, concretando los refuerzos metálicos, su magnitud y ubicación.

- Asimismo se detallará la necesidad de reparación de los elementos y particiones dañadas en el proceso observado.

La magnitud de la reparación dependerá del estado real del edificio, atendiendo en todo momento a los daños provenientes del movimiento del suelo y no del mantenimiento real del edificio que puede ser debido a su estado de antigüedad y conservación.

EPILOGO.

Como se ve es necesario realizar previamente un estudio del edificio, antes de proponer inyecciones y/o mocropilotajes que más que reparar pueden complicar tremendamente algo que estaba estabilizado.

6.4 ESTABILIDAD DE VIVIENDAS UNIFAMILIARES ADOSADAS (2008)

6.4.- ESTABILIDAD DE VIVIENDAS UNIFAMILIARES ADOSADAS. (2008)

Se nos requiere por parte del ayuntamiento del Burgo de Ebro, villa cercana a Zaragoza, para analizar un grupo de 30 viviendas adosadas en el que han aparecido grietas y fisuras de forma indiscriminada, tanto en cerramientos exteriores, como en las particiones interiores. Para ello, se levanta acta de la situación de toda la patología y se comprueba que ésta es debida a asentamientos de la cimentación, habida cuenta de que existen grupos de grietas y fisuras a 45°, que apuntan a la cabeza de determinados pilares, signo inequívoco de este tipo de patología.

Son grietas que aparecen apuntando a las esquinas de puertas y ventanas en direcciones contrapuestas, formando un arco de descarga, como se puede ver en el croquis superior.

Hay que tener en cuenta que las grietas o fisuras a 45° apuntan siempre a la cabeza del elemento que se asienta. En este caso, se podría suponer que asienta la esquina de la puerta del garaje, posiblemente a causa de una fuga de agua, no obstante el análisis de esta patología hay que hacerlo desde una perspectiva más amplia, para comprender correctamente el movimiento.

Por otro lado, como no se tiene constancia del tipo de terreno existente, lo primero que se encarga es un análisis del mismo a un laboratorio.

Los laboratorios encargados de realizar el estudio geotécnico investigan cronológicamente con otros laboratorios obteniendo que en 1989 y 1991 se habían realizado ensayos geotécnicos en el terreno. No obstante con fecha 2008 se realiza una nueva campaña que contempla un sondeo mecánico con extracción continua de testigo y cuatro penetraciones dinámicas tipo DPSH.

Se adjunta una fotografía aérea de la situación de las viviendas que se estudian. Asimismo, plano de situación de los sondeos y penetraciones que se realizaron tanto por Laborarios Proyex S.A. en 1.989 y 1.991, como a los realizados por Ensaya S.A. en 2.008.

En el estudio Geotécnico, se puede discernir que en el sondeo realizado se comprueba que existe una capa de relleno desde la superficie hasta los -3,50m de profundidad, compuestos por gravas heterométricas con matriz de limo-arenoso (zahorra). Infrayacente a esta capa, aparece el tereno natural correspondiente al recubrimiento cuaternario, constituido por depósitos aluviales de limos y gravas.

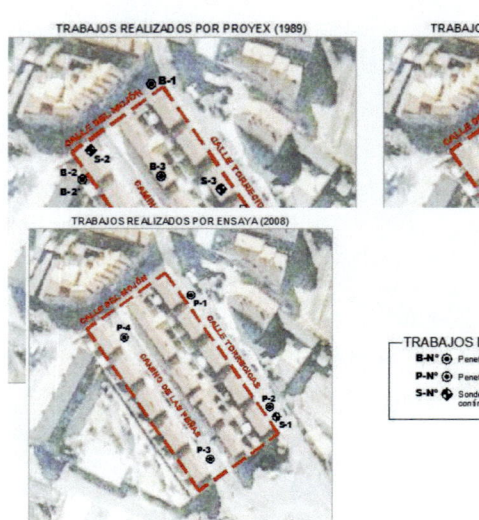

Por otro lado, de acuerdo con los resultados obtenidos en el laboratorio, la muestra ensayada entre 4,20 y 4,80m de profundidad se clasificaría, según Casagrande, como GM (gravas limosas de matriz no plástica) con humedad del 4,3% y con un contenido en sulfatos inferior al 0,1%. Las muestras realizadas a 8,4-9,0 m y 13,80-

14,40m de profundidad, se clasificansegún Casagrande, como arcillas inorgánicas de plasticidad media con un contenido en finos de 97,7 y 98,2%, índice de plastidad 30,7 y 28,2. Densidad seca de 1,26 g/cm^3 y 1,35 g/cm^3 y humedad de 42,5 a 36,8%.

Además, según la interpretación de los ensayos de penetración dinámica continua realizados cabe insdicar losiguiente:

a)   La grava que constituye el material de relleno hasta una cota de 2,50-3,50m presenta una compacidad alta-muy alta.

b)   Por debajo del relleno de arena, hasta unos 6,00m de profundidad, el material tiene una compacidad media.

c)   Bajo estos materiales existe una capa de sustrato alterado, de espesor variable, constituido por arcilla con pasadas limosas, de consistencia firme-muy firme.

d)   Finalmente, se obtiene rechazo en la penetración P4 a 7,40m en lo que parece ser es el sustrato yesífero con un grado bajo de alteración.

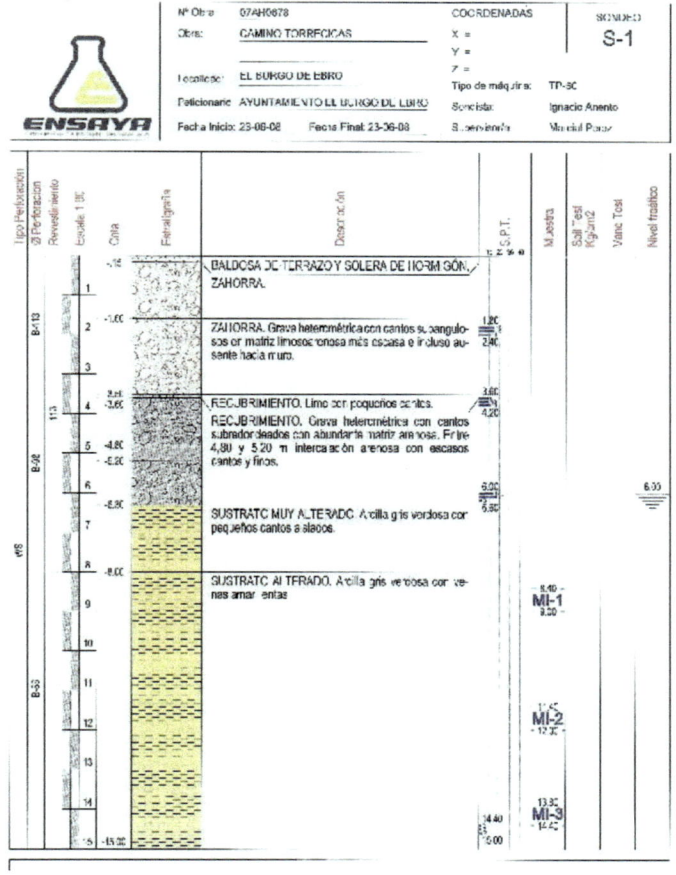

Con estos datos puede obtenerse que existe una capa superficial de hasta 3,50m de profundidad, correspondiente a materiales de relleno constituido por gravas, bajo la cual se sitúa el recubrimieno uatenario formado por gravas y limos aluviales. Por debajo de estos materiales aparece el sustrato terciario formado por una capa de limo-arcilloso de alteración y espesor muy variable.

Teniendo en cuanta lo indicado con anterioridad, la cimentación en la capa superficialde gravas, ejecutadas para construir las viviendas analizadas, no tendría influencia sobre la cara infrayacente de sustrato alterado (situada a más de 3,50m de profundidad), por lo que a pesar de la capacidad portante de esta, las gravas deberían soportar sin problemas las presiones transmitidas por la cimentación.

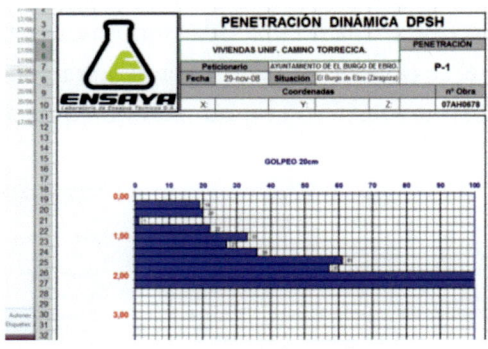

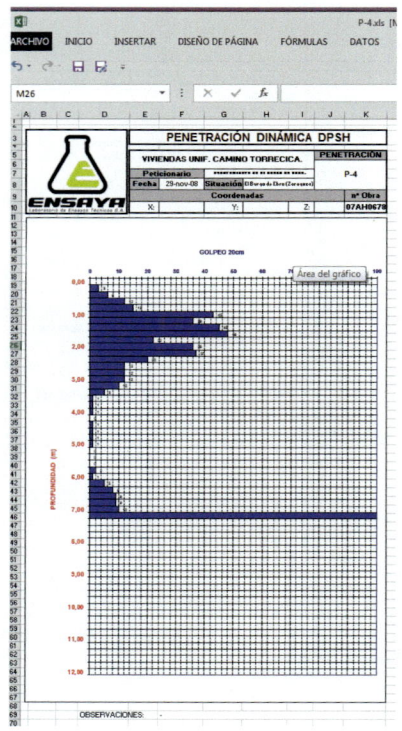

Por la propia composición de la cuenca del río Ebro, durante miles de años las lluvias y las crecidas del río han ido arrastrando materiales de los barrancos situados en el margen derecho del río.Uno de estos barrancos denominados "Val de Palacín" que es el que a lo largo de miles de años ha ido arrastrando materiales a la zona llana de la cuenca del Ebro, formando la capa de recubrimiento del cuaternario.

El problema de estos materiales de relleno aluvial es que sus propiedades son muy fácilmente alterables ante variaciones del contenido en humedad y sobre todo frente a aportes y flujos d agua, pues producen con facilidad procesos de migración de finos, lo que concluye con asientos y colapsos.

Estos procesos provocan deformaciones y pérdidas de volumen en el material de las capas que sustentan una cimentación y, consecuentemente, obligan a la cimentación a asentar de forma parcial.

Esta es la causa fundamental por la que aparecen asentamientos parciales en la zona de cimentación, obervándose fisuras contrapuesta a 45º que forman un arco de descarga, distorsionado por los forjados y los huecos existentes, rompiendo la continuidad de su geometría.

Si se analiza el arco de descarga, es decir, la zona de terreno que está asentando y la composición estratigráfica del mismo, se observan que algunos de los estratos inferiores presentan depresiones debidas posiblemente a las migraciones de finos de unos estratos a capas más profundas, con el acomodo posterior de la capa de arena suelta, a consecuencia todo ello de las fluctuaciones del nivel freático.

Establecido el problema y su causa caben dos formas de intervenir en el edificio: bien por recalce de la cimentación a cotas más profundas, mediante un micropilotaje de la cimentación, o bien por consolidación del suelo.

RECALCE PROFUNDO DE LA CIMENTACIÓN.

Habida cuenta que existe un desequilibrio entre la cimentación y el suelo, parece lógico aumentar la capacidad mecácica de la cimentación, para lo que será preciso trasladar las cargas de ésta a un estrato más profundo mediante icropilotes.

Aunque la podría ser factible y una buena solución, se observa que la estructura se compone de dos crujías paralelas a fachada, lo que da un problema grave solucionar la ejecución de los micropilotes de la segunta crujía, en el interior de las viviendas. Ya que las zapatas de fachada son accesibles desde el exterior, pero la interiores no son accesibles.

Para apoyar una zapata en unos micropilotes, es preciso crear un grupo de microopilotes de forma que su apoyo sea equilibrado, impidiendo que la zapata pueda rotar libremente. En efecto, para diseñar un recalce con micropilotes es preciso tener en cuenta la situación de los radios de giro y la situación de las vigas riostras y/o vigas centradoras.

El recalce de una zapata con cuatro micropilotes sería lo ideal, pero no es habitual encontrar zapatas aisladas accesibles por los dos lados. Además reclazar una zapata con cuatro micropilotes es excesivo porque se derrocha mucha capacidad mecánica de apoyo para este tipo de edificios, con cargas más bien pequeñas.

Con tres micropilotes es un buen apoyo, ya que se forma un trípode sin nigún giro, por lo cual es una buena solución.El mínimo sería de dos micropilotes, siempre que perpendicular al eje de giro, que se produce en la unión de ambos micropilotes, exista una viga riostra o viga centradora que anule el movimiento de giro.

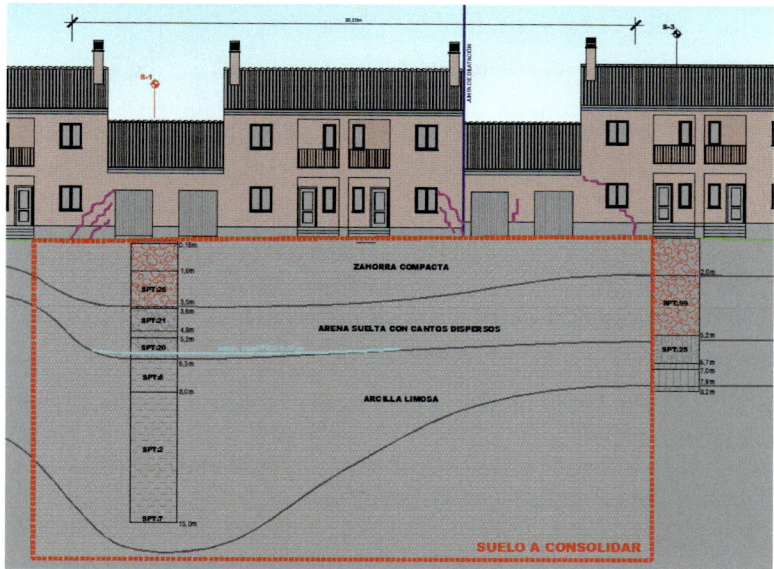

Visto todo lo anterior, es preciso   recapacitar que que las viviendas que se estudian tienen dos pilares en cada fachada y uno en el centro, lo que implicaría introducir una taladradora sobre orugas pequeña de dos toneladas en el interior, para lo que habrá que demoler algún tabique, estropear o dañar el pavimento, yesos, pinturas y alicatados, etc. Así como invalidar la habitabilidad de la vivienda durante tres o cuatro semanas.

CONSOLIDACIÓN DEL SUELO.

Como se ha visto, la intervención anterior es muy traumática para edificaciones de este tipo, ya que por un lado los elementos estructurales son muy pequños y las perforaciones grandes. Además, el grado de reparación de los elementos que es preciso dañar, puede alcanzar el 50 % del valor de ejecución de la vivienda intervenida, por lo que en edificios de esta tipología es preferible realizar una intervención en la que no sea necesario entrar en el interior de las viviendas.

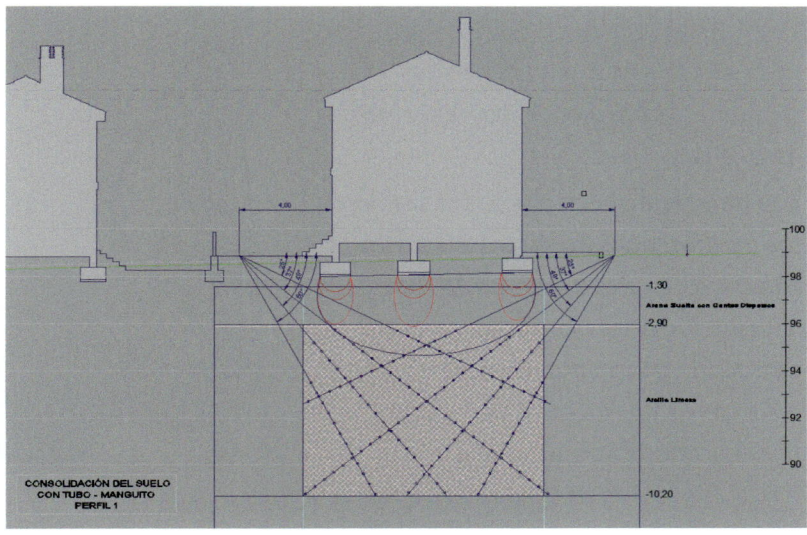

Por todo ello, es preferible una consolidación del suelo, que consiste en realizar una serie de inyecciones de lechada de bentonita-cemento mediante la técnia del tubo manguito. De acuerdo a los perfiles indicados, se propone la intevención transversal actuando en las zapatas que han tenido movimientos según el esquema anterior. Para calcular la presión de las inyecciones se puede aplicar lo indicado en al apartado G.2 del punto 5.3.4, del capítulo 5, sobre mejora y consolidación del terreno.

En el plano de planta adjunto se indican los tipos de perfiles que propone el Proyecto de recalce.

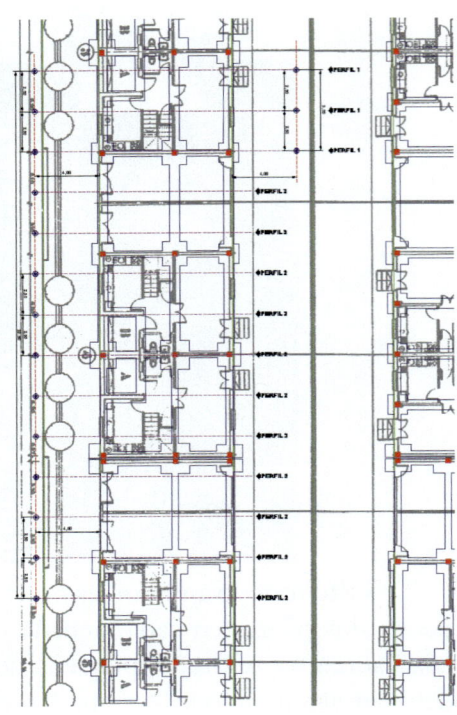

Realizar inyecciones de bentonita-cemento basándose solo y exclusivamente en cálculos teóricos de acuerdo en lo indicado en el apartado 5.3.4 puede ser un tanto comprometido, ya que el terreno es un medio heterogéneo y los procedimeintos matemáticos parten de premisas homogéneas. Por ello, se recomienda aplicar procedimientos prácticos que se basan en experiencias semejantes. Estos deberán seguir las siguientes directrices:

- Las inyecciones se realizarán siempre de abajo arriba, inyectando un máximo de dos puntos consecutivos, para no debilitar una gran zona de suelo.

- Por esta misma razón, se irán inyectando puntos diferentes para mantener siempre zonas intermedias inelteradas.

- Las últimas inyecciones se realizarán en los puntos que afectana los bulbos de presiones o directamente a la base de la zapata. De esta forma, la presión de inyección se mantiene entre la zona interior ya inyectada y endurecida y la presión que ejerce la zapata.

- Como al sacar el pistón de inyección el tuboqueda limpio por su zona interior, se cerrará con un tapón en su extremo superior, tapándolo con arena y mortero pobre, por si fuera preciso inyector ese punto posteriormente.

- Se levantará acta de las presiones, cantidad de lechada inyectada y plano acotado de los puntos de inyección.

- Adjunto fotografía del tubo de inyección colocado antes de realizar propiamente la inyección. Una vez realizada este, se corta la cabeza, se le pone un tapón y se tapa con mortero, levantando en un plano fielmente su posición, por si es preciso posteriormente buscar la cabeza de inyección.

- Tambien se levantan gráficas de admisión, para poder discernir la admisión de lechada de bentonita-cemento que ha tenido cada punto inyectado. Así de esta forma se pueden observar las incidencias que hay en el terreno.

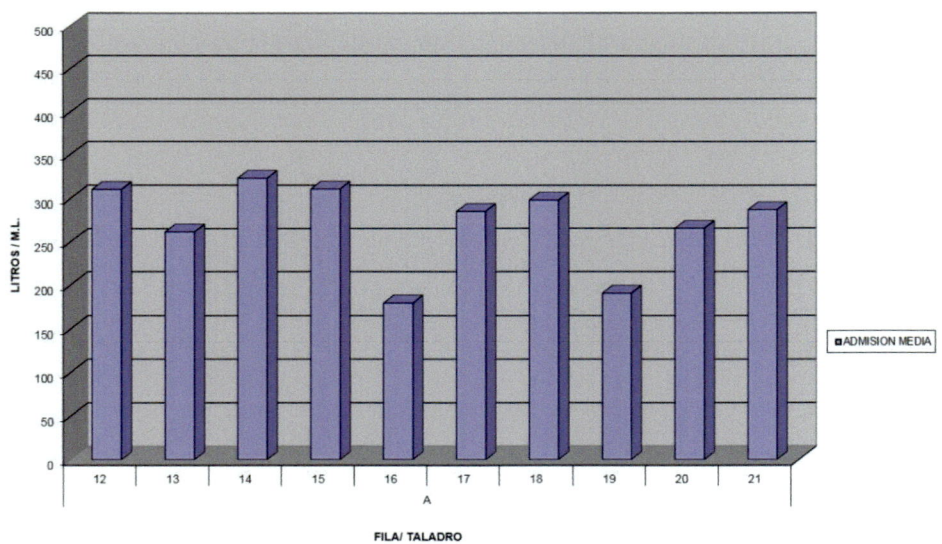

6.5 CIMENTACIÓN/RECALCE DE UNA LOSA DE CIMENTACIÓN

6.5.- CIMENTACIÓN/RECALCE DE UNA LOSA.

Una Edificación singular debe apoyarse en una losa de cimentación, que recoge todas las cargas. El estudio geotécnico del terreno nos informa que la losa se va a implantar en un suelo compuesto por un relleno de gravas y bolos con una matriz arcillosa muy poco compactada y poco fiable.

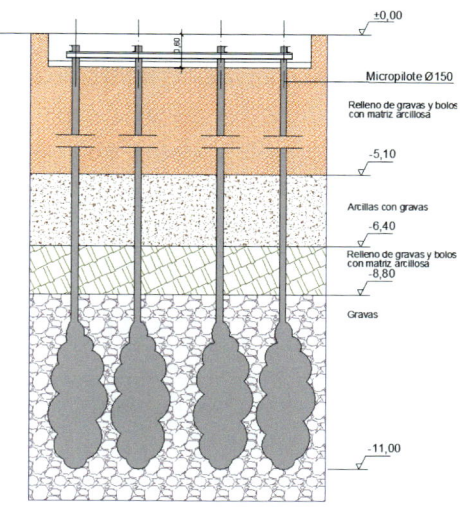

DETALLE CIMENTACIÓN
ESCALA 1/50

1.- DATOS DEL TERRENO.

Según datos obtenidos de laboratorio homologado que ha realizado sondeos en zonas muy próximas a la implantación de la edificación proyectada, se conocen los distintos estratos del terreno que son los siguientes:

De **±0,00** a **-5,10** metros
Relleno de gravas y bolos con matriz arcillosa.
De **-5,10** a **-6,40** metros
Arcillas con gravas.
De **-6,40** a **-8,80** metros
Relleno de gravas y bolos con matriz arcillosa.
De **-8,80** metros en adelante.
Gravas.

2.- CALCULO DE LA CIMENTACIÓN.

La carga que se transmite el terreno es:

Peso Propio:
Fábrica de ladrillo perforado (50x240)............................ 12.000 kp
Revestimiento de piedra (50x60).................................... 3.000 kp
Estructura de acero .... 3.200 kp
Chapa conformada (0,003x7850x21x2) ....990 kp
Peldaños (0,003x0,175x120x24x7850) ....135 kp
Acero en cimentación..200 kp
Solado (15x60) ....900 kp
Encepado de Hormigón (15x0,7x2500)..................... 26.250 kp
$\qquad$ PESO PROPIO...........46.675 kp/m^2
Sobrecargas:
Uso (Público) (21x300).. 6.300 kp
Carga Nieve (15x50) ....750 kp
$\qquad$ SOBRECARGAS.................7.050 kp
CARGA TOTAL   **53.725 kp**

Con estos datos se observa que la capacidad mecánica del terreno es insuficiente para soportar la tensión transmitida por la cimentación, por lo que es preciso transmitir dichas cargas al sustrato de gravas más profundo que se encuentra en la cota de -8,80m. Por esta razón el proyecto diseña una cimentación que transmite cargas a la capa de gravas mediante elementos lineales denominados micropilotes. Estos micropilotes diseñados con Ø150mm pueden soportar una carga de hasta 10Tn, por lo que el total de la cimentación podría soportar hasta 80Tn. A continuación, se realiza un cálculo pormenorizado de un micropilote a partir de las condiciones de geometría y tipología del terreno.

3.- CÁLCULO DE UN MICROPILOTE.

Se toma un micropilote de las siguientes características:
Diámetro   Ø150 mm
Espesor   4 mm

Acero
Tensión de Límite elástico.
f_y = **275 N/mm²**   para t[16 mm
f_y = **265 N/mm²**   para 16<t[40 mm

f_y = **255 N/mm²**   para 40<t[63 mm
Tensión de Rotura.
f_u = **410 N/mm²**   para 3<t[100 mm
E   2.100.000 kp/cm²
I   489 cm⁴

La elección del mismo se justifica por ser el más adecuado y habitual a la dimensión longitudinal proyectada, fundamentada en la profundidad del estrato en el que se ha de apoyar. Que se ubica a **-9.00 m**; Además, por la tipología del terreno se opta por el micropilote de 150 mm, en lugar de 115 mm, a fin de evitar la posibilidad de pandeo del mismo.

4.- CÁLCULO A PANDEO DE UN MICROPILOTE.

La carga crítica de un micropilote de estas características es la siguiente:

$$P_k = 2\sqrt{\beta E I}$$

Considerando el micropilote empotrado en sus dos extremos ß=1 De donde se obtiene:

$$P_k = 2\sqrt{2.100.000 \cdot 489} = 64.090,56\ kp$$

El valor de la semionda de pandeo es:

$$\pi \cdot \sqrt[4]{\frac{EI}{\beta}} = 3{,}1416 \cdot \sqrt[4]{\frac{2.100.000 \cdot 489}{1}} = 179 \ cm$$

$$m = \frac{L}{\gamma} = \frac{900}{179} = 5{,}03$$

Con este valor se resulta que $\mu_1 = 5 \ y \ \mu_2 = 6$

Obteniendo así el valor del pandeo de $u = 0{,}51$

Por consiguiente la resistencia característica de este micropilote es de:

Pk=0,51·64.090,56= **32.686 kp**

Tomando un coeficiente de seguridad de **2,5**, la carga máxima admisible del micropilote será:

P_{adm} =32.686/2,5 = **13.074,74 kp**

En ausencia de apartado específico del CTE y de la ENE/08 para el cálculo de micropilotes, estos se han calculado como cualquier otro elemento estructural, despreciando el rozamiento del fuste y minorando las cargas a pandeo por un coeficiente de seguridad de 2,5. (Coeficiente recomendado en los manuales de cálculo para cimentaciones).

5.- COMPROBACIÓN DE LA TRASMISIÓN DE CARGAS DE LA CIMENTACIÓN.

Por funcionalidad se proyectan 8 micropilotes, uno aproximadamente bajo cada uno de los pilares que soportan la estructura superior, cuya capacidad mecánica de carga total es de: 8x13.074,74=**104.595,20 kp >> 53.725 kp**

Es decir, que la carga que pueden soportan los micropilotes de 104.595,20 kp es mucho mayor que las cargas que deben soportar de 53.725 kp, por lo que el cálculo es válido y con un coeficiente de seguridad de cálculo de 1,95, sin tener en cuenta el coeficiente de seguridad de 2,5 que se tomó para obtener la carga admisible de un micropilote.

Estos cálculos se han realizado teniendo en cuenta las máximas restricciones en cuanto a coeficientes de seguridad y las mínimas necesarias para la estabilidad estructural que se requiere por la tipología del terreno y de las cargas que deben soportar.

6.- VIABILIDAD DE LA REDUCCIÓN DEL DIÁMETRO NOMINAL DEL MICROPILOTE.

Por una serie de razones constructivas se nos requiere la posibilidad de realizar el micropilotaje con tubos de Ø115/5 en sustitución de los proyectados.

La inercia de este tubo es de I=261 cm^4

La carga crítica de un micropilote de estas características es la siguiente:

$$P_k = 2\sqrt{\beta EI}$$

Considerando el micropilote empotrado en sus dos extremos ß=1 De donde se obtiene:

$$P_k = 2\sqrt{2.100.000 \cdot 261} = 46.823,07 \; kp$$

El valor de la semionda de pandeo es:

$$\pi \cdot \sqrt[4]{\frac{EI}{\beta}} = 3,1416 \cdot \sqrt[4]{\frac{2.100.000 \cdot 261}{1}} = 480,69 \; cm$$

$$m = \frac{L}{\gamma} = \frac{900}{489,69} = 1,87$$

Con este valor se resulta que $\mu_1 = 1 \; y \; \mu_2 = 2$

Obteniendo así el valor del pandeo de $u = 1,01$

Por consiguiente, la resistencia característica de este micropilote es de: Pk=1,01·46.823,07= **47.291,30 kp**

Tomando un coeficiente de seguridad de **2,5**, la carga máxima admisible del micropilote será: P$_{adm}$ =18.916,52/2,5 = **18.916,52 kp**

Los ocho micropilotes resisten:
8·18.916,52kp=151.332,16>>53.725 kp

Con un coeficiente de seguridad establecido de:
151.332,16/53.725=2,82

Luego el cambio requerido es perfectamente viable.

7.-DE LOS MICROPILOTES.

7.1. Características Geotécnicas

Los parámetros geotécnicos utilizados en el cálculo de esta cimentación se han establecido en el apartado anterior.

7.2.- FUNDAMENTOS DEL MICROPILOTAJE.

A.-   Rotura hidráulica del terreno

(Dependiente únicamente de su resistencia inicial y no de su textura).

Esta rotura se lleva a cabo en forma controlada, de modo que las deformaciones se escalonen. Este proceso permite el tratamiento con mezclas estables a base de cemento de suelos cuya textura impediría la impregnación incluso por mezclas químicas de baja viscosidad. La referida rotura hidráulica se produce con volúmenes de lechada aplicados a través del extremo inferior de los micropilotes.

7.3.- CONDICIONES DE EJECUCIÓN DEL MICROPILOTAJE

7.3.1.   Ejecución y equipamiento del micropilotaje.

Las perforaciones, de diámetro no inferior a 3 pulgadas, se realiza con el adecuado revestimiento de estabilización, hasta alcanzar la profundidad prefijada.

Una vez avanzado y limpio cada taladro, se introduce, hasta el fondo del mismo, un tubo de acero de $\varnothing_{ext}$ **150 mm** y **4 mm** de espesor de pared en toda la longitud del taladro.

Después, e introduciendo siempre la mezcla desde fondo de taladro, se comienza la inyección lechada de cemento-bentonita inyectando la corona circular que se sitúa entre el tubo y el terreno lateral del taladro, para posteriormente producir un bulbo de presión en el extremo inferior del micropilote, con una fuerte presión, e ir extrayendo el inyector dejando el tubo relleno de lechada de cemento y bentonita su interior.

7.3.2- Plan de control de calidad. Registro de marcha de obra

En la ejecución de los trabajos se plantea la aplicación de un Plan de Control de calidad, tanto de los resultados de la ejecución de las obras, como del propio sistema a ejecutar, con el objeto de garantizar una correcta calidad y resultado de las Unidades ejecutadas.

El referido Plan de Control de Calidad tendrá diferente tratamiento en función de las fases de ejecución de la obra, y que serán fundamentalmente:

A/.- FASE DE PERFORACIÓN

Durante los trabajos de perforación se llevará a cabo la completa toma de datos de la ejecución de cada uno de los taladros a ejecutar, en el correspondiente parte, en el que se hará especial incidencia al tipo de material encontrado, a la presión de avance de la barrena, así como a cualquier aspecto de incidencia (presencia de agua, bolos o blandones, etc.)

Con los datos obtenidos se realizará un análisis para determinar si se deben aplicar los parámetros previstos o se deben corregir de forma adecuada para ajustarlo a la realidad geotécnica obtenida

B/.- FASE DE INYECCIÓN

Durante los trabajos de Inyección se llevará a cabo la completa toma de datos de la ejecución de cada uno de los taladros a ejecutar.

Cada uno de los taladros tendrá su parte individualizado donde se hará referencia a cada una de las fases de inyección.

Además de esto a pie de la planta de inyección se dispondrá de un laboratorio de materiales, dispuesto para la determinación de los parámetros de la mezcla a utilizar (viscosidad, agua libre), así como para la obtención de probetas para su rotura a 7 y 28 días para determinar la resistencia característica.

Cada uno de los documentos generados en estas dos fases, partes y resultados del laboratorio, estarán a disposición de quien se considere oportuno, en la propia caseta de obra. Asimismo, se estará en el compromiso de aportar un resumen completo de los resultados obtenidos, a la Dirección Facultativa, si así lo considera oportuno.

C/.- FINAL DE LOS TRABAJOS

Al finalizar los trabajos, se redactará un informe final donde se hará referencia a toda la ejecución de la obra, indicando los parámetros fundamentales aplicados, así como las incidencias, o aspectos que difieran a la situación inicialmente planteada en la fase previa a la ejecución de las obras.

6.6 PATOLOGÍA DE VIVIENDAS ADOSADAS. (006131239)

6.6.- PATOLOGÍA DE VIVIENDAS ADOSADAS. (006131239)

Una comunidad de propietarios de la ciudad de Nuez de Ebro (Zaragoza) nos requiere para estudiar un grupo de ocho viviendas, donde ha aparecido una patología que preocupa a sus propietarios. Conocido el problema en una primera visita de contacto se analiza el alcance del problema y se comienza por buscar documentación de las viviendas en el Ayuntamiento de la localidad. Por otro lado, se solicita la realización de un Estudio Geotécnico que analice el tipo de terreno, su grado de humedad y su comportamiento en la actualidad.

Siguiendo el protocolo que se indica en este manual, se solicita el expediente en el ayuntamiento pudiendo comprobar que el proyecto de ejecución es de 1.991 y que en el momento de realizar el análisis la promoción lleva **veinte** años en servicio sin incidentes hasta las lesiones que se han observado recientemente.

Con este dato se puede vislumbrar que la patología aparecida proviene de una agresión externa porque el equilibrio de un edificio en un terreno arcilloso no suele sobrepasar los cinco años iniciales, sobre todo si el terreno está saturado de agua.

6.6.1.- DESCRIPCIÓN DEL EDIFICIO.

El edificio se compone de ocho viviendas adosadas, asentado en un solar de 1300 m², que compone el lateral de la calle Huesca de dicha ciudad. Son vivienda de dos plantas (baja y primera) con estructura de hormigón armado y cimentación superficial. Se cubre el edificio con cubierta de teja mixta sobre tablero machihembrado y tabiquillos conejeros que se apoyan en el último forjado. El cerramiento exterior es de tipo multicapa con ladrillo caravista hacia el exterior. En cuanto la cimentación se compone de zapatas corridas superficiales, de 1,00 m de anchura y con 0,60 m de canto, calculadas para una tensión transmitida al terreno de 0,5 kp/cm², dato recomendado por el Estudio Geotécnico realizado inicialmente antes de ejecutar la promoción.

En la documentación del Catastro y ortofotografía realizada se puede observar la situación de la promoción dentro del casco de la ciudad, lo que nos da una primera prueba de que no es 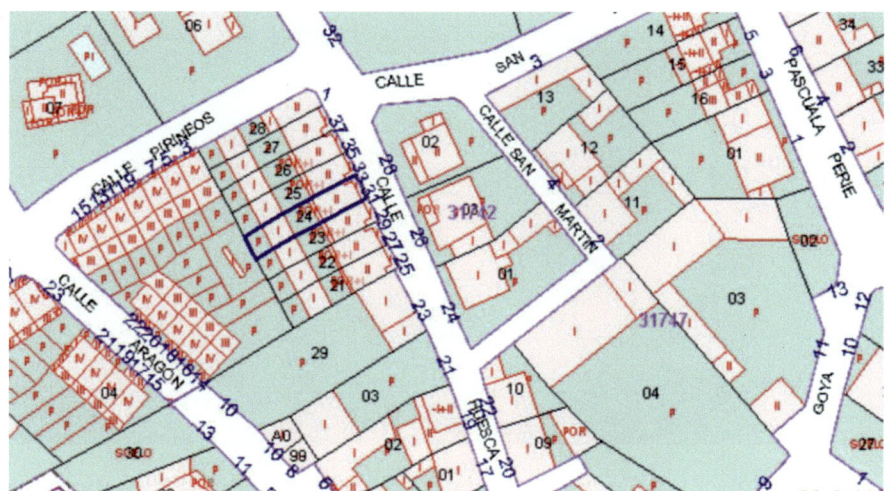 una agresión generalizada, como podría ser el ascenso del nivel freático ya que una agresión más generalizada implicaría un mayor número de edificaciones.

Por ello se busca la agresión externa en las inmediaciones de la promoción dañada.

Como se puede observar en las fotografías adjuntas, aparecen una serie de grietas y fisuras que los propietarios han intentado controlar poniendo una serie de testigos de escayola, pero comprobando que éstos se iban rompiendo deciden buscar a alguien experto en estos temas, para que analice el problema planteado y la forma de intervenir, tanto técnica como jurídicamente.

Se presentan algunas fotografías de cómo estaba la promoción en la primera visita de inspección, para hacerse una idea de su estado inicial. En la primera de ellas, se observa una grieta horizontal en la zona izquierda del cabecero de la ventana y otra asimismo, horizontal que sale de la esquina inferior derecha.

En la segunda fotografía aparece una grieta en el ángulo inferior izquierdo que posteriormente desciende. Hay otra en el ángulo inferior derecha que sale horizontal.

En esta última fotografía se puede observar la colocación de una serie de cuatro testigos colocados antes de nuestra intervención. Cuando se realizó la primera visita de inspección los testigos colocado ya estaban rotos.

6.6.2.- ANTECEDENTES.

El edificio fue promovido por una promotora para su venta de acuerdo a la licencia de obras concedida en el Pleno del Ayuntamiento de fecha 11.04.1991. Con fecha 11.06.**1992** se presenta el final de obra por lo que en el momento de la redacción del Informe inicial (2012) el edificio tiene ya algo más de **veinte años** en servicio.

El edificio se construye con la metodología y tipología de las construcciones de los años noventa, con estructura porticada de hormigón armado de jácenas planas embebidas en el propio canto del forjado y pilares rectangulares de 25x45 cm asimismo, embebidos en el propio medianil de forma que la estructura apenas es visible. , está apoyada sobre zapatas superficiales corridas, asimismo, de hormigón armado.

La cimentación se proyecta como cimentación superficial corrida de 1,00m de anchura y un canto de 60cm más 10 de hormigón de limpieza, calculada a **0,5 kp/cm²** de tensión admisible, según el Proyecto de Ejecución.

Los cerramientos exteriores se realizan con fábrica de ladrillo caravista, jaharrado interior de mortero de cemento, cámara de aire con aislamiento térmico (3cm de espuma de poliuretano proyectado) y tabique hueco sencillo con un grueso total aproximado de 25 cm.

Cabe destacar que el edificio posee forjado sanitario dejando una cámara de aire bajo el forjado de la planta baja. Se cubre el conjunto con cubierta inclinada de teja cerámica árabe.

Las viviendas se desarrollan en dos plantas. Planta Baja con Estar, Comedor, Cocina y Aseo y Planta Primera con tres dormitorios y un baño.

En las visitas de inspección realizadas, la propiedad nos informa y así se comprueba, la aparición de una serie de deficiencias que aparecen en forma de grietas y fisuras[1] que rompen los distintos elementos verticales y horizontales a tracción. También se observa la existencia de distintos *parches* en el pavimento de la calzada de la calle Huesca, consecuencia de distintas reparaciones efectuadas en la red municipal de distribución de agua potable.

6.6.3.- ENCARGO DEL ANÁLISIS Y PROPUESTA DE INTERVENCIÓN.

Por los motivos antes citados y preocupación de los propietarios, se encarga un ANÁLISIS Y PROPUESTA DE INTERVENCIÓN, donde se realice un estudio del problema planteado y dictamine una Propuesta de Intervención para estabilizar y consolidar el edificio, con el propósito de que el mismo pueda seguir usándose en el mismo sentido para el que fue proyectado y construido.

6.6.4.- PATOLOGÍA EXISTENTE.

Posteriormente se visitaron todas las viviendas obteniendo una relación de grietas y fisuras que se presentaron levantando acta del estado y en posición de cada una de ellas. Se adjunta a continuación algunos de los datos obtenidos, sin ser exhaustivos, con el propósito de indicar el protocolo seguido.

Tal y como se dice en el Capítulo 1º de este manual, se inspeccionaron cada una de las habitaciones obteniéndose la situación y posición de cada una de las grietas existentes. Posteriormente, en el despacho, se analizan cada una de ellas de forma individual, así como de forma colectiva, para poder tener una visión con cierta perspectiva del conjunto de movimientos que han aparecido, que justifiquen dichos daños. En secuencia estos son los documentos realizados:

En primer lugar, hay que indicar que la patología existente apreciable a simple vista, es la rotura a tracción de los cerramientos exteriores y de la tabiquería interior, producida desde hace relativamente poco tiempo.

Nota.-

> **Grieta:** Abertura longitudinal incontrolada que afecta a todo el espesor de un elemento constructivo.
> **Fisura:** Abertura longitudinal incontrolada que afecta solo a una de las caras del elemento constructivo de forma superficial.

También aparece una patología colateral a la primera, que es el descuadre de puertas y ventanas, rotura de techos de escayola y movimientos del pavimento.

Recorriendo las distintas viviendas en orden ascendente se puede describir la siguiente patología:

CASA c/ Huesca Nº 30.-

No existe patología apreciable el día de la inspección.

CASA c/ Huesca Nº 32.-

<u>Planta Baja.</u>

Recibidor:	Fisuras ascendentes a 45º hacia el Nº 34.
Salón:	Fisuras ascendentes a 45º hacia el Nº 34.
	Descuadre ventana del salón.
Comedor:	Fisura en esquina de ventana descendentes a 45º hacia el Nº 30.
Baño:	Fisura en juntas siguiendo la junta de la baldosa.

<u>Planta Primera.</u>

Dormitorio 1:	Fisuras horizontales en tabique perpendicular a fachada.
Baño:	Fisuras ascendentes a 45º en las esquinas de la ventana.

CASA c/ Huesca Nº 34.-

<u>Planta Baja.</u>

Recibidor:	Fisuras varias.
Salón:	Fisuras ascendentes a 45º hacia el Nº 36.
Baño:	Fisura que continua por el pasillo
Comedor:	Fisura horizontal encima de la puerta. Fisura en techo siguiendo la vigueta.

<u>Planta Primera.</u>

Dormitorio 1:	Fisuras horizontales y verticales.
	Techo bofado.
Baño:	Fisuras ascendentes a 45º en las esquinas de la ventana.
Escalera:	Fisuras horizontales (señalan el forjado)
Dormitorio 3:	Fisura horizontal

CASA c/ Huesca Nº 36.-

<u>Planta Baja.</u>

Recibidor:	Fisura ascendente a 45º hacia la fachada principal.
	Fisuras inclinadas a 45º hacia el nº 38.
	Fisuras varias
	Puerta de entrada no cierra bien.
Salón:	Fisuras ascendentes a 45º hacia el Nº 38.
	Fisura ascendente a 45º en tabique perp. a fachada hacia la parte trasera.
	Hoja izquierda de ventana caída.

Escalera:	Fisuras horizontales marcando el forjado.
Baño:	Fisura inclinada por junta de azulejos.
Comedor:	Fisura en techo siguiendo la vigueta.

Planta Primera.

Dormitorio 1:	Fisuras a 45º ascendente hacia el nº 38
	Varias fisuras horizontales en todos los tabiques.
	Ventana descuadrada.
Baño:	Fisuras ascendentes a 45º hacia el nº 38.
Dormitorio2:	Fisuras verticales y horizontales con tendencia hacia el nº 38
Dormitorio 3:	Fisuras verticales y horizontales con tendencia hacia el nº 38

CASA c/ Huesca Nº 38.-

Planta Baja.

Salón/Vestíbulo:	Fisuras varias en todos los ángulos de la ventana
Comedor:	Fisura ascendente hacia la casa 40
	Dificultad para abrir la ventana
Escalera:	Fisura horizontal marcando el forjado
	Fisuras en falso techo
	Fisura ascendente hacia el nº 40

Planta Primera.

Dormitorio 1:	Varias fisuras verticales y horizontales en todos los tabiques.
	Fisura a 45º ascendente hacia el nº 40.
Baño:	Fisuras ascendentes a 45º hacia el nº 40.
Dormitorio2:	Pequeñas fisuras verticales y horizontales.
Dormitorio 3:	Pequeñas fisuras verticales y horizontales con tendencia hacia el nº 40

Fachada Posterior.

Fisura ascendente hacia el nº 40 en las esquinas de la ventana del comedor.
Apertura entre muro y celosía.

CASA c/ Huesca Nº 40.-

Planta Baja.

Salón:	Fisuras a 45ºascendentes hacia el nº 42 en fachada y ascendentes a 45º en tabique posterior hacia el nº 38
	Ventana con una hoja más baja que la otra.
	El armario ha descendido.
	Hay una zona de yeso bofado.
Vestíbulo:	Fisura ascendente casi vertical y otra a 45º en direcciones opuestas en el mismo tabique perpendicular a fachada.
	Trozo de falso techo caído
Comedor:	Fisura ascendente a 45º hacia la casa 38
Baño:	Fisura ascendente que rompe azulejo.
	Salta la lechada de los azulejos.
Escalera:	Fisuras horizontales que marcan el forjado
	Zona de yeso bofado
	Fisuras varias

Planta Primera.

Dormitorio 1:	Varias fisuras horizontales en fachada.
	Fisura a 45º ascendente hacia la fachada principal.
	Fisuras horizontales en el otro tabique perpendicular a fachada, cerca de esta.
Baño:	Ha saltado la lechada sin llegar a romper ninguna pieza.
Dormitorio 3:	Fisura horizontal

CASA c/ Huesca Nº 42.-

Planta Baja.

Salón:	Varias fisuras horizontales y verticales con cierta tendencia hacia el nº 40.
Vestíbulo:	Varias fisuras horizontales y verticales con cierta tendencia hacia el nº 40.
Comedor:	Pequeñas fisuras varias
	Fisuras en el techo marcando las viguetas

Baño:	Fisura ascendente que rompe azulejo.
Escalera:	Una pieza mármol rota
	Fisura ascendente hacia el interior

Planta Primera.

Dormitorio 1:	Varias fisuras ascendentes hacia el fondo y la casa 40.
Baño:	Fisura ascendente a 45° hacia la casa 40
	En la pared junto a dormitorio tienen unas líneas que no llegan a romper el vitrificado en las piezas, y son paralelas entre si.
Dormitorio 2:	Pequeña fisura ascendente
Dormitorio 3:	Pequeñas fisuras horizontales y verticales junto a la puerta

CASA c/ Pirineos Nº 1.-

Planta Baja.

Salón:	Diversas fisuras en varias direcciones en el fondo del salón.
Vestíbulo:	Puerta de acceso a vivienda roza en el suelo.
Cocina:	Fisuras en techo de cocina paralelas a viguetas.
Escalera:	Fisura en canto del forjado.

Planta Primera.

Dormitorio 1:	Fisuras varias
Pasillo:	Fisuras en techo
Baño:	Fisuras. Falta lechada en junta de azulejos.
Dormitorio (fondo parcela):	Fisuras varias de forma aleatoria.

FACHADA c/ Huesca

Fisuras ascendentes a 45° entre las casas 32, 34 y 36 hacia la casa 38.
Fisura ascendente a 45° en las casas 40 y 42 hacia la casa 38.
Fisuras horizontales en la casa 38.
Fisuras verticales en casa de esquina con calle Pirineos.

FACHADA c/ Pirineos

Fisura vertical en chaflán.
Fisuras verticales en fachada de calle Pirineos.

Como se ha indicado, además de un exhaustivo reportaje fotográfico, se realiza el levantamiento del estado de las grietas y fisuras, como se expone a continuación, a modo de ejemplo, algunos de los documentos aportados que son innumerables que se adjuntan como anexo al informe elaborado y que aquí no tendría mucho sentido.

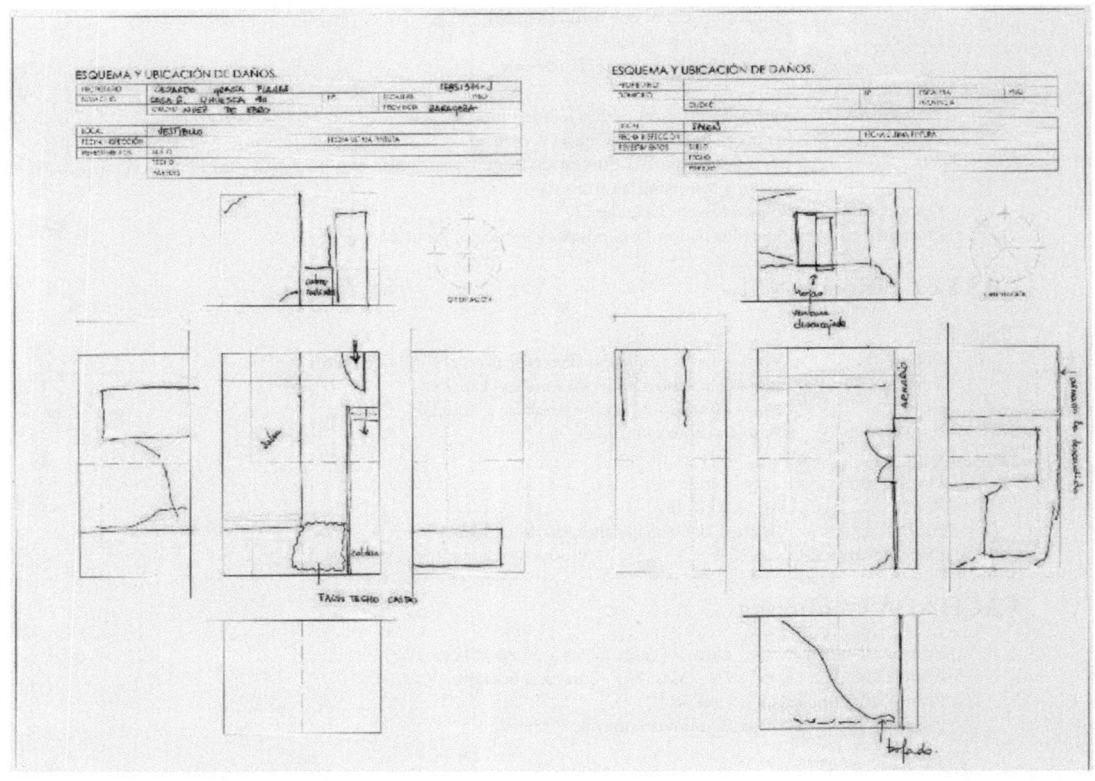

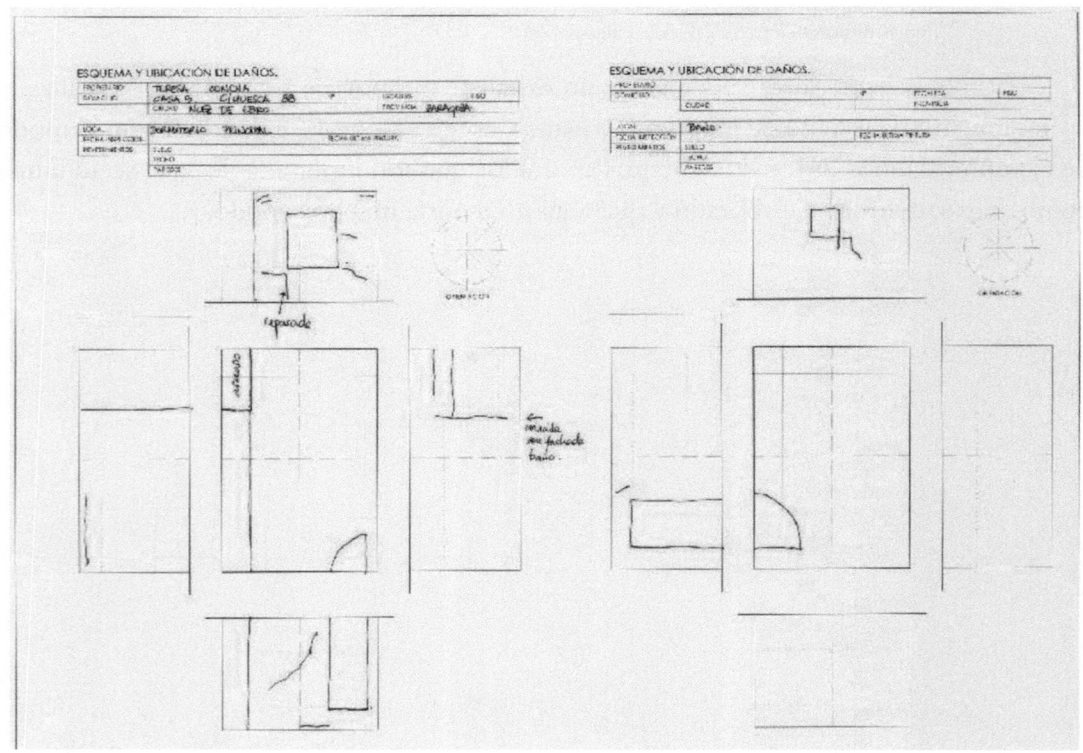

316

6.6.5.- ANÁLISIS DE LA PATOLOGÍA.

6.6.5.1.- INTRODUCCIÓN.-

En primer lugar se ha de reflexionar en lo ocurrido, porque no es razonable que un edificio con **20 años** en servicio tenga movimientos estructurales de asentamiento, después del tiempo transcurrido. Un edificio se ejecuta con un sistema estructural, que recoge todas las cargas, conformadas por pesos propios y sobrecargas de uso, viento y nieve, llevándolas a través de los pilares, muros de carga y zapatas al terreno.

La propia ejecución del edificio se realiza de forma que el terreno va compactándose, según se va cargando, y las distintas zapatas van asentando en el mismo momento de su ejecución. La cimentación se calcula para que el asiento sea muy similar en cada una de las zapatas, por lo que si el edificio debería asentar homogéneamente, el movimiento resultante no se nota de forma aparente.

Pero en ocasiones, bien porque la cimentación no está correctamente calculada o porque el terreno no es perfectamente homogéneo, unas zapatas pueden asentar más que otras, por lo que se produce un asentamiento diferencial con una distorsión angular que descuadra la estructura. Este descuadre puede ocasionar la rotura de cerramientos y tabiquería, normalmente en las direcciones de las diagonales del tabique afectado, que si se estudia y comprende su leguaje, nos indican el movimiento real del edificio.

Pero estos movimientos suelen afectar a la estructura en los primeros años de servicio del edificio, con un máximo de cinco o seis años, que es el tiempo que tarda el terreno en consolidarse y que fundamentalmente depende de su naturaleza, del grado de humedad que posea y de las cargas que se transmiten.

No hay que confundir estos movimientos de asentamiento de la cimentación, que arrastra a los pilares, con los movimientos de flexión estructurales, que aparecen en el momento de quitar las sopandas y puntales de la estructura, que se manifiesta como flechas instantáneas o como flechas diferidas a largo plazo, ya que la fluencia del hormigón le hace perder rigidez a los nudos, comportándose de forma más elástica que la inicial.

En este caso se observa claramente que los movimientos que se han producido tienen la causa fundamental en movimientos debidos a **<u>asentamientos diferenciales</u>** que han ido descuadrando parcialmente la estructura del edificio.

6.6.5.2.- ANTECEDENTES GEOLÓGICOS DE LA ZONA.-

Nuez de Ebro es un municipio que se sitúa en la margen izquierda del río Ebro, asentado en un cono de deyección producido por el torrente del Barranco Aimez; como ha sucedido igual en el caso de los municipios cercanos como Villafranca de Ebro, Alfajarín, la Puebla de Alfindén, etc., es decir todos los que se encuentran en el mismo margen de la ribera del Ebro.

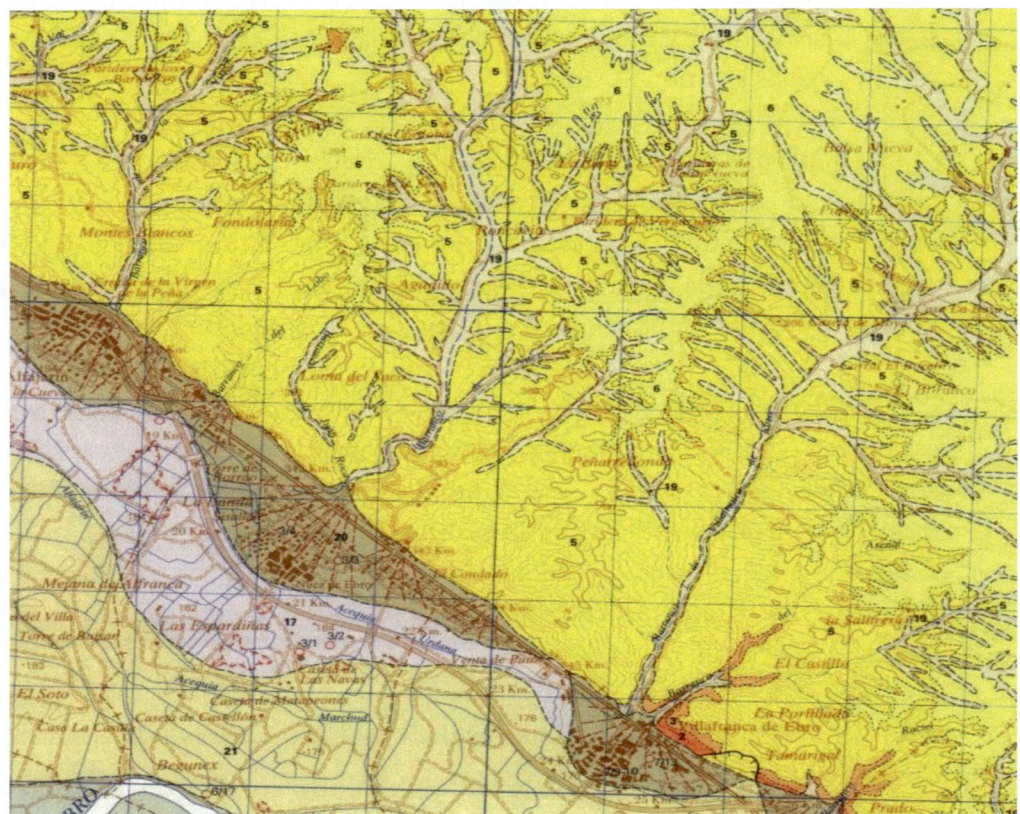

Un barranco, como el que nos ocupa, se genera a partir de un torrente de agua, que en este caso es ocasional, que recoge las aguas desde la cabecera donde se sitúa la <u>cuenca de recepción</u> de aguas, que por sus pendientes transporta el agua hacia el canal del desagüe. Este torrente y las aguas que recoge erosiona el terreno y lo transporta aguas abajo. Cuando las aguas llegan a la zona más baja y horizontal, éstas pierden velocidad y se vuelven más tranquilas, depositando las partículas que arrastraba. En esta zona, ya en la llanura donde encuentro el río Ebro, deposita las partículas que llevaba formando un **cono de deyección** a lo largo de cientos o miles de años.

Ahora bien, este terreno se ubica en la última época geológica del periodo Cuaternario, denominado **Holoceno**, que se ha conformado durante más de diez mil años.

El cono de deyección donde se ubica Nuez de Ebro es, por consiguiente, un depósito sedimentario aluvial conformado por limos arcillosos que se han depositado en una zona de cambio de pendiente, al llegar a la llanura del río Ebro.

Como el holoceno es un periodo que data de hace unos 11.700 años, los limos acumulados tienen un espesor de unos 9,00m de profundidad. Además, como las zonas erosionadas son terrenos yesíferos, los arrastres aquí depositados poseen un notable contenido en yesos solubles.

6.6.5.3.- ANÁLISIS GEOTÉCNICO DEL TERRENO.-

A/.- ESTUDIO ESTRATIGRÁFICO DEL SUELO.

Con los antecedentes antes descritos, cabía esperar un suelo limo-arcilloso yesífero, como así lo ha confirmado el sondeo realizado el 16.01.2013 que nos proporciona exactamente la siguiente estratigrafía del suelo:

Baten a	Tuberi a revest	Prof. mts	Cota mts	Espes or mts	Corte terreno	Descripcion	Edad	Nivel	tramo	muestra, tipo y profundidad	% hume dad	Nivel freatico
101 WWB	113 WWB		0,00								0,30 /0,30 m 4,2%	
			3,30			Relleno a base de árido grueso de cantos redondeados, poligénicos, con escasa a inexistente matriz, a base aparecen bolos dispersos.	Cuaternario	UG relleno	TR1			NF establizado:-5,50 m
			-3,30								3,30 /4,00 m 23,2%	
			2,30			Limos arcillosos yesíferos saturados y muy blandos		UG limos al yesosos	TR1	M-1 4,00 a 4,60 m 0/1/0/0	4,00 /4,50 m 32,3%	NF corte:-6,40 m
			-5,60								5,00 /5,40 m 17,9%	
			0,90			Limos arcillosos yesíferos saturados y muy blandos con pasadas algo arenosas		UG limos al yesosos	TR2	M-2 6,00 a 6,60 m 0/10/16/21	5,40 /6,00 m 17,3%	
			-6,50									
			1,30			Gravas de cantos subredondeados, poligénicos y matriz limoso arenosa marrón. Compacidad media. Saturadas.		UG gravas	TR1	SPT-1 7,20 a 7,80 m 3/17/23/26		
			-7,80									

Como se puede observar en el sondeo realizado se obtiene la siguiente composición de estratos:

De 0,00 a 3,30 m Relleno de árido grueso de cantos redondeados, poligénicos, con escasa a inexistente matriz, apareciendo bolos dispersos.

De 3,30 a 5,60 m Limos arcillosos yesíferos saturados muy blandos.

De 5,60 a 6,50 m Limos arcillosos yesíferos saturados muy blandos con pasadas arenosas.

De 6,50 a 7,80 m Gravas de cantos subredondeados y matriz limosa arenosa de color marrón de compacidad media, saturadas.

B/.- CLASIFICACIÓN DE CASAGRANDE.

De una muestra de suelo obtenida a 4,60 m de profundidad se han obtenido los siguientes límites de Atterberg:

LIMITES de ATTERBERG		
	Límite Líquido	24,8
	Límite Plástico	15,3
	Indice Plasticidad	9,5

Entrando con ellos en el gráfico de plasticidad de Casagrande se sitúa el suelo en la posición indicada:

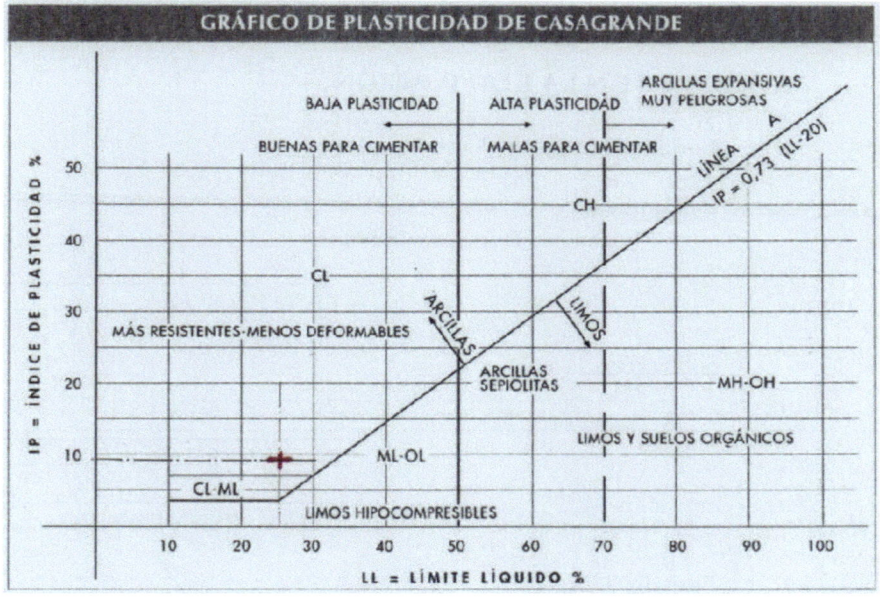

Con lo que resulta que es un suelo tipo **CL** es decir una arcilla Limosa de consistencia blanda, que podría soportar presiones admisibles entre 1 a 2 kp/cm². Si se toma la media se obtiene que la tensión de cálculo de la cimentación no debería sobrepasar los **1,5 kp/cm²** en el peor de los casos. En Proyecto se indica que el cálculo de la cimentación se ha realizado en base a una resistencia del terreno de **0,5 kp/cm²**, lo que es correcto, teniendo en cuenta un coeficiente de seguridad de 3.

C/.- SITUACIÓN DEL NIVEL FREÁTICO.

En el sondeo realizado se comprueba que en el día 16.01.2013 el nivel freático se estabiliza a una profundidad de **-5,50 m**; como el bulbo de presiones de una zapata en el terreno es tres veces su anchura, el bulbo llegará a 3,00 m y el nivel freático en época de avenidas se sitúa a los 5,50, con lo que hay un margen de seguridad de 2,50m. Suficiente margen como para que el agua del nivel freático pueda perturbar el equilibrio existente entre cimentación y terreno.

6.6.5.4.- COMPROBACIONES DE CÁLCULO DE LA CIMENTACIÓN.-

Para realizar una comprobación de la cimentación, se obtiene en primer lugar los siguientes valores unitarios:

ACCIONES EN LA EDIFICACIÓN.

Forjado Sanitario y Planta Primera.

Peso Propio:
Forjado de Hormigón (h=30cm)..3,50 kN/m²
Pavimento ....0,80 kN/m²
PESO PROPIO ....4,30 kN/m²

Sobrecargas:
Uso ....2,00 kN/m²
Tabiquería ....1,00 kN/m²
SOBRECARGAS ....3,00 kN/m²

TOTAL PLANTA TIPO.....................7,30 kN/m²

Forjado Cubierta.

Peso Propio:
Forjado de Hormigón (h=30cm)..3,50 kN/m²
Elementos de cobertura ....2,40 kN/m²
PESO PROPIO ....5,90 kN/m²

Sobrecargas:
Uso ....,100 kN/m²
Nieve..0,50 kN/m²
SOBRECARGAS ....1,50 kN/m²

TOTAL CUBIERTA..........................7,40 kN/m²

Los valores antes calculados se indican en el Proyecto como: Forjados de Plantas: **740 kp/m²** y Forjado de Cubierta: **720 kp/m²**, lo que indica que los datos de partida para el cálculo de la cimentación son, asimismo, correctos.

Si se toma los valores de carga que llegan al Pilar 5 se obtiene:

P= 0,70x4,45x1x00x2.500+(2x530+590)24,74=47.833kp

s_T = 1,07 kp/cm² < 1,5

Luego la cimentación debe funcionar correctamente con los pesos propios con un coeficiente de seguridad de 1,5, lo que significa que con las dimensiones que posee, antes de presentar algún problema podría soportar un 50% más de las cargas actuales.

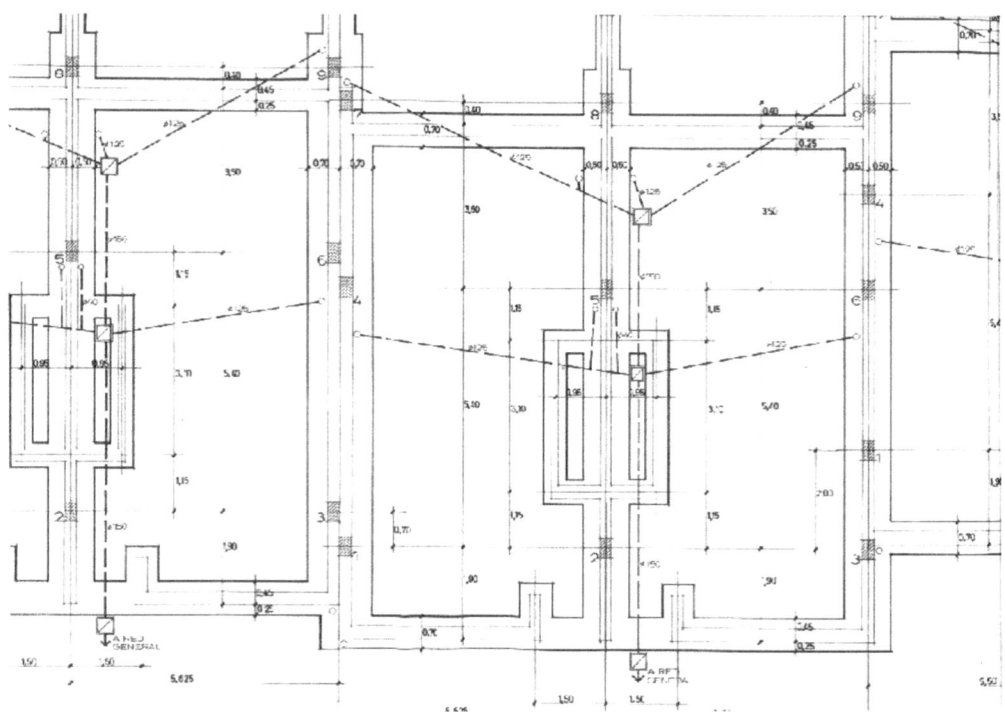

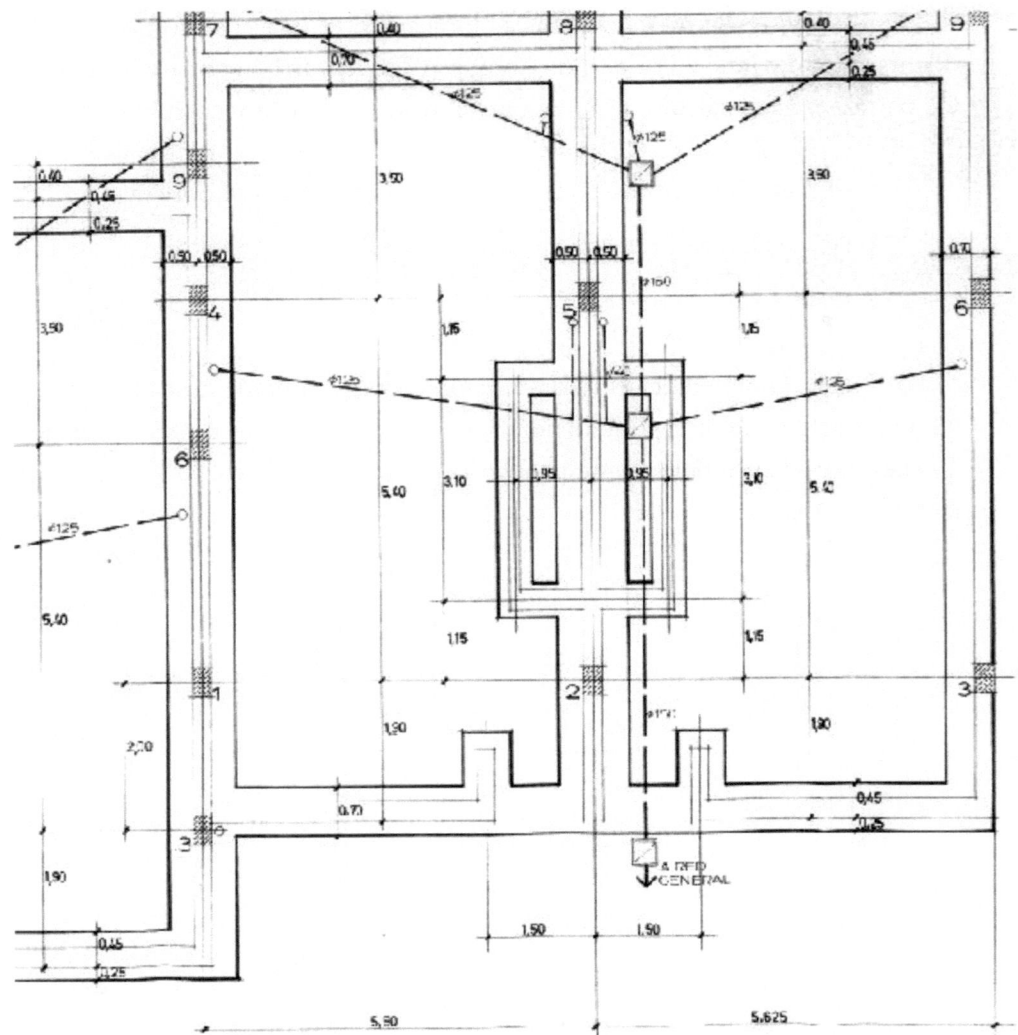

6.6.5.5.- ANÁLISIS DEL MOVIMIENTO.-

Para explicar y entender lo que está ocurriendo hay que advertir que la estructura es la parte del edificio, encargada de soportar las cargas necesarias en servicio, compuestas por el peso propio y las sobrecargas de uso, viento y nieve, y transmitirlas al terreno. Su diseño y configuración dependerá de la tipología del edificio, de la forma, materiales, usos, etc. Está compuesta de elementos capaces de soportar las cargas transmitidas.

Movimientos de cimentación (Asentamientos)

La finalidad de la cimentación es sustentar las estructuras garantizando su estabilidad, evitando daños a los materiales estructurales y no estructurales. Como a una determinada profundidad transmitimos una serie de nuevas cargas, el terreno reacciona normalmente comprimiéndose, produciéndose un descenso del plano de contacto de la cimentación. Este descenso de lo que se produce en la *cota de cimentación* es lo que se denomina **asiento**; en el apartado F.1 del CTE-SE-C, se indica que existen tres tipos de asientos:

Asiento inicial instantáneo(S_i).

Se produce de manera inmediata o simultánea con la aplicación de la carga.

Asiento de consolidación primaria (S_c).

Se genera a medida que se disipan los excesos de presión intersticial generados por la carga y se eleva la presión media efectiva del terreno, lo que permite la progresiva pérdida de volumen del terreno.

Asiento de compresión secundaria (S_s).

Este último tipo se produce en algunos terrenos que presentan una cierta fluencia por deformación a presión efectiva constante.

En resumen, la cimentación de un edificio asienta porque el terreno pierde volumen a determinada presión, por diferentes motivos. En el caso primero el movimiento es instantáneo, el segundo aparece despacio con el paso del tiempo.

Dependiendo de las cargas que arrastra cada elemento estructural vertical, muros y pilares, el dimensionado de la cimentación se realiza para que toda la cimentación presione de forma similar, con lo cual, el edificio asienta de forma uniforme y no aparezca ninguna patología.

Ahora bien, si los estratos del terreno no son uniformes, presentan discontinuidades o se modifican las cargas estructurales, la cimentación puede comportarse de forma irregular, produciéndose asentamientos diferentes de unos elementos a otros, produciéndose lo que se denomina **asiento diferencial.**

6.6.5.6.- INFLUENCIAS DE FUGAS DE AGUA DE LA RED MUNICIPAL.-

En las visitas de inspección realizadas se ha comprobado la existencia de una serie de fugas de agua, tanto de la red municipal de distribución de agua potable. Con la ayuda de varios propietarios, se ha recompuesto el proceso histórico de estas fugas de agua que se establece de la forma siguiente:

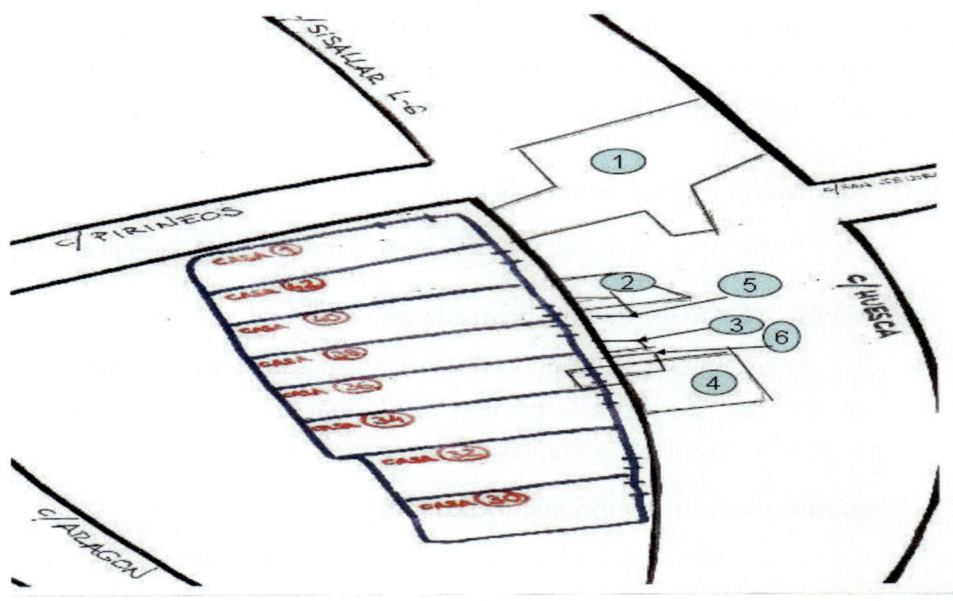

1.- 2.008 (sin fecha concreta)

2.- 27 septiembre 2.011

3.- Mayo de 2.012

4.- 31 Agosto de2.012

5.- Diciembre de 2.012

6.- Enero de 2.013

Fugas que están acreditadas en la documentación fotográfica que se acompaña, en los testimonios de los propietarios y en las facturas abonadas por el Ayuntamiento de Nuez de Ebro para su reparación.

Como se puede observar, Hay dos roturas de la red municipal la **1ª**-año 2010 y la **2ª**-27.09.2011. Posteriormente hay una rotura de la acometida privativa **3ª**-Mayo 2012 y a esta le sigue la rotura de la municipal la **4ª** el 21.08.2012.   En ese año hay una nueva rotura nuevas la **5ª** el 05.12.2012 de la red privativa y finalmente otra nueva rotura la **6ª** de la red municipal.

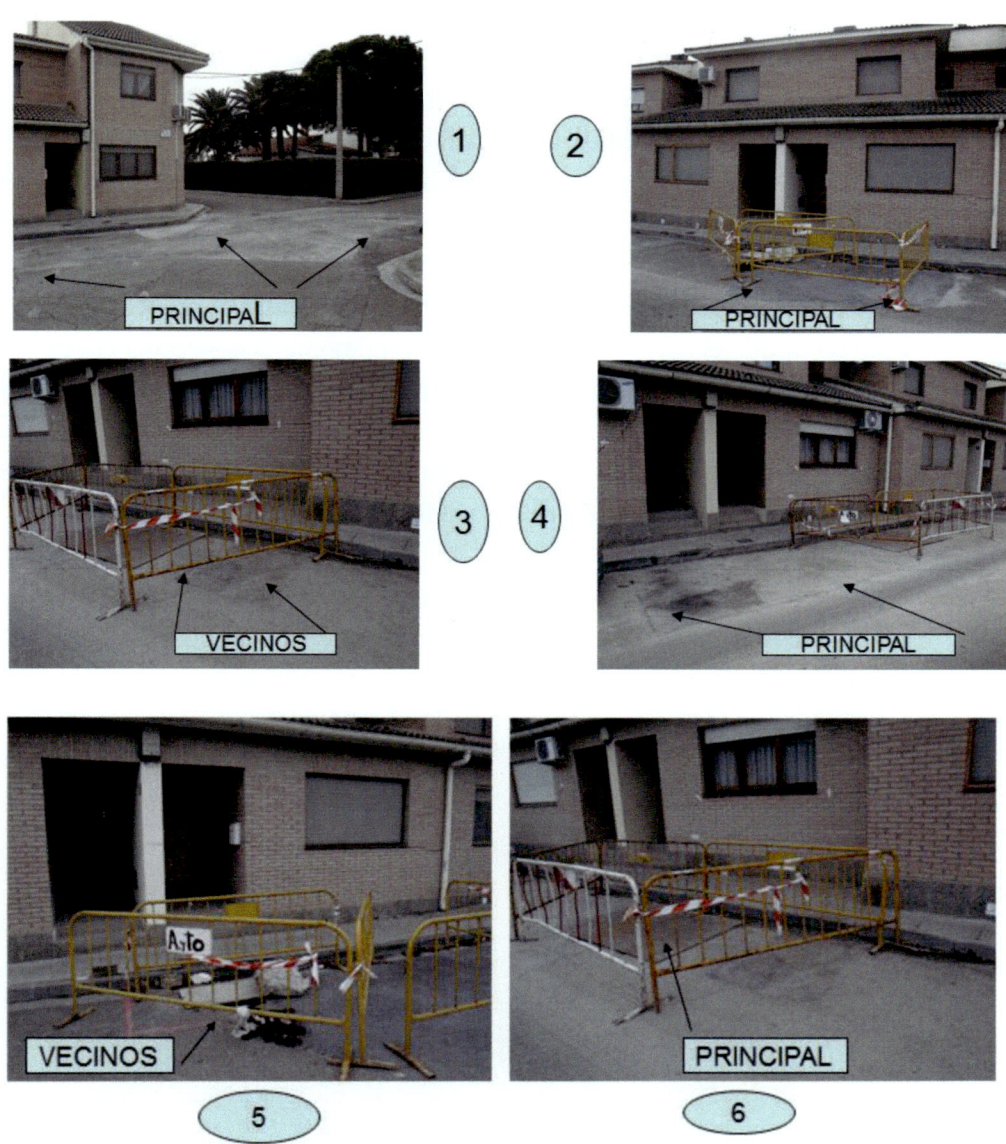

Se observa que las roturas se producen a partir de la primera en 2010 en intervalos de tiempo cada vez más pequeños como se aprecia en la siguiente serie:

1.- 2.010 (septiembre)
2.- 27 septiembre 2.011 a **31** meses
3.- Mayo de 2.012 a **8** mese
4.- 31 Agosto de2.012 a **4** meses
5.- Diciembre de 2.012 a **3** meses
6.- Enero de 2.013 a **1** mes

Además las roturas de agua provocan la pérdida de masa importante del suelo, porque, por un lado el yeso se disuelve en el agua y se pierde un volumen de materia importante y por otro lado los limos más finos migran con el flujo de agua a otros estratos, provocando pérdidas considerables de suelo, como se puede observar en la fotografía siguiente, ejecutada por quién suscribe en enero de 2.013 en la fuga de enero de 2013.

Como se puede apreciar cuando se rompe el aglomerado de la calzada aparece un hueco donde el suelo ha desaparecido totalmente, a consecuencia de la fuga de agua. Para reparar no ha habido que sacar la tierra, porque esta había desaparecido.

También es preciso observar que la dirección de las roturas va de la parte más alta del terreno, que es la unión de las calles Huesca y Pirineos hacia la parte más baja, siempre en la inclinación descendente de los estratos del terreno.

Por otro lado también es importante evidenciar que las deficiencias aparecen en las viviendas pares de la calle Huesca y no en las impares, porque el estrato natural tiene sus escorrentías naturales hacia éstas por lo que el agua cuando fluye va en dirección de las viviendas estudiadas.

6.6.5.7.- CAUSA MÁS PROBABLE DE LA PATOLOGÍA.-

Como se puede observar en el proceso que se estudia, hay una clara correlación, entre las fugas de agua de las redes municipales, con el moviendo el terreno, produciéndose una concatenación de roturas y fugas cuya tendencia natural es la de infiltrarse en el subsuelo de las viviendas pares de esta calle, ya que la vía natural de escape del agua es hacia el río Ebro.

Por consiguiente, la causa más probable, clara y demostrada de la aparición de la patología que se analiza es la **fuga de agua Nº 1**, que se produce en la intersección de las calles Huesca y Pirineos en el año 2008. A partir de este momento los reajustes y movimientos del suelo van provocando la concatenación de las siguientes roturas y fugas de agua que finalmente hace que las cimentaciones de las viviendas se reequilibren de nuevo con el terreno produciéndose un asiento diferencial que es el causante de la patología indicada.

Se desconoce la causa de la rotura de la red municipal (rotura de 2010) que pudo deberse a una influencia o fuga de la red de saneamiento (informe del que aún no se dispone) y/o a lavados naturales del terreno por infiltraciones de aguas de lluvia.

Las distintas roturas de las redes de abastecimiento de agua tanto municipal como privativa es la causante de los movimientos de las distintas edificaciones.

Estos movimientos se producen por dos factores: por un lado, por la pérdida de suelo en procesos de disolución o migraciones de los limos yesíferos que provocan la pérdida de capacidad portante del terreno.

Cualquiera de ambas causas produce la aparición de asentamientos diferenciales de las viviendas, que a su vez producen distorsiones angulares de la estructura. Estas distorsiones de la estructura por modificarse el punto de apoyo, producen descuadres de la estructura, rompiéndose la tabiquería, descuadres de la carpintería, etc.

A favor de las viviendas hay que referenciar que su cimentación es potente y sólida lo que hace que los daños aparecidos sean de menor cuantía de los que deberían haber aparecido.

Los movimientos aparecidos son consecuencia de la aparición de nuevos asientos diferenciales, que evidentemente mueven la estructura que es solidaria a la cimentación, donde se apoya, y este movimiento es el causante principal de la patología aparecida.

6.6.5.8.- MOVIMIENTOS DETECTADOS.-

Del análisis de las grietas y fisuras se han detectado una serie de movimientos del edificio aparecidos a consecuencia de las agresiones que se ha producido al terreno. Estas agresiones en forma de inundaciones y flujos de agua en dirección sureste, han disuelto parte del limo yesífero y otra parte la han hecho migrar a otros estratos subyacentes, produciendo pérdidas de volumen en las zonas donde la tubería de abastecimiento de agua se ha partido.

Pero evidentemente el agua ha establecido una vía de evacuación natural en dirección al río Ebro, produciendo posiblemente pequeños socavones o al menos descompresiones del terreno lavado.

Al fallar el substrato de apoyo, la cimentación asienta sensiblemente en la zona afectada, manteniéndose estable en la zona no afectada. Este descuadre de rigidez del suelo produce un asentamiento diferencial de una zona respecto de otras. Pero como la cimentación es bastante potente y rígida, no se produce un escalonamiento parcial sino que hay movimientos más generalizados, moviéndose el edificio como un todo y arrastrando unas casas a otras, aunque estas últimas no tengan el problema.

Además, cuando fluye el agua, la más superficial se encuentra la cimentación como barrera, discurriendo por la zanja escavada hasta encontrar una vía de escape. Este proceso diversifica más la patología, encontrándose daños en zonas inesperadas. Los movimientos detectados son los siguientes:

A/.- MOVIMIENTO LONGITUDINAL.-

Sin entrar en excesivas demostraciones matemáticas, cuando un elemento de gran canto se apoya en dos puntos y se carga, se producen una serie tensiones interiores de donde se obtiene una curva de máxima tracción que se denomina **arco de descarga** que une los puntos de máxima tracción.

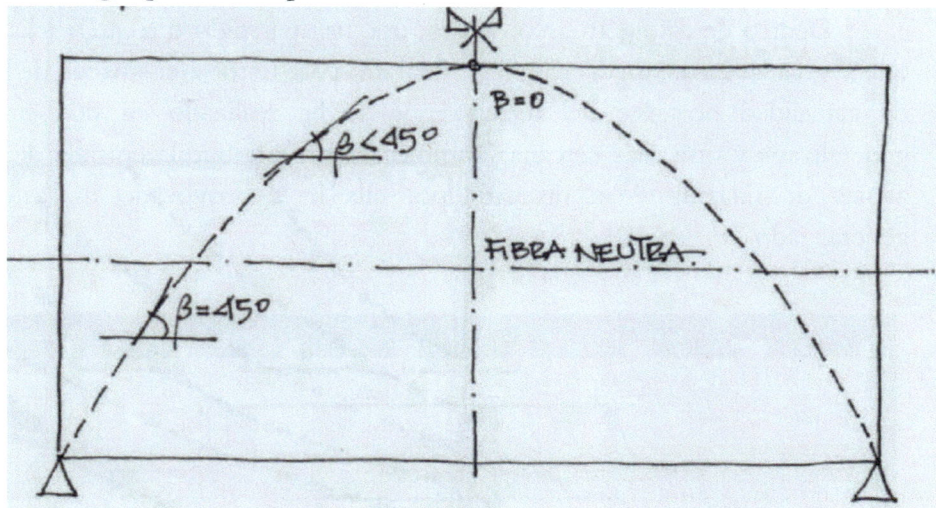

A partir de este argumento puramente matemático, si un muro tiene un apoyo continuo y en la parte central de su apoyo el suelo se hunde, el muro queda apoyado en dos puntos, apareciendo un arco de descarga, si la tensión de tracción aparecida es superior a la resistencia a tracción del material. La rotura aparece según una curva característica que es la siguiente:

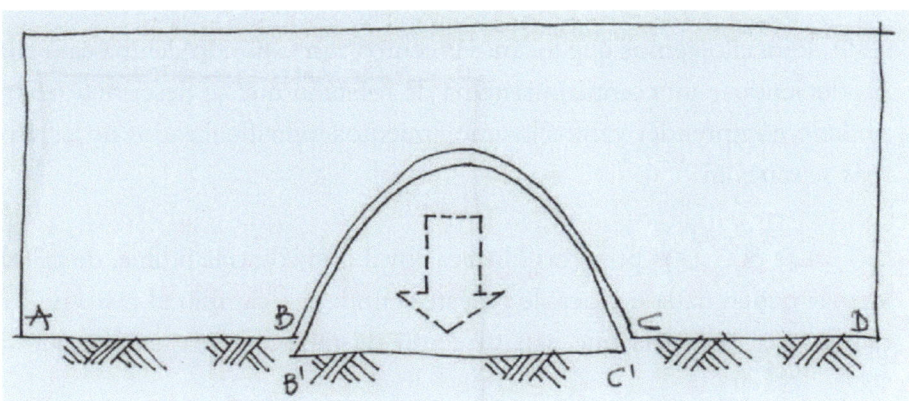

Estos fenómenos teóricos se producirían en elementos homogéneos e isótropos, pero en una fachada de ladrillo caravista, con estructura de hormigón interna y forjados que cruzan el elemento horizontalmente es más difícil que aparezca claramente el *arco de descarga,* pero si puede verse el desarrollo inicial, o ciertos indicios que evoquen su existencia y que es preciso ser capaz de reconocer.

Longitudinalmente en la fachada de la calle Huesca se observa la aparición de **dos arcos de descarga** uno grande que abarca las casas 32 a principio de la 42 que se ve limitado verticalmente por el forjado de cubierta que ha permanecido casi inalterado.

Dentro de este gran arco de descarga ha aparecido otro arco más pequeño que abarca las casas: media casa 32 a final de la 38. Estos arcos nacen de la pérdida de capacidad portante del terreno que se ha realizado en dos etapas: una generalizada y otra más cercana. También es posible que la entrada de agua a la zapata de fachada y su discurrir por ella haya provocado un asiento más generalizado.

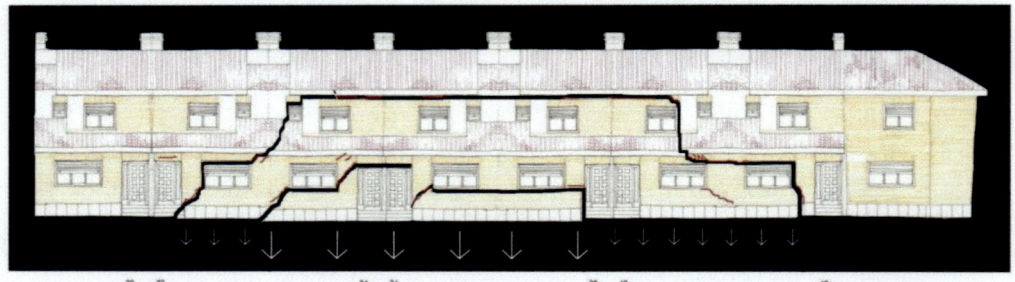

B.- MOVIMIENTO PERPENDICULAR A FACHADA.-

Mientras que el movimiento en el sentido longitudinal es claro y contundente, en el sentido perpendicular a fachada es más sutil y complejo de analizar.

Para ello vemos que los movimientos van variando de una casa a la siguiente, produciéndose un complejo sistema de rotación que se describirá más tarde. Para poderlo comprender vemos los movimientos individualizados de las viviendas que más se mueven:

Las dos casas primeras Huesca 30y 32 así como la última, de calle Pirineos 1, apenas tienen nada destacable en este sentido, en cambio el resto de las viviendas tienen una patología que van variando de una vivienda a otra, que definen los movimientos aparecidos, consecuencia de las filtraciones de agua producidas por las redes de abastecimiento de agua.

Al igual que se describió en el apartado que se ha dedicado a los movimientos longitudinales, los movimientos transversales manifiestan los asentamientos nuevos aparecidos a consecuencia de las inundaciones de agua.

Esquemáticamente y con el propósito de analizar los movimientos en el sentido perpendicular a la calle Huesca.

Estos movimientos son los siguientes:

CASA   c/Huesca Nº34 (Nº 3)

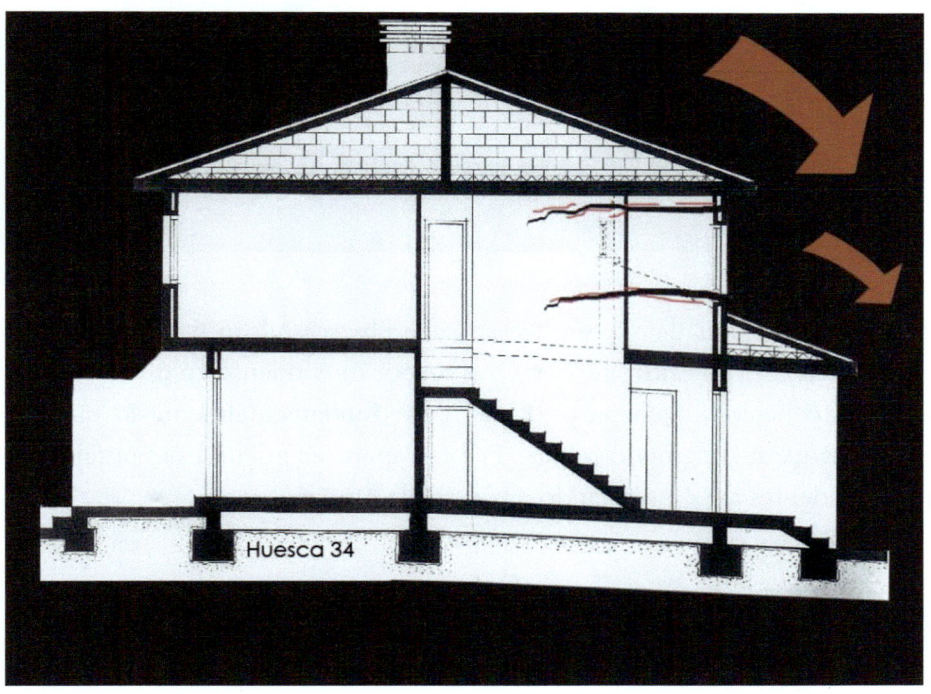

Huesca 34

La casa Nº 3 sita en calle Huesca Nº34 tiene grietas que indican pequeños movimientos de asentamiento de la fachada, permaneciendo el fondo de la vivienda en su posición inicial.

CASA   c/Huesca Nº 36 (Nº 4)

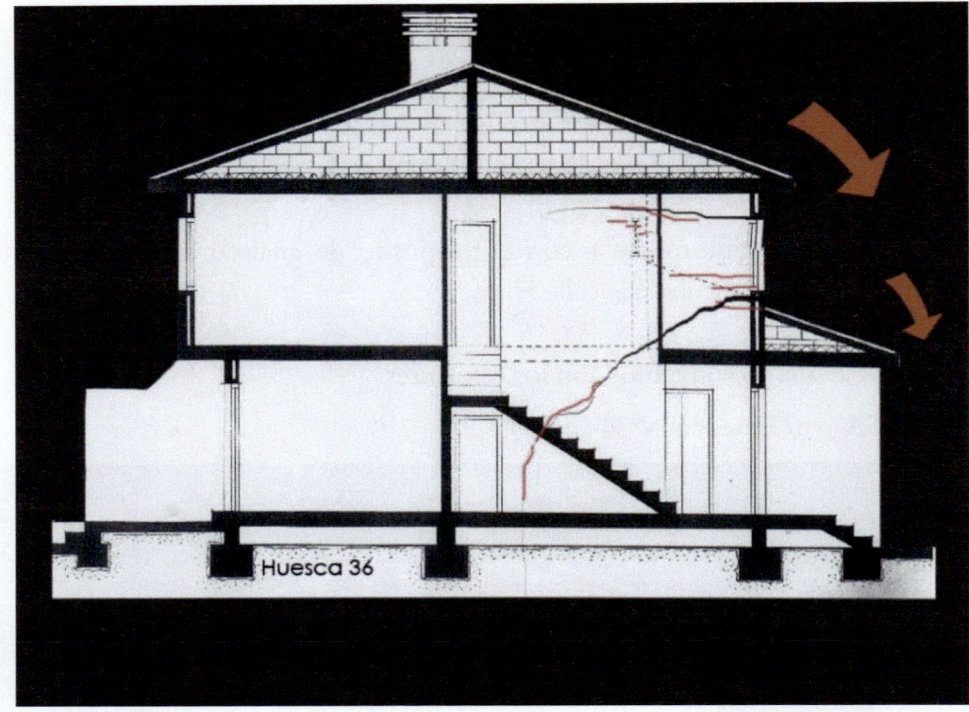

La casa siguiente, situada en calle Huesca Nº 36 tiene síntomas parecidos a los de la casa anterior (34) pero con menor movimiento en este sentido. Existe algo de giro hacia la fachada principal, pero fundamentalmente lo que aparecen son asentamientos perpendiculares. Por eso aparecen grietas horizontales además de las ascendentes a 45º apuntando a la fachada principal.

CASA   c/Huesca Nº 38 (Nº 5)

La siguiente vivienda sita en calle Huesca Nº 38 parece más estabilizada, porque solo tiene pequeñas fisuras horizontales por asentamiento de la fachada con muy pequeños movimientos. Esta vivienda es el punto de inflexión del momento de torsión que está produciéndose en la totalidad del bloque.

CASA c/Huesca Nº 40 (Nº 6)

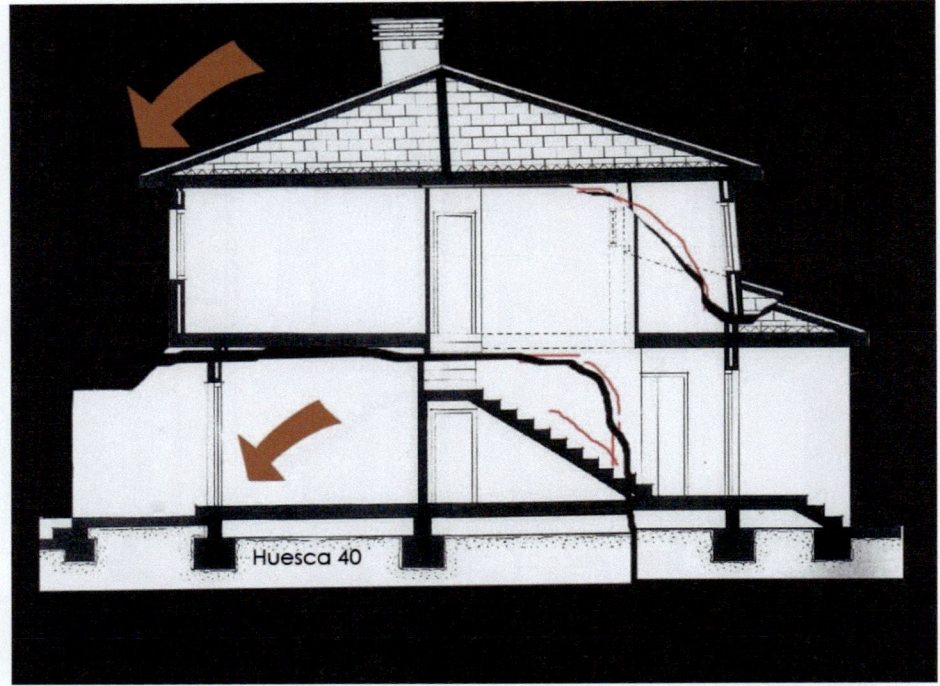

Esta vivienda tiene grietas características a 45º de forma ascendente hacia el interior de la vivienda, lo que indica que la parte posterior de la vivienda está asentando.

CASA   c/Huesca Nº 42 (Nº 7)

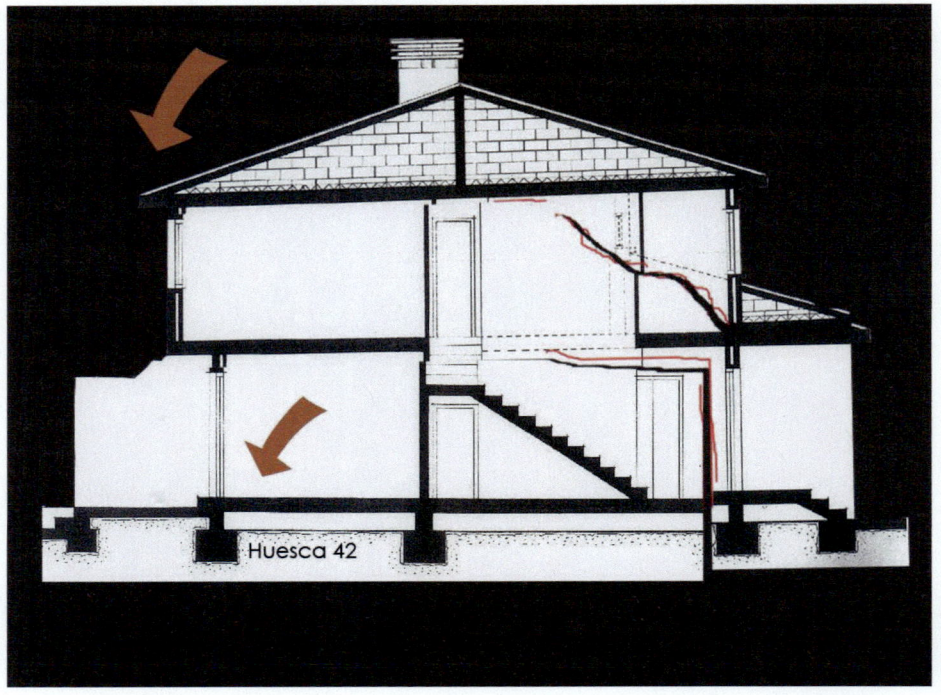

Por último, la vivienda numero 42 tiene síntomas parecidos a la casa anterior (38) aunque algo menores, lo que nos indica el asentamiento de la cimentación del fondo de la vivienda.

En conclusión, las viviendas 34 y 36 presentan un cuadro patológico que apunta un giro y asentamiento de la fachada principal.

La casa 38, mantiene muy sutilmente este asentamiento y las casas 40 y 42 tienen asentamientos y giros hacia la fachada posterior.

Es decir que, si se considera el conjunto de las viviendas como un sólido compacto, literalmente el edificio se está retorciendo con un eje longitudinal. Este fenómeno es consecuencia de la entrada de flujos de agua por la cimentación delantera de las casas 36-38 y salida por la cimentación trasera de las casas 40-42. Este movimiento claro se ve desfigurado por las escorrentías laterales del agua a través de las zanjas de cimentación, que producen movimientos adicionales que distorsionan el movimiento general indicado.

Este movimiento de torsión y su causa se desarrolla gráficamente en la página siguiente:

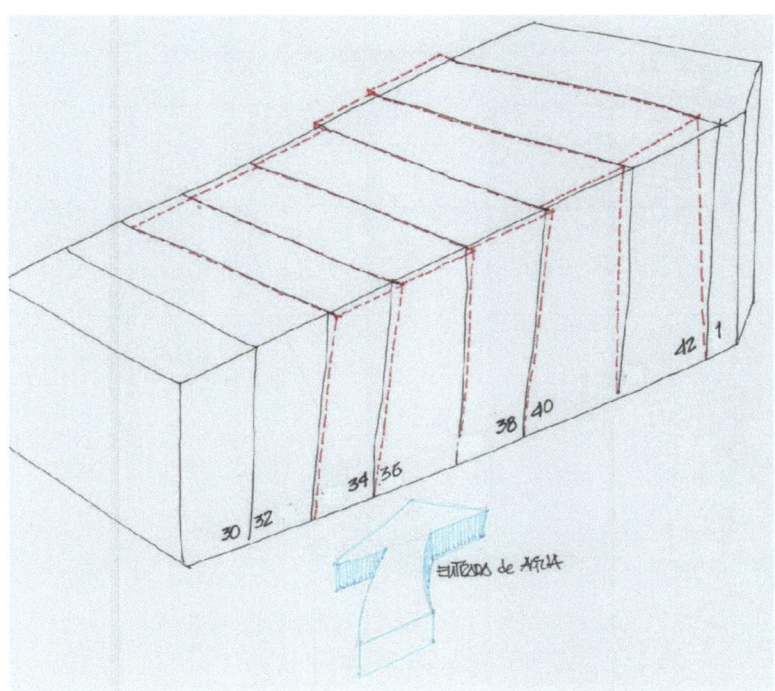

Recreación del movimiento transversal.

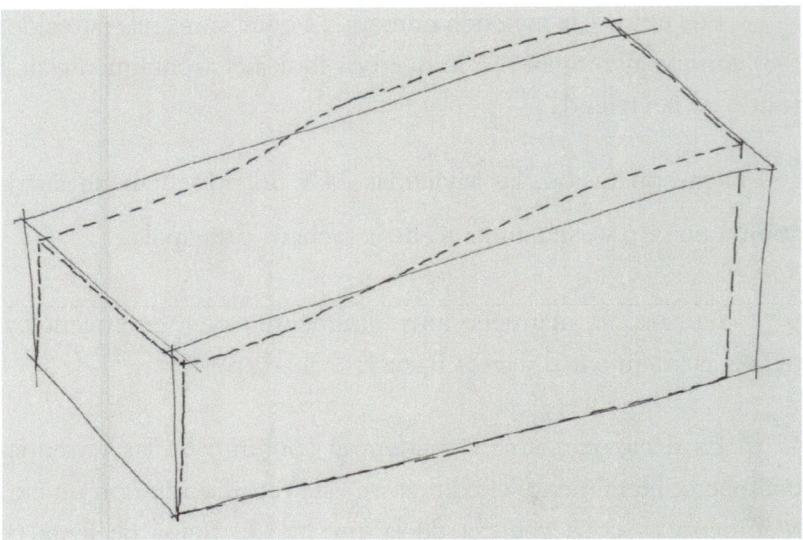

Recreación del movimiento de torsión.

De los movimientos antes descritos cabe deducir que ha existido un flujo de agua que ha barrido la cimentación del grupo de viviendas de la forma que se indica en el gráfico siguiente. Esto no quiere decir que el agua ha entrado de forma masiva como indica la flecha de la fluencia de agua, sino que el agua ha entrado por el subsuelo en esa dirección, discurriendo por las zanjas de cimentación, diluyendo el material de apoyo y arrastrando materiales finos y disolviendo los limos yesíferos.

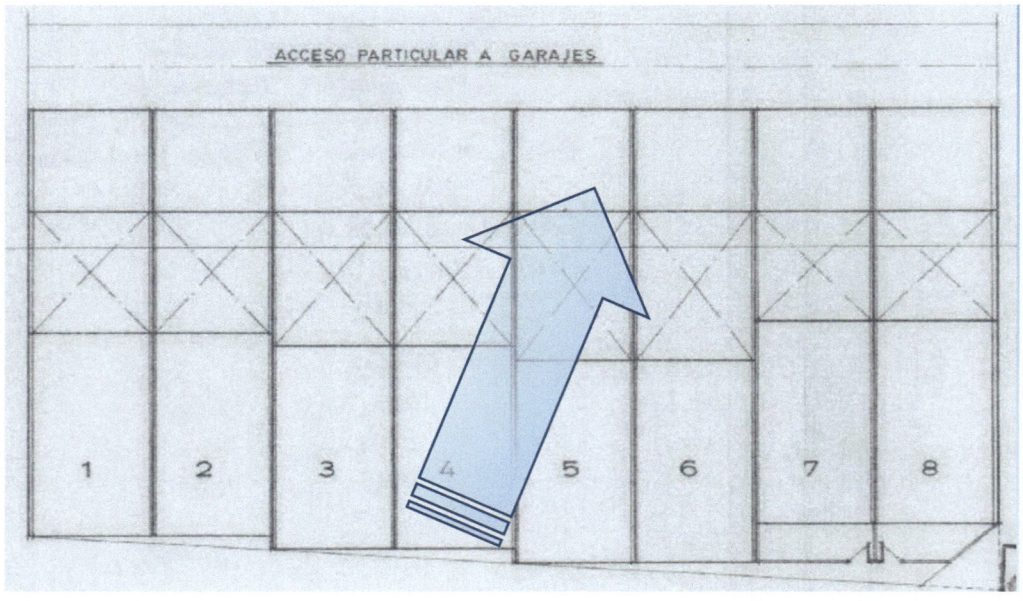

FLUENCIA DE AGUA.

Esta pérdida de material, base de apoyo de la cimentación, hace que esta asiente de forma parcial en los puntos por donde al agua fluye provocando lo que se denomina un **asiento diferencial**, es decir que parte de la cimentación desciende y el resto permanece inalterado.

Este movimiento provoca el descuadre de la estructura y la aparición de la patología que se ha estudiado.

C/.- OTROS MOVIMIENTOS.-

Además de los movimientos descritos en los apartados anteriores, la retícula de zapatas que configura la cimentación puede provocar estancamientos y flujos diversos por las zanjas de las zapatas internas, produciendo asentamientos no descritos en los apartados anteriores. Estos asentamientos suavizados por la rigidez de la propia cimentación pueden enmascarar las pérdidas de material en zonas interiores, que han podido provocar socavones, y cuya presencia es difícil de detectar.

No obstante con los movimientos interiores, cuya patología se concreta en la posición de grietas y fisuras de las particiones interiores y medianiles, no parece tener nada que ver con los movimientos antes descritos, por lo que pueden enmascarar hundimientos o socavones en el interior de algunas viviendas.

Por ello es muy importante controlar el movimiento del edificio con el paso del tiempo, para conocer si dichos movimientos son asintóticos a un posible equilibrio o no.

En este sentido los movimientos más claros que aparecen en el interior de algunas viviendas son los siguientes:

CASA c/ Huesca Nº 36

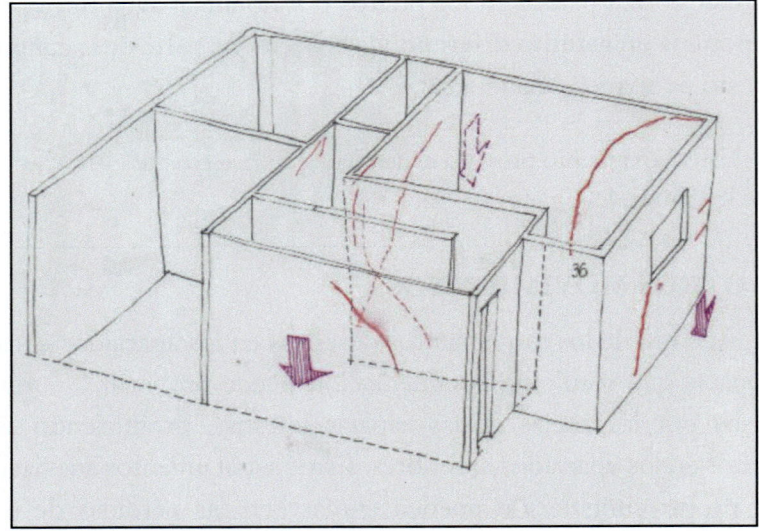

Esta vivienda además de presentar síntomas de asentamiento de la esquina derecha de la fachada principal y medianil derecho, presenta un claro ejemplo de asentamiento de la esquina central que configura la escalera. Podría ser consecuencia de entrada de agua a un punto concreto a través de las zanjas de la cimentación.

CASA c/ Huesca Nº 40

Esta vivienda también presenta síntomas de asentamiento de la esquina central que configura la escalera. Como en el caso anterior, podría ser consecuencia de entrada de agua a un punto concreto a través de las zanjas de la cimentación.

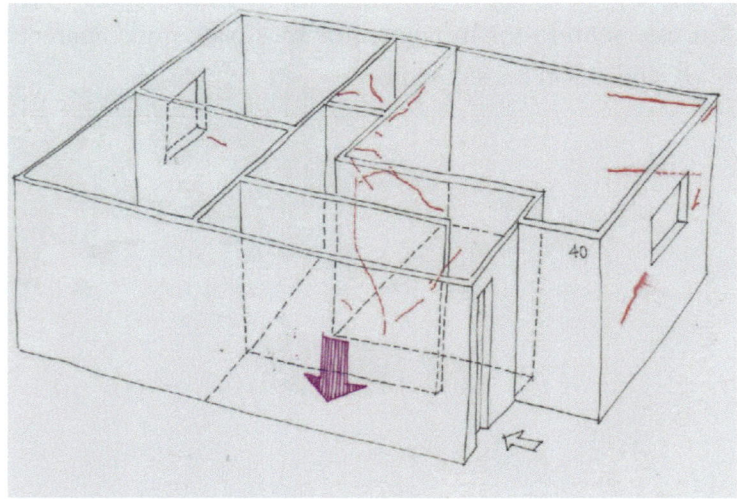

D/.- ÍNDICE DE COLAPSO DEL TERRENO.-

Previendo los movimientos anteriores se ha realizado el ensayo para la determinación del índice de colapso del terreno (I) y el potencial porcentual de colapso (I_c) que se sitúa en valores 0,52% y 0,43% lo que nos indica que respecto de este ensayo el suelo tiene un grado del colapso **LIGERO** al estar comprendido entre los valores de $0,1 < I_c < 2,0$.

Se define colapso en la disminución de altura que experimenta una muestra de suelo en unas determinadas condiciones de densidad, humedad y presión, confinada lateralmente, cuando es inundada.

En este caso es importante conocer el índice de colapso para determinar si el edificio puede tener un asentamiento brusco en determinadas condiciones. Del ensayo realizado se obtiene que esta posibilidad, aunque no es descartable, podría tener una incidencia mínima, por lo que lo que hay que delimitar es el asentamiento diferencial de las distintas partes del edificio.

6.6.6.- PROPUESTA DE INTERVENCIÓN.

Si se es consecuente con el análisis de la patología y las deficiencias que se ha estudiado en el grueso del presente Informe hay que indicar lo que sigue:

a. **INTERVENCIÓN INICIAL.**

Las deficiencias existentes y la patología aparecida son, en nuestra opinión, consecuencia, fundamentalmente, de una **disolución y migración del suelo a consecuencia de las fugas de agua al terreno, por rotura de la red municipal y como consecuencia de esta, la rotura de la red privativa del edificio.**

b. **ESTANQUEIDAD DE LAS RED PRIVATIVA ABASTECIMIENTO DE AGUA.**

Para evitar que este estas fugas de agua se vuelvan a producir sería conveniente realizar un sistema de estanqueidad de las redes de abastecimiento de agua las dos redes del terreno, para que no pueda a volver a existir una nueva fuga de agua al terreno.

Para evitar el vertido de agua de la red privativa, que ha sido rota por la red municipal, se puede realizar un sistema de estanqueidad de la forma siguiente.

- Se ejecuta una zanja de una profundidad de 60/70 cm, por donde discurre ahora la red de abastecimiento privada.
- Se hace una arqueta de 50x50 cm sustituyendo cada una de las arquetillas donde se sitúa ahora la llave de corte exterior de las viviendas. Es decir ocho arquetas.
- Se unen todas las arquetas mediante un tubo flexible de grueso diámetro (Ø160 o Ø 200mm)
- Este tubo se conecta al final de su recorrido (casa Huesca 30) con la red de saneamiento municipal.
- Una vez preparado el sistema de drenaje, se introducirá la red privativa dentro de este sistema de drenaje, cuidando mucho las acometidas de cada una de las viviendas, que se realizarán en las citadas arquetas, así como las acometidas municipales, cuidando en todo momento la estanqueidad del sistema.

Con este sencillo sistema de drenaje, se puede garantizar que si hay una rotura de la red el agua iría directamente al sistema de saneamiento municipal. Además para comprobar el funcionamiento de la red privativa, solo sería necesario que algún propietario comprobara periódicamente si pasa agua por la última arqueta, lo que de ser afirmativo indicaría que hay pérdidas de agua de la red. Su detección se realizaría abriendo las sucesivas arquetas, hasta encontrar el tramo deteriorado.

c. ESTANQUEIDAD DE LAS RED MUNICIPAL DE ABASTECIMIENTO DE AGUA.

La red municipal a su paso por esta zona podría tratarse de forma similar, incluso podrían ser paralelas dentro del mismo sistema de drenaje, solucionando las acometidas de los números impares.

Podrían realizarse otras formas de eliminar el agua del terreno, ejecutando un sistema de canalización o base de ejecutar una canaleta de hormigón, que soporta las distintas redes, al que se le provee de un sistema de evacuación a la red de saneamiento municipal. Posteriormente se recompone el terreno con vertido de zahorra compactada y se ejecuta el asfaltado de la calle.

Ejecutado el sistema de drenaje de ambas redes solo cabe realizar un seguimiento de las edificaciones a largo plazo, por ejemplo cada mes (tres tomas), cada dos meses (tres tomas), cada tres meses (cuatro tomas), cada seis meses (dos(tomas y así sucesivamente.

Con los datos obtenidos se realizarán unas curvas de estabilización para comprobar que el edificio se ha estabilizado.

Comprobado que el edificio está equilibrado realizando un seguimiento de al menos dos años, cada propietario podrá reparar los daños de su vivienda y las grietas y fisuras no volverán a aparecer.

No obstante, las reparaciones se realizarán con un sistema que introduzca una pintura elástica que pueda absorber pequeños movimientos residuales.

d. INTERVENCIÓN POSTERIOR.

En última instancia y solo en el caso de que las curvas de asentamiento, cuyos datos se están ahora tomando, no confluyeran en un claro equilibro de estabilidad sería preciso realizar un tratamiento del terreno efectuando una mejora del mismo independientemente de la fluencia de agua.

Este tratamiento se realiza mediante la técnica del **tubo-manguito**. El procedimiento consiste en inyectar una lechada de mortero de cemento con bentonita a presiones elevadas que producen una rotura hidráulica del suelo.

Las inyecciones realizadas con tubo manguito no consisten en rellenos de mortero en grandes cantidades, provocando pesos indeseables, sino en la inyección muy controlada de láminas de lechada que se curvan y van enceldando el terreno de forma que mejora notablemente su capacidad mecánica. Esta técnica deja una serie de tubos en el terreno que podrían reutilizarse con el paso del tiempo.

6.6.7.- VALORACIÓN PARA LA REPARACIÓN DE LAS DEFICIENCIAS EXISTENTES.

Las reparaciones del edificio se pueden afrontar desde una primera actuación realizando una estanqueidad de la red privativa y municipal de abastecimiento de agua potable y si el edificio no se estabiliza se podría realizar una segunda intervención que se ha descrito con las inyecciones de bentonita cemento bajo la cimentación del edificio.

6.6.7.1.- ESTANQUEIDAD DE LAS REDES DE ABASTECIMIENTO DE AGUA

De acuerdo a las obras prescritas en el apartado anterior, las mediciones de las mismas y su valoración estimada son las siguientes:

MEDICIONES Y PRESUPUESTO

Capítulo 1.- DEMOLICIONES Y MOVIMIENTOS DE TIERRAS.

1.1.- m²   Demolición de pavimento de acera de terrazo con martillo compresor de 2000 l/min., i/retirada de escombros a pie de carga, maquinaria auxiliar de obra y p.p. de costes indirectos.

1,00	50,00	1,00			
	TOTAL PARTIDA		50,00	6,00	300,00 €

1.2.- m²   Demolición solera de hormigón en masa de 15 a 20 cm. de espesor, con retromartillo rompedor, incluso corte previo en puntos críticos, retirada de escombros a pie de carga y p.p. de costes indirectos.

1,00	50,00	1,00			
	TOTAL PARTIDA		50,00	5,75	287,50 €

1.3.- m³   Excavación a cielo abierto de terreno con mini-retroexcavadora de zanja de instalaciones, incluso, perfilado a mano y retirada de escombros a pie de carga y p.p. de costes indirectos.

1,00	50,00	0,60	0,60	18,00	
	TOTAL PARTIDA			18,00	7,00	126,00 €

1.4.- Ud Aporte y retirada de contenedor metálico de escombros de 7,5 m3, con retirada a vertedero autorizado, incluso p.p. de canon de vertido.

3,00	1,00	1,00	1,00	3,00		
	TOTAL PARTIDA			3,00	215,00	645,00 €

TOTAL CAPÍTULO I...................................**1.358,50 €**

Capítulo 2.- SISTEMA DE DRENAJE.

2.1.- Ud Arqueta de Polipropileno (PP) de dimensiones 55x55x55 cm., JIMTEN 34004, formada por cerco y tapa de fundición, acoplables entre sí y colocada sobre solera de hormigón HM-20 N/mm2 de 10 cm. de espesor incluida, según CTE/DB-HS 5

1,00	9,00	9,00		
	TOTAL PARTIDA	9,00	105,00	965,00 €

2.2.- m Tubería de diámetro exterior 150 mm., en instalaciones de evacuación de aguas residuales y pluviales, para unir con piezas de igual material, mediante manguitos de unión / dilatación con junta elástica. De conformidad con DIN 4102, B2 y Certificado DIBT, i/ p.p. de piezas especiales de idénticas características con junta elástica incorporada, totalmente instalada, según CTE/ DB-HS 5 evacuación de aguas. Incluso p.p. de cortes y piezas especiales para acometidas individuales.

1,00	50,00	1,00		50,00		
	TOTAL PARTIDA			50,00	50,00	2.500 €

2.3.- m Tubería de diámetro exterior 110 mm., en instalaciones de evacuación de aguas residuales y pluviales, para unir con piezas de igual material, mediante manguitos de unión / dilatación con junta elástica. De conformidad con DIN 4102, B2 y Certificado DIBT, i/ p.p. de piezas especiales de idénticas características con junta elástica incorporada, totalmente instalada, según CTE/ DB-HS 5 evacuación de aguas. Incluso p.p. de cortes en acometidas individuales.

Acometidas Viviendas	8,0	2,00	16,00	
Acometida redes	2,00	4,00	8,00	
Desagüe	1,00	10,00	10,00	
TOTAL PARTIDA		34,00	35,00	1.190,00 €

TOTAL CAPÍTULO 2................................. 4.655,00 €

Capítulo 3.- FONTANERÍA.

3.1.- P.A. Desmontado de red privativa de polivinilo, incluso p,p. de retirada de codos, válvulas de corte y piezas especiales,

10,00	1,00		10,00	
TOTAL PARTIDA	10,00		100,00	1.000,00 €

3.2.- m Suministro e instalación de red privativa dentro de la red de polietileno reticulado, piezas especiales de conexión, incluso p.p. de llaves de corte y piezas especiales, totalmente funcionando.

	10,00	1,00	10,00		
	TOTAL PARTIDA	10,00	505,00	5.050,00 €	

TOTAL CAPÍTULO 3................................. 6.050,00 €

Capítulo IV.- REPARACIÓN ACERA.

4.1.- m³ Aporte, relleno y compactación de zahorra procedente de préstamo vertida y compactada en tongadas de 30cm de espesor y p.p. de costes indirectos.

1,00	50,00	0,60	0,60	18,00		
	TOTAL PARTIDA			18,00	25,00	450,00 €

4.2.- m² Suministro, vertido, vibrado y curado de hormigón HA25 en solera de hormigón armado de 15 cm de espesor con mallazo 200x200x5 mm y p.p. de costes indirectos.

1,00	50,00		1,00		
	TOTAL PARTIDA		50,00	40,00	2.000,00 €

4.3.- m² Suministro y colocación de baldosa de hormigón de relieve en aceras, colocada sobre cama de arena y cemento en seco, incluso rejuntado y juntas de dilatación y p.p. de costes indirectos.

	1,00	50,00	1,00			
		TOTAL PARTIDA		50,00	25,00	1.250,00 €

TOTAL CAPÍTULO 4.....................................**3.700,00 €**

Capítulo V.- VARIOS.

5.1.- PA   PA costo de Gestión de Residuos, según RD 105/2008, se presenta el presente Estudio de Gestión de Residuos de Construcción y Demolición. Medida la Partida Alzada realizada.

	1,00		1,00			
		TOTAL PARTIDA		1,000	132,00	132,00 €

5.2- PA   PA costo de la Seguridad y Salud en la obras de acuerdo al Real Decreto 1.627/1.997, de 24 de Octubre. Medida la Partida Alzada realizada.

	1,00		1,00			
		TOTAL PARTIDA		1,000	231,00	231,00 €

TOTAL CAPÍTULO 5.....................................**363,00 €**

RESUMEN DE CAPÍTULOS

Capítulo 1.- Demoliciones y Movimientos de tierras ....1.358,85 €
Capítulo 2.- Sistema de Drenaje...4.655,00 €
Capítulo 3.- Fontanería..6.050,00 €
Capítulo 4.- Reparaciones Acera..3.700,00 €
Capítulo 5.- Varios ....363,00 €

PRESUPUESTO EJECUCIÓN MATERIAL . 16.126,85 €

Beneficio Industrial y Gastos Generales 15% ....2.419,02 €

PRESUPUESTO DE CONTRATA ....**18.545,87 €**

I.V.A. (10%)[2]..1.854,58 €

PRESUPUESTO GENERAL.......................**20.400,46 €**

---

2   IVA vigente en el momento de redactar el Informe.

Asciende el Presupuesto General para realizar la red de drenaje a la mencionada cantidad de **VEINTE MIL CUATROCIENTOS EUROS CON CUARENTA Y SEIS CÉNTIMOS**.

6.6.7.2.- CONSOLIDACIÓN DEL SUELO.

Si una vez realizada la estanqueidad de ambas redes: municipal y privada, el seguimiento del edificio no indica un comportamiento asintótico que claramente indique su estabilización, será preciso actuar más contundentemente.

Para ello será preciso redactar un Proyecto de Recalce que concretará exactamente el sistema de recalce mediante inyecciones con tubo-manguito, que será preciso ejecutar.

A efectos puramente informativos el coste de las inyecciones oscilaría entre 12.000€ a 15.000€ por vivienda, lo que habría que determinar exactamente con el pertinente Proyecto de Recalce. A esta cantidad se le deberá incrementar el propio Proyecto de Recale, Estudio de Seguridad y Salud y el IVA vigente.

Hay que indicar que el recalce habría que realizarlo en la totalidad del citado edificio, es decir en las ocho viviendas, porque no es posible recalzar unas sí y otras no, ya que la aparición de nuevos asentamientos, al realizar las inyecciones, deben ser homogéneos a la totalidad del edificio.

6.6.8.- RESPONSABILIDADES.

Como ya se ha indicado con anterioridad, las citadas viviendas llevan en servicio veinte años, sin que hubiera ocurrido ningún incidente grave que mencionar. Es posteriormente a partir del año 2008 o 2009 cuando empieza a aparecer la patología que se aprecia ahora como un grave problema de estabilidad.

Simultáneamente a la aparición de la patología indicada, aparecen los defectos de la red de abastecimiento de agua que inundan durante un tiempo el subsuelo de la calle y de las viviendas.

Como se observa en el apartado 5.6 las dos primeras fugas pertenecen a la red municipal de abastecimiento de agua, es decir a la red pública, que es la que encadena posteriormente la alternancia de público y privado.

Es decir, la red pública rompe dos veces consecutivas, se afecta al terreno y base de la cimentación de las viviendas, las viviendas se mueven (asientan) tiran de las acometidas y éstas se rompen, provocando alternativamente la rotura de la red privada y pública, si bien la red pública se ha roto cuatro veces (1ª, 2ª, 4ª y 6ª) y dos la red privada solo dos (3ª y 5ª) consecuencia del arrastre de las primeras.

De lo anterior se deduce que las dos primeras roturas se produjeron en la red pública y como consecuencia de ellas se produjo la concatenación de roturas y daños a las viviendas, por ello debe responsabilizarse de los daños afectados a las roturas iniciales de la red municipal y por consiguiente al Ayuntamiento de Nuez de Ebro.

Subsidiariamente la responsabilidad recaerá sobre la empresa que lleva la concesión del mantenimiento de dicha red y en todo caso deberá responder el seguro que cubra su responsabilidad.

6.6.9. CONCLUSIONES.

Del análisis establecido en el cuerpo del presente Informe, surgido desde la inspección ocular realizada en diversas ocasiones, del estudio geotécnico ejecutado colindante al propio edificio, ensayos realizados, y con el propósito de solucionar la problemática planteada por la **COMUNIDAD DE PROPIETARIOS,** del edificio analizado, se cree conveniente indicar las siguientes conclusiones:

1º Inspeccionado el mencionado edificio se han encontrado una serie de deficiencias, que se concreta en la rotura generalizada de cerramientos y particiones interiores, que indican la aparición de nuevos asentamientos de la cimentación. Aspecto que no pude ser considerado sino es consecuencia de una modificación del terreno, que ha cambiado su capacidad portante en los últimos años.

2º En el apartado 5º del presente Informe Pericial, se ha analizado en profundidad la patología aparecida en dichas viviendas, concluyendo que el origen de la aparición de dicha patología es la aparición de nuevos asientos diferenciales que son consecuencia de la rotura de las redes municipales de abastecimiento de agua potable y saneamiento.

   La fuga indiscriminada de agua al terreno, ha fluido en dirección de las viviendas, que es la vía de escape natural del terreno, provocando la aparición de fuertes asentamientos diferenciales que producen una distorsión angular y a consecuencia de ello, la aparición de grietas y fisuras en muchos elementos verticales.

   También aparecen inclinaciones de forjados y roturas de falsos techos y descuadres de la carpintería, etc. Es evidente que no son movimientos debidos a flechas de forjados como se indica sin haber hecho ninguna comprobación, porque éstas no se producen veinte años después de entregar unas viviendas, sino que aparecen en un plazo máximo de cinco o seis años que s cuando aparecen las flechas diferidas a causa de la fluencia del hormigón. Además la patología aparecida sería de forma diferente indicando las fisuras los centros de los vanos y no sus extremos, como aquí ocurren.

3º.- La actuación para solucionar la patología y deficiencias existentes puede realizarse según una doble actuación: primero ejecutar un sistema de estanqueidad de la red municipal, para evitar que la red municipal se rompa y se produzcan nuevos vertidos de agua al terreno, habida cuenta la sensibilidad de este tipo de terreno al agua.

Una vez realizada la estanqueidad de las redes, se procederá a un seguimiento de los movimientos del edificio durante el tiempo necesario para comprobar si éste tiende a la estabilización o si su evolución sigue siendo preocupante.

Si el edificio sigue moviéndose será necesario la redacción de un **Proyecto de Reparación** que solucione la problemática planteada, que defina punto por punto y de forma exhaustiva, el modo de reparar, definiendo materiales y procedimientos; y cuantificando, mediante mediciones concretas, el costo de la reparación.

4º Asciende el Presupuesto General, para la realizar las obras de estanqueidad del sistema privativo de la red de abastecimiento de agua potable a la mencionada cantidad de de **VEINTE MIL CUATROCIENTOS EUROS CON CUARENTA Y SEIS CÉNTIMOS**, incluido el 15% de Beneficio Industrial y Gastos Generales, e IVA vigente.

No se han estimado los costes de reparación de un sistema paralelo de estanqueidad del sistema municipal, habida cuento que ello corresponde al Ayuntamiento de Nuez de Ebro.

Si posteriormente el seguimiento del edificio no indica un comportamiento asintótico a la estabilización del edificio será preciso actuar más contundentemente.

Para ello será preciso redactar un Proyecto de Recalce que concretará exactamente el sistema de recalce mediante inyecciones con tubo-manguito, que será preciso ejecutar. El coste de las inyecciones de forma estimativa, oscilaría entre 12.000€ a 15.000€, lo que habría que determinar exactamente con el pertinente Proyecto de Recalce. A esta cantidad se le deberá incrementar con los honorarios del Proyecto de Recale, Estudio de Seguridad y Salud y el IVA vigente.

6.6.10. SEGUIMIENTO DE LA PATOLOGÍA.

Para realizar el seguimiento de los movimientos del edificio, se han instalado **diez**

pares de pernos testigos en las grietas y fisuras de las siguientes ubicaciones:

Testigo 1	Salón-Estar	Casa 6 c/ Huesca 40
Testigo 2	Salón-Estar	Casa 6 c/ Huesca 40
Testigo 3	Fachada	Casa 6 c/ Huesca 40
Testigo 4	Fachada	Casa 7 c/ Huesca 42
Testigo 5	Pasillo	Casa 4 c/ Huesca 36
Testigo 6	Pasillo	Casa 4 c/ Huesca 36
Testigo 7	Fachada	Casa 7 c/ Huesca 42
Testigo 8	Fachada	Casa 6 c/ Huesca 42
Testigo 9	Fachada	Casa 4 c/ Huesca 36
Testigo 10	Fachada	Casa 4 c/ Huesca 36

Los testigos se han medido con un calibre INSIZE 1101-150 electrónico profesional, con una precisión de una milésima de milímetro, calibrado con fecha 07.06.2012. Las mediciones se han realizado durante los seis primeros meses del año (2013) obteniéndose los valores que se adjuntan en el Anexo 1 del Informe Complementario que se emitió.

CURVAS DE MOVIMIENTO OBTENIDAS.

Con los datos obtenido durante el seguimiento de la patología, se han obtenido las curvas de movimiento de las grietas más relevantes, que se han representado mediante la tipología de curvas *spline* que se desarrollan en una representación cartesiana con eje de ordenadas de movimientos en mm/100y eje de abscisas que representa el paso del tiempo (días).

Una vez tomadas las mediciones reales y representadas según el sistema descrito con anterioridad caben indicar lo que sigue:

COMENTARIOS A LAS CURVAS OBTENIDAS.

TESTIGO 1

Arranca con una fuerte pendiente de ascenso o apertura de grieta y tiende en primer lugar a cerrarse y posteriormente a horizontalizarse, que es el signo de la estabilización.

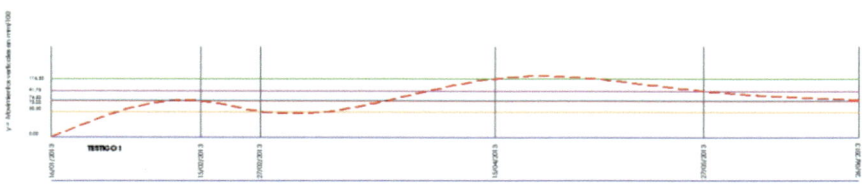

TESTIGO 2

Como en el caso anterior, empieza con una fuerte pendiente de ascenso o apertura de grieta y tiende en primer lugar a cerrarse y posteriormente a horizontalizarse, que es el signo de la estabilización.

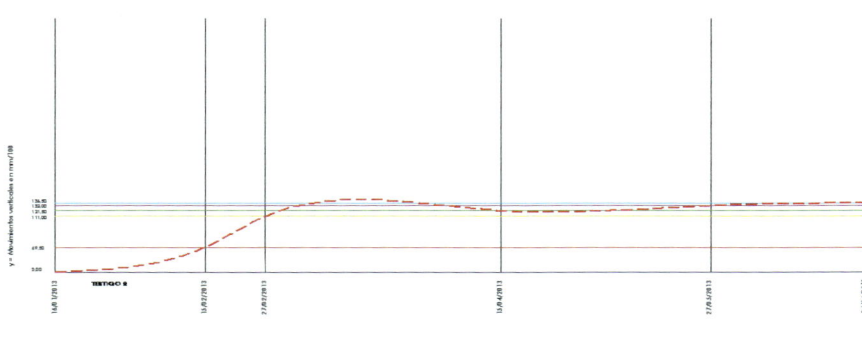

TESTIGO 3

Empieza con una fuerte pendiente de ascenso o apertura de grieta y tiende a perder pendiente, sin dejar de producirse apertura de grieta.

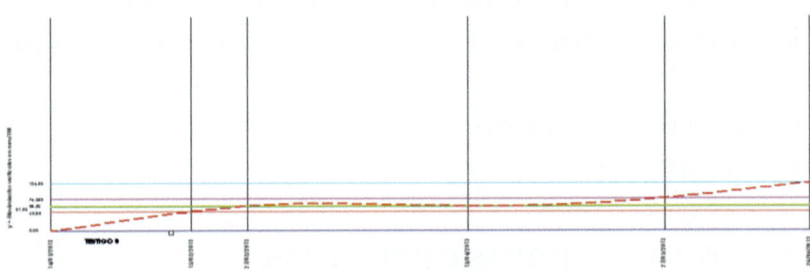

TESTIGO 4

Como en el caso anterior empieza con una fuerte pendiente de ascenso o apertura de grieta y tiende a perder pendiente, sin dejar de producirse apertura de grieta.

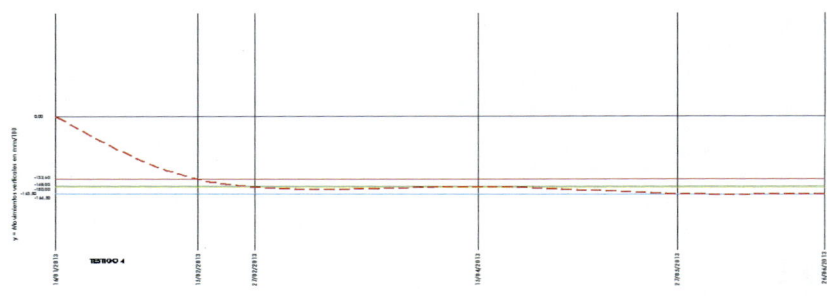

TESTIGO 5

Como en el caso anterior empieza con una fuerte pendiente de ascenso o apertura de grieta, desciende al cierre, pero vuelve a abrir con una suave pendiente, sin dejar de producirse apertura de grieta.

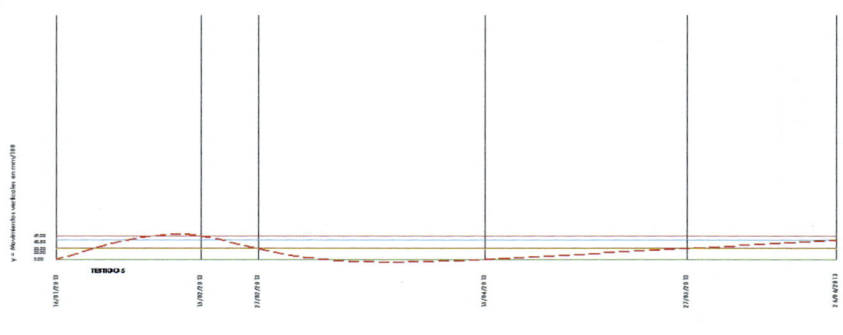

TESTIGO 6

Empieza con una fuerte pendiente de ascenso o apertura de grieta y tiende en primer lugar a cerrarse y posteriormente a horizontalizarse, que es el signo de la estabilización.

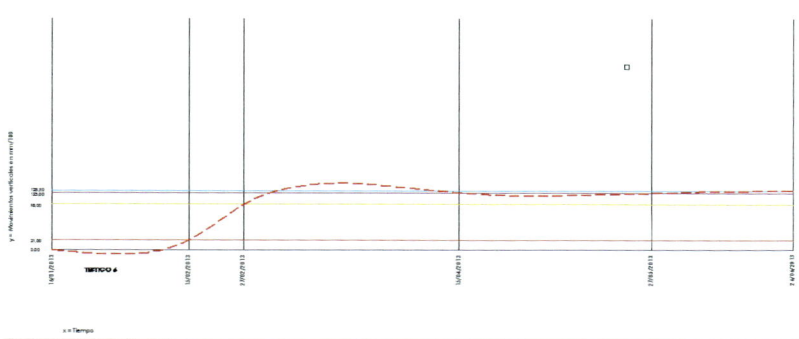

TESTIGO 7 y 8

Como en el caso anterior, empieza con una fuerte pendiente de ascenso o apertura de grieta que tiende a horizontalizarse, que es el signo de la estabilización.

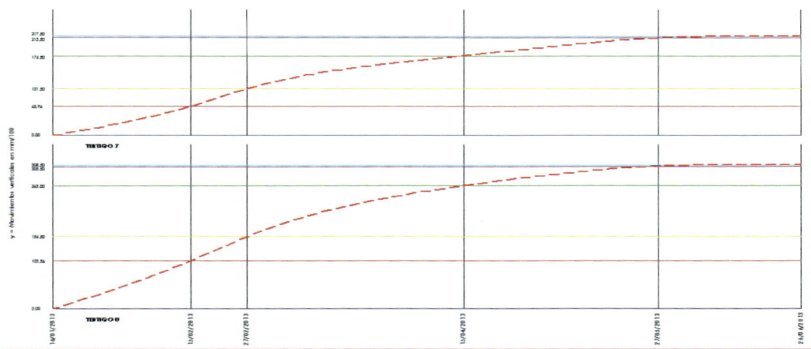

TESTIGO 9

Como en el caso anterior, empieza con una fuerte pendiente de ascenso o apertura de grieta y tiende en primer lugar a cerrarse y posteriormente a horizontalizarse, que es el signo de la estabilización.

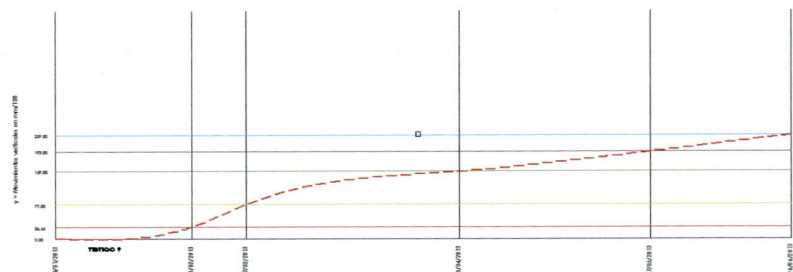

TESTIGO 10

Como en el caso anterior, empieza con una fuerte pendiente de ascenso o apertura de grieta y tiende a cerrarse con una pendiente muy suave.

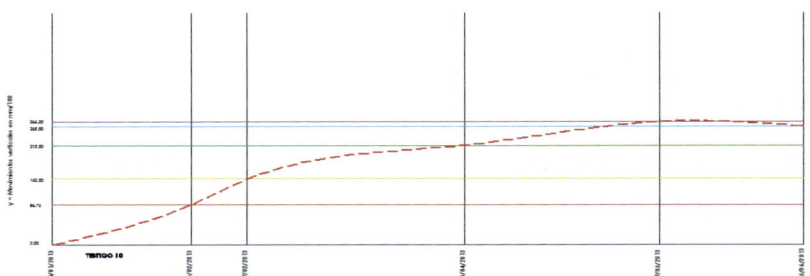

CONCLUSIONES A LAS CURVAS OBTENIDAS.

A partir de los datos obtenidos y en vistas de las gráficas confeccionadas con ellos, se informa que hay un grupo de testigos (1, 2, 6, 7, y 8) que indican una clara tendencia clara a la estabilización de la grieta que representan y en consecuencia del edificio en esta zona. Otro grupo (3, 4 y 8), siguen indicando la apertura de la grieta que se controla, con una clara tendencia a la estabilización. Por último, hay un grupo final (9 y 10) que indican que las grietas y fisuras se están cerrando.

En resumen, el edificio sigue moviéndose de forma cada vez más suave y despacio con una clara tendencia a la estabilización, lo que implica una consolidación natural del terreno, cuando no tiene aporte de agua.

CONCLUSIONES FINALES.

Del estudio de seguimiento realizado se concluye que el edificio analizado ha sido agredido con fuertes aportaciones de agua por rotura de la red de abastecimiento de agua. El agua ha discurrido por las zanjas del terreno abiertas para ejecutar la cimentación, arrastrando limos a estratos subyacentes y disolviendo parcialmente estos limos yesíferos.

En estas condiciones han aparecido asientos diferenciales en la cimentación de las diferentes viviendas, lo que ha sido la causa de la aparición de grietas ni fisuras, cuyo lenguaje nos indica un comportamiento del edificio acorde con las grietas existentes.

Una vez reparado el sistema de abastecimiento de agua, se ha realizado un seguimiento de una serie de testigos, durante seis meses, comprobando que las grietas y fisuras tienen una tendencia a la estabilizarse, lo que nos confirma que la causa fundamental de la aparición de la patología eran las obras que durante el tiempo sufrido la red de abastecimiento de agua potable. Descubierto el problema y su causa fundamental, solo se ha propuesto reparar la red de abastecimiento de agua, de forma que, si existen estiramientos de la red de abastecimiento de agua, no pueda romperse por la existencia de holguras suficientes para absorber determinados movimientos de las casas o del terreno.

Por otro lado, al comprobar con las curvas de movimiento que el edificio se está estabilizando lo mejor es no hacer nada, porque a este tipo de edificios cualquier intervención no adecuada al cien por cien, puede deteriorar más su estado, que dejarlo que se autoequilibre.

Hay que recordar, que el terreno es colapsable y una intervención desacertada puede ocasionar mayor perturbación que beneficio.

EPÍLOGO.

Lo difícil de aceptar en este tipo de encargos y posibles intervenciones es saber cuál es el punto exacto de intervención, porque siempre es preferible quedarse corto que intervenir en exceso. La primera forma de intervenir siempre tiene remedio ampliando la intervención. La segunda ya no tiene remedio.

Debe ser criterio del técnico que interviene ir dando pasos, incluso en la toma de datos debe estudiarse de forma que el siguiente paso, que sería un estudio geotécnico no sea necesario. A veces existe Estudio Geotécnico realizado para la ejecución de la promoción. Se puede averiguar si ha habido modificaciones del suelo haciendo penetraciones dinámicas, no siendo necesario la redacción de sondeos que son mucho más caros que una penetración.

Es preciso recordar los siguientes criterios:

1. Con los datos del proyecto se sabe la configuración y las bases de cálculo.
2. Hay que recordar que los propietarios de las viviendas normalmente están pagando una hipoteca por lo que cuando menos gastos mejor.

3. Del análisis de la patología debe obtenerse el comportamiento del edificio, como mucho será preciso pruebas en algunos puntos para conocer el estado actual del suelo.

4. Si es posible mejorar una calicata que un ensayo de penetración dinámica, y este mejor que un sondeo.

6.7 ANÁLISIS DE GRUPO DE 32 VIVIENDAS PAREADAS (028131291)

6.7.- ESTUDIO DE URBANIZACIÓN DE 32 VIVIENDAS PAREADAS.
(028131261)

Se nos encomienda el estudio de una urbanización de 32 viviendas pareadas que se encuentran afectadas de una patología que se concreta en la aparición de grietas, fisuras y humedades

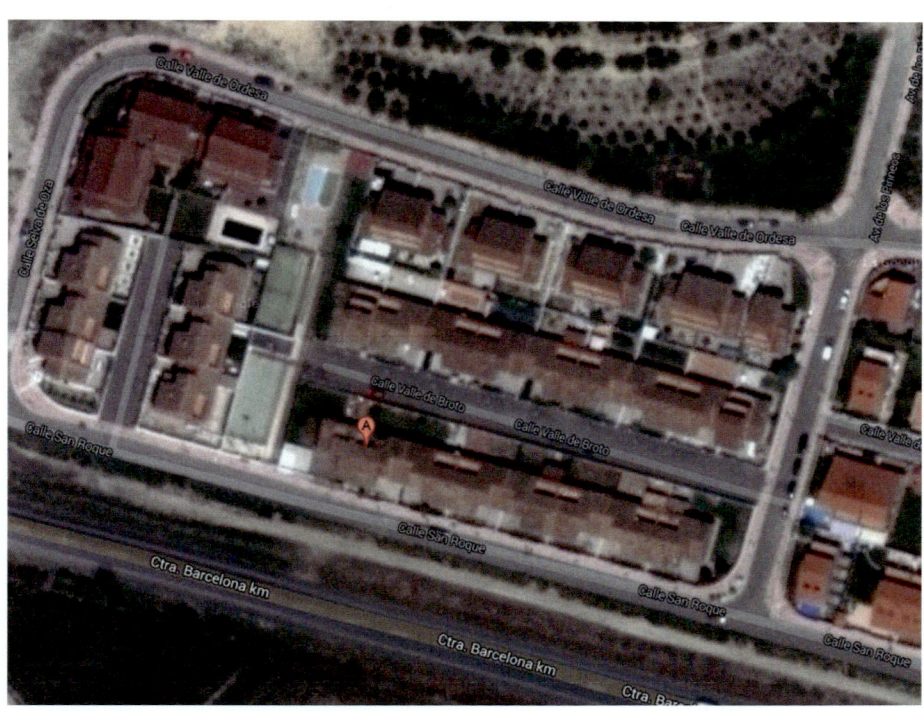

6.7.1.- DESCRIPCIÓN DEL GRUPO DE VIVIENDAS.

El grupo de viviendas, cuyas deficiencias se informan, conforman una urbanización abierta de 32 viviendas pareadas situada entre las calles Valle de Ordesa al norte, calle San Roque al sur, calle Selva de Oza al oeste y Mallos de Riglos al este, de La Puebla de Alfindén (Zaragoza).

En dicho solar, se construyen doce viviendas pareadas de tres plantas en la calle Ordesa, en los extremos de la calle Valle de Broto y en el extremo norte de la calle Selva de Oza, siendo el resto de dos plantas, con un total de 32 viviendas.

Los edificios fueron promovidos y construidos por **CONSTRUCCIONES MARBENA S.L.** de acuerdo a la licencia de obras concedida en el Pleno del Ayuntamiento de La Puebla de Alfindén de fecha 31.10.2002 según expediente 2002/442.

Con fecha **07.11.2005** (Visado COAA 15.11.2005) se presenta el certificado **Final de Obra** por lo que en el momento de la redacción del presente Informe el edificio tiene ya algo más de **nueve años** en servicio.

Los distintos edificios se construyen con la metodología y tipología de las construcciones de los años noventa, con estructura porticada de hormigón armado de jácenas planas embebidas en el propio canto del forjado y pilares rectangulares de forma que la estructura apenas es visible, estructura que se apoya sobre losas de cimentación de hormigón armado, que recoge las cargas de cada dos viviendas pareadas.

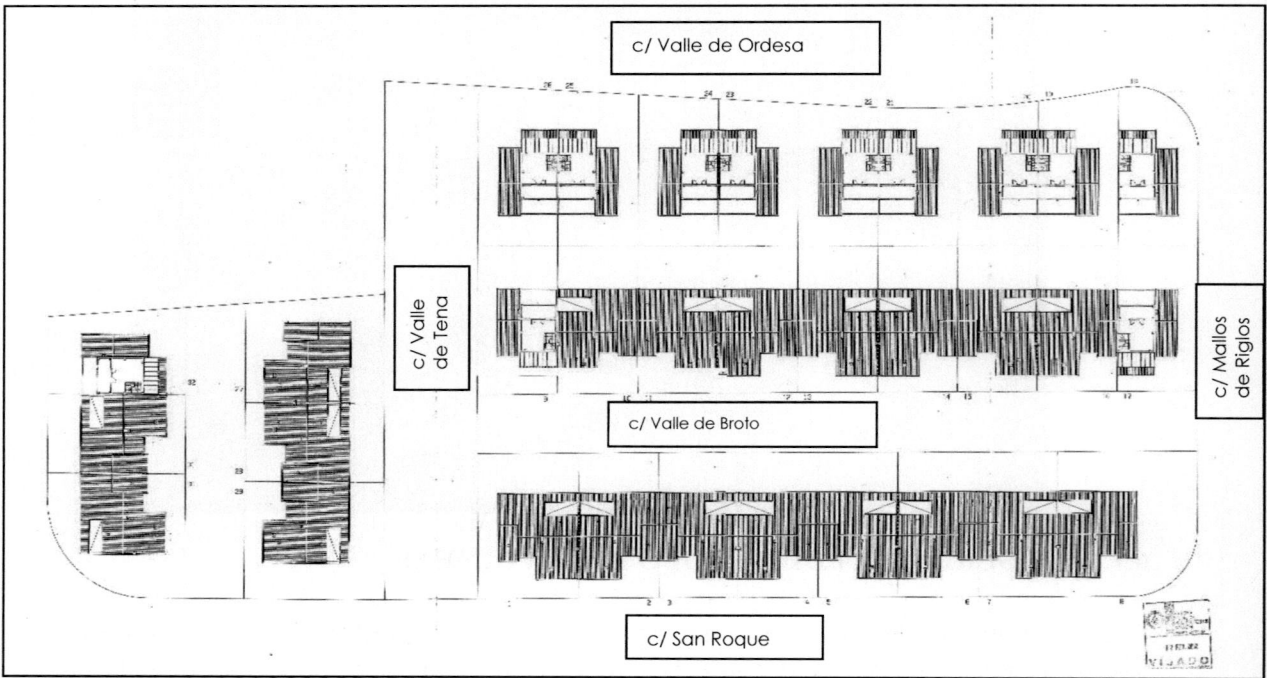

La cimentación se proyecta del tipo superficial formada por una losa de cimentación sobre la que apoyan dos viviendas pareadas, de 50 cm de canto, más 7cm de hormigón de limpieza. Dicha losa es calculada, según el Proyecto de Ejecución para transmitir una tensión admisible de **0,7 kp/cm²**, según las recomendaciones del Estudio Geotécnico emitido por Arco-Tecnos.

Los cerramientos exteriores se realizan con fábrica de ladrillo caravista vitrificado, jaharrado interior de mortero de cemento, cámara de aire con aislamiento térmico y tabique hueco con un grueso total de 25 cm. Interiormente se terminan de forma tradicional, con paramentos y techos guarnecidos y enlucidos con yeso y aplicación de pintura plástica a dos manos. Los pavimentos interiores de gres cerámico. Los cuartos húmedos (Cocinas y baños) alicatados de baldosa cerámica hasta el techo.

Cabe destacar que los edificios no poseen forjado sanitario por lo que el suelo de la planta baja es la cara superior de la losa de cimentación. Se cubre el conjunto con cubierta inclinada a dos aguas de teja mixta de cerámica tipo árabe, con canalones de recogida de aguas pluviales, que vierten sus aguas a la red de saneamiento o al terreno.

6.7.2. ANTECEDENTES.

En las visitas de inspección realizadas se comprueba, la existencia de una serie de deficiencias que aparecen en forma de grietas y fisuras[1] que rompen los distintos elementos verticales a tracción, sean cerramientos exteriores o particiones interiores.

También se nos informa que hubo una fuga de agua de la red municipal de agua potable, en noviembre de 2012, en la calle San Roque, si bien se desconoce el tiempo que estuvo manando agua al terreno. Esta avería de la red municipal sucedió en la calle San Roque, a la altura del número 33, que afectó fundamentalmente a dicha vivienda, situada junto a dicha fuga de agua y alguna más colindantes, como después se verá.

Ante la aparición de esta patología, tanto en los cerramientos exteriores, como en la tabiquería interior de las viviendas, así como la aparición de grietas escalonadas en los cerramientos de las parcelas, en las calles de la propia urbanización y en algunas zonas comunes, la Comunidad de Propietarios encargó, al grupo TRANSFER del departamento de Ciencias de la Tierra de la Universidad de Zaragoza, un estudio realizado con Georradar que se redacta, con fecha Abril de 2013, un Informe sobre el **Origen de las Patologías**, firmado por los geólogos D. Oscar Pueyo Anchuela, D. Juan Ignacio Bartolomé, D. Andrés Pocovi y D. Antonio M. Casas Sainz. También se emite un Informe Complementario de fecha junio de 2013.

6.7.3.- ENCARGO DEL INFORME PERICIAL.

Por los motivos antes citados y la preocupación de los propietarios ante la patología que ha aparecido a lo largo de estos años, se nos encarga un INFORME PERICIAL, donde se realice un estudio del problema planteado y dictamine una Propuesta de Intervención para estabilizar y consolidar los edificios, con el propósito de que dichas viviendas puedan seguir usándose en el mismo sentido para el que fue proyectado y construido.

6.7.4. PATOLOGÍA EXISTENTE.

6.7.4.1.- PATOLOGÍA EN VIVIENDAS.

En primer lugar hay que indicar que la patología existente apreciable a simple vista, es la rotura a tracción de los cerramientos exteriores y de la tabiquería interior, que se concreta en forma de grietas y fisuras, que ha ido apareciendo a los largo de estos años de servicio.

También aparecen manchas de humedad en las zonas bajas de cerramientos exteriores y tabiques próximos a estos en algunas viviendas.

Otro tema a tener en cuenta es el descubrimiento de una fuga de agua, en noviembre de 2012, que se localizó en las proximidades del número 33 de la calle San Roque.

La fuga aparece por la rotura o desenganche de un manguito de unión de la red municipal de abastecimiento de agua.

Por otro lado de acuerdo a las reclamaciones que se han puesto de manifiesto por los distintos propietarios se han visitado las siguientes viviendas:

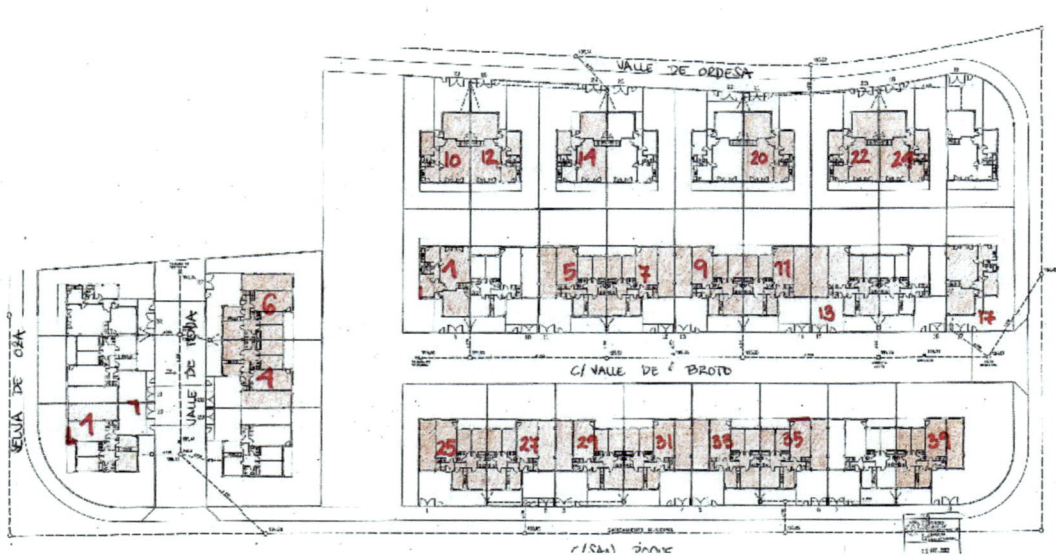

Recorriendo las distintas viviendas en orden descendente, según la orientación norte-sur se puede describir la patología que se detalla pormenorizadamente en las páginas siguientes:

PATOLOGÍA EN VIVIENDAS.

CALLE VALLE DE ORDESA.

CASA Nº 10.-

Planta Baja.

      Salón: Fisuras varias en sentido transversal.

      Escalera: Uniones piezas prefabricadas en todas las plantas.

      Dormitorio 1:   Fisura transversal en techo junto a pared del aseo.

Planta Primera.

      Dormitorio 2:   Fisuras y puente térmico en cabecero de ventana.

      Dormitorio 3:   Fisura transversal en techo junto a ventana.

                Rodapié suelto y humedad de la terraza.

      Baño Dº. Pral.:   Fisuras en escayola.

                Fisura ascendente por juntas desde esquina derecha superior de la ventana.

Bajo Cubierta.

                Fisura vertical junto a pared de fachada.

                Fisura en esquina superior derecha puerta.

CASA Nº 12.-

Planta Baja.

      Dormitorio 1:   Humedad zona inferior de fachada, con pendiente hacia el muro.

                Se manifiesta, asimismo, por el exterior.

CASA Nº 14.-

<u>Planta Baja</u>.

Garaje:	Fisura vertical en resalte
Salón:	Manchas de humedad en techo con zonas bofadas.
	Fisura en techo
Escalera:	Uniones piezas prefabricadas en todas las plantas.
Dormitorio 1:	Fisura vertical junto a pilar de fachada.

<u>Planta Primera</u>.

Dormitorio 4:	Fisuras en interior de fachada.
Dormitorio 3:	Fisura horizontales en cabecero y zona baja de ventana.
	Fisura en Rodapié de fachada.
Baño Dº. Pral.:	Fisuras en escayola.

<u>Bajo Cubierta</u>.

Fisuras varias pequeñas.

<u>Fachadas</u>.

Terraza P1ª:Juntas de ladrillo caravista saltadas.

Terraza BC Fisura en ladrillo caravista exterior en ventana.

CASA Nº 20.-

<u>Planta Baja</u>.

Salón:	Humedades en zona baja (reparadas)
	Fisuras en pilar de fachada. (Reparada y vuelve a salir)
Dormitorio 1:	Humedades en zona inferior del cerramiento.

CASA Nº 22.-

<u>Planta Baja</u>.

Escalera:	Uniones piezas prefabricadas en todas las plantas.

CASA Nº 24.-

<u>Planta Baja</u>.

Salón:	Rodapié caído.
Cocina:	Fisura en resalte del techo.
Dormitorio 1:	Humedad en zona baja de pared.
	Rodapié suelto.

<u>Planta Primera</u>.

Dormitorio 2:	Fisuras bajo ventana.

<u>Bajo Cubierta</u>.

Humedad en la pared de la terraza.

Los rodapiés están abiertos.

CALLE VALLE DE BROTO.

CASA Nº 1.-

<u>Planta Baja.</u>
Salón: Humedad zona baja fachada posterior.
Dormitorio 1:   Humedad zona baja fachada principal.
<u>Planta Primera.</u>
Dormitorio 2:   Grieta horizontal en pared escalera.
Dormitorio 3:   Humedad en zona de terraza.
Dormitorio 4   Humedad en zona de terraza.
<u>Fachadas.</u>
                Fisuras en cabeceros de ventanas posteriores.
                Humedades en zonas bajas de fachadas.

CASA Nº 5.-

<u>Planta Baja.</u>
Salón: Humedad superior de la puerta.
Pasillo   Grieta a 45º junto a puerta del salón.
Dormitorio 1:   Fisura ascendente hacia la esquina superior derecha de la
                ventana.
<u>Planta Primera.</u>
Dormitorio 2:   Fisura ascendente a la esquina baja izquierda.
<u>Fachadas.</u>
                Fisuras en fachadas principal y posterior.

CASA Nº 7.-

<u>Planta Baja.</u>
Garaje: Varias fisuras en tres paredes.
Salón: Fisura bajo ventana.
                Fisura horizontal que marca el canto del forjado.
Cocina: Fisura vertical en forro de pilar.
Dormitorio 1:   Fisura s varias bajo ventana y junto a pilar.
<u>Planta Primera.</u>
Dormitorio 2:   Fisura ascendente a la esquina baja izquierda ventana.
Dormitorio 3:   Fisura horizontal bajo ventana.
                Desconchado vertical por humedad.
<u>Fachadas.</u>
                Fisuras en fachadas principal y posterior junto a ventanas.

CASA Nº 9.-

<u>Planta Baja.</u>
Cocina: Fisura vertical bajo ventana.
Dormitorio 1:   Fisura s bajo ventana.

Dormitorio 2:	Fisura s bajo ventana.

Planta Primera.

Dormitorio 2:	Fisura en techo y en falsa jácena de escayola.
Dormitorio 3:	Fisura s bajo ventana.
Bajo Cubierta:	Fisura vertical en esquina.

Fachadas.   Fisuras en fachadas principal y posterior junto a ventanas.

CASA Nº 11.-

Planta Baja.

Garaje:	Fisura paralela a la pared posterior en techo.
Salón:	Fisura horizontal que marca el canto del forjado.
Cocina:	Fisura horizontal bajo ventana (falta lechada).
Dormitorio 1:	Fisura s bajo ventana.

Planta Primera.

Dormitorio 2:	Fisura en techo.
Bajo Cubierta:	Fisura ascendente hacia la fachada posterior.

Fachadas.   Fisura vertical en esquina fachadas principal.

CASA Nº 13.-

Planta Baja.
Planta Primera.

Bajo Cubierta:	Fisura horizontal en pared escalera.

Fachadas.   Fisura vertical en ambas fachada.

CASA Nº 17.-

Planta Baja.

Salón:	Fisura horizontal en cabecero de ventana.
Garaje:	No hay desagüe en rejilla de recogidas de agua del garaje.

Fachadas.   Fisura horizontal en cabecero de ventana en ambas fachadas.

CALLE SAN ROQUE.

CASA Nº 25.

Generales.

Baño:	Olores y atascos en los desagües.

CASA Nº 27.

Planta Baja.

Garaje:	Fisuras ascendentes a 45º hacia el Nº 29.
Salón:	Fisuras ascendentes a 45º hacia el Nº 29.
	Humedad junto a salida a patio, Fisura sobre canto forjado/viga.

Cocina: Fisuración leve, roto listelo en horizontal.
Pasillo: Fisura en techo.
Dormitorio principal: Fisuras ascendentes a 45° hacia el N° 29.
Altillo: Fisura entre pilar y shunt (vertical).
            Humedad en acceso a terraza y baldosas en terraza con caliches heladizos.

CASA N° 29.

Exterior
            Bloques de hormigón roto en Valla Parcela.

Planta Baja.
Salón: Fisuras ascendentes a 45° hacia el N° 31.
Cocina: Salta lechada y piezas huecas en alicatado.
Pasillo: Fisura horizontal en pared.
Dorm. Pral: Fisuras ascendentes a 45° hacia el N° 31.
Baño: Grietas y baldosas rotas, lechada saltada y 3 baldosas caídas.
            Ha descendido la bañera y grietas diagonales hacia el N° 31.
Dormitorio 3:   Fisuras en tabique y fachada.
Dormitorio 2:   Fisuras en tabique con baño diagonales hacia el N° 31, conducción fisurada.
Bajo cubierta: Fisuras ascendentes a 45° hacia el N° 31.

CASA N° 31.

Exterior
            Fisuración exterior junto a ventana de cocina y entrada.
            Testigo en fachada posterior.

Planta Baja.
Garaje: Fisuras ascendentes a 45° hacia el N° 29.
            Humedades en lindero.
Salón: Fisuras ascendentes a 45° hacia el N° 29.
            Cargadero por fuera flectado.
            Fisuración en techo y fisura sobre canto forjado/viga.
Cocina: Salta lechada y separación de baldosas en alicatado.
Pasillo: Fisuración generalizada inclinada a 45° hacia la entrada.
Dorm. Pral: Fisuras ascendentes a 45° hacia el N° 33.
Dormitorio 3:   Fisuras en tabique a 45° hacia el N° 33.
Dormitorio 2:   Fisuras en conducción y en tabique a 45° hacia el N° 33.
Bajo cubierta: Fisuras ascendentes a 45° hacia el Norte en muro junto al garaje, coincidente con la línea de la cubierta de este último.

CASA Nº 33.

<u>Exterior</u>

Hace año y medio se arreglaron todas las grietas (constructora) pero han vuelto a salir.

Grietas en fachada junto a la entrada.

<u>Planta Baja.</u>

Garaje: Fisuras ascendentes a 45º hacia el Nº 31.

Humedades en lindero.

Fisuras horizontales en divisoria con el salón.

Puerta trasera atascada, (entra agua por la puerta).

Salón: Fachada posterior cambiada a Pladur (totalmente agrietada).

Cocina: Salta lechada y caída y bofado de baldosas en alicatado.

Pasillo: Fisuración generalizada inclinada a 45º hacia el Nº31.

Rodapié bofado y cejas en baldosas y piezas rotas.

Aseo: Juntas abiertas en alicatado y piezas rotas.

Dorm. Pral: Fisuras ascendentes a 45º hacia el Nº 31.

Dormitorio 2:   Fisuras en fachada a 45º hacia el Nº 31.

Dormitorio 3:   Fisuras en tabique a 45º hacia el Nº 31.

Bajo cubierta: Grieta en techo y en lucernario.

Terraza superior: Fisura horizontal en fachada.

CASA Nº 35.

<u>Planta Baja.</u>

Garaje: Humedad Salón-patio

<u>Planta Primera.</u>

Pasillo: Fisura a 45º ascendente a esquina puerta

Dormitorio 2:   Fisuras en fachada a 45º en esquina inferior derecha ventana.

Grieta a 45º ascendente hacia el medianil izquierdo.

Dormitorio 3:   Fisuras en tabique a 45º hacia el ángulo inferior izquierdo de la ventana.

Baño: Fisura a 45º coincidente con juntas.

CASA Nº 39.

<u>Planta Baja.</u>

Garaje: Humedad Fachada posterior

Fisuras en fachada posterior

Fisuras en unión de dos pilares con la pared.

Fisuras horizontales en pared derecha en su unión con la fachada posterior.

Salón: Humedad en la pared del baño.

Fisura ascendente hacia el ángulo inferior izquierda de la ventana.

Grieta en el canto de la doble altura.

Pasillo: Fisura en techo y fondo armario
Dormitorio 1:   Rodapié suelto.
                    Fisuras verticales bajo ventana,
<u>Planta Primera.</u>
Pasillo: Fisura a 45º ascendente a esquina inferior izquierda de la ventana.
Dormitorio 2:   Fisuras en fachada a 45º en esquina inferior derecha ventana.
Bajo Cubierta: Fisuras en zona de la escalera.
Dorm. B. Cubierta: Rodapié.
                        Antepecho agrietado en terraza.

Todas las fisuraciones y humedades descritas se encuentran detalladas pormenorizadamente en el Anexo II del presente Informe Pericial.

CALLE SELVA DE OZA .

CASA Nº 1.

<u>Planta Baja.</u>
Garaje: Fisura en paramento horizontal.
            Humedad en esquina que se refleja en fachada.
Salón: Varias fisuras verticales coincidentes con los pilares.
            Humedad en pared opuesta a la escalera.
Dormº pral:Fisuras verticales en tres de las esquinas.
<u>Fachadas.</u>
Salón: Fisuras ascendentes hacia los ángulos superiores a la ventana.

CALLE VALLE DE TENA .

CASA Nº 4.

<u>Planta Baja.</u>
Garaje: Arco de descarga bajo la ventana posterior.
            Humedad a la izquierda entrando.
Salón: Fisura a 45º ascendentes junto a puerta.
            Fisuras varias a la izquierda en canto de forjado.
Bajo Cubierta   Fisuras en el entorno de la escalera-
Fachadas: Fisura en pared medianera.

CASA Nº 6.

<u>Planta Baja.</u>
            La puerta de acceso a la parcela está desencajada.
Garaje: Fisura en el techo en el ángulo con la fachada posterior.
            Fisura en el techo ángulo izquierda desde el acceso.

Pasillo: Fisuras a 45° ascendentes junto a puerta.

Fachadas: Abierta junta de dilatación con la vivienda 6.

6.7.4.2.- PATOLOGÍA EN ZONAS COMUNES.

Bloques de cerramientos con distintas parcelas agrietados.

En juntas y uniones con las viviendas aparecen arcos de descarga.

Fisuras en los muros de hormigón en zona de piscina.

Movimientos en bataches.

Grietas en juntas de muros de hormigón.

6.7.4.3.- RESUMEN DE LA PATOLOGÍA.

En resumen se puede clasificar la patología de la forma siguiente:

a/.- Grietas y Fisuras.

a1.- Debidas a movimientos de las losas de cimentación.

a2.- Debidas a movimientos de flexión de la estructura.

a2.1.- Se señalan las piezas de la escalera prefabricada.

a2.2.- Aparición en cambios de materiales.

a2.3.- En cabeceros de ventanas.

b/.- Humedades

b1.- Aparecidas en planta baja en caras norte y este.

b2.- Aparecidas en paramentos colindantes con terrazas.

6.7.5.- ESTUDIOS PREVIOS Y COMPROBACIONES.

6.7.5.1.- ANTECEDENTES GEOLÓGICOS DE LA ZONA.-

La Puebla de Alfindén es un municipio que se sitúa en la margen izquierda del río Ebro, asentado en un cono de deyección producido por el torrente del Barranco de las Casas; como ha sucedido igual en el caso de los municipios de Villafranca de Ebro, Alfajarín, Nuez de Ebro, etc., es decir todos los que se encuentran en el mismo margen de la ribera del Ebro, tienen su origen en la misma tipología de suelo.

Un barranco, como el que nos ocupa, se genera a partir de un torrente de agua, que en este caso es ocasional y que recoge las aguas desde la cabecera donde se sitúa la cuenca de recepción de aguas y que por sus pendientes transporta el agua hacia el canal del desagüe. Este torrente y las aguas que recoge erosiona el terreno y lo transporta aguas abajo. Cuando las aguas llegan a la zona más baja horizontal, éstas pierden velocidad y se vuelven más tranquilas, depositando las partículas que arrastraba.

En esta zona, ya en la llanura de encuentro con el río Ebro, deposita las partículas que llevaba formando un *cono de deyección,* algo parecido a como se configura el delta de un rio cuando va a desembocar en el mar.

Ahora bien, este terreno data de la última época geológica del periodo Cuaternario, denominado **Holoceno**. El cono de deyección donde se ubica La Puebla de Alfindén es un depósito sedimentario aluvial conformado por limos arcillosos que se han depositado en una zona de cambio de pendiente, al llegar a la llanura aluvial del río Ebro.

Como el holoceno es un periodo que data de hace unos 11.700 años, los limos acumulados tienen un espesor de algo más de **8,00m** de espesor. Además, debido a que las zonas erosionadas son escarpes yesíferos, los arrastres aquí depositados poseen un notable contenido en yesos.

5.2.- ANÁLISIS GEOTÉCNICO DEL SUBSUELO.-

Con los antecedentes antes descritos, cabía esperar un suelo limo-arcilloso en su totalidad, como así lo corroboran los sondeos realizados por Arco_Tecnos el 20.11.2001 que nos proporciona el siguiente resultado:

6.7.5.2.1.- SITUACIÓN DE LOS SONDEOS.-

Los sondeos realizados en noviembre de 2.001 para examinar la tipología del terreno, se ubican en los dos extremos diagonales de la urbanización: esquina Suroeste el sondeo 1 y en el extremo noreste el sondeo 2.

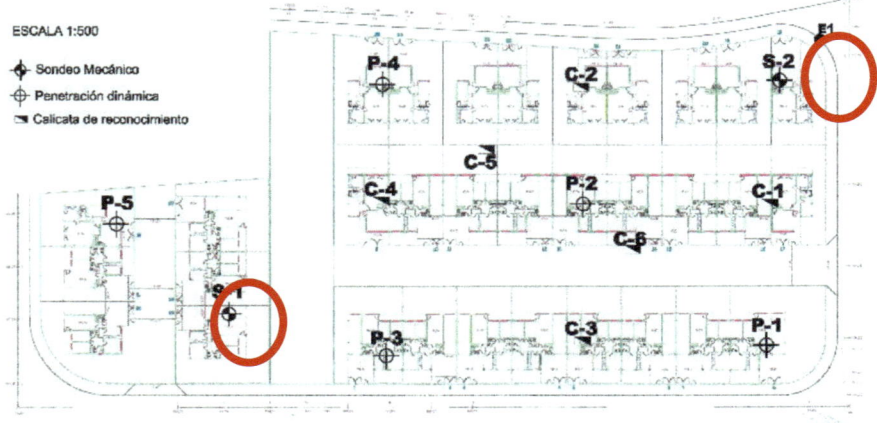

Asimismo, se hicieron seis calicatas y cinco ensayos de penetración dinámica tipo Borros, con lo que se creyó suficiente para la determinación de los distintos estratos existentes y poder caracterizar el subsuelo.

SONDEO 1.-

Como se puede observar, en la hoja que se adjunta a continuación, en este sondeo se obtiene la siguiente composición de estratos:

De 0,00 a 8,30 m Limos arenosos arcillosos con cantos angulosos calizos y de yeso. Los centímetros superficiales se encuentran alterados a suelo vegetal.

De 8,30 a 12,00 m Gravas con cantos redondeados inmersos en una matriz limosa arenosa.

Es decir que sobre la capa de gravas de origen aluvial, se han ido depositando hasta 8,30 m de limos arcillosos yesíferos, procedentes de la zona escarpada que se ubica al norte de la urbanización.

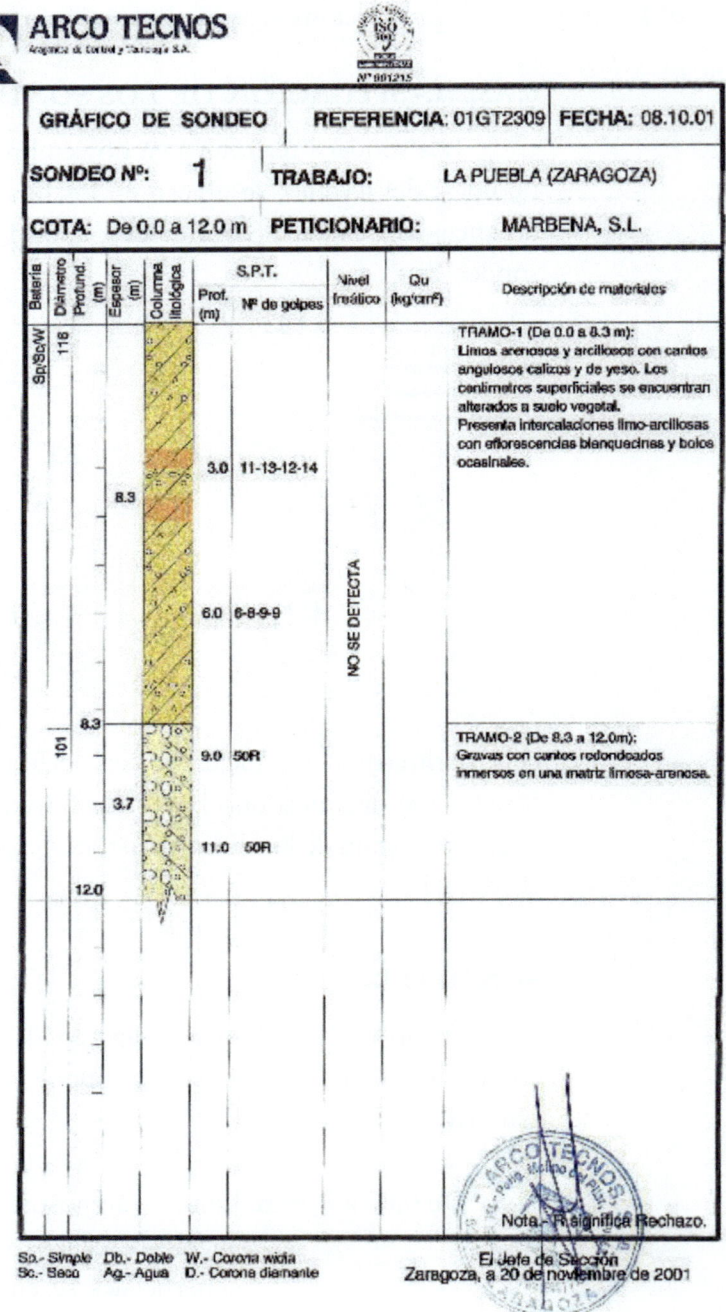

SONDEO 2.-

En cuanto al segundo sondeo la composición de los estratos es la siguiente:

De 0,00 a 2,00 m Limos arenosos arcillosos con cantos angulosos calizos y de yeso.

De 2,00 a 6,00 m Limos arenosos de color marrón con cantos dispersos calizos y de yeso.

De 6,00 a 7,70 m Gravas con cantos redondeados inmersos en una matriz limosa arenosa.

De 7,0 a 10,00 m Arenas limosas de color marrón pardo.

Es decir que sobre la capa de gravas de origen aluvial, se han ido depositando hasta 6,00 m de limos arcillosos yesíferos.

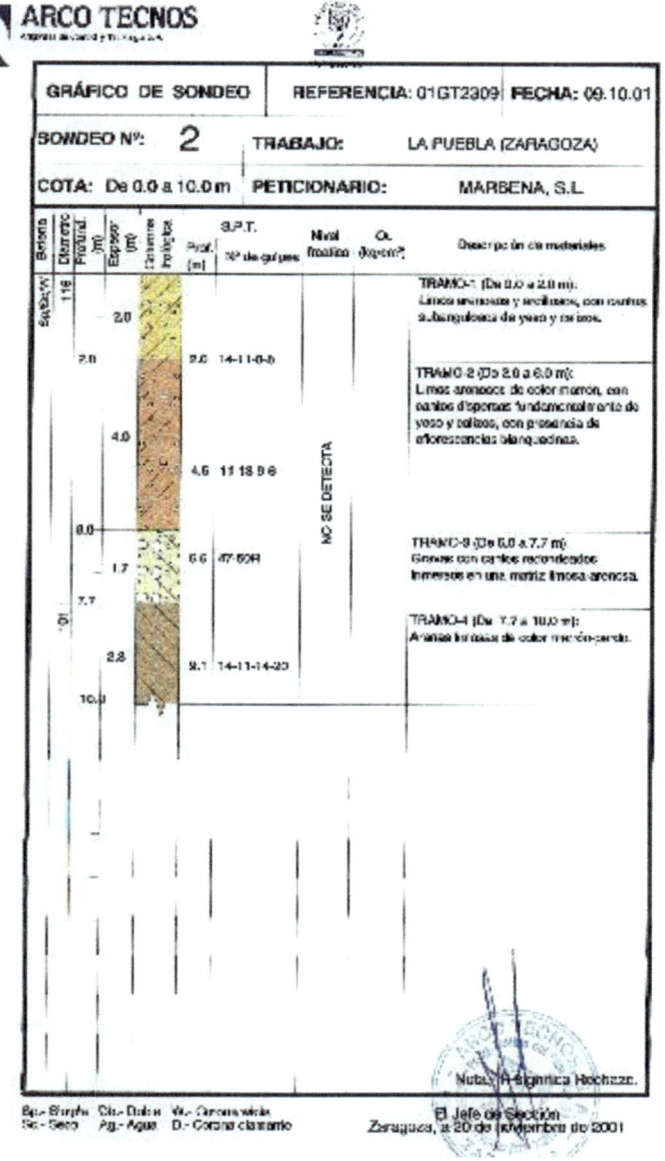

En conclusión, se puede destacar, que el subsuelo de dicha urbanización se compone de un espesor considerable que va desde los 6,00 m de espesor a los 8,00 de Limos arenosos arcillosos con cantos angulosos calizos yesíferos.

El limo es un sedimento clástico, que proviene de la descomposición de rocas detríticas, incoherente, transportado en suspensión por los ríos y por el viento, que se deposita en el lecho de los cursos de agua o sobre los terrenos que han sido inundados.

Para que se clasifique como tal, el diámetro de las partículas de limo varía de 0,002 mm a 0,06 mm. Son materiales granulares que carecen de cohesión, como les ocurre a las arenas y a las gravas.

En cambio la arcilla se compone fundamentalmente de partículas inferiores a 0,002 mm. Químicamente es un silicato hidratado de alúmina, cuya fórmula química es $Al_2O_3\ 2SiO_2 \cdot H_2O$. Las arcillas son materiales coherentes.

La cantidad de arcilla existente puede caracterizarlos como suelos arcillosos-limosos o limosos-arcillosos, cuando tienen poco contenido de arcilla. Si además son materiales ricos en yeso, su capacidad de disolución es elevada y su índice de colapsabilidad alto.

Este tipo de suelos son perfectamente asumibles como subsuelo para la cimentación de un edificio, pero con muchas precauciones, porque en presencia de agua son colapsables, lo que puede producir problemas si su superficie no se trata de forma adecuada.

Descalce de la Losa de cimentación

Hay que tener en cuenta que el agua disuelve las partículas yesíferas y arrastra las partículas finas de arcillas y limos a otros estratos inferiores en forma de un coloide. Este proceso migratorio, rellena los intersticios de las gravas y arenas compactando más el estrato de gravas inferior, perdiendo volumen los estrato de limo por lo que el subsuelo pierde volumen y provoca el descalce de las cimentaciones que se apoyan en él, ya que el lavado que se produce no es uniforme, sino que se lava más por unas zonas que por otras y aparecen oquedades bajo las zonas de cimentación, que pueden ser preocupantes.

Por todo ello, es imprescindible que la cimentación se realice con una losa de hormigón armado, e impedir el acceso de agua bajo dicha losa, protegiendo las superficies ajardinadas de riegos y lluvias.

6.7.5.2.2.- CLASIFICACIÓN DEL SUELO SEGÚN CASAGRANDE y SPT.

Del análisis de las distintas muestras que se tomaron para redactar el Estudio Geotécnico de Arco-Tecnos, se obtiene que el terreno es mayoritariamente del tipo SM, GM o ML con un grado de agresividad moderado lo que indica que el suelo es agresivo al hormigón.

Grupos GM, SM, GC y SC según Casagrande.

Son gravas y arenas, pero con poco más del 12% de finos que pasan por el tamiz número 200. El sufijo M o C se aplica según las características de plasticidad de la fracción que pasa por el tamiz número 40, en iguales condiciones que las ya expresadas para los suelos de grano fino. En estos suelos no se hace la distinción entre bien o mal graduados, pues se supone que resultan más importantes las características de los finos.

Por otro lado, de acuerdo al número de golpes obtenido en el ensayo realizado SPT (Standard Penetration Test) se obtienen un número de golpes de 16-8-9-9 en el sondeo 1 y   4-11-8-8 en el sondeo 2 lo que determina que es un terreno compacto con una resistencia a la compresión simple de $Q_u= 2$ kp/cm^2, lo que nos daría una tensión admisible   del terreno de **0,7 kp/cm²**, lo que es correcto, teniendo en cuenta un coeficiente de seguridad de 3, que es el valor que se toma habitualmente en suelos. En Proyecto se indica que el cálculo de la cimentación se ha realizado en base a una resistencia del terreno de **0,7 kp/cm²**, lo que es correcto.

6.7.5.2.3.- SITUACIÓN DEL NIVEL FREÁTICO.

En los sondeos realizados, uno el día 08.10.2001 hasta 12,00 m de profundidad y otro el día 09.10.2001 hasta los 10,00 m, no se detectó la presencia de ningún nivel freático.

Ante la inexistencia de nivel freático suficientemente cerca de la cimentación no es posible que el agua del nivel freático haya podido perturbar el equilibrio existente entre cimentación y terreno.

6.7.5.3.- ESTUDIO DE LA URBANIZACIÓN CON GEORRADAR.-

Ante la patología aparecida en la propia urbanización, en los cerramientos de las parcelas, zonas comunes, así como en algunas viviendas, la Comunidad de Propietarios, encarga al grupo **GEOTRANSFER** del departamento de Ciencias de la Tierra de la Universidad de Zaragoza, compuesto por D. Oscar Pueyo Anchuela, D. Juan Ignacio Bartolomé, D. Andrés Pocovi Juan y D. Antonio M. Casas Sainz, un Análisis del Origen de Patologías de la Urbanización de la Puebla de Alfindén (Zaragoza) que es concretado a través del **Análisis de la distribución de Patologías superficiales y su caracterización cinemática, indicadores históricos y geomorfológicos en la zona y prospección geofísica por georradar (Equipos de 100 y 250Mhz)**, que se emite el 08.04.2013 y se complementa con un ANEXO de fecha 10.06.2013. De dicho análisis cabe destacar los siguientes aspectos que se comentan a continuación:

6.7.5.3.1.- Estudio Histórico y Geomorfológico de la zona.

En la documentación histórica que se posee de la zona, se aprecian cambios superficiales, en la fotografía aérea de 1.956, donde se observa la existencia de un frente escarpado en dirección norte-sur, ubicado en la zona este de la urbanización.

Este frente parece ser la explotación de una cantera que tiene lugar en esta época y que posteriormente en la de fecha 1.979, ya no se aprecia tan claramente dicho frente.

En el grupo de fotografías que se adjunta en la página siguiente se puede observar cómo va unificándose la orografía, sin mucho detalle hasta el comienzo de la ejecución de la urbanización.

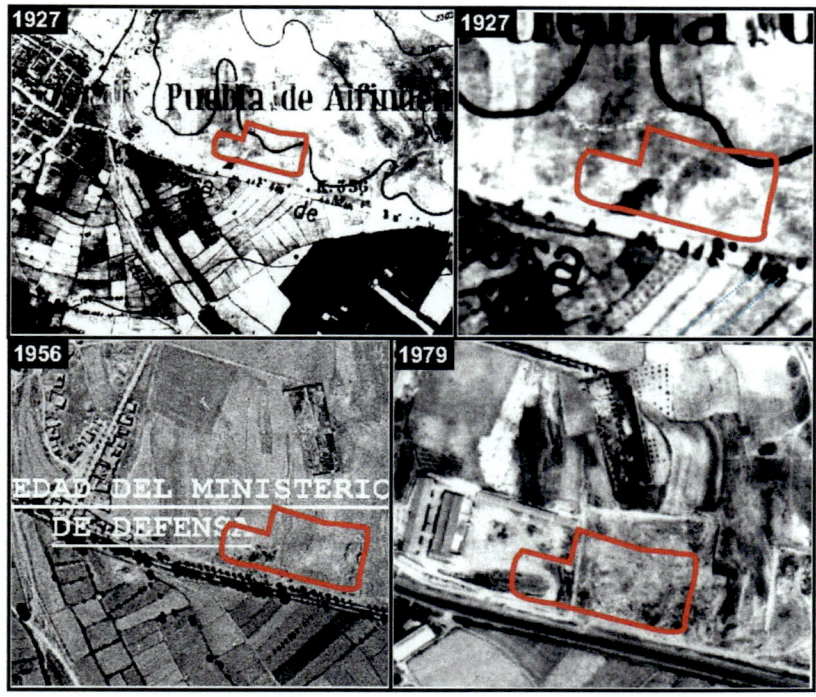

Fotografías con la cortesía de sus autores, del Informe del Análisis de la patología del grupo Transfer.

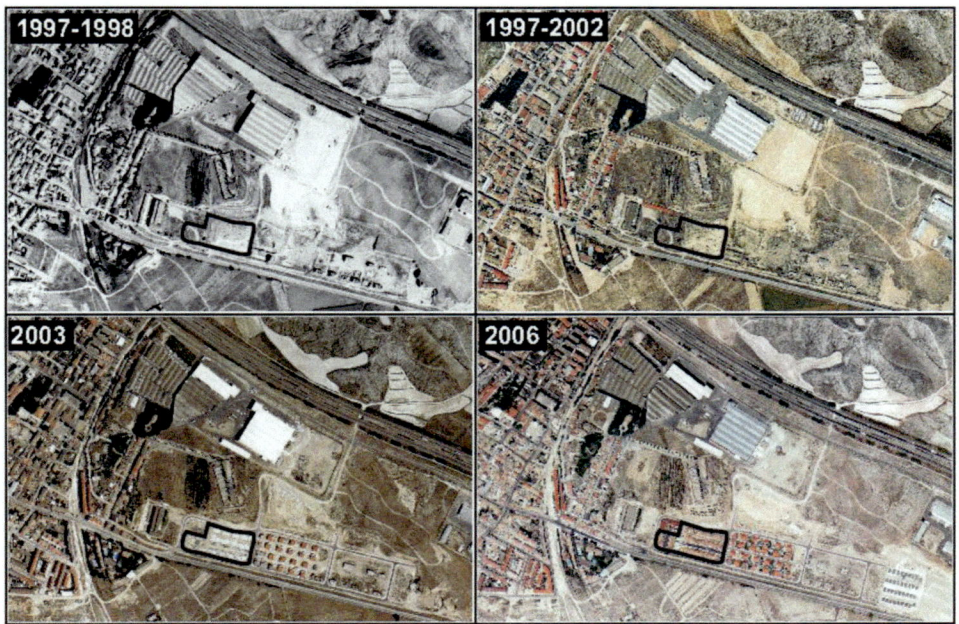

Fotografías con la cortesía de sus autores, del Informe del Análisis de la patología del grupo Transfer.

Es decir, que a lo largo de los años el terreno base de la parcela ha ido transformándose orográficamente durante el paso del tiempo, existiendo, incluso, una explotación de una cantera, posiblemente de grava, que posteriormente fue rellena con otros suelos. Se nos informa, que a la hora de preparar el replanteo de la urbanización, hubo zonas con rellenos de más de 5,00 m de profundidad, así como el desmantelamiento de restos del escarpe que existía sobre la zona norte de la parcela.

Se desconoce la existencia de datos concretos de los rellenos y aportes de bolos efectuados para la ejecución de las losas, que indica la Dirección de la Ejecución de los edificios.

No obstante, en el momento de la realización del estudio Geotécnico el solar estaba con la orografía totalmente plana y preparado para empezar el replanteo de la obra, según se puede observar en las fotografías de la que se exponen en la página siguiente, obtenidas como fotografías Nº 11 y 12 del propio estudio geotécnico.

Vista Noroeste del solar durante el la Realización del Estudio Geotécnico.

Vista Sureste del solar durante el la Realización del Estudio Geotécnico.

6.7.5.3.2.- Estudio Análisis de Patologías.

En el Informe del grupo Transfer se analiza la patología aparecida en distintas zonas de cuyas indicaciones se pueden realizar los siguientes comentarios:

CERRAMIENTOS DE PARCELAS.

Los cerramientos de las distintas parcelas se han realizados con valla de fábrica de bloque de hormigón de color blanco. Estos elementos constructivos se cimentan, en el mejor de los casos, con una zapata corrida de 30cm de espesor y 30 o 40 cm de canto. Esta cimentación se realiza en las capas más superficiales del terreno y por su anchura no se puede compactar bien la base de apoyo. Normalmente no se arman y tienen longitudes considerables, sin juntas de dilatación.

En estas condiciones cualquier agua de riego o acumulación de agua de lluvia, en este tipo de terreno, produce movimientos de la base de apoyo que repercute en la configuración de la cimentación del cerramiento, que se adapta al terreno. Por este motivo es muy frecuente encontrar movimientos de asentamiento de algunas zonas, con basculamiento de la cimentación. Esto provoca la aparición de agrietamientos escalonados que se acomodan a grietas de 45°, apertura de juntas de unión y juntas de dilatación.

Obsérvese la existencia de humedad constante en la base del cerramiento, que ha provocado el asentamiento de la zona izquierda del cerramiento.

Son patologías muy comunes en los cerramientos de las vallas de las parcelas que se ejecutan de esta forma y no es preciso darles mayor transcendencia.

MOVIMIENTOS ENTRE BLOQUES.

Otro tema que se aborda en dicho Informe de Patologías, es la aparición de movimientos aparentes verticales entre bloques, como se indica en la página 27 (fotografía 15)

A este respecto se difiere en la interpretación del escalonamiento de las edificaciones como movimientos aparentes, en lo que solo es una adaptación consciente de las edificaciones al terreno.

Obsérvese la existencia de una pieza especial de remate lateral, que se ha colocado en algunos casos, para resolver el encuentro.

Es evidente que los autores del Informe del Análisis de Patologías no son profesionales de la construcción y desconocen las forma de construir y la multitud de soluciones que se deben realizar para resolver problemas como los que se analizan.

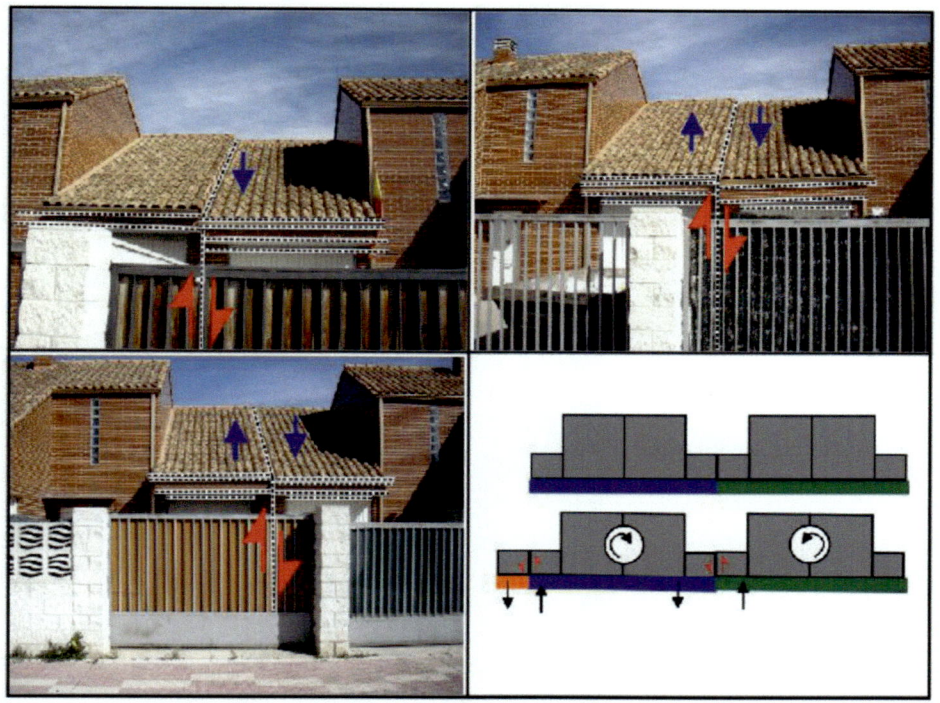

Fotografías con la cortesía del Informe del Análisis de la patología del grupo Transfer.

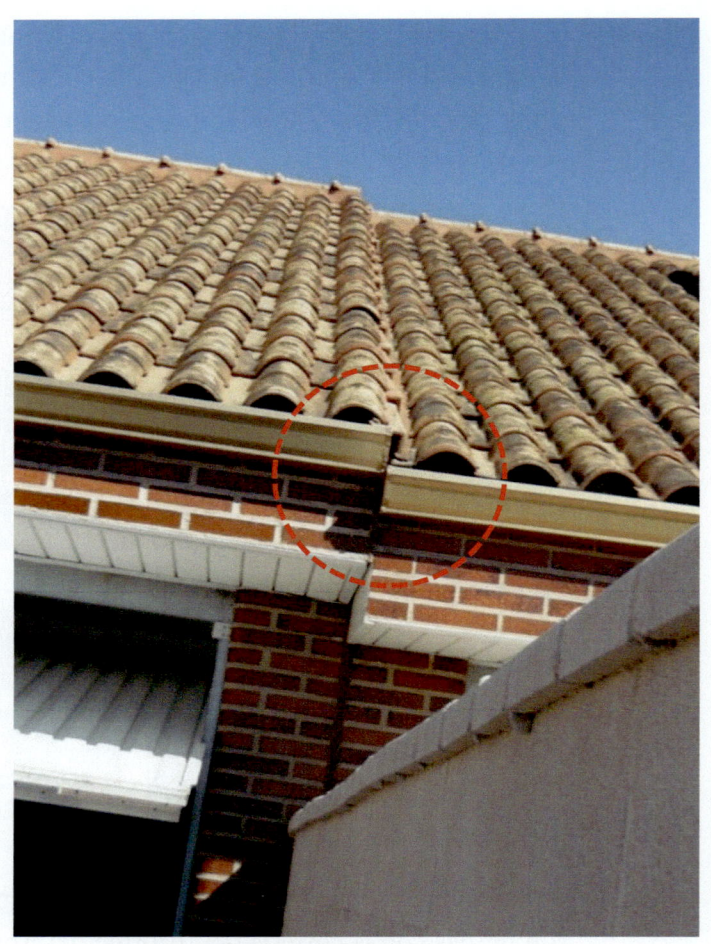

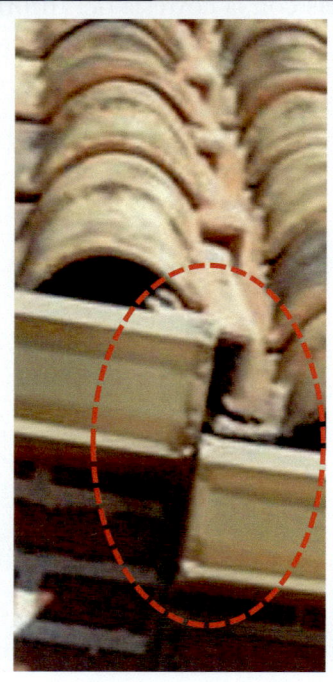

6.7.5.3.3.- PROSPECCIÓN GEOFÍSICA POR GEORRADAR.

En cuanto al análisis que se ha realizado en la urbanización a través de la emisión-recepción de ondas electromagnéticas, nos proporciona una cartografía de distintos elementos reflectantes (estratos).

El problema fundamental que se plantea con esta técnica es la de interpretar los elementos reflectantes detectados, sobre todo en este caso, donde se han realizado multitud de excavaciones (cantera) y rellenos, explanaciones de la superficie (eliminación del escarpe) y rellenos de zonas de más de cinco metros sin contar las propias excavaciones y rellenos de la cimentación.

Asimismo, se han realizado excavaciones para la ejecución de las distintas redes de saneamiento, distribución de agua potable, electricidad, telefonía, etc.

Toda esta actuación, conlleva a la disgregación de los estratos superficiales naturales y a la pérdida de uniformidad en las densidades de muchas zonas excavadas y rellenas de nuevo.

No obstante, la prospección se ha realizado obteniendo una cartografía de la urbanización según la emisión de ondas electromagnéticas a **100 Mhz** o **250 Mhz**. Ambas longitudes de onda proporcionan un análisis en mayor o menor profundidad de los estratos reflectantes los primeros y más superficiales que los segundos. Si bien los segundos proporcionan una mayor definición que los primeros.

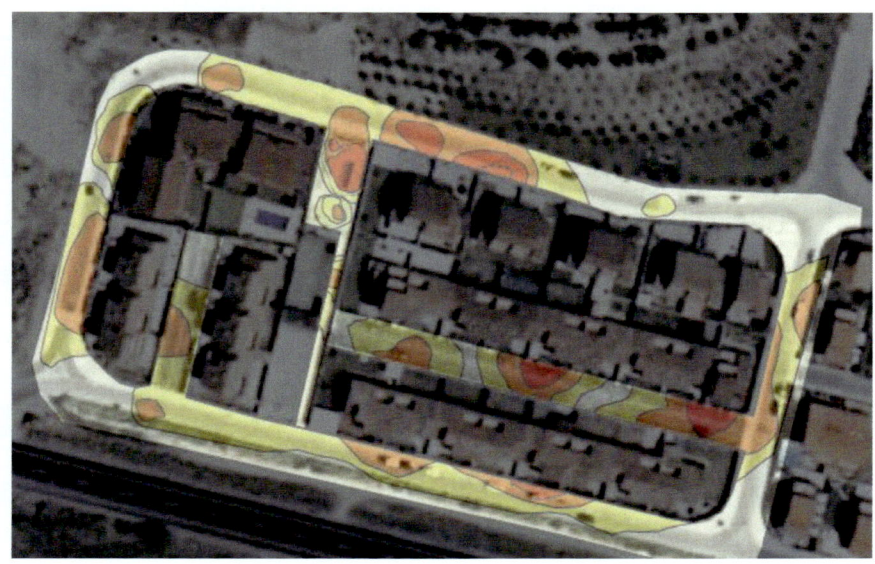

Cartografía realizada a 100 Mhz.

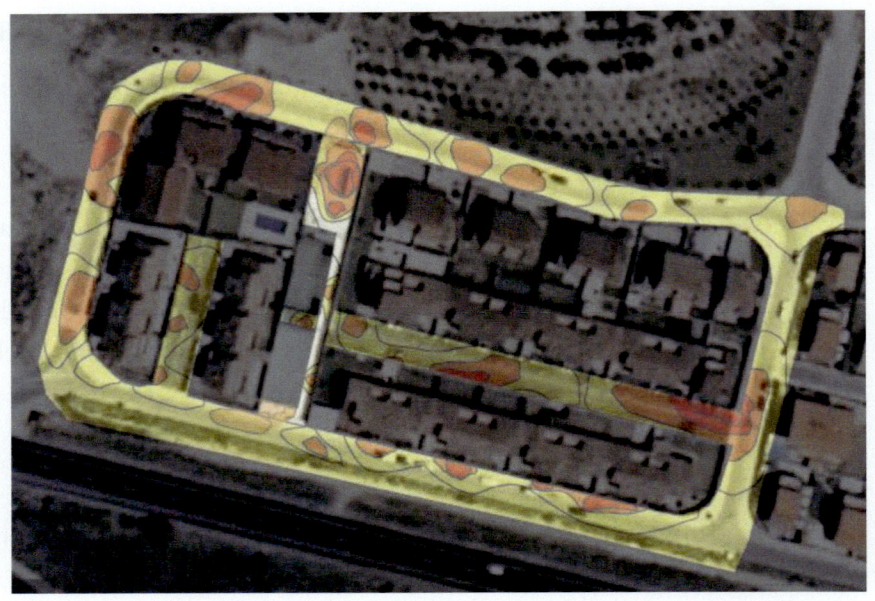

Cartografía realizada a 250 Mhz.

Por ejemplo, en la zona que se conoce, donde ha habido una fuga de agua importante y existen cavidades bajo la losa de cimentación más cercana, lo que se observa es que las envolventes de las acomodaciones del terreno de forma significativa, lo que podría ser interesante si se empleara a una escala algo mayor que identificara los posibles problemas de forma algo más definida. No obstante cuando se identifiquen las patologías de forma más concreta se analizarán las mismas de acuerdo a la cartografía obtenida por el georradar, para comprobar si existe esa interrelación.

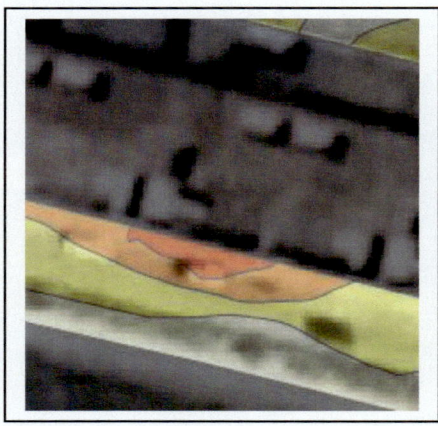

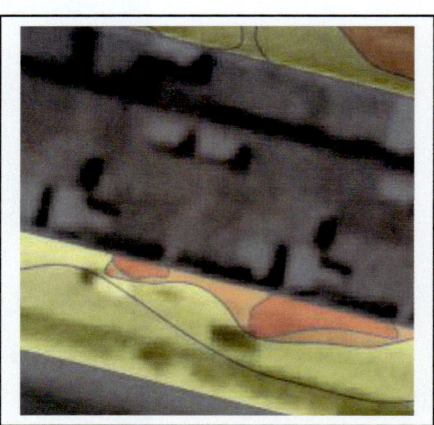

100 Mhz   250 Mhz

Por último sobre las discusiones en las que se entra a valorar la cartografía obtenida, cabe indicar que en este tipo de terreno donde ha habido multitud de actuaciones es muy difícil discernir entre excavaciones posteriormente rellenos y problemas de acomodaciones de los distintos estratos, como formaciones de incipientes dolinas o depocentros que no son tales, sino la excavación de un pozo de saneamiento.

Por ello la técnica empleada nos parece interesante cara al futuro, pero se cree que es necesario realizar una mayor investigación en el sistema, para poder discernir estratos naturales de actuaciones antrópicas.

Tal vez sea más interesante su aplicación antes de la construcción, en parcelas vírgenes, que después, por las propias interferencias que hace el edificio construido y las excavaciones efectuadas.

En cuanto a las zonas comunes que son elementos más pequeños se observa la aparición de zonas reflectantes en torno a las piscinas que pueden ser interpretadas de formas diferentes.

a/.- Son terrenos saturados de agua y por consiguiente tienen una reflexividad diferente al terreno seco convencional, por eso aparecen esas manchas justo donde se encuentran cada uno de los vasos de las dos piscinas.

b/ No se entiende que la piscina se haya construido en la zona de un depocentro precisamente.

De lo anterior se puede concluir que la detección de estas zonas con propiedades distintas reflectantes en torno a las piscinas es consecuencia de fugas de agua y encharcamientos durante su uso, máxime cuando se conoce que alguna ocasión se ha quedado una manguera vertiendo agua durante toda una noche.

Cuando el terreno se satura las pérdidas de agua profundas de más de un metro de profundidad es muy difícil de evacuar, por eso los árboles pueden sobrevivir a largas sequías sin morir, sobre todo si tienen las raíces profundas.

En conclusión la interpretación de resultados obtenidos con el sistema de emisión-recepción de ondas electromagnéticas empleando el sistema del georradar, puede llegar a ser un tema interesante cara al futuro, pero buscar dichas interrelaciones en este momento carece de sentido práctico, porque los estudios geotécnicos con sondeos son caros y no es el momento de interrelacionar unos resultados con otros.

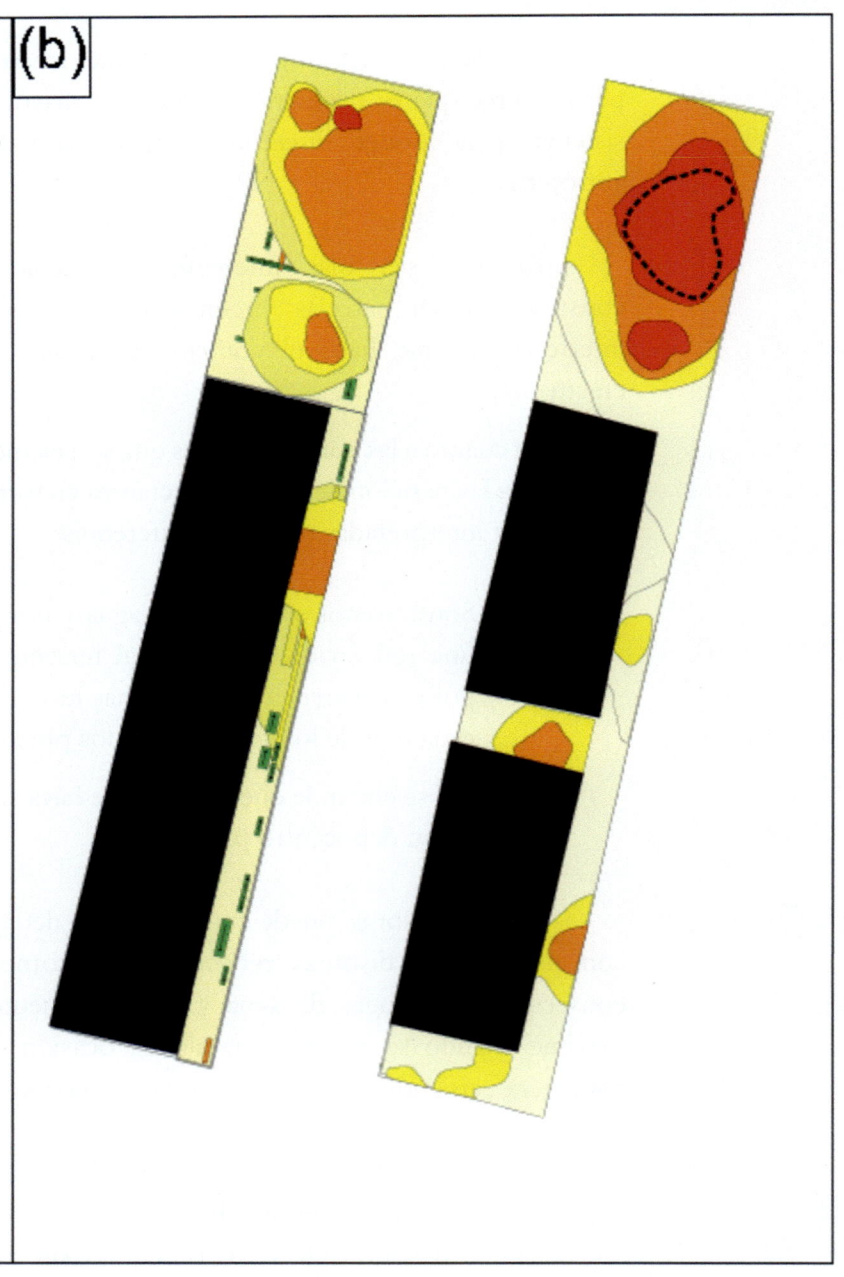

6.7.5.4.- COMPROBACIONES DE CÁLCULO DE LA CIMENTACIÓN.-

Para realizar una comprobación de la cimentación, se parte de evaluar en primer lugar los valores unitarios para el cálculo de las acciones a que se va a someter los distintos elementos estructurales.

Estos valores máximos son los siguientes:

6.7.5.4.1.- ACCIONES EN LA EDIFICACIÓN.

Forjado Tipo y Planta Primera.

Peso Propio:
    Forjado de Hormigón (h=30cm)..3,50 kN/m²
    Pavimento ....0,80 kN/m²
                                    PESO PROPIO ....4,30 kN/m²

Sobrecargas:
    Uso ....2,00 kN/m²
    Tabiquería..1,00 kN/m²
                                    SOBRECARGAS............................3,00 kN/m²

                 TOTAL   PLANTA
                 TIPO....................................7,30 kN/m²

Forjado Cubierta.

Peso Propio:
    Forjado de Hormigón (h=30cm
    aligerado) ....2,30 kN/m²
    Elementos de cobertura ....2,40 kN/m²
                                    PESO PROPIO ....4,70 kN/m²

Sobrecargas:
    Uso ....,100 kN/m²
    Nieve..0,50 kN/m²
                                    SOBRECARGAS............................1,50 kN/m²

                 TOTAL CUBIERTA..............6,20 kN/m²

Los valores antes calculados se indican en el Proyecto como: Forjados de Plantas: **720 kp/m²** y Forjado de Cubierta: **400 kp/m²**, lo que indica que los datos pata las plantas son correctos pero un poco escasos para el forjado de cubierta, donde no se ha tenido en cuenta la sobrecarga de nieve y el material de cobertura nos parece un poco escaso.

6.7.5.4.2.- COMPROBACIÓN DEL CÁLCULO DE LA TENSIÓN MÁXIMA ADMISIBLE.

Haciendo una simplificación a los efectos de comprobar la máxima tensión que se podría transmitir al terreno, se toma el área de influencia del pilar más desfavorable, obteniéndose:

$$N= (2x730+620+1250)x5,25x3,70 = 64.685,25 \text{ kp}$$

Si dividimos por su área de influencia se obtiene la tensión que transmite al terreno:

$$\sigma_T= 64.685,25/ (525x370) \quad =\mathbf{0,33} \text{ kp/cm}^2 \ < \mathbf{0,7}$$

Luego la cimentación debe funcionar correctamente si la estructura llegara a soportar todas las cargas que se han tenido en cuenta en la hipótesis de cálculo.

Con las previsiones más desfavorables la máxima tensión que se puede llegar a transmitir es de 0,33 kp/cm² mucho menor que la indicada por Arco-Tecnos de 0,70 kp cm², obteniéndose un coeficiente de seguridad de cálculo de 2,12, pero si se tiene en cuenta que la tensión máxima admisible estimada por Arco-Tecnos tenía un coeficiente de seguridad de 3, el coeficiente real obtenido con la hipótesis más desfavorable de cálculo es de **6,06**.

Es decir que el terreno podría soportar algo más de 6 veces la carga más desfavorable, tenida en cuenta en los cálculos de la hipótesis inicial prevista. Luego la cimentación es correcta y no justifica la patología aparecida.

6.7.5.4.3.- COMPROBACIÓN DE LAS FLECHAS MÁXIMAS.

Para comprobar las deformaciones que puede tener la losa en el momento de máxima carga, es decir con la tensión máxima admisible del terreno (0,70 kp/cm²) se comprueba que la máxima deformación de uno de los pórticos inversos establecidos más desfavorable sería de **0,000965 m**, es decir que no llega al milímetro de deformación, con la carga máxima.

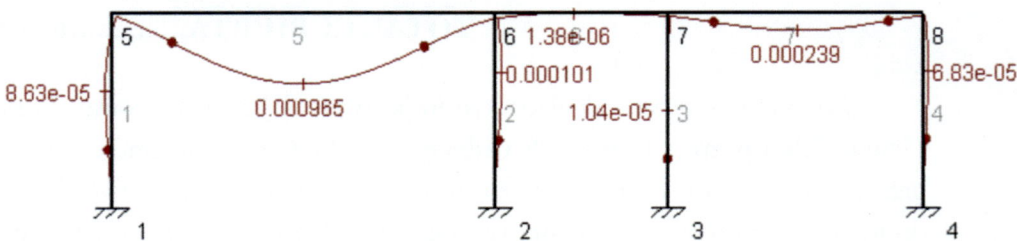

Ahora bien si se calcula con las cargas reales se obtiene una deformación menos desfavorable aún de **0,000114 m**, es decir la flecha real es la décima parte de la flecha máxima previsible.

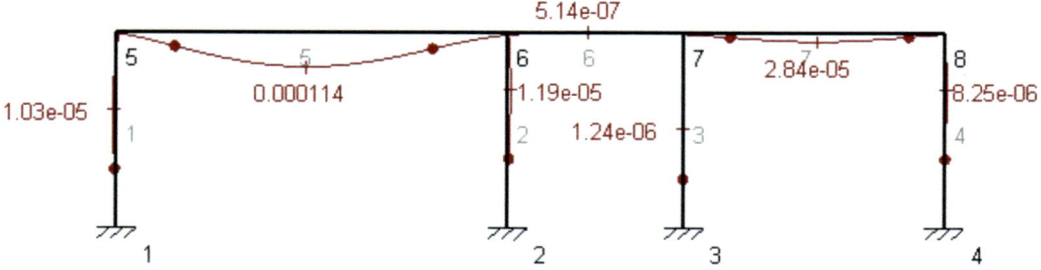

De lo expuesto se deduce que la flecha máxima es muy pequeña y más pequeña aún si se realiza el cálculo con las cargas reales. Estas deformaciones no pueden tampoco justificar la aparición de la patología grave que se observa en algunas viviendas.

6.7.5.4.4.- COMPROBACIÓN DE LA LOSA DE CIMENTACIÓN.

Por último se comprueba si la armadura colocada es la necesaria o no; para lo cual se hace una comprobación de la armadura existente con los máximos esfuerzos que podría llegar a soportar. Para ello se toma el caso más desfavorable con el fin de comprobar si la armadura colocada es suficiente para soportar los esfuerzos a que se ve sometida.

Para comprobar este extremo, se parte de la ley de momentos flectores, tomando el valor más desfavorable, que en este caso es de $M_f=89,7$ mkN.

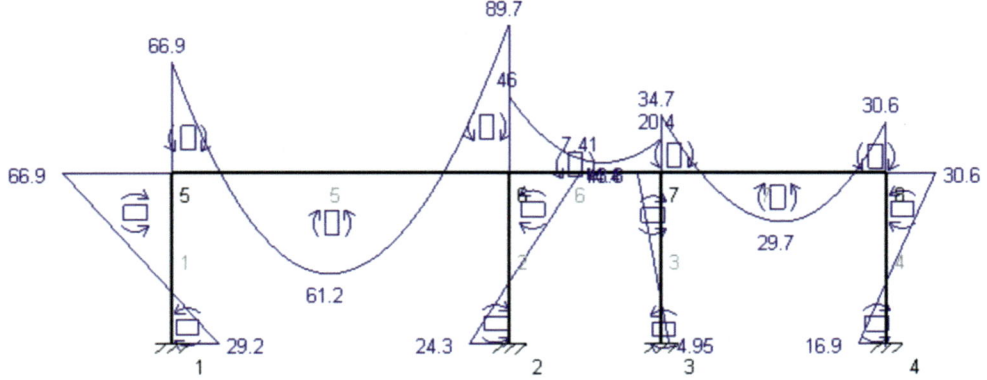

Este valor de be ser inferior al que soporta la armadura colocada, que para 5,20 m de ancho de banda se obtiene que hay 27 Ø12 que tiene una superficie de 27x1,13=30,51 cm² Esta armadura, con un canto útil de 40 cm es capaz de soportar una tracción de 30,51x5100=155.601kp=1556,01 kN. El momento que puede soportar a rotura es de M=1556,01kN·0,40m=**622,404 mkN** >> 89,7mkN.

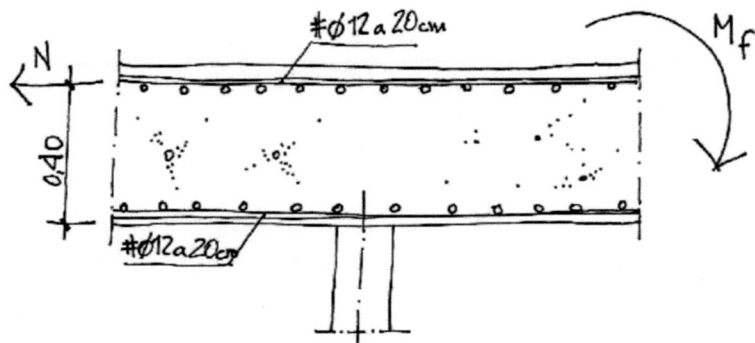

Es decir que solo la armadura base de la losa, formada por # Ø12 a 20x20cm, puede soportar perfectamente las solicitaciones reales con un coeficiente de seguridad de **7**, sin tener en cuenta los refuerzos que se han colocado bajo los pilares.

Como la losa puede soportar **siete** veces las cargas reales, la aparición de la patología observada tampoco se puede justificar por un cálculo erróneo de la losa.

6.7.6.- ANÁLISIS DE LA PATOLOGÍA.

6.7.6.1.- PREÁMBULO.-

En primer lugar se ha de reflexionar en lo ocurrido, porque no es razonable que edificios con algo más de **9 años** en correcto funcionamiento tengan movimientos estructurales después del tiempo transcurrido en servicio. Un edificio se ejecuta con un sistema estructural, que recoge todas las cargas, constituidas por pesos propios y sobrecargas de uso, viento y nieve, llevándolas a través de los pilares y la cimentación al terreno. La propia ejecución del edificio se realiza de forma que el terreno va compactándose y las distintas zonas de la losa de cimentación van asentando en el mismo momento en que se ejecuta. La cimentación se calcula para que el asiento sea muy similar en cada una de las zonas, para lo que se calcula la rigidez de la losa acorde con las cargas que va a recibir, por lo que si el edificio asienta homogéneamente, el movimiento resultante no se nota de forma aparente. Pero en ocasiones, bien porque la cimentación no está correctamente calculada, o porque el terreno no es perfectamente homogéneo, o porque hay una acción sobre el terreno que modifica algunos de los parámetros iniciales, parte de la cimentación puede asentar más que otras zonas, por lo que se produce un asentamiento diferencial que provoca una distorsión angular que descuadra la estructura.

Este descuadre puede ocasionar la rotura de cerramientos y tabiquería, normalmente en las direcciones de las diagonales del tabique afectado, que si se estudia y comprende su leguaje, nos indican el movimiento real del edificio.

Pero estos movimientos suelen afectar a la estructura en los primeros años de servicio del edificio, con un máximo de cinco o seis años, que es el tiempo que tarda el terreno en consolidarse y que fundamentalmente depende de su naturaleza, del grado de humedad que posea y de las cargas que se transmiten. En terrenos granulares los asentamientos son casi instantáneos y el retardo en el tiempo obedece a la cantidad de arcilla que lo compone, porque ésta no tiene el comportamiento de un suelo granular, sino que la arcilla tiene cohesión y su compactado se produce más lentamente a lo largo del tiempo.

No hay que confundir estos movimientos de asentamiento de la cimentación, que arrastra a los pilares, con los movimientos de flexión estructurales, que aparecen en el momento de quitar las sopandas y puntales de la estructura, que se manifiesta como flechas instantáneas o como flechas diferidas a largo plazo, ya que la fluencia del hormigón le hace perder rigidez, comportándose de forma más elástica que la inicial. En este caso se observa claramente que los movimientos que se han producido tienen su origen en ambas causas, es decir hay algunas flexiones de losas y algunas flexiones estructurales que provocan la patología que se observa.

6.7.6.2.- ANÁLISIS TEÓRICO DEL MOVIMIENTO.-

Para explicar y entender lo que está ocurriendo hay que advertir que la estructura es la parte del edificio, encargada de soportar las cargas necesarias en servicio, compuestas por el peso propio y las sobrecargas de uso, viento y nieve, y transmitirlas al terreno a través de la cimentación. Su diseño y configuración dependerá de la tipología del edificio, de la forma, materiales, usos, etc. Está compuesta de elementos capaces de soportar las cargas transmitidas.

Movimientos de cimentación (Asentamientos)

La cimentación es la parte estructural del edificio, encargada de transmitir las cargas al terreno. Su diseño y configuración dependerá de la tipología de éste y de los estratos existentes, capaces de soportar las cargas transmitidas. La finalidad de la cimentación es sustentar las estructuras garantizando su estabilidad, evitando daños a los materiales estructurales y no estructurales.

Como a una determinada profundidad transmitimos una serie de nuevas cargas, el terreno reacciona normalmente comprimiéndose, produciéndose un descenso del plano de contacto de la cimentación. Este descenso de lo que se produce en la *cota de cimentación* es lo que se denomina **asiento**. En el apartado F.1 del CTE-SE-C, se indica que existen tres tipos de asientos:

Asiento inicial instantáneo (S_i).

Se produce de manera inmediata o simultánea con la aplicación de la carga.

Asiento de consolidación primaria (S_c).

Se genera a medida que se disipan los excesos de presión intersticial generados por la carga y se eleva la presión media efectiva del terreno, lo que permite la progresiva pérdida de volumen del terreno.

Asiento de compresión secundaria (S_s).

Este último tipo se produce en algunos terrenos que presentan una cierta fluencia por deformación a presión efectiva constante.

En resumen la cimentación de un edificio asienta porque el terreno pierde volumen a determinada presión, por diferentes motivos. En el caso primero el movimiento es instantáneo, el segundo aparece despacio con el paso del tiempo.

Dependiendo de las cargas que arrastra cada elemento estructural vertical, muros y pilares, el dimensionado de la cimentación se realiza para que toda la cimentación presione de forma similar, con lo cual, el edificio asienta de forma uniforme y no aparece ninguna patología.

Ahora bien si los estratos del terreno no son uniformes, presentan discontinuidades o se modifican las cargas estructurales, la cimentación puede comportarse de forma irregular, produciéndose asentamientos diferentes de unos elementos a otros, produciéndose lo que se denomina **asiento diferencial**.

6.7.6.3.- CAUSAS DE LA PATOLOGÍA EXISTENTE.-

6.7.6.3.1.- MOVIMIENTOS DE LAS LOSAS DE CIMENTACIÓN.

En el apartado anterior se ha comprobado que la tipología de la cimentación utilizada es correcta y su cálculo también, por lo que no debería dar ningún tipo de problemas. No obstante, la evidencia dice todo lo contrario, por ello, hay que pensar que el suelo no se está comportando como estaba previsto y como hubiera sido deseable.

En vista de ello cabe establecer las siguientes causas que pueden afectar a la cimentación:

a) Que el terreno natural no sea lo suficientemente uniforme y haya cambios sustanciales del mismo, que no se hayan detectado en el estudio geotécnico. Sobre todo entre la zona del escarpe demolido, la zona de la cantera rellena y la zona aluvial. Si una losa se apoya entre dos zonas diferentes de las mencionadas puede ocurrir asentamientos de unas zonas más que de otras, produciéndose incluso algo de basculamiento de la losa.

b) Que los rellenos vertidos y las bases de apoyo de las losas no se hayan compactado lo suficientemente para no provocar a la larga asentamientos indeseables.

c) Que haya habido o exista actualmente entradas de agua bajo las losas que puedan producir el lavado y arrastre de finos que pueda descalzar las losas de forma parcial, obligándoles a readaptarse al nuevo perfil del terreno, apareciendo deformaciones de las mismas, que provocan la patología existente.

Las dos primeras causas podrían provocar ciertos movimientos, pero conforme el terreno se va compactando por el propio peso de la edificación, el proceso tiende a la estabilización. En este tipo de terrenos limo-arcillosos la estabilización o equilibrio entre la cimentación y el terreno suele establecerse dentro de los **cinco** o **seis** primeros años de servicio del edificio.

En el esquema que se adjunta en el Anexo IV, referente a las Interrelaciones entre los hundimientos de algunas losas se puede observar que las losas más afectadas se ubican en la calle San Roque y en el extremo este de la calle San Roque y Valle de Broto. Asimismo, aparece una losa afectada al principio de la calle Valle de Broto.

Por otro lado, como se puede observar en el proceso analizado, hay una clara correlación entre la fuga de agua de las red municipal con el moviendo del terreno,

Estos movimientos se producen por dos factores: por un lado por la pérdida de suelo en procesos de disolución o migraciones de los limos yesíferos y por la pérdida de capacidad portante del terreno, ya que es un suelo colapsable.

Cualquiera de ambas causas provoca la aparición de asentamiento diferenciales de las losas, que a su vez producen distorsiones angulares de la estructura. Estas distorsiones de la estructura por cambiar el punto de apoyo, producen descuadres de la estructura, rompiéndose la tabiquería, descuadres de la carpintería, etc.

A favor de las viviendas hay que referenciar que su cimentación es potente y sólida lo que hace que los daños aparecidos sean de menor cuantía de los que deberían haber aparecido.

Los movimientos aparecidos son consecuencia de la aparición de asientos diferenciales, que evidentemente mueven la estructura que es solidaria a la cimentación, donde se apoya, y este movimiento es el causante principal de la patología aparecida.

6.7.6.3.2.- OTRAS FISURAS.

Además de las fisuras aparecidas como consecuencia de los asentamientos y/o basculamientos de las losas de cimentación, aparecen otro tipo de fisuras que se agrupan de la forma siguiente:

a2.- Debidas a movimientos de flexión de la estructura.
a2.1.- Se señalan las piezas de la escalera prefabricada.

La escalera se ha ejecutado mediante el empleo de piezas prefabricadas de hormigón, que se ensamblan en obra mediante los pertinentes hormigonados.

Las fisuras que aparecen no son nada más que la unión de ambas piezas y no tienen mayor transcendencia que el valor estético no deseable.

Son problemas que debería eliminarse con el propio mantenimiento de la vivienda. Según la NTE-RPP indica en su apartado de mantenimiento, que los revestimientos de pintura sobre yesos, cemento y derivados debe mantenerse una vez cada 5 años en interiores y 3 años en exteriores. Es decir que con los años en servicio que tienen las viviendas deberían haberse pintado ya al menos dos veces.

Cuando en un paramento hay una fisura, hay que tratarla con una base de clorocaucho y posteriormente dos capas de pintura plástica, para que en el paramento no vuelva a aparecer la fisura.

a2.2.- Aparición en cambios de materiales.

Otras fisuras que aparecen habitualmente en las obras de construcción son debidas al cambio de materiales. Si en un paramento hay enrasado un elemento de hormigón como un pilar o una jácena, con tabique de fábrica de ladrillo y todo ello se trata con un guarnecido y enlucido de yeso, la unión de ambos materiales es muy probable que aparezca tarde o temprano una fisura que materializa la separación de ambos.

Esto se debe a que materiales distintos se comportan de forma distinta, tanto térmica como mecánicamente.

El tratamiento de estas fisuras se realiza igual que el apartado anterior.

a2.3.- En cabeceros de ventanas.

También se ha detectado la aparición de fisuras horizontales en el ladrillo caravista encima de algunos cabeceros, fundamentalmente del cabecero de salón que es el más grande. Los cabeceros se han ejecutado con un sistema tradicional que consiste en colocar el ladrillo dejando un hueco, que se hormigona poniendo una varilla de acero. Como la carga que hay encima es muy pequeña, este sistema es normalmente suficiente. Ahora si el hueco hormigonado es muy pequeño y la varilla puesta no está en su sitio, es posible que el cabecero se readapte a las cargas y flexione más de la cuenta, produciendo la fisura horizontal que se observa en muchos de ellos.

Una vez producida la patología lo que procede es tapar la fisura horizontal, que normalmente se produce en la llaga de mortero superior, con una lechada de mortero con COTELATEX para cerrar la misma.

6.7.6.3.3.- HUMEDADES.

En cuanto a las humedades que se producen en el interior de las viviendas, cabe clasificarlas en dos grupos:

b1.- Aparecidas en planta baja en caras norte y este.

Aparecen manchas de humedad en las zonas bajas de los cerramientos exteriores. Esta humedad procede de los jardines y bajantes de los canalones de aguas pluviales.

Son aguas de lluvia o de riego que entran por debajo del pavimento de la acera y suben por capilaridad, máxime cuando se vierte el agua procedente de la cubierta directamente al terreno.

A todo lo expuesto hay que añadir que en muchas ocasiones las losas se han ejecutado con la pendiente hacia el interior, lo que invita al agua a entrar bajo el pavimento, hacia el interior de las viviendas.

Estos problemas se hubieran eliminado si se hubiera hecho un forjado sanitario, lo que se decide entre el arquitecto que hace el proyecto y el promotor de la obra.

b2.- Aparecidas en paramentos colindantes con terrazas.

Estas humedades aparecen, sin duda, por la falta de solución de la impermeabilización de la terraza superior con el paramento, permitiendo ésta la entrada de agua.

6.7.6.3.4.- OTRAS DEFICIENCIAS.

Aunque el grueso del presente Informe se plantea con el tema más grave que son los movimientos de las losas de cimentación y su estabilización con el terreno, cabe mencionar la existencia de otras deficiencias observadas si bien no se pasan a valorar, como:

FISURACIONES EN VALLAS.

Estas son producidas por asentamientos diferenciales de las cimentaciones de apoyo, normalmente se producen por el acceso del agua a la zona de unión de la cimentación con el terreno.

HUMEDADES EN CERRAMIENTOS.

Algunos cerramientos no exteriores no están protegidos por alguna acera, con lo que el agua que entra el terreno es absorbida por esta por capilaridad.

HELADICIDAD DE PAVIMENTOS.

Se ha observado la existencia de la colocación de algunos pavimentos para exteriores que son heladizos.

CAÍDA DE ZONAS DE LADRILLO CARAVISTA.

Se ha observado, asimismo, la existencia de alguna zona de ladrillo caravista que se ha desprendido al estar conformado por "guitarras" que se desprenden ante los esfuerzos sometidos en nudos estructurales y la falta de adherencia, posiblemente por la existencia de desencofrante.

CAÍDA DE ZONAS DE REVESTIMIENTO DE CERÁMICA.

Como es normal, en estos casos, cuando se producen fuertes fisuraciones algunas zonas del alicatado de baños y cocinas pueden saltar, al ser sometidos a presiones, para los que no estaban preparados.

CAÍDA DE ZONAS DE REVESTIDOS.

En otros casos, como el que nos ocupa, si existen zonas de relleno de mortero o yesos, estos pueden caer si la zona se ve sometida a presiones cortantes y de deslizamiento, provocando deficiencias muy aparatosas, pero sin importancia alguna, que deben ser objeto de un buen mantenimiento.

6.7.6.4.- INTERPRETACIÓN DE LA PATOLOGÍA PRODUCIDA POR LAS LOSAS DE CIMENTACIÓN.

Si se analiza la patología pormenorizadamente se pueden observar ciertos movimientos de algunas losas que se concretan en los esquemas de los planos que se adjuntan en el Anexo IV que se ha denominado movimientos de losas.

A este respecto hay que indicar que las grietas y fisuras tienen un lenguaje que proporcionan el movimiento de sus apoyos. Que, aunque sean losas de cimentación de 50 cm de canto, correctamente armadas, sus dimensiones son de 24,60x12,90 m. En estas dimensiones de casi 25 m de longitud, si la losa no está bien asentada en el terreno, o falla el mismo por lavado, disgregación o colapso, ante la presencia de agua, la losa puede quedar descalzada, produciéndose deformaciones y basculamientos que provocan la aparición de la patología existente.

Si la magnitud de este descalce, o descompresión del suelo, se realiza en una dimensión considerable, superior a la luz de los pórticos y alguno de los pilares quedan dentro de la zona descalzada, por lo que es muy probable que la losa se deforme, de manera que produzca asientos diferenciales suficientemente importantes para que se distorsione la estructura y rompa la tabiquería y cerramientos exteriores, ya que la rigidez de la tabiquería en el plano vertical es considerable y no puede acomodarse a la nueva forma que toma la losa, al adaptarse al terreno, por lo que se rompe, para poderse adaptar a su nueva forma.

Ahora bien, dependiendo de muchos parámetros, como la dimensión descalzada, el vano de losa, que se deforma, el canto y armadura de la losa, de la resistencia característica del hormigón y del acero, del enfalcado de los tabiques en el forjado superior, del tamaño del ladrillo, de la resistencia de los morteros, etc., etc., el tabique o cerramiento intenta acomodarse a su apoyo.

Si hay holgura suficiente o el tabique puede adaptarse de forma aceptable, es posible que no aparezca ninguna patología. En cambio, si el tabique es presionado por su cara superior y se debe adaptar a un movimiento leve, es posible que aparezcan fisuras en las uniones con la estructura que se observan como grietas o fisuras horizontales en techos y verticales en su unión con los pilares.

Por último si el movimiento es más importante entre unos puntos u otros, o simplemente los tabiques están muy bien enfalcados, o el mortero es demasiado rico en cemento, el tabique no puede acompañar la deformación y rompe marcando grietas y/o fisuras a 45° que marcan las líneas de mayor tracciones, para los que no están diseñados y que no pueden soportar.

Cuando rompen se acomodan a su nueva forma en su apoyo. Si este se vuelve a mover, el tabique seguirá abriendo y si se repara volverá a abrirse por el mismo sitio que se reparó, ya que ésta es la línea de mayor tensión.

Por todo lo indicado es preciso destacar las roturas más importantes y estudiar su comportamiento. En este sentido se analizan cada una de las viviendas afectadas y se comprueba qué movimientos deben existir para que se pueda justificar la patología existente. En este sentido se puede considerar los siguientes argumentos:

LOSA SR25-27 (San Roque 25 y 27)
Cuando se analiza la casa 27, se observa que existen fisuraciones a 45° que determinan que hay movimientos de asentamiento de la zona este de dicha vivienda, coincidente con la humedad de su cara norte.
LOSA SR29-31 (San Roque 29 y 31)
En esta losa aparecen deformaciones que afectan a las dos viviendas. La zona que parece descalzada o descomprimida se identifica en la zona central de la losa, en la unión de ambas viviendas.
LOSA SR33-35 (San Roque 33 y 35)
En esta losa aparecen deformaciones más potentes en la casa 33 y algo más suaves en la zona norte de la casa 35.
LOSA SR37-39 (San Roque 37 y 39)
Aparecen deformaciones de hundimiento en la esquina noreste de la casa 39, coincidente con humedades de la zona norte de esta vivienda.
LOSA VB05-07 (Valle de Broto 05 y7)
Aparecen movimientos en el ángulo suroeste y norte, que podrían estar enlazados.
LOSA VB 17 (Valle de Broto 17)
Se observan deformaciones de la zona este coincidentes con las humedades aparecidas en la zona este.

En conclusión, a falta de un análisis más personalizado de las losas indicadas se observa que la mayor patología aparece en las tres losas situadas en el comienzo de la calle San Roque, en la segunda de la calle Valle de Broto y en las dos situadas más al sur de la calle Mallos de Riglos.

6.7.6.5.- FORMULACIÓN GEOMÉTRICA DE LA ROTURA.-

Sin entrar en excesivas demostraciones matemáticas, cuando un elemento de gran canto, como un tabique o un cerramiento, se apoya en dos puntos y se carga, en la zona superior, se producen una serie tensiones interiores de donde se obtiene una curva de máxima tracción que se denomina *arco de descarga* que une los puntos de máxima tracción.

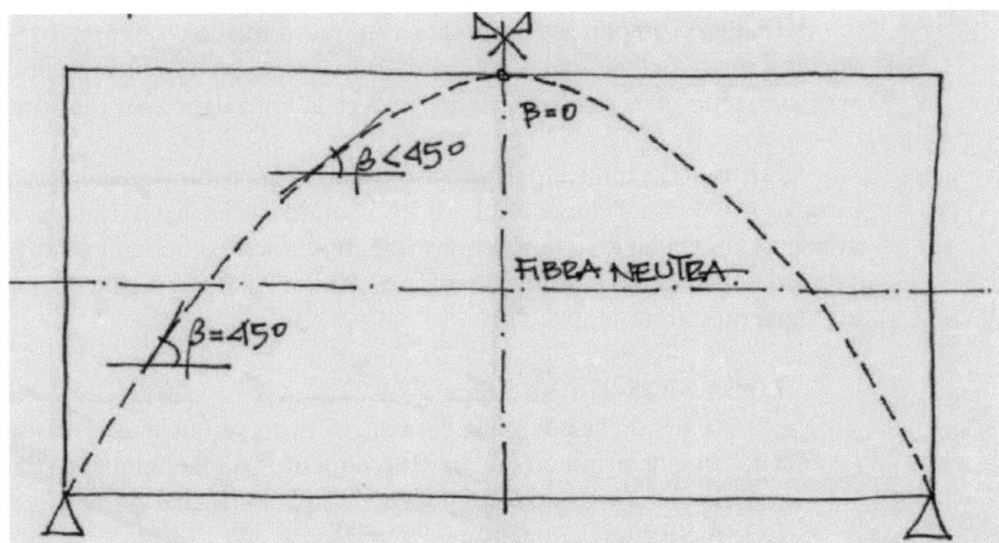

A partir de este aspecto, si un muro tiene un apoyo continuo y en la parte central de su apoyo el suelo se hunde, el muro queda apoyado en las dos zonas extremas, apareciendo un arco de descarga, si la tensión de tracción aparecida es superior a la resistencia a tracción del material que lo conforma. La rotura aparece según una curva característica que es la siguiente:

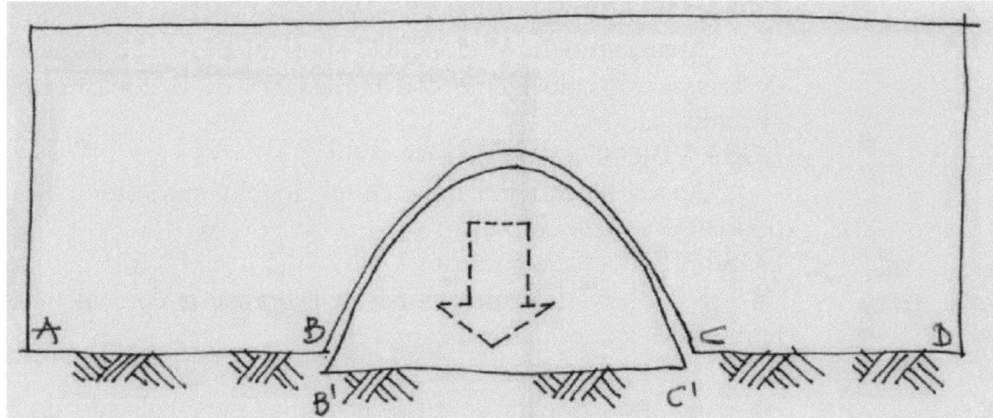

Estos fenómenos teóricos se producirían en elementos homogéneos e isótropos pero en una fachada de ladrillo caravista, con estructura de hormigón interna y forjados que cruzan el elemento horizontalmente es más difícil que aparezca claramente el *arco de descarga* pero si puede verse el desarrollo inicial, o ciertos indicios de su existencia que es preciso ser capaz de reconocer.

En los edificios analizados en el presente Informe, algunas fachadas y tabiquería interior se puede reconocer la aparición de **arcos de descarga**.

Conociendo la causa de su aparición, se puede realizar el fenómeno de forma inversa, es decir, partiendo de los arcos de descarga existentes o los arranques de algunos de ellos se pueden estimar qué zonas de las losas asientan más que otras, para poder justificar la aparición de dichos arcos.

Con este sistema se ha estimado la existencia de movimientos de asentamientos diferenciales que provocan distorsiones angulares y estas la rotura de la tabiquería y de cerramientos exteriores. En el Anexo IV se detallan las losas de cimentación más afectadas y las zonas que deben asentar para justificar las grietas y fisuras aparecidas.

Las zonas señaladas de las losas **SR25-27**, **SR29-31** y **SR33-35**, fundamentalmente y las **SR37-39**, **VB5-7**, y **VB17** que se detallan en el Anexo IV se concretan las zonas que tienen asentamientos más importantes que el resto de las losas y que han provocado la patología más grave aparecida.

Es decir, hay tres losas el principio de la calle San Roque y la primera de la calle Valle de Broto, que son las más afectadas, de acuerdo a la patología analizada.

6.7.6.6.- INTERRELACIONES ENTRE HUMEDADES, ASENTAMIENTOS Y GEORRADAR.-

Por otro lado si se superponen en un mismo plano la cartografía obtenida con las dos frecuencias del georradar, con la situación de las humedades y las zonas estimadas de asentamiento de las losas de cimentación, se puede obtener los siguientes criterios generales:

A. Aparecen cuatro losas de cimentación afectadas con asientos diferenciales: tres en la calle San Roque y una en Valle de Broto. Estas losas se agrupan en la zona suroeste de la urbanización. Es decir que su ubicación es influyente en su estado.

B. A la altura de la del número 33 de la calle San Roque se produjo una fuga de agua de la red municipal de agua potable (agua a presión), que produce un depocentro en la frecuencia de 100Hz de la cartografía obtenida con el Georradar.

Se desconoce el tiempo que permaneció la fuga de agua manando agua al terreno y la evidente influencia que pudo ejercer en la patología aparecida en las casas **29**, **31** y **33** de la calle San Roque, pero casualmente la losas más afectadas se sitúan junto a dicha fuga de agua.

C. Habida cuenta la sensibilidad de este tipo de terreno al agua se aprecia que en algunas casas, como la SR39 y VB17 existen leves movimientos del extremo oriental de la losa, por donde además hay humedades en los cerramientos exteriores.

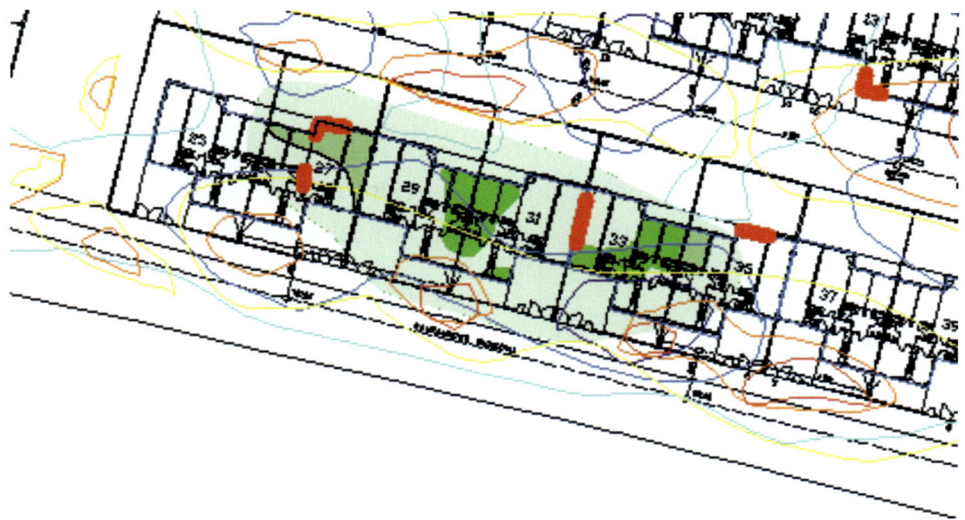

D. Hay zonas concretas de extremos de losas como SR27, SR31, SR39, VB05 y VB17 en las que parece existir una interacción entre el movimiento de asentamiento de la losa con el jardín.

E. Las humedades aparecen fundamentalmente en las caras norte y este, sin descartar las que aparecen al oeste de la calle Valle de Broto.

F. Es apreciable la aparición de líneas de frecuencia del georradar en la parcela de zonas comunes y piscinas, así como la existencia de depocentros en las zonas donde se han ejecutado pozos de saneamiento o grupos de instalaciones.

En conclusión que una vez analizado lo ocurrido desde varios puntos de vista técnicos se observa que existen correlaciones que parecen indicar la influencia de las humedades con algunas losas de cimentación, la fuga de agua de la red municipal y la agrupación de losas con los asentamientos relevantes.

6.7.6.7.- INFLUENCIAS DE FUGAS DE AGUA DE LA RED MUNICIPAL.-

Como se ha indicado se conoce la existencia de una fuga de agua de la red de abastecimiento de agua potable a la altura del número 33 de la calle San Roque.

Se desconoce el tiempo que el agua de esta red estuvo manando agua con aporte al terreno.

Se sabe que el agua descalzó los pozos cercanos de la red de saneamiento, que hubo que reparar y que a partir de este momento la patología de las fincas número 29, 31, 33 y 35 apareció con la rotundidad que ahora puede verse algo más agravada.

Aunque es difícil predecir los flujos de agua por estratos tan alterados durante las obras de urbanización y ejecución de las viviendas, es evidente de que hay una interrelación entre la fuga de agua y las lesiones que se han detectado en dichas losas.

6.7.7 SEGUIMIENTO DE LOS TESTIGOS COLOCADOS.

Para analiza el estado actual de las viviendas   se ha realizado el seguimiento de los movimientos del edificio, para lo que se han instalado **diez testigos** en las siguientes ubicaciones:

Testigo 2	Salón-Estar	Calle San Roque 29
Testigo 3	Dormitorio	Calle San Roque 29
Testigo 4	Fachada Sur	Calle San Roque 31
Testigo 5	Pasillo	Calle San Roque 31
Testigo 6	Pasillo	Calle San Roque 31
Testigo 7	Paramento Norte Garaje	Calle San Roque 33
Testigo 8	Paramento Este Garaje	Calle San Roque 33
Testigo 9	Fachada Norte	Calle San Roque 33
Testigo 10	Pasillo	Calle San Roque 33
Testigo 11	Dormitorio	Calle San Roque 35

Los testigos se han medido con un calibre INSIZE 1101-150 electrónico profesional, con una precisión de cinco milésimas de milímetro, calibrado con fecha 07.06.2012. Las mediciones se han realizado durante nueve meses desde Mayo de 2014 hasta Febrero de 2015 obteniéndose los valores que se adjuntan en el Anexo VIII CURVAS SEGUIMIENTO DE LOS TESTIGOS COLOCADOS, del presente Informe.

6.7.7.1.- CURVAS DE MOVIMIENTO OBTENIDAS.

Para obtener las curvas de movimiento se han representado mediante la tipología de curvas *spline* que se desarrollan en una representación cartesiana con eje de ordenadas de movimientos en mm/100y eje de abscisas que representa el paso del tiempo (días).

Una vez tomadas las mediciones reales y representadas según el sistema descrito con anterioridad cabe indicar lo que sigue:

6.7.7.2.- COMENTARIOS A LAS CURVAS OBTENIDAS.
TESTIGO 2

Las mediciones del testigo muestran estabilidad en las medidas estivales y la tendencia al cierre a partir de Septiembre de 2014, en febrero de 2015 la tendencia es a la estabilidad por lo que se puede afirmar que los leves movimientos (<0,5 mm) son ocasionados por la diferencia de temperaturas estacionales y no se aprecia nuevo movimiento estructural durante el periodo monitorizado.

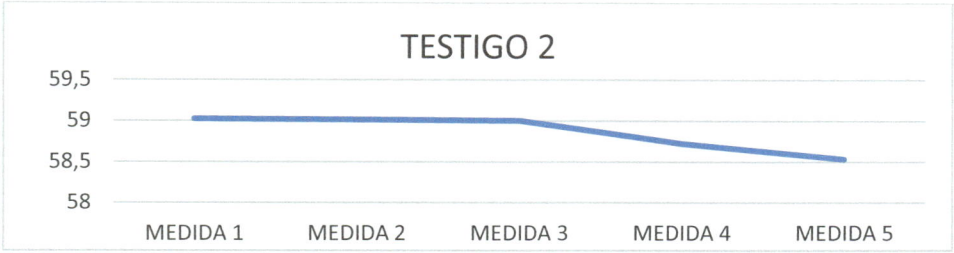

TESTIGO 3

Las medidas tomadas en este testigo muestran una oscilación aparentemente estacional y sin contribución nueva proveniente de la patología estructural, la tendencia es hacia la estabilización.

TESTIGO 4

Empieza con una suave pendiente que va progresivamente acentuándose, es uno de los pocos testigos que revelan un movimiento constante ajeno a la estacionalidad.

TESTIGO 5

Las medidas tomadas en este testigo muestran una oscilación aparentemente estacional y sin contribución nueva proveniente de la patología estructural, no se tiene previsión de nuevos movimientos.

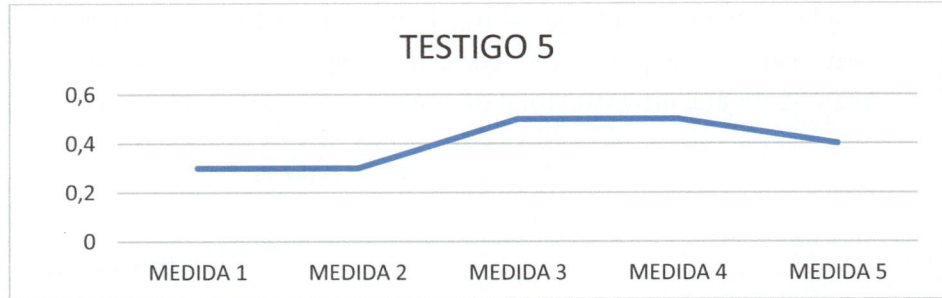

TESTIGO 6

Al igual que el testigo anterior las medidas tomadas muestran una oscilación marcadamente estacional y sin contribución nueva proveniente de la patología estructural, no se tiene previsión de nuevos movimientos.

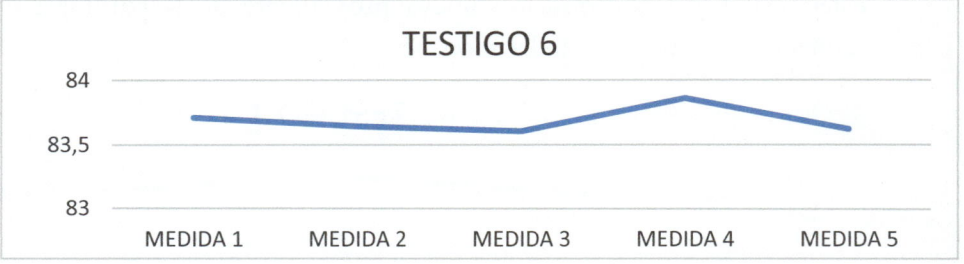

TESTIGO 7

Al igual que el testigo anterior las medidas tomadas muestran una oscilación marcadamente estacional y sin contribución nueva proveniente de la patología estructural, no se tiene previsión de nuevos movimientos.

TESTIGO 8

El presente testigo no ha tenido una variación significativa por lo que se puede dar la zona como estabilizada.

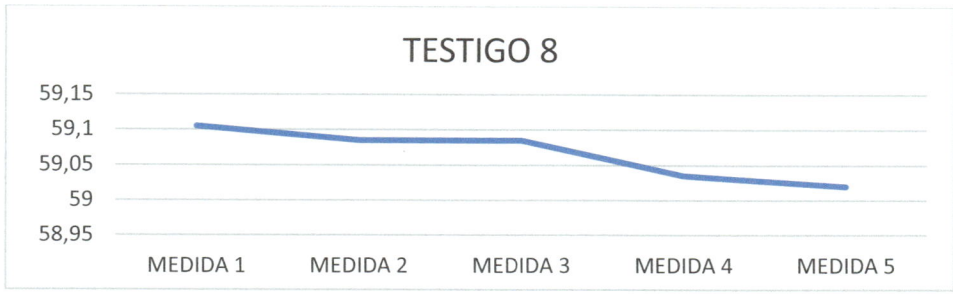

TESTIGO 9

Este punto presenta una pendiente más o menos uniforme que no tiene una previsión de estabilidad por el momento por lo que será una zona donde se precisa de alguna actuación como se detallará a continuación.

TESTIGO 10

Los movimientos de este testigo son claramente tendientes a la estabilidad unido a una baja cuantía en los movimientos, a pesar de que ha existido un movimiento inicial.

TESTIGO 11

Como en el caso anterior, y puede considerarse la zona estabilizada.

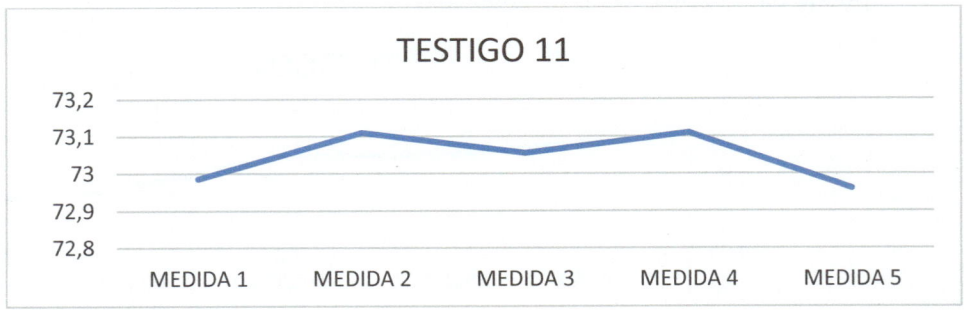

6.7.7.3.- CONCLUSIONES A LAS CURVAS OBTENIDAS.

A partir de los datos obtenidos y en vistas de las gráficas confeccionadas con ellos, se puede informar que hay un grupo de testigos (4 y 9) ubicados en la casa de calle San Roque 33, que indican una tendencia de movimiento que por el momento no da muestras signos de estabilidad si bien la cuantía de los movimientos es muy leve e inferior al milímetro por lo que no revisten peligrosidad para la estructura ni amenazan colapso.

El resto de testigos (2, 3, 5, 6, 7, 8, 10, y 11) muestran un movimiento nulo o con una oscilación que revela una estacionalidad que hace pensar que está provocada por los movimientos de contracción y dilatación del edificio según su temperatura. No revisten gravedad alguna y con la consiguiente reparación de las grietas estas deberían tardar en reaparecer o no lo harán.

En resumen, los edificios tienen en general una natural oscilación estacional actualmente y solo en 2 puntos ha podido notarse un movimiento constante que no obstante es de muy baja entidad y puede actuarse sobre el mismo para evitar su deterioro progresivo.

No obstante las curvas bien desarrolladas se exponen en el Anexo VIII.

6.7.8. ESTUDIO GEOTÉCNICO DE CONTROL 7 (Julio 2.014).

Durante el tiempo que se ha estado realizando el control de movimiento de diferentes puntos inestables, se ha realizado una serie de ensayos que han consistido en ensayos de penetración dinámica (DPSH), testigos de reconocimiento de losas y testificación de calicatas. Todos ellos en relación a la zona más afectada de las losas SR25-27, SR29-31 y SR33-35.

Además se han realizado dos ensayos de penetración dinámica DPSH, en el entorno de la piscina. Respecto de los resultados obtenidos hay que indicar lo que se indica a continuación:

6.7.8.1.- ENSAYOS EN LA ZONA DE LA PISCINA.

De los dos ensayos de penetración dinámica realizados junto a la pisciana, se puede obtener que en el ensayo 1 la capacidad mecánica del suelo sobre la base de apoyo de la piscina es menor de **1 kp/cm²** si bien a 4,40 m es de 0,2kp/cm². En el otro punto, ensayo 2, que se ha estudiado hay una tensión de **0,1 kp/cm²** a una profundidad de 1,5 a 1,6.

Es decir tensiones muy bajas, cuando lo normal que debería dar es una tensión superior a 1,00 kp/cm².

Si se tiene en cuenta que un metro de agua sola ya produce una tensión de 0,1 kp/cm² y un metro más de tierra de una densidad de 1600kp/m³ nos produciría una carga de 0,16 kp/cm2, es decir que la tierra y el agua ya solo producen una tensión a 2,00m de profundidad de 0,26 kp/cm². Todo ello sin contar el peso de la solera y de los muros de contención del vaso de la piscina.

Ahora bien sabemos que la tierra está muy húmeda en el entorno de la piscina, por lo que es fácil que la Tensión real a los 2,00 m de profundidad ronde los 0,3 kp/cm², tensión que triplica la capacidad mecánica del suelo.

Por todo ello tal y como está la capacidad mecánica del suelo donde se apoya de la piscina, con tensiones tan bajas, **la piscina no se debería llenar la piscina** habida cuenta el estado del subsuelo inmediato.

6.7.8.2.- ENSAYOS EN LA ZONA DE LAS CASAS 31 Y 33.

Si se analizan los ensayos de penetración DPSH realizados en la vivienda Nº 29 y en la y en la 33 se observa que el terreno apenas los 0,2 en el ensayo de la casa 29 y de las mismas características o peores en el ensayo Nº 2 de la casa 33.

6.7.8.3.- CONCLUSIONES A LOS ENSAYOS REALIZADOS.

Si se compara los resultados obtenidos con los datos de Arco-Tecnos de 20.11.2001 se observa que hay una discrepancia total, ya que se indicaba entonces que el terreno podría aguantar losas de cementación calculadas a 0,7 kp/cm² cuando en la realidad se ha comprobado que en muchos casos la capacidad mecánica real es inferior a los **0,2 kp/cm².**

Además el terreno es irregular y muy flojo, como se aprecia en la gráfica de datos obtenidos, sobre todo en la casa 33. Por su propio peso colapsa y asienta, por eso se producen descalces en las losas de cimentación sobre todo del comienzo de la calle San Roque.

Se detecta que la losa de cimentación de la casa 33 está despegada del terreno al menos 10 cm, en algunas zonas se puede meter un flexómetro de 3 m de longitud debajo de la vivienda sin que se detecte apoyo de la losa de cimentación.

Es decir que en la zona de la casa 33 el terreno no es apto para soportar una losa de cimentación, por lo que la carga deberá transmitirse a los estratos de gravas que se ubican a más de 8,00 m de profundidad.

6.7.9. PROPUESTA DE INTERVENCIÓN.

A partir de la patología y deficiencias que se han estudiado en el grueso del presente Informe, a se puede establecer la intervención que es necesario realizar, para ir acotando el problema y poderlo solventar de la forma sencilla y sin grandes inversiones Por ello, se propone las siguientes actuaciones:

6.7.9.1.- ESTUDIO REALIZADOS

Con el estudio realizado, el seguimiento de los testigos colocados y el Estudio Geotécnico de Control 7, se conoce bastante claramente que los problemas de asentamientos se están produciendo en las tres primeras losas de cimentación de cimentación, pero sobre todo en la losa **SR35-33**. Cuyos movimientos de los testigos colocados, sobre todo el número 4, nos indica movimientos que se mantienen sin estabilizarse.

Esto es consecuencia sin duda del propio colapso del terreno que va asentando y consolidándose solo con su propio peso, por eso asienta en unas zonas y en otras no, dejando la losa parcialmente apoyada en el terreno, por lo que no tiene sentido rellenar el espacio bajo la losa de cimentación, ya que el terreno seguirá asentando y volverá a ocurrir la misma patología.

6.7.9.2.- PROYECTO DE RECALCE.

Una vez conocida la causa del descalce, así como la amplitud y dimensión de las zonas a consolidar, se deberá redactar un Proyecto de Recale y Consolidación de las losas afectadas, así como de aquellas obras necesarias para la reparación de las viviendas afectadas. El Proyecto de Recalce y Consolidación deberá estar suscrito por técnico competente designado por la Comunidad de Propietarios.

6.7.9.3.- LICENCIA DE OBRA.

Visado el Proyecto por el Colegio Oficial de Arquitectos de Aragón se solicitará licencia de obra al Ayuntamiento de La Puebla de Alfindén.

6.7.9.4.- OBRAS QUE DEBEN CONTEMPLARSE.

Las obras que deben realizarse para recalzar y consolidar las losas afectadas, así como aquellas que deben preverse para evitar que la patología vuelva a aparecer de nuevo son las siguientes:

a) Recalce de las losa SR33-35, mediante micropilotes para transmitir las cargas existentes al sustrato de gravas que se encuentra a más de ocho metros de profundidad, habida cuenta que los movimientos no tienden a estabilizarse.

b) Recalce de los posibles huecos de la losa SR29-31 considerando un despegue de la losa de unos 10 cm por una superficie del 25% del total de la superficie de la losa.

c) La piscina podrá recalzarse mediante inyección de lechada de mortero de cemento con bentonita a presión, que mejore el terreno subyacente.

d) Una vez recalzada las losas de cimentación, se repararán los pavimentos, mediante la sustitución de las baldosas afectadas o colocando unos nuevos pavimentos similares al existente si el material ya no existe.

e) Las losas que no se recalzan deberá colocarse un tubo drenante por las zonas de los jardines para evitar el paso de agua a la cara inferior de las mismas.

f) También se deberá colocar un sistema de drenaje lineal en el jardín longitudinal que existe a lo largo de la calle Valle de Ordesa, para evitar posibles flujos de agua hacia las viviendas.

g) Se evitará el vertido incontrolado de agua a los jardines, conduciendo los bajantes de los canalones de la cubierta a la red de saneamiento.

h) Para evitar los problemas en las losas se realizarán zanjas con tubos de drenaje en aquellas losas afectadas para evitar que el agua de lluvia o riego penetre por debajo de la losa e influya en la consolidación del suelo.

i) Asimismo se repararán aquellos Tabiques o cerramientos mediante la sustitución de los elementos dañados.

j) Finalmente se pintarán las paredes afectadas con <u>una capa de pintura blanca al clorocaucho</u> y <u>dos manos de pintura plástica</u>.

Además de lo indicado sería conveniente tener en cuenta los siguientes extremos:

- En aquellas fachadas que no tienen acera es preciso ejecutar unas aceras de un metro que viertan el agua hacia al jardín, con una pendiente mínima del 2%.
- Es preciso regular el riego para que el caudal que se vierta al terreno sea el necesario para regar el césped. Hay que tener en cuenta que el césped tiene unas raíces de 10 a 15 cm de profundidad, por lo que los riegos deben ser de unos diez minutos. Si se cree necesario es preferible regar una vez por la mañana y otra al anochecer. Conviene hacerlo a primeras horas de la noche y así se encontrará humedecido toda la noche.
- Hay que regular los aspersores o difusores para que el agua no chorree por la fachada, para que esta no pueda llegar a la losa de cimentación.

6.7.10. VALORACIÓN PARA LA REPARACIÓN DE LAS DEFICIENCIAS EXISTENTES.

De acuerdo a las obras descritas en el apartado anterior, las mediciones de las mismas y su valoración se obtiene que dichas obras   ascienden a las siguientes cantidades:

MEDICIONES Y PRESUPUESTO

Capítulo I.-   RECALCE DE LOSAS DE CIMENTACIÓN.

1.1.- Ud   Partida alzada de preparación y desplazamiento de equipos y materiales, montaje y desmontaje de instalaciones de inyección, retirada de los mismos y desplazamiento de personal a la obra.

1,00	1,00		1,00		
	TOTAL PARTIDA		1,00	3.500,00	3.500,00 €

LOSA SR 29-31.-

1.2.- Ud   Taladro perforado a rotación para atravesar la losa de cimentación, incluso suministro y colocación de tubería roscada de 1" y p.p. de llave de paso para inyección. y p.p. de costes indirectos.

1,00	25,00	1,00	1,00	25,00			
	TOTAL PARTIDA				250,00	100,00	2.500,00 €

1.3.- m³   Lechada de cemento-bentonita en proporción agua-cemento sulforre-sistente 1:1, para relleno de huecos bajo losa de cimentación, incluso p.p. de canon de proceso de inyección y materiales y medios auxiliares.

3,00	7,50	1,00	1,00	7,50			
	TOTAL PARTIDA				7,50	550,00	4.125,00 €

LOSA SR 29-31.-

1.4.- Ud   Taladro perforado a rotación para atravesar la losa de cimentación, incluso suministro y colocación de tubería roscada de 1" y p.p. de llave de paso para inyección. y p.p. de costes indirectos.

1,00	100,00	1,00	1,00	100,00			
	TOTAL PARTIDA				100,00	100,00	10.000,00 €

1.5.- m   Suministro y ejecución de micropilote sobre perforación de la losa ya realizada, hasta 9,00 m de profundidad, de 110 mm de diámetro de tubo de acero ST72, con bulbo de anclaje formado con Lechada de cemento-bentonita en proporción agua-cemento sulforre-sistente 1:1, para relleno de huecos en el estrato de gravas, incluso p.p. de proceso de inyección, materiales y medios auxiliares.

100,00	100,00	1,00	1,00	9,00			
	TOTAL PARTIDA				900,00	90,00	81.000,00 €
	TOTAL CAPÍTULO 1 ....**101.125,00 €**						

Capítulo II.- SISTEMA DE DRENAJE.

2.1.- m³   Zanja para instalación de tubería de drenaje de 1,00 m de profundidad en terreno duro, incluso retirada con volquete de tierras a vertedero autorizados, en zona de pradera de la calle Valle de Ordesa.

1,00	120,00	1,00	0,6	72,00		
	TOTAL PARTIDA			72,00	15,00	1.080 €

2.2.- m   Tubería de drenaje de diámetro exterior 130 mm., en instalaciones de evacuación de aguas pluviales con solera de hormigón y geotextil, incluso p.p. de acometida a red municipal de saneamiento, en cama de arena, relleno de zanja con grava lava de árido de 25 mm, y remate de geotextil.

1,00	120,00	1,00	0,6	72,00		
	TOTAL PARTIDA			72,00	30,00	2.160 €

2.3.- m³   Relleno de zanja para instalación de tubería de drenaje con capa de grava suelta, capa de geotextil y zahorra compactada, incluso capa superficial de tierra vegetal y p.p. de medios auxiliares, en zona de pradera de la calle Valle de Ordesa.

1,00	120,00	1,00	0,6	72,00		
	TOTAL PARTIDA			72,00	35,00	2.520 €

TOTAL CAPÍTULO 2.....................5.760,00 €

Capítulo III.- PAVIMENTACIÓN.

3.1.- m²   Demolición de gres cerámico existente en zonas de inyección de productos para el recalce de las losas de cimentación, incluso limpieza de la zona y retirada de escombro a vertedero.

Retirada de pavimentación

Casa SR27	1,00	96,00	96,00
Casa SR29	1,00	63,00	63,00
Casa SR31	1,00	76,00	76,00
Casa SR33	1,00	133,00	133,00
Casa SR35	1,00	20,00	20,00
Casa SR39	1,00	66,00	66,00
Casa VB5	1,00	97,00	97,00
Casa VB7	1,00	46,00	46,00
Casa VB17	1,00	88,00	88,00

TOTAL PARTIDA   685,00   6,00   4.110,00 €

3.2.- m² Suministro y colocación de gres cerámico sobre capa continua de mortero de cemento cola, extendido con llana dentada, incluso cortes y reposición de rodapié cerámico similar al existente y lechada de cemento blanco o borada, limpieza del área de trabajo, totalmente terminado.

Pavimentación

Casa SR27	1,00	96,00	96,00
Casa SR29	1,00	63,00	63,00
Casa SR31	1,00	76,00	76,00
Casa SR33	1,00	133,00	133,00
Casa SR35	1,00	20,00	20,00
Casa SR39	1,00	66,00	66,00
Casa VB5	1,00	97,00	97,00
Casa VB7	1,00	46,00	46,00
Casa VB17	1,00	88,00	88,00

TOTAL PARTIDA   685,00   26,00 17.810,00 €

TOTAL CAPÍTULO III................................21.920,00 €

Capítulo IV.- VARIOS.

4.1.- PA PA costo de reparación de fábricas de ladrillo exterior e interior, en las zona más dañadas, mediante la sustitución de piezas por otras similares tomadas con mortero de cemento, rejuntado y limpieza de la zona.

Medida la Partida Alzada realizada.

Tabiquería	1,00	3.000,00			
Fabricas ladrillo caravista	1,00	8.000,00			
TOTAL PARTIDA		11.000,00	1,00	11.000,00 €	

4.2.- PA   PA costo de Gestión de Residuos, según RD 105/2008, se presenta el presente Estudio de Gestión de Residuos de Construcción y Demolición.
Medida la Partida Alzada realizada.

1,00		1,00		
TOTAL PARTIDA	1,000	1.855,00	1.770,61 €	

4.3.- PA   PA costo de la Seguridad y Salud en la obras de acuerdo al Real Decreto 1.627/1.997, de 24 de Octubre.
Medida la Partida Alzada realizada.

1,00		1,00		
TOTAL PARTIDA	1,000	1.2317,00	1.180,41 €	

TOTAL CAPÍTULO IV...........................**13.951,02 €**

RESUMEN DE CAPÍTULOS

Capítulo 1.-   Recalce Losas de Cimentación........................ 101.125,00 €
Capítulo 2.- Sistema de Drenaje calle Ordesa..........................5.760,00 €
Capítulo 3.- Pavimentación...21.920,00 €
Capítulo 4.-   Varios..13.951,02 €

PRESUPUESTO EJECUCIÓN MATERIA   **142.756,00 €**
Beneficio Industrial y Gastos Generales 15%..............21.413,40 €
PRESUPUESTO DE CONTRATA.................**164.169,42 €**
Honorarios Profesionales .... 13.704,57 €

SUMA .... **177.873,99 €**
I.V.A. 10%)...17.787,39 €
Licencia de Obras (4% s/165.411,14) ....6.566,68 €
PRESUPUESTO GENERAL..........................**202.228,06 €**

Asciende el Presupuesto General para la reparación de los edificios analizados sitos en la Urbanización Los Valles en la Puebla de Alfindén (Zaragoza) a la mencionada cantidad de **DOSCIENTOS DOS MIL DOSCIENTOS VEINTIOCHO EUROS CON SEIS CÉNTIMOS.**

6.7.11. RESPONSABILIDADES.

Como ya se ha indicado, las citadas viviendas fueron terminadas según consta en el certificado **Final de Obra** el **07.11.2005**, por lo que en el momento de la redacción del presente Informe el edificio tiene ya algo más de **nueve años** en servicio, lo que significa que le es de aplicación lo que establece la **Ley de Ordenación de la Edificación** publicada en el BOE núm. 266, de 6 de noviembre de 1999 y que entró en vigor el **06.05.2000**.

En el capítulo IV de esta ley, se establece, según se expone en el ANEXO I,   que: "sin perjuicio de sus responsabilidades contractuales, las personas físicas o jurídicas que intervienen en el proceso de la edificación responderán frente a los propietarios y los terceros adquirentes de los edificios o parte de los mismos, en el caso de que sean objeto de división, de los siguientes daños materiales ocasionados en el edificio dentro de los plazos indicados, contados desde la fecha de recepción de la obra, sin reservas o desde la subsanación de éstas:

a) *Durante **diez años**, de los <u>daños materiales causados en el edificio por vicios o defectos que afecten a la cimentación</u>, los soportes, las vigas, los forjados, los muros de carga u otros elementos estructurales, y <u>que comprometan directamente la resistencia mecánica y la estabilidad del edificio</u>.*

b) *Durante tres años, de los daños materiales causados en el edificio por vicios o defectos de los elementos constructivos o de las instalaciones que ocasionen el incumplimiento de los requisitos de habitabilidad del apartado 1, letra c), del artículo 3. El constructor también responderá de los daños materiales por vicios o defectos de ejecución que afecten a elementos de terminación o acabado de las obras dentro del plazo de un año.*

Ahora bien, para poder inculpar a alguno de los intervinientes en el proceso constructivo es preciso tener claro si las causas establecidas son consecuencia directa de un deficiente cálculo de la cimentación (Arquitecto y Promotor), de una deficiente puesta en obra de la construcción (Aparejador, Constructor y promotor) o es consecuencia de un mal uso lo que sería una deficiencia achacable al propietario o inquilino.

Como se ha visto a lo largo del presente Informe, La patología aparece a consecuencia de las deformaciones que aparecen en las losas, pero estas deformaciones surgen por la adecuación de las losas al terreno.

El terreno se puede deformar por una serie de causas:

1. Si se ha realizado una deficiente compactación del terreno de relleno, realizando una deficiente compactación, la responsabilidad, según la L.O.E., sería compartida entre el Promotor, Constructor y Director de la Ejecución (Arquitecto Técnico).

2. Si los movimientos de las losas parten de la entrada de agua al subsuelo a partir de las aguas pluviales, riegos u otro aporte como redes de abastecimiento o saneamiento, la responsabilidad sería delos actuales propietarios.

3. Por otro lado se observa que la patología más grave aparece en la calle San Roque muy cercana a la fuga de agua municipal, por lo que la responsabilidad sería del Ayuntamiento de la Puebla de Alfindén y subsidiariamente la empresa aseguradora del mismo.

    No obstante, demandar al Ayuntamiento de La Puebla de Alfindén por la posible interconexión de la rotura de la red de abastecimiento de agua potable (Tubería a presión) y la patología existente en las losas de la casas 29-31 y 33-35 de la calle San Roque no es fácilmente demostrable taxativamente ya que hay razones para poder achacar estas responsabilidades a la fuga de agua y también hay razones establecer que los descalces podrían ser debidos a filtraciones de agua desde la zona de jardines o procedentes del desagüe de   los canalones de la cubierta.

4. Asimismo, sería conveniente realizar unos controles, en el entorno de las losas más afectadas,   necesarios y que descartarían otros parámetros a tener en cuenta: Por un lado detectar posible fugas de agua mediante la ayuda de un Geófono de las redes de agua potable y acometidas a las distintas viviendas y por otro, comprobar, mediante cámara de televisión, las redes de saneamiento, sobre todo la de la calle San Roque, para establecer que no tiene pérdidas importantes de agua.

6.7.12. CONCLUSIONES.

Del análisis establecido en el cuerpo del presente Informe, surgido desde la inspección ocular realizada en diversas ocasiones y del estudio ejecutado sobre los propios edificios y según los ensayos realizados para la ejecución de los edificios, y con el propósito de solucionar la problemática planteada por la **COMUNIDAD DE PROPIETARIOS,** de la Urbanización analizada, se cree conveniente indicar las siguientes conclusiones:

1º   Inspeccionados los mencionados edificios se han encontrado una serie de deficiencias, que se concretan en la rotura a tracción de tabiquería y cerramientos exteriores, muchos de ellos por deformaciones de las losas y otros por flexiones de forjados.

2º.- Asimismo, se ha encontrado una serie de puntos de entrada de agua hacia el interior de las viviendas, por cuya causa aparecen manchas de humedades en las zonas bajas de los cerramientos exteriores de las viviendas.

3º   En el apartado 6º del presente Informe Pericial, se ha analizado en profundidad la patología aparecida en dicho tabiques y cerramientos, concluyendo que el origen de la aparición de dicha patología es la aparición de asentamientos diferenciales en las losas de cimentación, fundamentalmente del comienzo de la calle San Roque, asimismo aparecen otro tipo de fisuras a consecuencia de flexiones de forjados o cambios de materiales. También aparecen humedades en las zonas de algunos cerramientos verticales.

4º   Las patologías más graves por su dificultad de tratamiento caben destacar las fisuraciones aparecidas en la tabiquería inferior y cerramientos de las viviendas, que surgen a consecuencia de movimientos diferenciales de las losas de cimentación.

5º.- Cabe resaltar que los movimientos de las losas más relevantes aparecen agrupadas en las parcelas iniciales de la calle San Roque, lo que coincide con la zona donde hubo una fuga de agua de la red municipal. Por ello, se observa una relación directa entre la fuga de agua de la red municipal y los movimientos de las losas colindantes como son las que soportan las casas de la calle San Roque   del número 27 a 35.

6º.- Del seguimiento realizado a los testigos colocados, se observa que la mayoría de ellos tienden a la estabilización menos los situados en las casas 31-33 cuyo movimiento permanece sin minorar la velocidad de apertura de las grietas. En la losa que sustenta estas dos viviendas habrá de recalzarse con micropilotes, para transmitir las cargas al lecho de gravas que se sitúa sobre los 9,00 m de profundidad, independizando esta losa (SR31-33) del terreno superficial. Para que los movimientos de asiento y/o colapso no repercutan en el estado de dichas viviendas.

La actuación para solucionar la patología y deficiencias existentes se indica en el apartado SÉPTIMO, siendo necesario la redacción de un **Proyecto de Reparación,** ya que deberá reafirmar lo indicado en la **Propuesta de Intervención** donde se indica punto por punto y de forma concreta, el modo actuar y de reparar, definiendo materiales y procedimientos; y cuantificando, mediante mediciones concretas, el costo de la reparación de forma estimativa.

7º.- Asciende el Presupuesto General, para la reparación del conjunto de Edificios, a la mencionada cantidad de **DOSCIENTOS DOS MIL DOSCIENTOS VEINTIOCHO EUROS CON   SEIS CÉNTIMOS.**, incluido el 15% de Beneficio Industrial y Gastos Generales, e IVA vigente.

Esta cantidad debe considerarse como estimativa, que nos indica un determinado orden de magnitud del valor de los trabajos que deben realizarse, ya que la concreción de la cuantía exacta implicará la redacción del citado Proyecto de Reparación, que aportará los datos necesarios para cuantificar la intervención y para la posible reclamación judicial, si procede.

ANEXOS

ANEXO I
BIBLIOGRAFÍA

Arroyo Portero Juan Carlos y otros.
Números Gordos en el proyecto de estructuras.
CINTER Divulgación Técnica S.L.L.
Madrid 2.001

Basegoda Schindler.
Tratado moderno de construcción de edificios.
José Montesor Editor.
Barcelona 1.933.

Bendala Álvarez, Fernando.
¿Qué pasa aquí? Manual práctico para la investigación y diagnóstico de las lesiones
de la edificación.
La Ley (Grupo Wolters Kluwer)
Madrid 2.012

Belluzzi, Odone
Ciencia de la construcción (4 Tomos)
Aguilar
Madrid 1.967.

Company M.
Cálculos de construcción.
Gustavo Gili S.A.
Barcelona 1.943.

Doblare Castellasno-Gracia Villa.
Fundamentos de la elasticidad lineal.
Editorial Síntesis.
Madrid 1.998.

Eichler Fiedrich.
Patología de la construcción. Detalles constructivos.
Editorial Blume 1.969.

Fernández Casanovas M.
Patología y Terapéutica del Hormigón Armado.
Dosat S.A.
Madrid 1.977.

García Badell, Ignacio.
Cáculo de hormigón armado. (Por el método de los estados límites)
CIE Inversiones Editoriales DOSSAT.
Madrid 2.001

García Gamallo, Ana María.
La evolución de las cimentaciones en la historia de la Arquitectura.
Desde la prehistoria hasta la primera revolución industrial.
Tesis Doctoral 1.997
García Valcarce, A. y Otros.
Manual de edificación.
Tomo I.- Derribo y demoliciones. Actuaciones sobre el terreno.
EUNSA.
Pamplona 1.995.

Jiménez Montoya, Pedro y otros.
Hormigón Armado. (14º Edición).
Editorial Gustavo Gili S:A.
Barcelona 2.000

Jiménez Salas J.A. – Justo ALpañes J.L.
Geotécnia y Cimientos.
Editorial Rueda.
Madrid 1.971.

Joise, Albert.
Fisuras y grietas en morteros y hormigones.
Editores Técnicos Asociados S.A.
Barcelona 1.981.

Letelier, Miguel.
Gustavo Gili.
Barcelona 1.932.

Maña, Fructuoso.
Patología de las cimentaciones.
Editorial Blume.
Barcelona 1.978.

Ministerio de Fomento
Guía para el Proyecto y la Ejecución de micropilotes en obras de carreteras.
Serie Normativas.
Madrid 2.006

Russo, Cristóbal.
Lesiones en los edificios.
Salvat Editores S.A.
Barcelona 1.934

Serra Gesta, Jesús y otros.
Mecánica del suelo y cimentaciones (Ud 1, 2 y 3)
Universidad a Nacional de Educación a Distancia
Fundación Escuela de la Edificación.
Madrid 1.990.

Tratado de Rehabilitación. Patología y Técnica de Intervención en elementos estructurales.
Editorial MUNILLA-LERÍA
Agosto 1.998
Inspección y Diagnósis.
Pautas para la Intervención en Edificios de Viviendas.
Colegi d'Arquitectes de Cataluña.
Demarcación de Barcelona.
Calección "Papers Serte".
Barcelona 2.002

ANEXO II
TABLAS DE CONVERSIÓN

Tablas de conversión del sistema M.K.S. al S.I.

Newton/milímetro cuadrado y kilopondio/centímetro cuadrado
1 N/mm² = 10,2 kp/cm² ≅ 10 kp/cm²
1kp/cm² = 0,098 N/mm² ≅ 0,1 N/mm²

Concepto	M.K.S	S.I.
Resistencia característica del hormigón	200 kp/cm²	20 N/mm²
Límite elástico característico del acero	5.000kp/cm²	500 N/mm²
Peso propio de un forjado	250 kp/cm²	2,5 kN/m²
Densidad del hormigón armado	2.500 kp/m³	25 kN/m³
Sobrecarga de uso en garajes	400 kp/m²	4 kN/m²
Sobrecarga lineal de barandilla	200 kp/m	2 kN/m
Carga axil de un pilar	50 t	500 kN
Momento de un forjado	2 m t	20 mkN
Esfuerzo cortante	5 t	50 kN
Tensión admisible del terreno	2 kp/cm²	0,2 N/mm²

Tabla de la sección de varillas de acero según número y diámetro.

Ø mm	peso kg/m	⇓ sección en cm² para un número de barras ⇓									
		1	2	3	4	5	6	7	8	9	10
5	0,15	0,19	0,39	0,59	0,78	0,98	1,18	1,37	1,57	1,77	1,96
6	0,22	0,28	0,56	0,85	1,13	1,41	1,70	1,98	2,26	2,54	2,83
8	0,39	0,50	1,00	1,51	2,01	2,51	3,01	3,52	4,02	4,52	5,02
10	0,62	0,78	1,57	2,35	3,14	3,92	4,71	5,49	6,28	7,07	7,85
12	0,88	1,13	2,26	3,39	4,52	5,65	6,78	7,91	9,04	10,17	11,31
14	1,21	1,54	3,08	4,62	6,16	7,70	9,23	10,77	12,31	13,85	15,39
16	1,58	2,01	4,02	6,03	8,04	10,05	12,06	14,07	16,08	18,10	20,11
20	2,47	3,14	6,28	9,42	12,57	15,71	18,85	21,99	25,13	28,27	31,42
25	3,85	4,91	9,82	14,73	19,63	24,54	29,45	34,36	39,27	44,18	49,09
32	6,31	8,04	16,08	24,19	32,17	40,21	48,25	56,30	64,34	72,38	80,42

ANEXO III
LA REPRESENTACIÓN GRÁFICA.

ANEXO III.- LA REPRESENTACIÓN GRÁFICA.

Es habitual que la toma de datos de la patología del edificio, grabar un técnico y la interpretación de los mismos la hará otro, que desistiera ha estado personalmente en cada una de las dependencias que se analiza, sobre todo cuando se trabaja en equipo.

Además también es habitual que cuando interviene un perito judicial, unos años después los propietarios hayan reparado las lesiones, con lo que el perito que interviene posteriormente sólo dispone de fotografías y de la representación gráfica de la patología que hizo el primero. Por esta razón como se propone en el capítulo primero de este manual y como propone Don César Díaz Gómez, arquitecto de la escuela técnica superior de arquitectura de Barcelona (departamento de construcciones arquitectónicas), de la universidad politécnica de Catalunya, en su libro "Inspección y diagnosis (pautas para la intervención el edificio de viviendas)", es muy importante realizar una buena toma de datos, para que quede constancia del estado actual de dicho edificio.

En nuestra opinión es preciso ubicar cada bloque, dentro de cada bloque la vivienda y dentro de ésta, cada una de las habitaciones afectadas. Para situar cada habitación es conveniente situar la puerta de acceso y la situación de las ventanas, de esta forma la habitación analizada quedar perfectamente situada sin ninguna duda.

El Sr. Villar, y propone un grafismo determinado, que implica la existencia de una leyenda necesaria para poder interpretar las lesiones como son las siguientes:

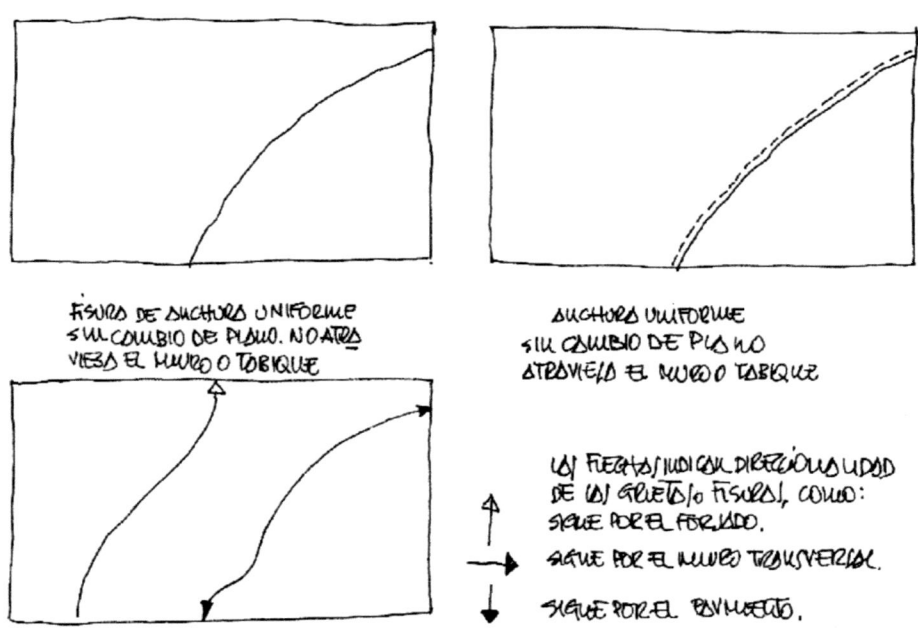

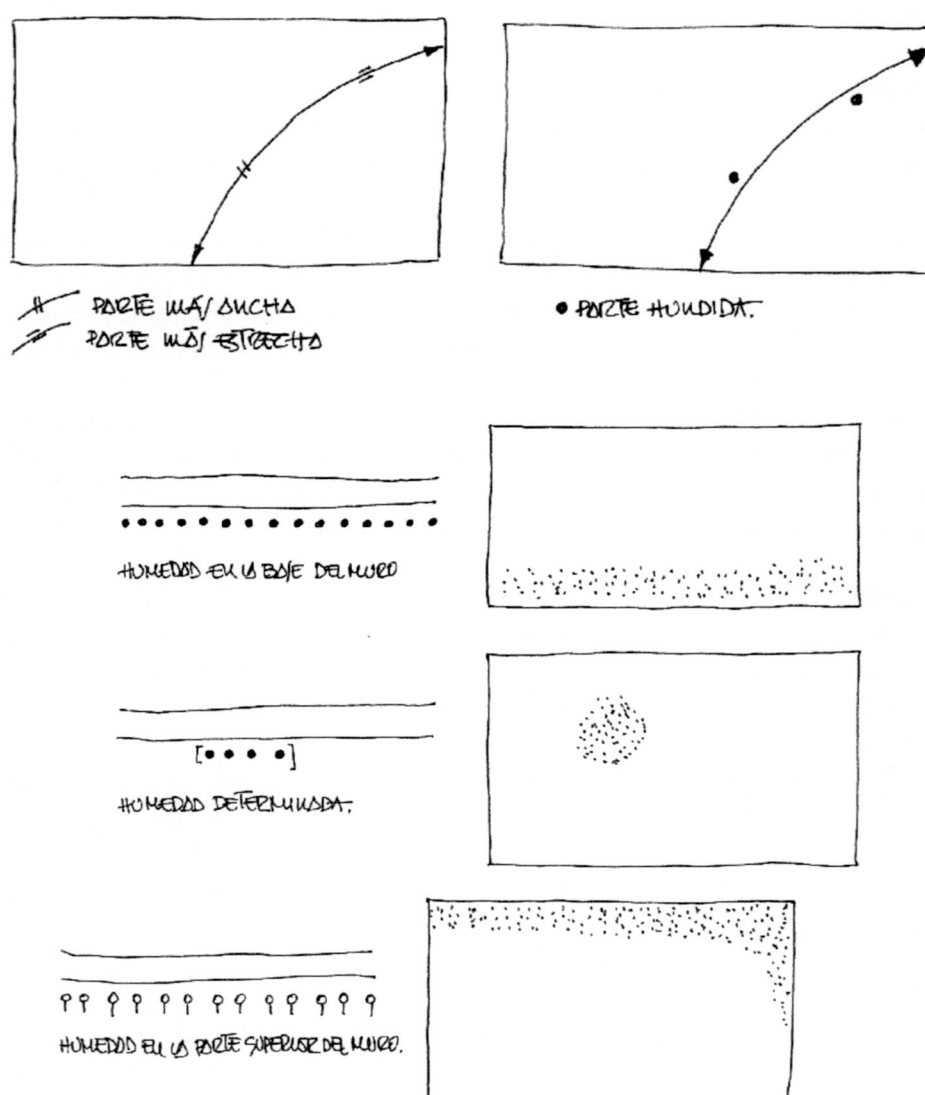

PARTE MÁS ANCHA
PARTE MÁS ESTRECHA

PARTE HUNDIDA.

HUMEDAD EN LA BASE DEL MURO

HUMEDAD DETERMINADA.

HUMEDAD EN LA PARTE SUPERIOR DEL MURO.

Si bien el sistema indicado por el Sr. Díaz Gómez, es correcto, parecería más indicados que la grafía se acercará más a la realidad en vez de emplear una simbología que el interpretador debe conocer. Si se acerca de forma más concreta a la realidad en vez de emplear una simbología la compresión de la grafía sería mejor.

Por ejemplo si existe una grieta en un dormitorio de una vivienda en la grafía propuesta por el Sr. Díaz Gómez sería de la forma que se propone abajo a la izquierda, mientras que la simbología acomodada a la realidad, abajo a la derecha, no necesita leyenda parar su interpretación como se indica en el gráfico siguiente la grieta es más gruesa donde en realidad lo es, marcándose incluso el grueso de la misma (0,8 mm) y más delgada en el otro extremo (0,1 mm). La que se representan es la grieta tal y como se desarrolla en realidad, marcados a los grosores existentes al día de la inspección, de forma que pueden ser comparadas con inspeccionar posteriores.

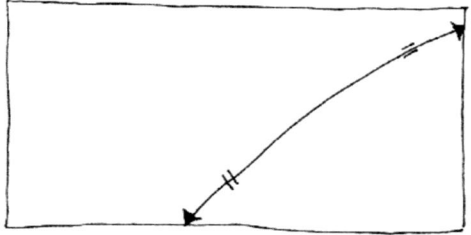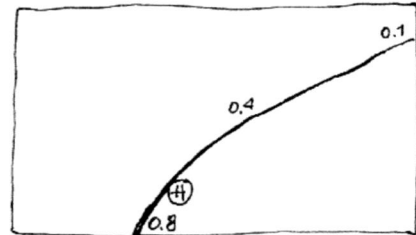

Además, quien posteriormente lee la grafía de la patología estudiada, no necesita leyenda para su interpretación. Por otro lado, como los datos se toman en un plano con sus cuatro paramentos abatidos si una fisura pasa de un paramento a otros o al pavimento se verá perfectamente ya que dicho plano abarca la totalidad de una habitación completa.

Como el techo y el pavimento coinciden, por no complicar más la representación de grietas y fisuras en el suelo se ven por lo que su representación se verá como una línea continua; en cambio las diferentes grietas y fisuras del techo se grafiarán como sus proyecciones por lo que dibujará con una línea a trazos, como es lo habitual.

En cuanto los cambios de plano se puede aceptar lo que indica el Sr. Díaz Gómez o poner una (H) en la zona hundida y (R)en la zona que resalta.

Con este sistema de estados de las lesiones quedan perfectamente ubicados y puede ser comparado con tomas de inspecciones posteriores, para comprobar si éstos van aumentando permanecen estables. A este respecto nunca se puede hacer caso al propietario de la vivienda, porque quien convive a diario con las lesiones cada día las de más grandes.

Por consiguiente y tal como se manifestó en el capítulo primero de este manual el procedimiento a seguir es el siguiente:

1. En primer lugar se ubica la vivienda dentro del bloque, con el propósito de poder posteriormente conocer la situación y direccionalidad de las grietas y fisuras y poder tener una perspectiva más alejada del problema.

   Una vez situada la vivienda se enumeran aquellas piezas que puedan dar confusión, como los dormitorios.

SITUACIÓN DE LA VIVIENDA

PROPIETARIO	OSCAR GALAZ			
DOMICILIO	AVENIDA DE LAS ESTRELLAS	Nº 1-3	ESCALERA 1	PISO 3ºA
	CIUDAD ZARAGOZA		PROVINCIA	

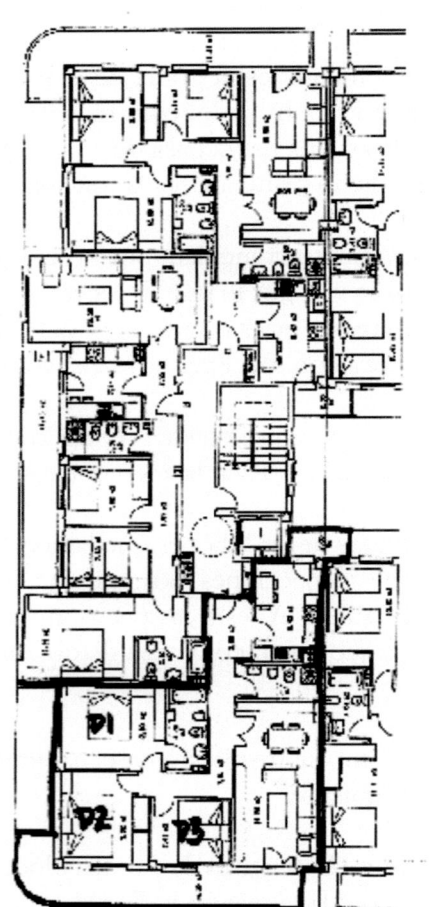

2. INSPECCIÓN DE ZONAS PRIVATIVAS.

Posteriormente se levanta acta de las incidencias que hay en cada habitación mediante impresos que se acompañan al final de este Anexo.

Para ello se tendrá en cuenta la siguiente metodología:

GRIETAS Y FISURAS.-

Como ya se definición con anterioridad, las grietas traspasan el elemento y las fisuras no, por tanto, la grieta aparece en la habitación contigua y las fisuras no.

HUMEDADES.-

Se realiza un rayado donde existan y un doble rayado en las zonas de mayor humedad, con lo que visualmente se pueda observar dos o tres matices de humedad.

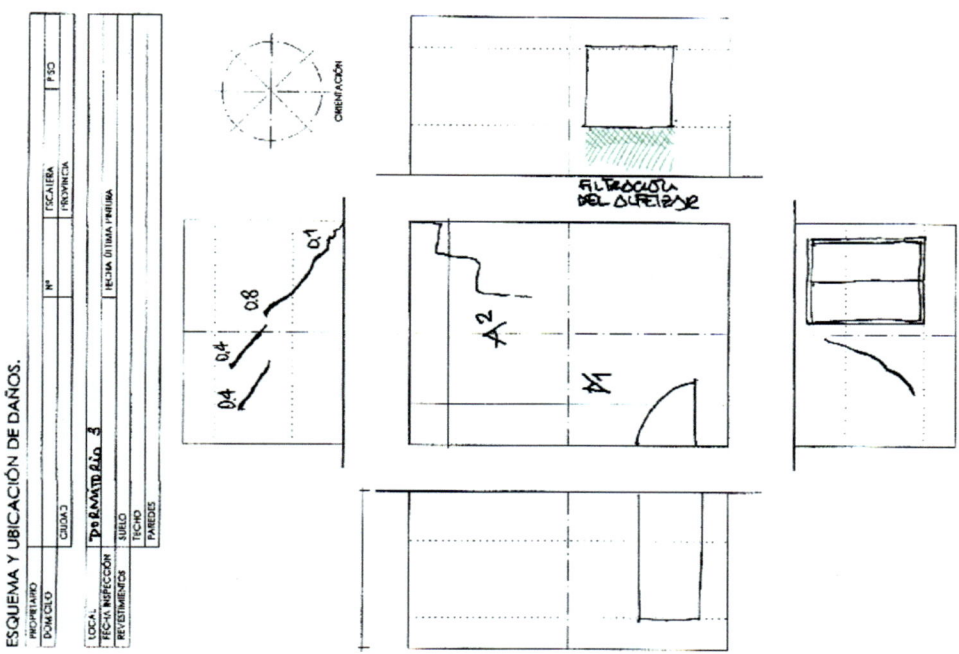

FOTOGRAFÍAS.-

Es conveniente asimismo, poner una simbología con las fotografías que se indican mediante un pequeño ángulo que simula la dirección de la toma y una numeración que haga referencia a la propia numeración de la cámara o al menos la numeración de la secuencia que vamos haciendo, que será el mismo orden de los archivos que posteriormente genera la cámara.

Cuantos más comentarios se pongan más explicativa será la documentación aportada.

3. INSPECCIÓN DE ZONAS COMUNES.

La inspección de las zonas comunes se realiza de la misma forma que las viviendas. Si hay mucha patología se puede hacer una toma de datos adicional o un nuevo impreso desarrolle zonas específicas, o dibujos a mano que sinteticen el problema.

4. FACHADAS.

La toma de datos de las fachadas se puede realizar mediante fotografías si son asumibles o mediante esquemas si el conjunto del edificio no es abarcable en una sola fotografía:

Una forma muy expresiva de mostrar los movimientos de un edificio, como se muestra en el ejemplo adjunto es realizar un corte con un cúter por la grieta existente y forzar la apertura de la grieta para que se vean mejor los movimientos que tiene el edifico. Esto mismo se puede realizar con un programa de edición fotográfico como el Photoshop.

5. FORMA DE INSPECCIÓN.

Por último a la hora de inspeccionar un gran número de viviendas es conveniente no ver más de 16 viviendas seguidas porque si no el técnico que inspecciona queda saturado y llega un momento que no recordará las peculiaridades de muchas de ellas.

El tiempo por vivienda puede estimarse en 15 minutos, a una velocidad de cuatro o cinco viviendas a la hora. Así en una mañana o tarde se podrán ver del orden de 16 viviendas y 32 a lo largo de una jornada de trabajo.

La inspección debe estar bien planificada, con la ayuda del administrador de la finca, para que el número de ausencias sea el menor posible. En grandes promociones, lo más efectivo es colocar carteles en el ascensor y en la puerta de entrada una semana antes.

También es acertado preparar una nota previa a la inspección que se echa por debajo de la puerta si el día de la visita estaba ausentes. En dicha nota se comunicará el día y hora de la visita y un número de teléfono al que llamar para concertar una segunda visita. Si dichos propietarios no llaman se sobrentiende que sus lesiones son mínimas o que han reparado y ya no se nota. De todas formas en el informe pericial deberán aparecer como "ausentes".

Por último, si la promoción es suficientemente grande y se emplean varios técnicos para inspeccionar las viviendas, es mejor que cada uno vea unidades completas como un bloque, escalera, pares, escaleras impares, etc., Para que exista una unidad de criterio en cada grupo de viviendas. También es bueno que se dedique un tiempo al final de la primera jornada de inspecciones, para intercambiar criterios con el jefe del equipo y de esta forma unificar las formas de expresión de la patología existente.

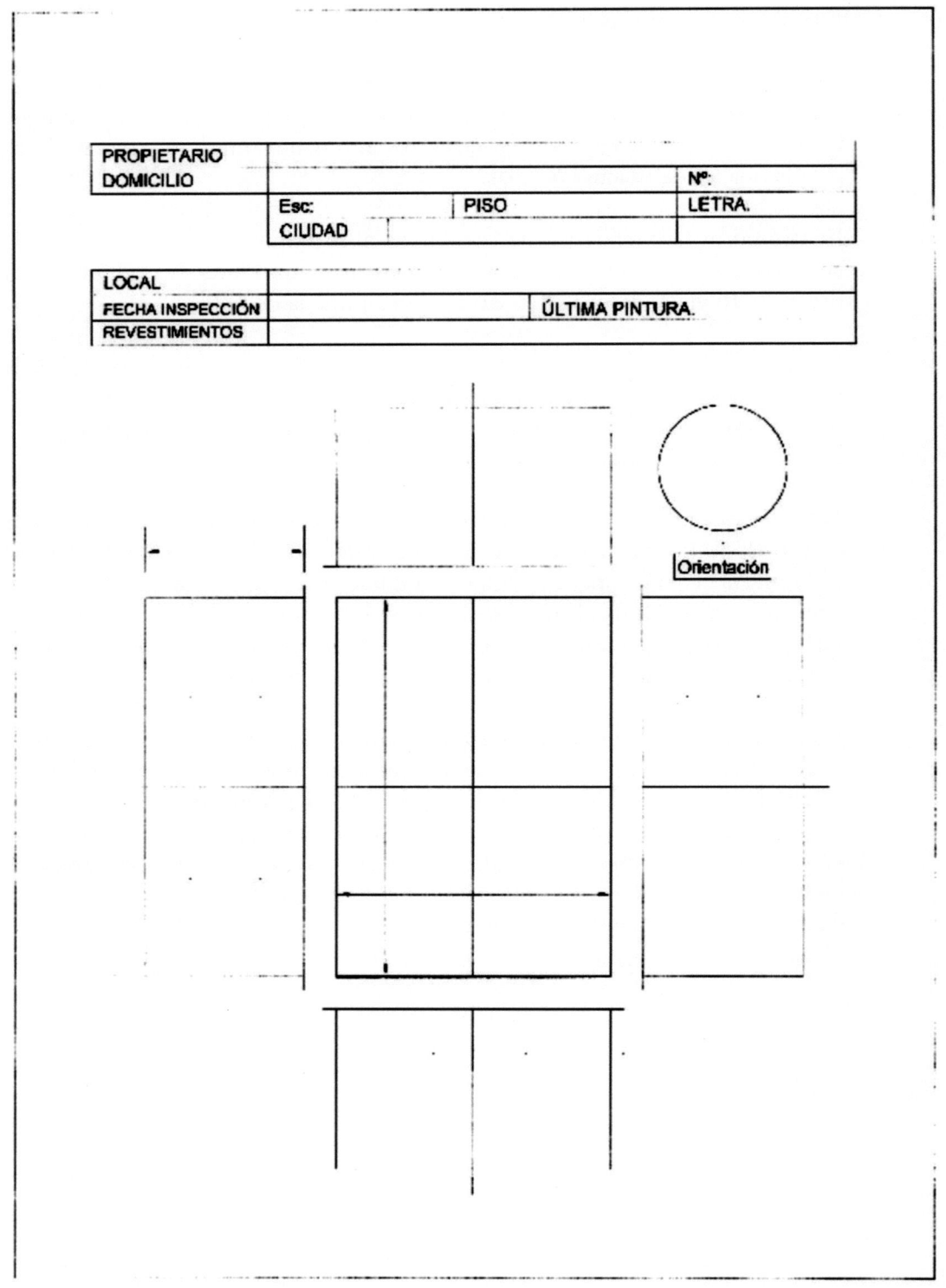

PROPIETARIO		
DOMICILIO		Nº:
	Esc: PISO	LETRA.
	CIUDAD	

LOCAL	
FECHA INSPECCIÓN	ÚLTIMA PINTURA.
REVESTIMIENTOS	

Orientación

ANEXO IV
NOMENCLATURA.

ANEXO IV.- NOMENCLATURA.

A_s Área de la armadura principal.

A_α Área de la armadura principal.

S_T Tensión transmitida por la cimentación al terreno.

$\sigma_{ADM.}$ Tensión admisible del terreno.

B   Ancho de la zapata.

β Coeficiente que vincula el rozamiento y rigidez de los extremos de un micropilote.

      (Empotrado $\beta=1$)

c   Cohesión del terreno (arcillas $c=q_u/2$; arenas $c=0$)

D_f Profundidad de la cota de cimentación.

E   Módulo de deformación de un material (Young)

Módulo de Young y resistencia de varios materiales

Material	Módulo de Young x 10^9 N/m^2	Resistencia a la tracción x 10^6 N/m^2	Resistencia a la compresión x 10^6 N/m^2
Acero	200	520	520
Aluminio	70	90	
Cobre	110	230	
Hierro forjado	190	390	
Hormigón	23	2	17
Hueso (tracción)	16	200	
Hueso (compresión)	9	-	270
Latón	90	370	
Plomo	16	12	

f_{ck} Resistencia característica del hormigón.

f_{cd} Resistencia de cálculo del hormigón. ($f_{cd}=f_{ck}/\gamma_c$)

f_{yk} Resistencia característica del acero.

fy_d Resistencia de cálculo del acero. ($fy_d=f_{yk}/\gamma_s$)

γ_f Coeficiente de mayoración de las acciones ($\gamma_f=1,6$)

γ_c Coeficiente de minoración del hormigón ($\gamma_c=1,5$)

γ_s Coeficiente de mayoración del acero ($\gamma_s=1,15$)

I   Momento de Inercia (Sección rectangular $I=bh^3/12$)

L   Radio de giro de una sección.

k_o Coeficiente de empuje del terreno en reposo.

k_p Coeficiente de empuje pasivo del terreno.

k_a Coeficiente de empuje activo del terreno.

m   número entero de semiondas originadas por la carga en punta de un micropilote.

M_k Momento flector característico.

M_d Momento flector de cálculo ($M_d=M_k\cdot\gamma_f$).

M_u Momento característico por la sección.

N_k Axil característico.

N_d Axil de cálculo ($N_d = N_k \cdot \gamma_f$).

N_u Axil máximo resistido por la sección.

P_k Carga crítica de un micropilote.

P_{Adm} Carga máxima admisible de un micropilote.

q_h Carga de hundimiento de un terreno.

s Asiento previsto de la cota de cimentación bajo una carga determinada.

V_k Esfuerzo cortante característico.

V_d Esfuerzo cortante de cálculo ($V_d = V_k \cdot \gamma_f$).

V_u Esfuerzo cortante último resistido por la sección.

w Módulo resistente ($w = I/y$)

y Distancia de la fibra neutra, c.d.g. o punto de aplicación de las acciones.